WOLFGANG PEHNT

DIE REGEL
UND DIE
AUSNAHME

WOLFGANG PEHNT

DIE REGEL UND DIE AUSNAHME

Essays zu Bauen, Planen und Ähnlichem

HATJE CANTZ

INHALT

VORWORT 6

DRINNEN UND DRAUSSEN 9
SPLITTER UND SPÄNE ZUR GESCHICHTE DER TÜR

TRAGEN UND GETRAGENWERDEN 23
DAS VERGNÜGEN AN ARCHITEKTUR ALS KONSTRUKTION

SCHINKELS KUPPEL UND LIBESKINDS BLITZ 37
ZUR SPRACHFÄHIGKEIT ZEITGENÖSSISCHER ARCHITEKTUR

WARENMESSE, FORTSCHRITTSMOTOR, IDEENFORUM 51
SIND WELTAUSSTELLUNGEN NOCH AKTUELL?

REFORMWILLE ZUR MACHT 65
DER PALAZZO PITTI UND DER DEUTSCHE ZYKLOPENSTIL

TURM UND HÖHLE 75
EIN MOTIV AUS DER WERDEZEIT DER MODERNE

VON DER ZUKUNFTSKATHEDRALE ZUM ICONIC BUILDING 93
EXPRESSIONISTISCHE ARCHITEKTUR DAMALS UND HEUTE

DAS WERDEN DER NEUEN ZEIT 109
WIE DER STADT KÖLN EINE WELTAUSSTELLUNG ENTGING

IMMER GERADEAUS 123
DER GERADE WEG IN DER MODERNEN ARCHITEKTUR

BLUTWARMES LEBEN, EINFACHSTE KÖRPERFORM 135
GOETHES GARTENHAUS IN ZEITEN DES BAUHAUSES

MODELLWECHSEL 151
DAS BAUHAUS UND DIE ORGANISATION SEINES NACHRUHMS

NACH MASS-GABE DES ARCHITEKTEN 167
ERNST NEUFERTS BAUENTWURFSLEHRE ALS SITTENGESCHICHTE

DER MENSCH BRAUCHT EINE ANDERE STADT 175
DIE 1968ER-JAHRE IN DER ARCHITEKTUR

EINFACH SEIN IST SCHWIERIG 195
EINE GEGENWÄRTIGE ZEITSTIMMUNG IN DER ARCHITEKTUR

ROM HAT MEHR ALS SIEBEN HÜGEL 203
DER STÄDTEBAU DES ZITIERENS

SEHNSUCHT NACH GESCHICHTE 213
NEU UND ALT IN ARCHITEKTUR UND STÄDTEBAU

EIN ENDE DER WUNDPFLEGE? 227
VERÄNDERTER UMGANG MIT ALTER BAUSUBSTANZ

MÖGLICHKEITSORTE 245
KIRCHE ALS VERDICHTETE STADT

SEIN WIE ANDERE AUCH 261
WIE BERLIN WIEDER DEUTSCHE HAUPTSTADT WURDE

DAS RAUSCHEN DES BLUTES UND DAS BETRIEBSGERÄUSCH DES PC 281
DEUTSCHE ARCHITEKTUR IN GLOBALEN ZEITEN

ANHANG 304

VORWORT

»Wir bitten euch ausdrücklich, findet das immerfort Vorkommende nicht natürlich!«
— Bertolt Brecht, *Die Ausnahme und die Regel*

In dem Lehrstück Bertolt Brechts, das einen ähnlichen Titel trägt wie dieser Aufsatzband, geht es um das »Gewöhnliche«, das der Zuschauer nicht als gewöhnlich empfinden soll, sondern als etwas Erklärungsbedürftiges, eigentlich Unzumutbares. Ein reisender Kaufmann, der zur Klasse der Herren und Ausbeuter gehört, vergeht sich an dem Kuli, der ihn auf der Fußreise durch die Wüste begleitet. Er misshandelt ihn und erschießt ihn schließlich in vermeintlicher Notwehr, weil er alle Taten des friedfertigen Kulis fehldeutet. Denn der Träger, so meint der Kaufmann, kann sein Verhalten nicht friedlich gemeint haben; es wäre nicht das Gewöhnliche. Der Kuli gehört einer anderen, unteren Klasse an und muss daher deren Regeln befolgen, die den Klassenkampf vorschreiben. So meint der Kaufmann. Das Gericht, das seinen Fall verhandelt, gibt ihm recht. Unter den gegebenen Umständen könne der Kuli nichts anderes im Schilde geführt haben als eine Missetat. Ausnahmen – Taten der Kameradschaftlichkeit zum Beispiel – werden nicht für möglich gehalten, oder sie sind so selten, dass man sie nicht in Rechnung stellen muss. Das »Gewöhnliche« herrscht.
Brecht plädiert dafür, dass die Regel, das Gewöhnliche, das Übliche als Missbrauch erkannt wird und die Ausnahme als neue Regel. Was üblich ist, dürfe man nicht als selbstverständlich hinnehmen. Was heißt das auf die Architektur übertragen? Das Bauen steckt voller Regeln, handwerklichen, technischen, bauaufsichtlichen, versicherungs-, finanz- und verwaltungsrechtlichen. Ohne sie würde das Bauen, diese anspruchsvolle Spielart menschlicher Tätigkeiten, nicht funktionieren. Was immer geplant und gebaut wird, es wird von mehreren, meist sehr vielen Personen geplant und gebaut. Sie bilden eine gesellschaftliche Gruppe auf Zeit, die ein gemeinsames Ziel hat, den fertigen Bau. Ohne Verfahrensregeln würde dieses Ziel nicht erreicht. Auch in solchen Regeln kann »Missbrauch« stecken, von unbeabsichtigten Folgen bis zur Überregulierung. Aber ohne sie geht es nicht.
Doch es fehlt auch hier nicht an ungeschriebenen, eingefahrenen Regeln, die das Übliche, »das immerfort Vorkommende« ausmachen und kritische Nachfrage verlangen. Warum gehen wir, obwohl wir es besser wissen, nach wie vor verschwenderisch mit unseren Ressourcen um? Warum vergeuden wir von der unersetzbaren Ressource Raum noch immer einhundert Hektar Freifläche – täglich, allein in Deutschland? Warum hängen wir der Sehnsucht nach der Vergangenheit in beliebigen Rekonstruktionswünschen nach, statt zu bewahren, was an schützenswerter Substanz tatsächlich da ist? Warum tragen die Gemeinden trotz ihrer leeren Kassen mit Kongresszentren, Vielzweckhallen, Messebauten und imagefördernden Kulturgebäuden abenteuerliche Konkurrenzen aus, um steuerträchtige Investoren anzuziehen, statt sich zu vernünftigen Absprachen zusammenzufinden?
Der Begriff der Ausnahme, die Brecht zur neuen Regel machen wollte, verspricht auf dem Felde der Architektur nicht die alleinige Rettung. Denn Ausnahme ist nicht nur ein bewohnerfreundliches, bürgernahes, vernunftgesteuertes Bauen und Planen.

Ausnahmen werden heute ganz anders definiert: als die aufsehenerregenden Architekturikonen, die das Image ihres Standortes aufwerten sollen, das Nie-zuvor-Gesehene produzieren, den Wettstreit des »immer höher, immer sensationeller« weitertreiben. »How many masterpieces does a city need?«, fragte eine Inschrift im dänischen Pavillon der venezianischen Architekturbiennale von 2010 und gab zu verstehen, dass eine Stadt auch zu viele Meisterwerke und zu wenig Selbstverständliches enthalten könne.

Keine Frage, es sind die »Masterpieces«, die auch uns von der schreibenden Zunft mit Vorliebe beschäftigen. Denn wer schriebe nicht lieber über den neuesten Daniel Libeskind, Frank O. Gehry, Santiago Calatrava, und seien es auch Verrisse, als über das anständige, wohlproportionierte, energetisch tadellose Mehrfamilienhaus, das nicht die Aufmerksamkeit der Öffentlichkeit erregen, sondern nur – nur? – eine gut bewohnbare Lebenswelt bieten will?

Die hier zusammengestellten, an den verschiedensten Orten publizierten Aufsätze stammen aus den letzten zwei Jahrzehnten. Gelegentlich habe ich sie leicht bearbeitet und aktualisiert. Sie nehmen Architektur von verschiedenen Standpunkten aus ins Visier, widmen sich thematischen Zusammenhängen, gegenwärtigen Aufgaben, historischen Phänomenen, aus denen oftmals Lehren für heute zu ziehen wären und manchmal auch nicht.

In der neoimpressionistischen Malerei entsteht das Bild aus vielen Farbpunkten. So sollte sich auch in diesem Buch aus einzelnen Aspekten ein Bild des jüngst vergangenen und gegenwärtigen Bauens ergeben, wie es sich im Kopf des Autors malt. Dass es Konflikte und Episoden der europäischen Stadt und der deutschen Architektur sind, die sich verglichen mit den Wohnungsnöten, der Armut und den hygienischen Problemen in den Slums der Hyper- und Megastädte Südasiens, Afrikas und Lateinamerikas wie Luxusprobleme ausnehmen, muss man mir nicht sagen.

Das Deutsche Architekturmuseum in Frankfurt am Main hat mir zum 80. Geburtstag aus langer Verbundenheit eine kleine Ausstellung gewidmet, die Stiftung Wüstenrot und die Alfried Krupp von Bohlen und Halbach-Stiftung haben sich finanziell beteiligt, und der Verlag Hatje Cantz hat diesen Band bereitwillig in sein Programm aufgenommen und mir die Hilfe aller seiner Mitarbeiter angedeihen lassen. Dafür bin ich dankbar.

Dem Verleger Gerd Hatje (1915–2007) habe ich in meinem beruflichen Leben, fünf Jahre als Verlagslektor und fünfzig Jahre als Autor, für zahlreiche Anregungen und Verbindungen zu danken. Ich vermute, in den meisten Biografien gibt es einige wenige Menschen, die das eigene Interesse, das eigene Engagement geweckt, bestärkt und mitbestimmt haben. Gerd Hatje, der die Moderne nicht gelehrt, sondern gelebt hat, war für mich einer von ihnen.

Wolfgang Pehnt
Köln, zum 3. September 2011

DRINNEN UND DRAUSSEN

SPLITTER UND SPÄNE ZUR GESCHICHTE DER TÜR

EINGANG ZUM MEGALITHGRAB, BRETAGNE, JUNGSTEINZEIT

»An open door says, ›Come in.‹
A shut door says, ›Who are you?‹«
— Carl Sandburg, *Doors*

In der Geschichte der Erfindungen nimmt die Erfindung der Tür einen Rang ein, der nicht geringer ist als die Erfindung der Werkzeuge, des Weges, der Brücke, des Rades oder des Feuers. Beweglich wie ein Möbel und ortsfest wie ein Stück Architektur, gibt die Tür dem Menschen die Verfügung über jenen Teil des Raumes, den er sich aus dem unbegrenzten Kontinuum des allgemeinen Raumes abgetrennt hat. Die Tür macht diese Ausgrenzung, die das Gehäuse des Menschen bildet, nicht rückgängig, aber nutzbar. Geöffnet stellt sie den Zusammenhang zwischen Innen und

Außen her, den Mauer und Dach zerschnitten haben. Geschlossen sichert sie dem Menschen seinen eindeutig definierten Bereich, hilft ihm, sich vor Wind, Nässe, Nebel, Kälte, Sonne und Hitze zu schützen, vor Lärm und Stille, vor eindringenden Tieren, Insekten, Ungeziefer, vor Feinden und zudringlichen Freunden, vor Neugier, Belästigung, unerwünschter Anteilnahme.

Anders als die naturgegebene Öffnung der Höhle gewährt die vom Menschen hergestellte Tür des Hauses dem Bewohner die Freiheit, über den Zustand seiner nächsten Umwelt selbst zu entscheiden. Georg Simmel hat die Tür geradezu zum Werkzeug und zum Symbol menschlicher Autonomie erklärt: »Gerade weil sie auch geöffnet werden kann, gibt ihre Geschlossenheit das Gefühl eines stärkeren Abgeschlossenseins gegen alles Jenseits dieses Raumes, als die bloße ungegliederte Wand. Diese ist stumm, aber die Tür spricht. Es ist dem Menschen im Tiefsten wesentlich, dass er sich selbst eine Begrenzung setze, aber mit Freiheit, d. h. so, dass er diese Begrenzung auch wieder aufheben, sich außerhalb ihrer selbst stellen kann.«[1]

DIE GESCHICHTE IN DEN WÖRTERN

Wo Bauten und ihre Elemente nicht überliefert sind, sind es die Wörter. Vor allem die lateinischen Ableitungen des indogermanischen Wortstamms »dhur« zeichnen die Dialektik zwischen dem Draußen und dem Drinnen nach. Mit »fores« bezeichneten die Römer die Tür. Aber »foris« hieß das, was vor der Tür, also draußen sich ereignete. »Forum«, der Vorhof, wurde zum Inbegriff des öffentlichen Raums. Wenn Cicero von der »dignitas domi et fori« sprach, meinte er die Würde des Staats, zu Hause wie in der Ferne. Ein Bestandteil des abschließbaren Intimraums, die Tür, gab dem Gegenteil, der Öffentlichkeit, den Namen!

FEDERICO ZUCCARI, MASKENPORTAL AM EHEMALIGEN GARTEN DES PALAZZO ZUCCARI, ROM, ENDE 16. JAHRHUNDERT

Dass in diesem dialektischen Zusammenhang die Wortbildung von einem Plural oder eigentlich Dual ausging, von »fores«, verweist zugleich darauf, dass die Tür, vor der die Öffentlichkeit stattfand, als groß und repräsentativ, nämlich als zweiflügelig, gedacht war. Auch das deutsche Wort Tür, von althochdeutsch »turi«, ist ein zum Singular gewordener Plural. In anderen indogermanischen Sprachen gibt es parallele Beispiele. Andererseits steht im Altindischen die Ableitung »durona« als Synonym für Heimat und Zuhause. So spiegelt sich die

Doppeldeutigkeit der Tür, des sich öffnenden und verschließenden Elementes, in ihrer Wortgeschichte.[2]
Tür und Tor bedeuteten immer weit mehr als nur sie selbst. Als hervorgehobenes Glied des Bauwerkes standen sie für das Ganze, dessen Teil sie waren. Denn wer sich den Zugang gesichert hatte, besaß die Sache selbst. Das Wort Tür kann deshalb als Pars pro Toto das gesamte Haus meinen. »Er ging von Tür zur Tür« will sagen: »von Haus zu Haus«, und wer »Tür an Tür« mit dem Nachbarn wohnt, dessen Haus steht unmittelbar neben dem seines Nächsten. So wie die Tür das Haus bezeichnet, bezeich net das Tor die Stadt. Als die Städte sich Feinden wie Freunden noch als abgegrenzte Gebilde mit Mauern und Toren darstellten, genügte es, das Tor zu zitieren, um die Stadt zu beschwören. Auf Münzen, Siegeln und Wappen figurieren Tore als Stellvertreter der gesamten Communitas. Entsprechender Rang kam ihnen in der gebauten Wirklichkeit bei Abmessung und Ausschmückung zu. Im Falle des Osmanischen Reiches stand ein Portal, die »Hohe Pforte«, sogar für den gesamten Staatsverband.
Der Sprachgebrauch lehrt eine weitere Einsicht. Die Tür ist im psychischen Haushalt des Menschen hoch besetzt. Das geheimnisvolle Pförtchen öffnet den Zugang ins Märchen, die enge Pforte den Weg ins Himmelreich, das dunkle Tor den Zutritt in die Unterwelt. Eine dieser Urideen ist die Vorstellung vom Haus als Körper und der Türen und Fenster als Körperöffnungen. Grimms Wörterbuch führt eine Vielzahl einschlägiger Belege an, in denen von »des Ohrs gewölbter Pforte«, den Augen als den »Pforten der Sonne« oder »der Schamen Tür« (Vulva) die Rede ist. Besonders häufig scheint der Vergleich der Tür mit dem Mund.[3]
In christlichen Weltgerichtsdarstellungen verschlingt der Höllenrachen als »porta inferi« die verdammten Seelen. Im Zaubergarten des Vicino Orsini in Bomarzo kann man Riesenhäupter durch ihre aufgesperrten Mäuler begehen. In einem anderen Hauptwerk des italienischen Manierismus, dem Palast des Federico Zuccari in Rom, in der Via Gregoriana, betraten die Gäste den Garten durch einen »portone«, den weit aufgerissenen Mund eines grimassierenden Gigantenhauptes. Solche Gesichtshäuser gab es auch im revidierten Manierismus der jüngsten Vergangenheit, in der Postmoderne. »Sprechende« Motive haben eine Neigung, sich im Türbereich anzusiedeln. Bei Catull ergreift Ianua, die Haustür, selbst das Wort und bei Carl Sandburg auch.[4]

RITES DE PASSAGE

Der Augenblick, in dem man eine Türschwelle überschreitet, ist immer als ein Moment von entscheidender Wichtigkeit empfunden worden. »Einmal dem Fehlläuten der Nachtglocke gefolgt – es ist niemals gutzumachen«, heißt es bei Franz Kafka. In seiner Parabel vom Türhüter wird die Dialektik von offener und geschlossener Tür auf die Spitze getrieben. Dem »Mann vom Lande« ist der Eingang verwehrt. Aber dieser Eingang war nur für ihn bestimmt![5] Der Bedeutung des Ein- und Ausgehens huldigten die Römer, indem sie eine eigene Schwellengottheit verehrten, Limentinus, und die Schwelle der Vesta, der Göttin des häuslichen Herdes und Herdfeuers, weihten. Das Haus des Totenfürsten dachten sie sich mit ehernen Schwellen ausgestattet, die das Unwiderrufliche des Übertritts symbolisierten. Als Grenze zwischen Drinnen und Draußen, als Trennung

und Öffnung war die Schwelle in allen Kulturen mit Zauber, Opferzwängen und Ritualen belegt.[6]
Noch mehr als ihr Teilstück, die Schwelle, erforderte die Tür als Ganzes die Klugheit und Vorsorge dessen, der sie passierte. Tür und Tor sind aufrecht stehende, unübersehbare, den Eintretenden wie Abschied Nehmenden vollständig umfassende Rahmen, die den Übertritt aus dem einen in den anderen Bereich markieren. Eine Schwelle kann man versehentlich übertreten, die Türöffnung dagegen nicht unwissentlich durchschreiten. Türen waren der Sitz der Manen, der Seelen und Geister. Hier hatte man Opfergaben niederzulegen, anzunageln oder zu vergraben. In manchen Kulturen durften Tote nicht durch die Haupttür getragen werden, wenn man nicht ihre Wiederkehr als Geister riskieren wollte. Man hatte sie durch eine kleine Seitentür zu tragen, die in Italien »porta dei morti« hieß, oder sie durch ein Fenster oder eine eigens zu durchbrechende Maueröffnung zu heben. Bei Hochzeit und Geburt, Heimkehr von Reisen und Viehaustrieb, gegen Krankheit, Seuchen und Diebstahl gab es jeweils eigene Riten.
Zu diesem Kompendium des Heil- und Schadenszaubers haben sämtliche Länder und Zeiten beigetragen. Es ist eine dunkle Geschichte aus Tier- und Ernteopfern, aus Formelkenntnis und Gestenzwang, aus Geisterangst und Hexenfurcht. Die Anfangsbuchstaben der Heiligen Drei Könige, die in katholischen Gegenden noch heute, wenn auch überwiegend aus folkloristischer Nostalgie, am Dreikönigstag mit Kreide über die Haustür geschrieben werden, sind ein spätes Relikt eines von vielen Völkern einstmals praktizierten Abwehrzaubers. Die Buchstabenfolge »C+M+B« kürzt zugleich die Formel »christus mansionem benedicat« ab.

TÜR MIT LADENGESCHÄFT, PIAZZA GRANDE, AREZZO

EIN ÖFFENTLICHER ORT

Da die Tür mit ihrer Außenseite an der Öffentlichkeit von Straße und Markt teilnimmt, war sie zugleich Ort juristischer Handlungen. Die Rechtsgeschichte kennt den Begriff des Türgerichts. Eigentumsübertragung und Besitzergreifung eines Hauses erfolgten durch Berührung der Tür oder durch Abspaltung eines Spans von den Türhölzern. In anderen Fällen war die Beschädigung der Haustür ein Beweis für vollzogenen Hausfriedensbruch. In manchen Kulturkreisen fanden Gottesurteile an oder vor der Tür statt, wurden Eide abgelegt, während die Hand des Schwörenden auf der Tür lag. Vor allem die Kirchentür war mit öffentlichen Handlungen und Rechtsgeschäften verbunden. Sie verhieß Asyl, war aber auch der Ort,

an dem die geistlichen Hochgerichte tagten, an dem kirchliche und weltliche Territorialherren Recht sprachen, an dem Buße verrichtet und Sühne getan wurde. Den Gerichtsportalen entsprachen die Brauttüren vieler Kirchen, an denen mit Jawort und Ringwechsel die Rechtshandlung der Eheschließung begangen wurde.[7]
Für die Türen der Stadt, die Stadttore, galt Entsprechendes. Sie waren nicht nur wichtigster und empfindlichster Teil der Fortifikation. Sie hielten nicht nur die Erinnerung an die Stadt aller Städte wach, die Stadt Davids, von der die Offenbarung des Johannes schrieb, sie habe zwölf Tore, auch wenn das historische Jerusalem derer nur sieben besaß. Tore symbolisierten zugleich Macht und Recht des Ortes, dessen Zugang sie eröffneten. Die Übergabe der Schlüssel zu den Toren der Stadt bedeutete die zeitweise oder dauerhafte Übertragung der Stadtherrschaft.
Als die nach außen gewendete Seite eines Inneren waren Türen und Tore die Stellen, an denen Vorgänge von allgemeinem Belang angezeigt wurden. Im antiken Griechenland wurden bei Todesfällen Zypressenzweige, in Skandinavien Tannenreiser an der Haustür befestigt oder vor die Schwelle gelegt. Die Öffnung bestimmter Türen oder Portale signalisierte herausragende sakrale und profane Ereignisse, besondere Tage des Kirchenkalenders, heilige Jahre, Herrscherbesuche. Nicht zufällig setzte die abendländische Spaltung der Konfessionen mit der Bekanntmachung an einer Türe ein, dem Anschlag der Thesen Luthers an der Schlosskirche zu Wittenberg. Anno 1989 war die Berliner Mauer erst dann wirklich geöffnet, als ihr symbolträchtigstes Bauwerk, das Brandenburger Tor, vor den Objektiven der Fernsehkameras und damit vor den Augen der Weltöffentlichkeit passierbar wurde.

TORHALLE, LORSCH, MITTE 9. JAHRHUNDERT

Auch der soziale Rang entschied und entscheidet sich an der Tür. Wer als Erster passieren darf, ist der Höhergestellte. Das Recht des Vortritts hat die Zeremonienmeister aller Jahrhunderte beschäftigt, bis hin zu den Benimmbüchern unserer Tage. Im Nibelungenepos spitzt sich der Konflikt dramatisch in jener Szene zu, in der die Königinnen um das Recht streiten, als erste das Wormser Münsterportal zu durchschreiten. An Tür, Tor und Portal wird öffentlich, was das chaotische Leben anderwärts ungeklärt lässt. Dienstboteneingänge sind noch bei Le Corbusiers großen Villen der 1920er-Jahre demonstrativ von den Herrschaftseingängen getrennt und als untergeordnete Einlässe charakterisiert.
Mit den Triumphbögen schufen die Römer einen Bautypus, in dem diese Veröffentlichungsfunktion des Portals von allen anderen Nutzzwecken abgeschieden und freigestellt wurde. Der Triumphbogen ist eine monumentale Tür ohne Haus, ein Tor ohne Stadtmauer. Der »arcus triumphalis« diente einzig und allein der Überlieferung von Informationen, der Verewigung von Tagesereignissen. Demgemäß bestritten Reliefs, Statuen, Quadrigen, Viktorien und Trophäen das Programm

dieses architektonischen Propagandamediums. Der Triumphbogen war einer der erfolgreichsten Einfälle der Baugeschichte und fand ungezählte Nachfolger. Allein im antiken Rom hat man sechsunddreißig gezählt. Wo Mittel und Gelegenheit zu permanenten Steinbauten nicht gegeben waren, feierten die temporären Festapparate, »portici« und Ehrenpforten, den Einzug feudaler Herrscher in ihre Residenzen. Aufwendige Stichwerke verliehen den kurzlebigen Konstruktionen zumindest auf dem Papier Dauerhaftigkeit. Nicht zuletzt lebte der Typus in Stadttor-, Kirchen- und Palastfassaden fort, in die er sich, aufs mehr oder weniger Zweidimensionale reduziert, einfügte.[8]

JOHAN OTTO VON SPRECKELSEN,
LA GRANDE ARCHE, PARIS, 1983–1989

ÖFFNUNG UND VERSCHLUSS

Bei den Triumphbögen alter wie moderner Herkunft ist die Dialektik von Offenheit und Geschlossenheit aufgehoben. Ihr festlicher Rahmen überhöht und verklärt die durchziehende Prozession, aber sie können und wollen ihr nicht den Weg verbieten. Die nachwirkende Kraft dieses Architekturmotivs ist so groß, dass sie noch dort fühlbar wird, wo keinerlei Botschaften mehr festzuhalten sind. Der gewaltige »Bogen« im Westen der Pariser Innenstadt, den der dänische Architekt Johan Otto von Spreckelsen auf der vom Louvre ausgehenden Triumphachse entwarf – in Wahrheit kein Bogen, sondern fast ein Quadrat –, verkörpert nur noch die schiere Monumentalität, ein Tor an sich. La Grande Arche gleicht einem riesigen Diarahmen, in den man das Bild zu spannen vergessen hat.

Tore ihrem Zusammenhang zu entnehmen und frei zu errichten, ist eine von vielen Völkern geübte Praxis. Schon im Neuen Reich Ägyptens waren die Pylonentore der Tempelanlagen in ihrer oft vielfachen Reihung von begrenzenden und sichernden Aufgaben weitgehend entlastet und konnten umso ungehemmter ihre symbolisierenden Pflichten erfüllen. Die geböschten Doppeltürme mit dem eingezwängten Portal in der Mitte wurden in der Spätzeit des Alten Ägyptens mit den Bergspitzen der Ostwüste verglichen, zwischen denen die Sonne aufsteigt.[9] Völlig aus der Kontinuität einer Wandumfassung gelöst ist das japanische Torii, das Ehrentor zum Schinto-Heiligtum. Dort, wo die Pilger sich der Kultstätte über Wasser nähern, erheben sich die beiden Holzpfosten mit den zwei Querbalken sogar frei aus dem See. Paradoxerweise fügen sie sich in anderen Heiligtümern wie dem Inari-Schrein in Kioto zu neuen Bauwerken. Von Stiftern als Votivgaben errichtet, schließen sich Hunderte dieser rot gestrichenen Portale zu Tunnelgängen zusammen, die wie Reptilien den Hang bergan zu kriechen scheinen.

PYLON DES ISIS-TEMPELS, PHILAE, OBERÄGYPTEN, 3. JAHRHUNDERT V. CHR.

Die Ausnahmen verdeutlichen, was in der Regel enthalten ist. Wo die Tür ihrer Bestimmung als Öffnung und Verschluss nachkommt, besteht sie, ihrer Doppelrolle entsprechend, aus zwei Elementen: der Türöffnung, die meist durch einen Rahmen gefasst ist, und dem Türverschluss. Für beide scheinbar so einfachen Vorgaben hat die Entwicklung die unterschiedlichsten Varianten hervorgebracht. Trapezoide Öffnungen waren in den meisten Kulturen, auch in Ägypten und im vorklassischen Griechenland, verbreitet, weil die auf den Türsturz einwirkende Drucklast des Mauerwerks möglichst gering gehalten werden musste. Die Konstruktionen reichten von trilithischen Durchgängen über komplizierte Pfosten-und-Sturz-Bildungen zu den verschiedensten Bögen und Gewölben; die der Verschlüsse von Schlagtüren zu Schiebe-, Fall-, Schwing-, Roll-, Fall- und Drehtüren. Den Materialien nach waren das Allerleichteste und das Allergewichtigste möglich: von Vorhängen, Lederstreifen, Perlschnüren oder aufrollbaren Matten zu Bronze- und Steintüren mit allen Varianten dazwischen. Altägyptische Grabkammerportale zeigen zum Beispiel über dem Türsturz zylindrische, manchmal fayenceverkleidete Stäbe in Stein, die offensichtlich aufgerollte Flechtmatten darstellen. Gebräuchlichster Werkstoff für die Türverschlüsse war und ist Holz, das im Fall des Alten Ägyptens und Mesopotamiens größtenteils aus den Wäldern des Libanon kam. Große Türflügel bestanden aus schweren Bohlen, die verdübelt waren oder von Metallbeschlägen zusammengehalten wurden. Der Tempel Salomos soll Falttüren aus Zypressen- und Olivenholz gehabt haben, sodass »eine jegliche Tür zwei Blatt hatte aneinander hangen in ihren Angeln. Und machte Schnitzwerk darauf von Cherubim, Palmen und Blumenwerk und überzog es mit Gold.«[10]

TORII DES INARI-SCHREINS, KIOTO, HAUPTSCHREIN, 1499

Dass Pforte, Tür oder Portal noch heute an jedem Bauwerk eine Stelle größerer Formendichte darstellen, hat eine Vielzahl von Gründen. Es hängt mit dem Verhältnis der relativ kleinen Öffnungs- zur relativ großen Wandfläche zusammen: Die kleine Fläche lädt zur intensiveren Bearbeitung ein. Das ist durch die Wahrnehmungskonditionen an der Tür bedingt: Wer wartet, bis ihm aufgetan wird, hat Zeit und Muße, aus nächster Nähe zu betrachten, was ihm vorläufig noch den Zutritt verwehrt. Es erklärt sich aus der Konzentration der Lebensvorgänge, der privaten und der öffentlichen Funktionen an dieser einen Stelle. Hinter der Formendichte des Eingangsbereichs steckt aber auch die gesamte Überlieferung an magisch-mythischen Bedeutungen, die sich mit Ein- und Ausgang verbinden – in wie verblasster Form auch immer.

TOTENREICH UND PARADIES

Wenn irgendwo am Bau die Baumeister, Bildhauer und Maler zu besonderen Leistungen aufgerufen waren, dann hier. Dämonen, Fratzen, Ungeheuer und Masken sollten apotropäische Wirkung entfalten, Kraft- und Fruchtbarkeitssymbole, Götter-, Geister- und Ahnenstatuen ihre Macht ausüben. Im Alten Ägypten zeigten Darstellungen an den Scheintüren der Opferkultplätze den Grabherren bei der Ausübung von Ritualen, die ihn zur Aufnahme ins Totenreich qualifizierten. Solche Maßnahmen empfahlen sich umso mehr, als die imaginäre Tür zwar nicht vom lebenden Menschen, wohl aber vom Ka-Geist des Verstorbenen passiert werden konnte.
Auf verschlungenen Wegen hat sich das Motiv der Scheintüren an realen Kultorten wie in bildlichen Wiedergaben der verschiedensten Kulturen erhalten. Es findet sich in etruskischen Grabkammern wie auf römischen Sarkophagen, an Donatellos Reiterdenkmal für den venezianischen Haudegen Gattamelata zu Padua wie an Grabmälern des Klassizismus, dort oft mit angelehnten Türflügeln. Noch Auguste Rodins *Höllentor* lässt sich als spätes Glied dieser Traditionskette verstehen. Die Tür verbildlicht den Abschied von dieser Welt und – wo der Glaube half – den Durchgang in eine andere.[11]
Die christliche Ikonografie hat Jenseits- und Erlösungsvorstellungen zu einem labyrinthischen Lehrgebäude zusammengefügt, mit changierenden und ineinander übergehenden Bedeutungen, die oft im Türsymbol konzentriert waren. Die Kirchenportale des Mittelalters sind von diesem unsystematischen System bestimmt. Abgesehen von den zahlreichen Orten der Lebensgeschichte Jesu, die

mit Toren und Pforten zu tun haben, ließen sich die Gestalt Christi wie die der Gottesmutter auch unmittelbar mit der Bilderwelt von Tür und Tor in Verbindung bringen. Das Johannesevangelium macht ausgiebig Gebrauch von der Tormetapher. »Ich bin die Tür; so jemand durch mich eingeht, der wird selig werden und wird ein und aus gehen.« Auf Maria war die Türsymbolik in doppelter Hinsicht anwendbar. Die Paradiesestür, die durch Evas Sündenfall geschlossen worden war, wurde durch die Mutter Gottes wieder geöffnet. Auch die Tempelvision des Propheten Ezechiel mit dem Hinweis auf die »porta clausa« wurde als eine Vorausdeutung auf Maria ausgelegt. Das äußere Osttor des Tempels soll, so der Prophet, verschlossen bleiben, »denn der Herr, der Gott Israels, ist dadurch eingezogen«.[12]

So bot das Kirchenportal mit seinem Gewände, seinem Bogenfeld, seinen Archivolten und, wo vorhanden, seinem Mittelpfeiler nicht nur Flächen für die illustrierende Darstellung heilsgeschichtlicher Szenen und Symbole. Es konnte vielmehr selbst als Symbol fungieren, sei es in der Christus-, sei es in der marianischen Bedeutung. In beide Motivkreise mischten sich die eschatologischen Vorstellungen von Weltgericht, Himmelstor und himmlischem Jerusalem. Das mittelalterliche Stufenportal unterstreicht die Symbolik, die seine Bildwerke ausdrücken, durch seine Verengung zur eigentlichen Tür hin. »Jene Struktur«, hat Georg Simmel beobachtet, »führt den Hineingehenden mit Sicherheit und wie mit sachtem, selbstverständlichem Zwang auf den rechten Weg.«[13]

DER VERWUNDBARE PUNKT

Das Mittelalter, das in seinen Sakralbauten den Gläubigen bereitwillig empfing, entwickelte in seinen profanen Torgebäuden komplizierte Konstruktionen, die ungebetenen Gästen den Zugang erschwerten oder unmöglich machten. In seinem *Dictionnaire raisonné de l'architecture française* widmete der französische Architekt, Theoretiker und Denkmalpfleger Eugène-Emmanuel Viollet-le-Duc fast die Hälfte seines Stichwortes »porte« den Befestigungsanlagen des Mittelalters, dem Flankenschutz durch Seitentürme, den Mechanismen der Zugbrücken und von Flaschenzügen bewegten Falltüren. Das Tor war im Ring mittelalterlicher Wehrmauern wie neuzeitlicher Bastionen, Ravelins und Contrescarpes immer der verwundbarste Punkt. Viollet-le-Duc, der Funktionalist, bemerkte aber auch den Komfort, der in den mittelalterlichen – und schon in den antiken – Toren im Gegensatz zu den barocken steckte. Sie besaßen gesonderte Wegspuren für Fahrzeuge und Fußgänger, hatten so viel Tiefe, dass sie den haltenden Wagen Schutz vor Witterung gewährten, und waren nicht höher, aber auch nicht niedriger als ein beladenes Fahrzeug. Selbstverständlich war, dass auch die Fortifikationen der »architectura militaris« den künstlerischen Schmuck erhielten, die Tore in anderen Zusammenhängen beanspruchten.[14]

Der Wegfall von Verteidigungsnotwendigkeiten in nachmittelalterlichen Zeiten, zumindest innerhalb des Weichbildes der Städte und in befriedeten Landschaften, eröffnete dem Portal Spielräume, die bei herrschaftlichen oder öffentlichen Bauten mit Varianten des klassischen Repertoires genutzt wurden: Ädikula- und Portikusformen, Rahmenprofile in antikisierendem Zuschnitt oder, die konstruktiven Gegebenheiten inszenierend und überinszenierend, die rustizierten Eingänge, für die der Florentiner Palazzo Pitti das Beispiel gab. Die Maße konnten nun Proportionen folgen, die sich auf die Höhe des Stockwerkes oder die Gesamtgröße des Bauwerkes beziehen, aber auch – so leger hielt es Palladio in dieser Angelegenheit – auf die »Größe all jener Dinge, die durch die Türen geführt und getragen werden«.[15] Oft wurden die Palastportale von Balkons gekrönt, die gegenüber mittelalterlichen Verteidigungsbedürfnissen eine neue Freiheit des Verhaltens, der Begrüßung und Verabschiedung dokumentierten.

RICHARD ROGERS, EINGANGSBEREICH DES LLOYD'S BUILDING, LONDON, 1978–1986

DER FUNKTIONALISMUS UND DIE TÜR

Je größer Offenheit, Durchlässigkeit und Transparenz, desto mehr verloren Tür und Tor ihre klassischen Funktionen. Neuzeitliche Ingeniosität gilt der anstrengungslosen Abwicklung von Bewegungsvorgängen. Auch in repräsentativen Bauwerken werden dem Gast die Mühe und damit das Bewusstsein des Eintritts und Ausgangs abgenommen. Stufen und Schwellen werden unter dem Vorwand der Unfallgefahr für Fußgänger wie Rollstuhlfahrer beseitigt. Die teilweise oder – seit Erfindung des bruchfesten und splitterfreien Sicherheitsglases – ganz verglaste Tür trägt zur Gleichbehandlung von Innen und Außen bei. Der ungehinderte Blick erfasst das jeweils hinter der Tür liegende andere, bevor der Fuß es betritt. Erwartung, Neugier und Furcht werden auf ein Minimum reduziert. Die Drehtür als Konstrukt aus mehreren an einer Drehachse befestigten Flügeln wird um 1900 eingeführt und teilt – wie das Fließband in der rationalisierten Fabrik – das anfallende Gut (hier die Passanten) in übersichtlich zu handhabende Portionen ein, die in fast kontinuierlichem Fluss befördert werden können. Hineingehen wie Hinausgehen sind Teil derselben rotierenden Bewegung. Natürlich wird die Drehtür anders motiviert, mit der Vermeidung von Zugerscheinungen bei hoher Besucherfrequenz, der auch andere Maßnahmen wie große Windfänge mit Warmluftschleusen zu dienen haben. Schiebetüren, die auf den Druck sich nähernder Schritte oder auf Lichtimpulse reagieren und dienstfertig vor den Eintretenden auseinanderspringen, entheben den Besucher auch noch der letzten Beschwerlichkeit, selbst Kraft aufwenden zu müssen.
Zwar markieren in der Regel auch heute noch Vordächer, die den Vorfahrenden oder Eintretenden vor Regen und Sonne schützen

sollen, die Stellen des Eingangs. Aber die Tendenz in den Entwürfen moderner Architekten ging dahin, aus dem unübersehbaren Loch in der Mauer eine möglichst wenig wahrnehmbare Unterbrechung der Fläche zu machen, die Eingangsöffnungen in das Konstruktionsraster einzupassen und damit die Tür ihrer meisten Auszeichnungen zu berauben. »Es ist nicht mehr sinnvoll, von Fenstern und Türen zu sprechen«, lautet ein Diktum Frank Lloyd Wrights, der gleichwohl noch sehr viel von der Bedeutung der Zu- und Übergänge verstand.[16]

Die Rechtfertigung, dass Außen und Innen, der allgemein verfügbare und der verschlossene individuelle Teil des Raums, auf diese Weise sozusagen demokratisch behandelt würden, als ein- und dasselbe, leuchtet nicht ein. Ist es demokratisch, die Menschen der Nuancen, Abweichungen und Besonderheiten zu berauben, ihnen die Unterschiede zwischen Preisgegebensein und Geborgenheit, Offenheit und Schutz zu nehmen?

Ein architektonisches Element wie die Tür, das eine Vielzahl von Zwecken erfüllt, immer ein Gegenstand symbolisierender Anschauung war und die Psyche des Menschen in der Tiefe berührte, musste dem analytischen Denken der Moderne von vornherein anstößig sein. Die Tür war ein Ort, wo eine Symbiose von Bildern und Vorgängen zustande kam. So suchte der Funktionalismus, auf reinliche Scheidungen bedacht, auch im Fall der Tür die Nutzungen auseinanderzudividieren und das Prinzip der Arbeitsteilung auf sie zu übertragen. Die archaische Tür wurde zum modernen Eingang, der nichts anderem diente als der zweckmäßigen Erschließung des Bauwerkes. Alle anderen Assoziationen wurden zusammen mit Wörtern wie Pforte, Portal, Tor oder Portikus aus dem Verkehr gezogen. Sogar die bescheidensten Nebenaufgaben wurden nach Möglichkeit von der Tür entfernt. Den Türklopfer ersetzte die Klingel an der Seite, den Postschlitz der freistehende Hausbriefkasten oder Zeitungshalter, die Hausnummer auf dem Türrahmen oder -blatt der Lichtwürfel mit aufgetragener Ziffer.

Indiz für diese Vereinzelung der Nutzungen sind jene Durchgangsrahmen, die auf Flughäfen und in anderen »sicherheitsrelevanten« Bereichen aufgestellt sind, damit die am Körper verborgene Schusswaffe, meist aber nur der Schlüsselbund in der Hosentasche, durch akustische Signale angezeigt wird. Eine unter vielen anderen Aufgaben der Tür, die Sicherung, ist in diesen Türkarikaturen isoliert und zu einem ihr ausschließlich dienenden Objekt geworden.

KULTUR DES ÜBERGANGS

Die zeitgenössische Fachliteratur zum Thema diskutiert, was von der Kunst des Türenbauens übrig geblieben ist.[17] Sie stellt die zuständigen DIN-Normen dar; die Richtmaße für Breite und Höhe; die Arten des Anschlags; die heute üblichen Werkstoffe wie Holz (»gesund, trocken, ast- und harzfrei«), eloxiertes Leichtmetall, Stahl, die unterschiedlichen Glassorten; die Türbeschläge; die Konstruktionsarten für Rahmen, Türfutter und -verkleidung, Türflügel. Sie zählt die Bauweisen der Türblätter auf: »gestemmte«, das heißt auf Rahmen und Füllung gearbeitete Blätter, massive, Furnier- oder Verbundplatten, Latten- oder Brettertüren, einfach oder aufgedoppelt, gedübelt, überfälzt, gespundet, Jalousietüren. Was die Autoren aussparen, sind alle jene architektonischen Eingriffe, die an der Schwelle zwischen dem Drinnen und dem Draußen angemessene Verhaltensformen ermöglicht hatten. Denn mit den »rites de passage«[18], mit der Emanzipation von alten Zwängen, ist auch jene Kultur des Übergangs geschwunden, der einst die Sorge des Baumeisters galt.

Die Empfindung, dass die Anonymität der Straße nicht unvermittelt in die Intimität des Privaten umschlagen darf, ist dem Bauen abhandengekommen. »Eben stehst du noch im Regen, im nächsten Augenblick bist du in einem riesigen, antiseptischen, geschäftigen Raum«, schrieb ein zeitgenössischer Kritiker über ein seinerzeit gefeiertes Bauwerk, das Lloyd's Building in London.[19] Viollet-le-Duc dagegen, den die Begriffsbildung der französischen Sprache zwang, vieles Unterschiedliche unter »porte« abhandeln zu müssen, stellte in seinem *Dictionnaire* unter den Stichwörtern »porche«, »portail« und »portique« noch zahlreiche jener Möglichkeiten dar, dem Übergang eigene räumliche und bauliche Zonen, ja sogar eigene Gebäude einzurichten.[20] Die Zweckbestimmung dieser Vor- und Torhallen reichte von kultischen Aufgaben bis zu jener schlichten mitmenschlichen Rücksicht auf Ankömmlinge, die vor der noch geschlossenen Tür auf die Begrüßung warten müssen.

Traditionelle Architektur kannte viele solcher Angebote. Türen ließen verschiedene Grade der Öffnung zu, etwa dank eingebauter Luken, kleiner, in große Türen eingelassener Pforten (»Schlupftüren«) oder gesondert aufzuschlagender Oberteile bei horizontal geteiltem Blatt. Oder sie waren mit Nischen und Veranden kombiniert, in denen man sich auf Stein- oder Holzbänken niederlassen und mit dem Nachbarn schwatzen konnte, ohne ihn zu einem verpflichtenden Besuch im Hausinneren einladen zu müssen. Noch Baumeister des letzten Jahrhunderts, die anthropologisch oder schlicht menschenfreundlich dachten, gestalteten solche Übergangszonen mit oft minimalen Mitteln. Wohnungsreformer wie Heinrich Tessenow statteten selbst bescheidenste Haustypen mit Eingängen aus, die Grenzen zu Übergängen werden ließen: Stufen, ein gemauertes Podest, ein Vordach, eine Pergola oder Loggia, ein pfeilerartig ausgebildetes Türgewände.[21]

In unseren Tagen bedurfte es der ausdrücklichen Erinnerung an solche einstigen Selbstverständlichkeiten. Es ist ein Verdienst einiger nachmoderner Architekten, die vergessenen Wahrheiten der Tür ins Gedächtnis zurückgerufen zu haben und den Eingang nicht mehr ausschließlich als die Stelle mühelosen Eindringens ins Interieur aufzufassen. In Christopher Alexanders *Pattern Language* findet sich ein ganzer Katalog von Kriterien, die zu erfüllen sind, wenn sich das Gefühl des Ankommens mitteilen soll.[22] Es ist sowohl auf optische wie akustische, taktile oder Wärmeempfindungen angewiesen. Differenzierte Bodenbeläge, Niveausprünge, Wechsel der Bewegungsrichtung und des Gesichtsfelds, der Übergang von Licht zu Halbschatten und Schatten, auch Ornamentik an den Nahformen sollen den Eindruck von Dichte, Präsenz und Ankunft erzeugen, ebenso wie sie in umgekehrter Folge auf den Weg hinaus ins Offene und Öffentliche vorbereiten.

Die ehrwürdige magisch-symbolische Tradition der Eingangs- und Ausgangsrituale ist damit nicht zu beleben, wohl aber der Sinn für die weiteren Qualitäten, die in ihr steckten. Wer mit der Tür ins Haus fällt, dem wird die Tür gewiesen, und nur wer vor der eigenen Tür zu kehren weiß, dem stehen Tür und Tor offen.

1 Georg Simmel, »Brücke und Tür«, in: *Der Tag* vom 15.9.1909; nachgedruckt in: Georg Simmel, *Das Individuum und die Freiheit. Essais,* Berlin 1984, S. 7 ff.; Artikel »Porte«, in: *La Grande Encyclopédie,* Bd. 27, Paris [1900], S. 358 ff.; Artikel »Tür«, in: *Wasmuths Lexikon der Baukunst,* Bd. 4, Berlin 1932, S. 565 f.; Artikel »Wall Apertures«, in: *Encyclopedia of World Art,* Bd. 13, London 1967, Spalte 491 ff.; Anette Hochberg u. a., *Öffnen und Schließen. Fenster, Türen, Tore, Loggien, Filter,* Basel 2010; de.wikipedia.org/wiki/Tür.

2 Vgl. Friedrich Kluge, *Etymologisches Wörterbuch der deutschen Sprache,* 19. Auflage, Berlin 1963, S. 799.

3 Jacob und Wilhelm Grimm u. a., *Deutsches Wörterbuch,* Bd. 7, Leipzig 1889, Spalte 1787 f. (Berlin und Leipzig 1936, Spalte 1185 ff.).

4 Carl Sandburg, »Doors«, in: ders., *Complete Poems,* New York 1950, S. 654.

5 Franz Kafka, »Ein Landarzt«, in: ders., *Erzählungen (Gesammelte Werke),* Frankfurt am Main o. J., S. 153; ders., *Der Prozeß (Gesammelte Werke),* Frankfurt am Main o. J., S. 182 ff.

6 Artikel »Schwelle«, in: Hanns Bächtold-Stäubli (Hrsg.), *Handwörterbuch des Deutschen Aberglaubens,* Bd. 5, Berlin und Leipzig 1935, Spalte 1509 f.; Artikel »Tür«, in: ebd., Bd. 8, Berlin und Leipzig 1936, Spalte 1185 ff.

7 Adolf Reinle, *Zeichensprache der Architektur,* Zürich und München 1976, S. 245 ff., besonders S. 278.

8 Ebd., S. 267 ff.

9 François Dumas, in: Claude Vandersleyen, *Das Alte Ägypten (Propyläen-Kunstgeschichte,* 17), Berlin 1985, S. 208.

10 Altes Testament, Erstes Buch der Könige, 6, 34/35.

11 Reinle 1976 (wie Anm. 7), S. 248 ff.; Jan Białostocki, »The Door of Death«, in: *The Message of Images. Studies in the History of Art,* Wien 1988, S. 14 ff.

12 Reinle 1976 (wie Anm. 7), S. 245 f., 253 f.

13 Simmel 1984 (wie Anm. 1), S. 12.

14 Eugène-Emmanuel Viollet-le-Duc, *Dictionnaire raisonné de l'architecture française du XIe au XVIe siècle,* Bd. 7, Paris 1875, S. 314 ff.; vgl. auch Artikel »Porche«, in: ebd., S. 259 ff., Artikel »Portail«, in: ebd., S. 313 f., Artikel »Portique«, in: ebd., S. 268 ff.

15 Andrea Palladio, *I quattro libri dell'architettura,* 4 Bde., Venedig 1570; deutsch: *Die vier Bücher zur Architektur,* Zürich und München 1983, S. 90.

16 Frank Lloyd Wright, zit. nach Rudolf Arnheim, *Die Dynamik der architektonischen Form,* Köln 1980, S. 232.

17 Vgl. z. B. Albert Haberer, *Tür und Tor,* Essen 1964; Rudolf Großmann, *Haustüren in Holzkonstruktion,* Leipzig 1960; Rüdiger Müller, *Das Türenbuch. Umfangreiches Fachwissen rund um die Tür,* Leinfelden-Echterdingen 2002.

18 Ausdruck, den der französische Anthropologe Arnold van Gennep 1909 eingeführt hat, vgl. Arnold van Gennep, *Übergangsriten,* Frankfurt am Main 1986.

19 Gavin Stamp, »Britain's Daftest Building«, in: *Daily Mail* vom 30.11.1987. Gemeint ist das Lloyd's Building in London (1978–1986) von Richard Rogers.

20 Viollet-le-Duc 1875 (wie Anm. 14).

21 Vgl. Heinrich Tessenow, *Hausbau und dergleichen,* Berlin 1916.

22 Christopher Alexander u. a., *Eine Muster-Sprache. Städte, Gebäude, Konstruktion,* Wien 1995.

TRAGEN UND GETRAGENWERDEN

DAS VERGNÜGEN AN ARCHITEKTUR ALS KONSTRUKTION

PRÄHISTORISCHE SIEDLUNG CAPOCORB VELL, MALLORCA, UM 1000 V. CHR.

Neue Architektur, dezidiert moderne Architektur, kann beim breiten Publikum selten mit wohlwollenden Reaktionen rechnen, aber immer mit kritischen. Der verehrenswürdige Kollege Julius Posener pflegte schon vor Jahrzehnten zu sagen, früher hätten die Leute sich angesichts eines Bauzauns erwartungsvoll gefragt, was denn Neues entstünde. In unseren Zeiten dagegen befürchteten sie das Schlimmste, sobald sie einen Baukran erblicken. Dieser Skepsis suchen heutige Baukünstler mit mehr oder weniger Erfolg entgegenzuwirken, immer aber auf die unterschiedlichste Art und Weise.
Wo heute die prestigeträchtigen Aufträge vergeben werden, herrscht eine schier unübersehbare Vielfalt an Haltungen, Vorlieben, Handschriften. Da inszenieren die

JOHN RUSKIN, KATHEDRALE IN ROUEN, DETAIL DER WESTFASSADE, 1849 IN *THE SEVEN LAMPS OF ARCHITECTURE* PUBLIZIERT

sogenannten Dekonstruktivisten spektakuläre, wenn auch erfreulicherweise nur scheinbare Zusammenbrüche ihrer Bauten. Da üben sich die Anhänger der neuen oder alten Einfachheit, vor allem wenn sie von den Schweizer Alpen herabgestiegen sind, in mönchischen Exerzitien. Da werden per Computer Biomorphismen generiert, als wäre der selige Naturphilosoph Ernst Haeckel wieder auferstanden, dessen *Kunstformen der Natur* schon den Jugendstil mit Vorschlägen munitioniert hat (vgl. S. 97). Metaphern werden angeboten wie heiße Aktien im globalen Börsengeschäft: Fußballstadien wie Vogelnester oder Autoreifen, Museen wie Wolken oder Walfische, Hochhäuser wie Messerklingen oder Geysire, Stadtentwürfe, die den Kreisen gleichen, die ein fallender Tropfen auf einer Wasserfläche erzeugt. Die bilderreiche Strategie des Markenbranding, die jenseits des zum Lebenserhalt Notwendigen die gesamte Warenproduktion beherrscht, hat auch in der Architekturproduktion voll durchgeschlagen.

DAS EINZIGE UND BESTÄNDIGE THEMA

In diesem Pluralismus der Handschriften und Markenzeichen, der Signets und Symbole ist ein Thema in den Hintergrund getreten, das einmal als *das* Thema des Bauens betrachtet worden ist, nämlich das Tragen und Lasten – und was man für die Gestalt des Bauwerks daraus gewinnen kann. Bei Arthur Schopenhauer – und er war nicht der Erste – ist dies das »einzige und beständige Thema«; bei Karl Friedrich Schinkel und seiner Schule liest es sich ähnlich. Nur die Gesetze von Schwere, Starrheit und Kohäsion sind laut Schopenhauer für die Architektur gültig. Mit ihnen unterscheide sich die Kunst des Bauens von allen anderen Künsten. Und in der Tat: Alle Architektur muss Lasten tragen, auf jeden Fall – so die Hütten und Zelte – die eigene, und wenn die Bauten mehrstöckig sind, auch die der Menschen und Dinge, die in ihr Platz fanden. Schopenhauer fand das Prinzip in der Säulenreihe der antiken Architektur ausgebildet: Das Gebälk tritt als schiere Last auf, die Säule als reine Stütze.[1]

Anders als der deutsche Philosoph sah sein französischer Zeitgenosse, der Architekturtheoretiker Eugène-Emmanuel Viollet-le-Duc, das System der Konstruktion am reinsten und freisten in der Gotik ausgeprägt. Beim gotischen Gerüstbau war die Konstruktion mit der Form identisch. Überdies erlaubte er die einfachsten wie die kompliziertesten Kombinationen. Konstruktion war auch für Viollet-le-Duc das, was die Architektur konstituiert.[2] Und der naive Menschenverstand gibt ihnen recht. Denn dass sie sich selbst und uns verlässlich trägt, ist die erste Forderung, die der schutzsuchende Mensch an die Architektur stellt. »Firmitas« lautet denn auch die erste Kategorie, die der Erzvater aller Architekturtheorie, Vitruv, formulierte. Unter »firmitas«, Festigkeit, verstand er alles, was Statik, Baukonstruktion und Baumaterial betraf.

Zu zeigen, wie etwas gemacht ist, das zeugte vom Stolz darauf, es überhaupt gemacht zu haben, die Lasten bewältigt, sie gar in vorher unerreichte Höhen gestemmt zu haben wie bei den frühen Hochhäusern in New York oder Chicago, die das tragende Skelett – damals Eisen und Stahl – auch nach außen zur Schau trugen. »In dem Augenblicke, wo die Lastbedingungen verstanden werden, verlangen Redlichkeit und Gefühl auch Rechenschaft über die Tragbedingungen«, schrieb der englische Architekturschriftsteller John Ruskin.[3] So lange die Genugtuung vorwaltete, sich in der Auseinandersetzung mit der Schwerkraft behauptet zu haben, und so lange diese Leistung noch nicht zur banalen Selbstverständlichkeit geworden war, bewahrte der Ausdruck der Kräfte in den Fassaden seine kulturelle Rechtfertigung. Die Verständlichkeit der Form sorgte für die Verständigkeit der Form.

CLINTON J. WARREN, UNITY BUILDING, CHICAGO, 1891/92

Die Legitimationsansprüche gingen sogar weiter. »Redlichkeit« wurde zu »Wahrhaftigkeit«. »Die Werke der Ingenieurkunst sind der neuen Baukunst ein leuchtendes Vorbild geworden, weil sie als die einzigen Bauwerke unserer Zeit unerbittlich wahrhaftig sind«, schrieb Hugo Häring in den 1920er-Jahren.[4] Gerüstbauten in Eisen, Stahl und seit der Jahrhundertwende auch in Stahlbeton konnten nun auch im Sakralbau eingesetzt werden. In der Technik, hier der Bautechnik, wurde etwas latent Sakrales entdeckt, ganz abgesehen davon, dass die freien Raumüberspannungen, die nun möglich waren, es erlaubten, die von ihrer

Tragfunktion befreiten Wände in Glas aufzulösen. Entmaterialisierung wurde möglich wie einst in der gotischen Kathedrale. Bei Otto Bartning, im 20. Jahrhundert der führende evangelische Kirchenbauer, ist zu lesen: »Wir glauben, dass von der Verwendung moderner Technik keine Verweltlichung des Kirchbaus zu fürchten ist, nein umgekehrt: Der Kirchbau soll sich auf seine uralte Aufgabe besinnen, die in jedem Material und jeder Technik, so auch in der modernen Materialtechnik schlummernde Geistigkeit in den Dienst der Religion zu stellen, die Materie zur Form zu erlösen.«[5]

GRAB DES MIDAS, 1860 IN GOTTFRIED SEMPERS *DER STIL IN DEN TECHNISCHEN UND TEKTONISCHEN KÜNSTEN* PUBLIZIERT

VERBORGEN UND ENTHÜLLT

Mit der »unerbittlichen Wahrhaftigkeit« des tektonischen Ausdrucks hat es seine Schwierigkeit. Tatsächlich ist das, was die Bauten zeigen, nicht die Sache selbst, sondern deren Darstellung. Zunächst waren es, beim Eisen- und Stahlbau, Feuerschutz und Korrosionsschutz, die eine Verkleidung der tragenden und lastenden Bauglieder erforderten. Die ersten Erfahrungen mit Skelettbauten aus Guss- und Walzeisen, die den Temperaturen eines Großbrandes nicht widerstehen konnten, hatten bittere Lehren erteilt. Beim großen Brand von Chicago 1871 waren auch die vermeintlich feuersicheren Eisenbauten in Temperaturen von dreitausend Grad dahin geschmolzen. Eisenkonstruktionen wurden seitdem mit Keramik oder Betonschichten umhüllt.[6]
Verständlicherweise schien dieses Problem beim Stahlbetonbau zunächst nicht gegeben, weil der Beton den innen liegenden Stahl, die Armierung, umgab und schützte. Hier waren es die Attacken durch Luftschadstoffe, die eine Ummantelung oder Einhausung der Tragglieder nahelegten. Mit der zunehmenden Einsicht in die Notwendigkeit, Energie einzusparen, kam die Wärmedämmung hinzu. Gebäude sind heute polystyrolverpackte Wärmeinseln - oder, je nachdem, Kälteinseln - im Meer ihrer anders temperierten Umgebung. Ihre Interieurs sind gegen Temperaturdifferenzen abgeschirmt, um den Energieverbrauch zu minimieren. Diese Entwicklung enthielt die Tendenz, die Konstruktion endgültig von der Form zu trennen und die tektonischen Verhältnisse vollends aus ihrer Rolle als gestalterische Voraussetzungen zu entlassen. An den Sondermüll bei der irgendwann fälligen Entsorgung wagt man nicht zu denken.
Schon das 19. Jahrhundert hat diese Entwicklung vorhergesehen und auf Gegenmittel gesonnen. »Der Baukünstler ist nicht gezwungen, seine Konstruktion zu zeigen; wir dürfen ihm keinen Vorwurf machen, wenn er das innere Baugefüge verbirgt, ebenso wenig wie wir es bedauern, dass die Anatomie des menschlichen Körpers

unter seiner Oberfläche verborgen ist; dennoch wird für gewöhnlich das Gebäude das edelste sein, welches dem aufmerksamen und durchdringenden Blick die Hauptlinien seines Aufbaus verrät, ähnlich wie eine Tiergestalt sie zeigt, obwohl sie dem ungeübten Auge verborgen bleiben.«[7] Es geht also um die »Hauptlinien«, um den ästhetischen Schein, der eine der Hauptleistungen des Bauens, das Tragen und Getragenwerden, versinnlicht. Der Hülle ist aufgetragen, die inneren tektonischen Verhältnisse sichtbar zu machen. Sie wird zum symbolischen Ausdruck der Faktoren, die das Baukunstwerk ausmachen.

Daraus hat sich eine ganze Ästhetik der Verkleidung entwickelt, die im 19. Jahrhundert vor allem mit der Architekturtheorie Gottfried Sempers verbunden war. Semper sah die Wand der »frühesten Behausung« nicht als gemauertes Tragwerk. Wand, eines von vier Elementen der Baukunst, war für ihn zunächst »die Mattenumhegung als Raumabschluss« und damit ein Textil, das in die Zuständigkeit der Mattenflechter und Teppichwirker fiel: Die Wand ist das Gewundene.[8] So konnte sie auch mit Farbe und Ornament zusammengehen, eine Herleitung, die dem Anhänger der Lehren von der Polychromie der antiken Baukunst besonders wichtig war. Das Kleid des Bauwerks wird geradezu nobilitiert, denn mit ihm trennt sich die Form vom »nackten Bedürfnis«.[9]

Aber dass die Konstruktion auch durch die Hülle, Haut oder Bekleidung hindurch – neben Nutzung, Gebrauch, Funktion – ein maßgebender Faktor der Formfindung war, gehörte zum Credo der Moderne und ihrer Vorgänger bis hin zum Ausbruch der Postmoderne in den 1960er- und 1970er-Jahren, von den Klassizisten bis Ludwig Mies van der Rohe und bis zu denjenigen Architekten, die auch heute »in der überzeitlichen Gültigkeit des vertikalen und linearen Lastabtrags [...] das unerschöpfliche gestalterische Potential« sehen.[10] Ziel sei nicht »die Visualisierung der Konstruktion an sich, sondern das an sie Erinnernde«, heißt es bei Hans Kollhoff, auch einer der eher seltenen zeitgenössischen Architekten, die Fassadenflächen noch als Bekleidung der struktiven Elemente eines Baukörpers erkennen.[11]

KLEIDER MACHEN BAUTEN

Die Bildwirkung von Fassaden ist ein großes Thema geworden, aber Tektonik hat dabei wenig oder nichts zu sagen. Es müssen nicht die wild zerklüfteten von Coop Himmelb(l)au oder die tollkühn geschwungenen à la Frank O. Gehry sein, es können auch Strukturflächen aus repetitiven Elementen sein, die sich um die Gebäudevolumina legen und zugleich als »kommunikative Membran« dienen. Als ob die Welt der bewegten Bildschirme auch vom statischen Bauwerk eine größere Varianz seiner Epidermis verlangte, legte die Architektur sich Texturen, Farbfelder, Keramikstäbe, bedruckte Gläser, Projektionsflächen für bewegte Bilder zu. Das Ornament feiert seine Wiederkehr, und zwar nicht als auszeichnendes Element hervorzuhebender Bauteile, sondern als Muster, als Rapport in gleichförmiger Flächenausbreitung. Kleider machen nicht nur Leute, sondern auch Bauten. Das anspruchsvolle neue Wort des medialen Zeitalters lautet dafür: Interface. Was zählt, ist die Schnittstelle zwischen Innen und Außen, nicht, was sich darunter verbirgt und das ganze Spektakel erst möglich macht.

MATTHIAS SAUERBRUCH UND LOUISA HUTTON, MUSEUM BRANDHORST, MÜNCHEN, FASSADENDETAIL, 2005–2009

Sportstadien waren früher eine beliebte Spielstätte für die Muskelspiele der Baukonstrukteure; man denke an Pier Luigi Nervi oder Eduardo Torroja oder auch noch an Frei Otto und Günter Behnisch. Von der Allianz-Arena in München dagegen, Architekten Jacques Herzog und Pierre de Meuron, wird nach außen nur der Ring aus rautenförmigen, pneumatischen Folienkissen sichtbar. Was das Bauwerk zusammen- und aufrecht hält, die Hybridkonstruktion aus Stahlbeton unten und das Stahlgitterwerk oben, bleibt außen unsichtbar. Das Tragwerk leistet Sklavenarbeit, die im Inneren der Galeere verrichtet wird. »Wie Geisterhände im versperrten Raum«, heißt es bei Hugo von Hofmannsthal. Tragen und Lasten, dieses Urthema des Bauens, spielen keine Rolle. Dafür strahlt das Gebilde per Licht Botschaften aus, Informationen bescheidenen Inhalts übrigens, die nur bekannt geben, ob der FC Bayern spielt (dann erglüht es rot) oder der TSV 1860 München (dann wird es blau) oder ein anderer Mieter (dann bleibt es weiß).

Die begrenzte Faszination dieser Lösung hat ihren Preis. Verloren ist die Analogie zum eigenen Körperwissen des Nutzers und Betrachters, der Vergleich mit dem eigenen aufrechten Stand des Menschen und den eigenen Körpermaßen. Verloren geht ein Stück Verständlichkeit des Bauwerks, wie was abläuft, wo die Kräfte hingehen und aufgenommen werden, sogar: wozu dieser Superdoughnut eigentlich in seinem Inneren dient. Verloren ist auch das Gefühl für Größenordnungen überhaupt. An ihrem unwirtlichen Ort, umgeben von anderen maßstablosen Objekten wie Autobahn oder Windrad, stellt die Arena ein Objekt dar, das ganz groß sein kann oder ganz klein.

So könnte es, nur als Form betrachtet, ohne Kenntnis der realen Maße, auch eine Bodenleuchte sein, wie man sie in designbewussten Einrichtungshäusern erwerben kann. Allerdings muss man den Einwand gelten lassen, dass im Niemandsland vor den Kernstädten humanistische Analogien, dass bewährte Kriterien wie Komposition oder Proportion ihre Berechtigung verlieren. Da regiert nur noch »bigness« und dessen eigene Spielregeln.[12]

Für einen großen Teil des Bauens hat die Tektonik also ihre einstige Königswürde eingebüßt und ist zum Vasallen geworden. Ein Vasall allerdings, dem bei den großen Auftritten heutiger Stararchitekten die allergrößten Anstrengungen abverlangt werden.

JACQUES HERZOG UND PIERRE DE MEURON, ALLIANZ-ARENA, MÜNCHEN, 2002–2005

Bauten wie das Wissenschaftscenter Phæno in Wolfsburg von Zaha Hadid oder das Mercedes-Benz Museum in Stuttgart von Ben van Berkel und Caroline Bos nötigen dem Leistungsvermögen der Konstrukteure das Äußerste ab. Beide Bauten haben Technikgeschichte geschrieben, Bautechnikgeschichte, Materialentwicklungsgeschichte. Ohne die heutigen digitalen Planungstechniken wären sie nicht möglich gewesen, ebenso wenig ohne die spektakulären Entwicklungen in der Betonier- und Schalungstechnik, die den Entwurfskünstlern bisher ungeahnte Freiheiten gewähren, und ebenso wenig ohne die eindrucksvollen Fortschritte in der Stahl-, Glas- und Betontechnologie wie beispielsweise dem selbstverdichtenden Beton.

Umgekehrt haben die Freistilakrobaten im architektonischen Hochleistungssport die Tragwerker zu sportiven Kraftakten herausgefordert. Der Künstlerarchitekt entwirft, der Bauingenieur macht möglich. An der Wende vom 19. zum 20. Jahrhundert gab es noch zahlreiche bildende oder dekorative Künstler, die zum Architektenberuf überwechseln konnten, wie Peter Behrens, Bruno Paul, Richard Riemerschmid, Henry van de Velde; auch Le Corbusier gehörte letzten Endes dazu. Das schien in späteren Jahren mit den gestiegenen Anforderungen an Statik, Material- und Produktkunde, Baurecht und so weiter nicht mehr möglich. Das Fach erforderte den ganzen Mann von Anfang an. Heute, da das Baufach sich weiter in so viele Spezialistenleistungen aufgefächert hat, scheint der Berufswechsel wieder leichter vollziehbar. Der Architekt kann innerhalb seiner eigenen Kompetenz sowieso nicht mehr alles leisten. Die genialischen Künstler, wie Zaha Hadid, Daniel Libeskind oder Frank O. Gehry, ersinnen ihre skulpturalen Visionen; die Fachleute werden es schon richten.

Viele Bauten, die aus dieser Verteilung von Entwurf und Realisierung entstanden sind, haben etwas merkwürdig Surreales. Was sie trägt und funktionieren lässt, wirkt im Verborgenen. Das verzogene Stahlfachwerk, das in Hadids Phæno das Dach bildet, bleibt von außen unsichtbar, ebenso wie in Gehrys Guggenheim Museum. Was in Bilbao zählt, ist die Hülle aus Titanzinkblech oder Kalksteinfurnier, sind die wenigen Zentimeter Oberfläche und der Wirbel, den sie entfachen. Dabei war in Bilbao nichts eindrucksvoller als der Rohbau, als man zwischen den verzogenen und verkanteten Stahlgefachen umherwandeln konnte wie ein auf ewig Verdammter in Piranesis *Carceri*.

In der fertig verkleideten Form sind Raumerfahrungen, die aus der konstruktiven Realität hergeleitet wären, durch die Erlebnisse ersetzt, die der jeweilige Meister des »imagineering« in uns zu veranlassen sucht und denen wir uns willig unterwerfen. Denn wer wäre nicht anfällig für die angebotenen Sensationen der »iconic buildings«, die eine noch atemberaubender als die andere: Wenn wir beispielsweise die Rampen im Mercedes-Benz Museum hinauf- oder hinabschreiten, mit wenigen Übergängen aus dem einen Spiralwirbel in den anderen. Diese Doppelhelix ist wie eine moderne Großvariante des gegenläufig gewendelten Treppenhauses von Chambord oder ähnlicher Renaissance-Wendelsteine, wo der Gast auch in einer Windung empor oder hinunter geführt wird, die unabhängig von der anderen ihre Kreise zieht. Solche Architektur ist auch im übertragenen Sinn wie Achterbahnfahren. Immer neue Steigungswinkel und Loopings werden eingebaut, um die Konkurrenz auszustechen. Auch beim Bau von Achterbahnen sind bekanntlich hochspezialisierte Experten tätig, die Substruktionen liefern, dank derer man solche Events ohne Gefahr für Leib und Leben durchsteht.

KOLLEGE TRAGWERKSPLANER

Wie mag den Statikern und Bauingenieuren zumute sein, wenn sie sich derart zu Dienstleistern der Formenerfinder gemacht sehen? Vermutlich ist das eine Laienfrage. Werner Sobek Ingenieure beispielsweise, die Tragwerksplaner des Mercedes-Benz Museums, brauchen sich sowieso nicht über mangelndes öffentliches Prestige zu beklagen. Es ist ein Job wie andere auch, spannender sogar, wenn er an die Grenzen des bisher Möglichen führt. Wie jede Extremsituation bedingen solche Höchstanforderungen Erkenntnisse und Methoden, die ohne sie nicht entwickelt worden wären. Allerdings: Wenn Tragwerksplaner ausschließlich den Spielregeln ihres eigenen Metiers folgen, gehen sie zumeist anders vor. Es gehört zum Pluralismus unserer heutigen Situation, in der alles und auch dessen Gegenteil möglich ist, dass zeitgleich mit den freien formalen Hochglanzleistungen ebenso Bauten entstehen, die ihre technologischen Entstehungsbedingungen akzeptieren, ja aus ihrer Konstruktion bestehen. Ich gestehe, dass ihnen meine besondere Bewunderung gehört.

Technikorientiertes Bauen macht eine tröstliche Ausnahme vom Wechsel der Moden, der alle vier, fünf Jahre die Architektur heimsucht. Nicht, dass ingenieurtechnische Aufgaben und Konstruktionen keinem Wandel unterworfen wären, im Gegenteil. Auch hier gibt es Entwicklung, Veränderung und sogar so etwas wie zeitabhängige Vorlieben. Denn auch vielen Brücken oder Hallenbauten kann man ansehen, wann sie entstanden sind. Manche Konstruktionsarten drohen im »survival of the fittest« auszusterben. So haben es in der Konkurrenz mit Seilnetzen, Membranen aus Polyester- und Glasfasergeweben oder

HANS FLEISCHHAUER, ERICH KAUFMANN UND CARL-HEINZ PASTOR, TRAGWERKSPLANER: ULRICH MÜTHER, »TEEPOTT«-RESTAURANT, ROSTOCK-WARNEMÜNDE, 1967/68

Metallfachwerken die Betonschalen immer schwerer sich zu behaupten. Dabei könnten sie bei mittleren oder kleineren Spannweiten gut mithalten, wenn handwerkliche Schalungsarbeiten angesichts der hohen Lohnkosten nicht prohibitiv teuer wären.
Ingenieur und Techniker können in einem weit größeren Maße auf die Leistungen ihrer Vorgänger zurückgreifen und die eigenen Erfahrungen weitergeben als die Architektenkünstler. Insofern sind sie die eigentlichen Traditionalisten. Sie stehen in einer Tradition, die nicht immer wieder negiert werden muss. In der Ingenieurbaukunst existiert ein Kompendium von Einsichten, zu dem jede neue Lösung beiträgt, korrigierend, falsifizierend, bestätigend oder erweiternd. Bei der Arbeit des Ingenieurs ergibt der Begriff des Fortschritts Sinn, bei der des Baukünstlers nicht. Der Verschleiß technischer Produkte begründet die Möglichkeit und Notwendigkeit des Fortschritts. Der Verschleiß ästhetischer Produkte ruft die ewige Wiederkehr der Formen hervor. Ein postmodernes Museum ist nicht besser als ein brutalistisches, nur weil es postmodern ist und nicht mehr brutalistisch. Aber eine weit gespannte Halle oder schlanke Brücke kann sehr wohl besser sein, nämlich leistungsfähiger, sparsamer in Material- und Energieverbrauch, kostengünstiger, dauerhafter und erstaunlicher als eine dreißig, vierzig Jahre zuvor entstandene.
Bei den großen Technikbauten wird uns das Schauspiel gegönnt, das uns die allermeisten

OTHMAR AMMAN UND CASS GILBERT,
GEORGE-WASHINGTON-BRÜCKE, NEW YORK, 1931

Zivilbauten in der Stadt aus nachvollziehbaren Gründen – klimatischen, konservatorischen, energetischen – verweigern. Sie zeigen, wie's gemacht ist, welches Teil des Bauwerks welche Aufgaben übernimmt, wie es stemmt oder zieht oder spannt oder seine Lasten weitergibt. Es wäre ein nicht hinzunehmender Verlust, wenn dieses Moment im Bauen nicht mehr wirksam würde. Wenn wir ehrlich sind, sind es doch diese Bauten der technischen und in Form übersetzten Bravour, die den Mitmenschen spontane Zustimmung abnötigen. Von Frei Otto stammt die Vermutung, dass die Fähigkeit des Menschen, Formen spontan als schön zu empfinden, mit Optimierungsprozessen zusammenhängt, mit der Minimierung des Aufwands bei einer Maximierung der Leistung.[13] Zugleich liegt in dieser Ökonomie des Verbrauchs eine ökologische Leistung, die mit möglichst wenig möglichst viel erzielt.

Spontan schön empfinden wir das geglückte Einfache, bei dem alles Widersprüchliche aufgegangen ist: die großen gelungenen Anstrengungen wie weit gespannte Hallen, Stadionbauten und nicht zuletzt Brücken, die als Hängebrücken oder Spannkabelbrücken ihr generatives Prinzip zur ästhetischen Leitfigur machen, großartig gelassen die Hängebrücken, energisch gespannt die Spannseilbrücken. Es sind Bauwerke, die in der Regel außerhalb der dicht bebauten Stadtflächen entstehen und schon deshalb weit in Siedlungs- und Landschaftsräume hineinwirken. Ihre Ausdrucksmöglichkeiten beschränken sich überdies nicht auf die statischen Verhältnisse. Auch Leichtigkeit, Energie, Dynamik gehören zu ihrer Skala. Sogar Witz und Humor, in der Architektur seltene und meist auch zweifelhafte Gaben, finden sich im Brückenbau: so bei der im Ruhezustand harmlosen Schrägseilbrücke, die Schlaich & Bergermann zusammen mit Volkwin Marg in Kiel entworfen haben. Im hochgefahrenen Zustand faltet sie sich zusammen wie ein Klappbett. Oder bei der rückverankerten Hängebrücke im Duisburger Innenhafen, auch von Schlaich & Bergermann, die sich dank eines trickreichen Hubmechanismus im Bedarfsfall hochwölben kann wie ein Katzenbuckel.

Häufig gingen aus den Ateliers der Ingenieure Figurationen hervor, die parallel zur Natur und angeregt von ihr entwickelt wurden: Hängedächer und Gitterschalen, Pneus und Baumstützen. Vieles lässt an Naturformen denken, an Seifenhäute, Fruchtblasen, Wassertropfen, Spinnennetze, Radiolarien.

UN STUDIO (BEN VAN BERKEL UND CAROLINE BOS), ERASMUSBRUG, ROTTERDAM, 1990–1996

Auch hier war es Frei Otto, der immer wieder darauf hinwies, dass solche Erzeugnisse nicht in der Imitation natürlicher Gebilde entstehen. »Wenn man die Natur oberflächlich nachbauen will, kommt man selten zum Ziel.«[14] Hinter Ottos Arbeit stand die Vision eines Bauens, das sich nicht imitativ, sondern partnerschaftlich zur Natur verhält und das jenseits der bisherigen Anti-Natur-Technik zur Natur-Technik auf höchstem Niveau des Wissens und Könnens führt.

Das Wort »Tragwerksplaner« ist noch nicht lange eingebürgert. Zuvor gehörten diese Leute zur Gattung der Bauingenieure. Tragwerksplaner ist ein schönes Wort, weil jede Architektur Tragwerk ist und Lasten und Menschen zu tragen hat und auf jeden Fall sich selbst. Aber so lange die Teilung der Aufgaben und damit die Differenzierung der Tätigkeiten besteht, hat der Vorschlag, alle Architektur »Tragwerk« und alle Architekten »Tragwerker« zu nennen, keine Chancen – schade. So muss es vorerst bei einer vernünftigen Organisation der Zusammenarbeit bleiben.

Wenn Tragwerksplaner oft genug Geburtshelfer von Entwürfen waren, die sich Architekten ausgedacht hatten, so bestehen sie heute in vielen Fällen und zu Recht darauf, von Anfang an als gleichwertiger Partner zurate gezogen zu werden. Manchmal beschäftigen sie, ihrerseits federführend, Architekten bei der Ausarbeitung ihrer Entwürfe. Vermutlich hängt der Kreativitätsschub, der ihnen zugewachsen ist, auch mit der Erleichterung ihrer Arbeit durch die neuen digitalen Hilfsmittel zusammen. Der Job des Statikers war mit einem hohen Anteil an rechnerischer Routinetätigkeit belastet.

Sich von solchen Routinen zugunsten kreativerer Tätigkeiten zu entlasten, hat die Entwerfer übrigens immer angetrieben. So ist von Balthasar Neumann, dem Festungsingenieur, Artillerieoffizier und nicht zuletzt großem Barockarchitekten, ein Proportionalzirkel überliefert, mit dem er die Höhe, Durchmesser und Profile der fünf Säulenordnungen ermitteln konnte – Arbeitserleichterung für einen, der Besseres zu tun hatte, als seine Zeit mit mühseliger Rechenarbeit zu vergeuden. Über die digitalen Erleichterungen heutiger Last- und Tragfähigkeitsberechnungen wären seinesgleichen glücklich gewesen.

Wenn man den Verlautbarungen des Immobilienhandels, der PR-Abteilungen der Bauherren und Architekturbüros glauben darf, neigen die Unternehmerproduzenten von

SANTIAGO CALATRAVA, BAHNHOF FÜR HOCHGESCHWINDIGKEITSZÜGE, LIÈGE-GUILLEMINS, 1997–2009

Architektur unabhängig vom Stand der Weltkonjunktur zu schrankenlosem Optimismus. Das Publikum zieht Skepsis vor. Doch vielleicht muss es nicht bei diesem Riss im Meinungsbild bleiben. Vielleicht ließe sich aus einer produktiveren Zusammenarbeit zwischen denen, die Formen entwerfen, und denen, die sie möglich machen, also zwischen den Tragwerkern jeder Art, für alle Gewinn ziehen. Schön wäre es, obwohl vorerst unwahrscheinlich und jedenfalls auch von vielen anderen Faktoren abhängig, wenn der eine oder andere Bürger nach langer Zeit einmal wieder von positiven Erwartungen bewegt wäre, sobald er durch die Astlöcher von Julius Poseners Bauzaun blickte.

1 Arthur Schopenhauer, *Die Welt als Wille und Vorstellung* (1819), zit. nach Hanno-Walter Kruft, *Geschichte der Architekturtheorie,* München 1985, S. 345 f.

2 Eugène-Emmanuel Viollet-le-Duc, *Dictionnaire raisonné de l'architecture française du XIe au XVIe siècle,* Paris 1854–1868.

3 John Ruskin, *Die sieben Leuchter der Baukunst* (1849), Dortmund 1994, S. 68.

4 Hugo Häring, »Zur modernen Kirchenarchitektur«, in: *Zentralblatt der Bauverwaltung,* 43, 24.10.1928, S. 695.

5 Otto Bartning, »Rede zur Einweihung 1928«, in: Hans K. F. Mayer, *Der Baumeister Otto Bartning und die Wiederentdeckung des Raumes,* Heidelberg 1951, S. 14.

6 Vgl. Carl W. Condit, *The Chicago School of Architecture. A History of Commercial and Public Building in the Chicago Area, 1875–1925,* Chicago 1964, S. 18 ff.

7 Ruskin 1994 (wie Anm. 3), S. 66.

8 Gottfried Semper, *Die vier Elemente der Baukunst,* Braunschweig 1851.

9 Ders., *Der Stil in den technischen und tektonischen Künsten,* Bd. 1, Frankfurt am Main 1860, S. 445.

10 Paul Kahlfeldt, »Moderne Baukunst«, in: *BDA Informationen Landesverband Bayern,* 1, 2008, o. S.

11 Hans Kollhoff, *Der Mythos der Konstruktion und das Architektonische* (1993), zit. nach *Arch +. Zeitschrift für Architektur und Städtebau,* 139/140, 1997, S. 138.

12 Rem Koolhaas, »Bigness or the Problem of Large« (1994), in: *Office for Metropolitan Architecture. S, M, L, XL,* New York 1995, S. 495 ff.

13 Frei Otto, zit. nach Wolfgang Pehnt, *Die Erfindung der Geschichte,* München 1989, S. 160.

14 Ders., *Natürliche Konstruktionen,* Stuttgart 1982, S. 9.

SCHINKELS KUPPEL UND LIBESKINDS BLITZ

ZUR SPRACHFÄHIGKEIT ZEITGENÖSSISCHER ARCHITEKTUR

Vieles hat man der Architektur der letzten hundert Jahre vorgeworfen, einen ganzen Katalog von Sünden. Aber ein Vorwurf findet sich auffällig oft: Neuere Architektur sei kontaktarm, kommunikationsuntüchtig, außerstande, sich mitzuteilen, sprachunfähig. Weder verfüge sie über die Vokabeln noch über die Grammatik, die verstanden würden. Das ist ein ernstzunehmender Vorwurf. Denn in der Theorie der Architektur ist Baukunst immer wieder in Analogie zur Sprache gesetzt worden. Überall dort, wo dem Bauen mehr zugeschrieben wurde als die Befriedigung des nackten Bedürfnisses, lag sprachliche Metaphorik nahe. Im 18. Jahrhundert haben Jacques-François Blondel, Germain Boffrand oder Antoine Quatremère de Quincy die Elemente der Architektur mit den Worten der Sprache verglichen, Baukunst mit Poesie gleichgesetzt oder die linguistischen Qualitäten der Entwürfe diskutiert. In der ersten Hälfte des 19. Jahrhunderts sind die Belege Legion.[1] Dass es gelte, eine angemessene Formensprache für die jeweils eigene Zeit zu finden, ist stets auch eine Sorge jeder Avantgarde gewesen. Wie man sie entwickeln könne, war eine Frage für sich. Die Logik der Metapher legt nahe, dass man eine Sprache nicht erfinden kann, sofern daraus nicht eine Kunstsprache wie Esperanto oder Volapük werden soll.

Auf die Diskussion über Architektur als Sprache traf zu, was auf die Diskussion über den architektonischen Stil zutraf, auf die Abwägung von Tradition und Neuerung oder den Umgang mit Geschichte. Es ging um das richtige Maß zwischen Bewahrung und Erneuerung, das es möglich machte, die alten bewährten Formen – die vorhandenen Strukturen der Sprache – weiterzuführen und sie zugleich veränderten Verhältnissen zu öffnen, subjektiven Gebrauch zu ermöglichen und

KARL FRIEDRICH SCHINKEL, MUSEUM AM LUSTGARTEN (ALTES MUSEUM), BERLIN, 1823–1830

moderne Inhalte zu vermitteln. Nur so kam Kommunikation zustande, Verständigung auf einer allen gemeinsamen und verständlichen Basis. Wer sich nur an die gewohnten Vokabeln, Kombinationen und Sprachformen hielt, lief Gefahr, sich nicht mehr Gehör zu verschaffen, weil über dem langen Gebrauch ihr Mitteilungswert abgeschliffen war. Aber wer sich nur neuer, nicht eingeführter Formen bediente, riskierte Unverständlichkeit. Es gab dann keine Möglichkeit, die unbekannten Inhalte auf vertraute Erfahrungen zu beziehen und sie damit kommunizierbar zu machen.

EIN ALTER TYPUS DER KUNSTSYMBOLIK

Selbst ein für seine Zeit so radikaler und dem Neuen aufgeschlossener Architekturtheoretiker wie Gottfried Semper war sich dieses Mechanismus, dieser Dialektik bewusst: »So wie die Sprachwurzeln ihre Geltung immer behaupten und bei allen späteren Umgestaltungen und Erweiterungen der Begriffe, die sich an sie knüpfen, der Grundform nach wieder hervortreten, [und so] wie es unmöglich ist, für einen neuen Begriff zugleich ein ganz neues Wort zu erfinden, ohne den ersten Zweck zu verfehlen, nämlich verstanden zu werden, eben so wenig darf man diese ältesten Typen und Wurzeln der Kunstsymbolik für andere verwerfen und unberücksichtigt lassen.«[2]

Ein »alter Typus der Kunstsymbolik« ist die Kuppel, und ein Architekt, den die Verbindung des Neuen mit dem Alten sehr beschäftigt hat, war Karl Friedrich Schinkel, Preußens Oberbaudirektor. Die Entstehungsgeschichte seines Museums am Berliner Lustgarten zeigt, wie diese Vermittlung von Inhalten – nennen wir sie getrost: Rhetorik – in Zeiten funktionierte, die ihr bereits nicht mehr günstig waren. Denn zu Beginn des industriellen Zeitalters war der Drang zum Neuen stark. Dafür existierten einleuchtende Gründe. Es gab neuartige öffentliche Aufgaben, deren eine das allgemein zugängliche

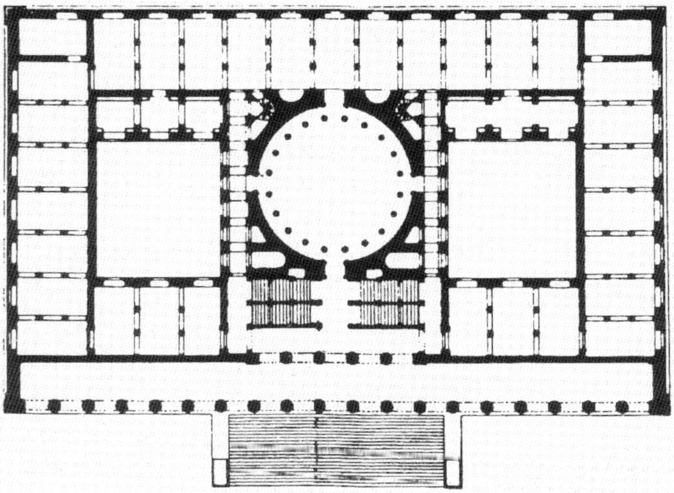

KARL FRIEDRICH SCHINKEL, MUSEUM AM LUSTGARTEN (ALTES MUSEUM), BERLIN, GRUNDRISS ERDGESCHOSS, 1823–1830

Museum war, und es gab neue Technologien wie Eisenkonstruktion, Klimatechnik oder Brandschutz, die Schinkel innovativ einsetzte. Neue Aufgaben wie neue Technik legten neue Formen nahe. Trotzdem oder vielleicht deswegen fühlten Künstler wie Schinkel sich in der Verantwortung, ihre Rolle als Vermittler auch unter geänderten, schwieriger gewordenen Umständen wahrzunehmen. »Er verlangte für die Baukunst ein Recht, […] ohne welches unsere Arbeiten zu Handwerkerleistungen herabsinken würden, nämlich das Recht, zu den Menschen reden zu dürfen«, schrieb Richard Lucae über seinen zu diesem Zeitpunkt bereits verstorbenen Kollegen Schinkel.[3]

Als Schinkel sich 1823 entschied, sein Museum mit einer Kuppel zu bekrönen, hatte diese Raum- und Architekturform eine lange, ehrwürdige Tradition hinter sich. In den Kugelbauprojekten der sogenannten Revolutionsarchitekten hatte sie kurz zuvor sogar einen Höhepunkt erlebt.[4] Der rhetorische Rang, der Aussagewert einer Form bestimmt sich aus zwei Komponenten, die eng miteinander verknüpft und eigentlich gar nicht zu trennen sind. Die eine Komponente ist die sinnlich erfahrbare und geistig nachvollziehbare Qualität der Form. Die Kuppel basiert auf idealen, als ideal auch unmittelbar einleuchtenden geometrischen Verhältnissen. Ihr Grundriss ist der Kreis. In seiner Geschlossenheit, in seiner Zentrierung, in der Endlosigkeit der Kreislinie, in der unübertrefflich günstigen Relation von Umfang zu Inhalt ist er die perfekte Figur schlechthin. Im Aufriss vollführt die Kuppel, auch wenn sie nicht die genaue Kalotte einer Kugel darstellt, sondern ihr nur angenähert ist, den Urgestus des Überwölbens, Überfangens, Einschließens. Sie steht für Bergung, Schutz und Umhausung und gleichzeitig für Weite, Ferne und Universalität. Sie erinnert das Nächste, das Schädeldach des Menschen, und das Entfernteste, den Erdball, die Himmelskuppel, die Bahnen der Gestirne. Diesen Suggestionen wird sich kaum jemand entziehen können.

Die unmittelbar einleuchtende Qualität der Form ist das eine, ihr langjähriger, im kollektiven Gedächtnis erinnerter Gebrauch das andere. Beide zusammen machen untrennbar ihre Symbolkraft aus. Bedeutung qua Gebrauch setzt sich an jenen Gebäuden fest, deren Gestalt dazu einlädt. Umgekehrt wird die Bedeutung qua Form durch entsprechenden Gebrauch befestigt und ausdifferenziert. Kuppelbauten hätten sich in der Geschichte des Bauens nicht als Inbegriff sakraler Architektur behaupten können, wenn ihre sinnlich-anschaulichen Eigenschaften sie nicht für diese noble Karriere vorherbestimmt hätten. Von antiken Rundtempeln wie dem Pantheon führte sie zu den Kuppelkirchen des Ostens, des Veneto, Aquitaniens, der italienischen Renaissance. Einen Vorzugsplatz nahmen in dieser Liste Baptisterien, Mausoleen, Memorialkirchen, Marienheiligtümer ein.

In der Entstehungszeit des Alten Museums von Schinkel waren Kuppeln längst nicht mehr auf eine sakrale Verwendung festgelegt. Die Form hatte sich von ihrer Tradition weitgehend, wenn auch nicht ganz, gelöst und signalisierte nun eine Würde, die von geistlicher Kompetenz befreit war. Häufig traten Kuppeln bei feudalen Aufgaben auf. Es gab sie seit Andrea Palladio in anspruchsvollen Villen, Gartenhäusern, Orangerien. In Berlin trug das barocke Stadtschloss auf der anderen Seite des Lustgartens zu Schinkels Zeit zwar noch keine Kuppel. Aber Eosander von Göthes Triumphportal war statisch so ausgelegt, dass sein späterer Nachfolger Friedrich August Stüler keine Mühe hatte, ihm in der Mitte des 19. Jahrhunderts eine aufzusetzen. Als Verschönerung des Stadtbildes waren Kuppeln willkommen, sogar in doppelter Ausfertigung wie an der Piazza del Popolo in Rom, in Greenwich an der Themse, am Berliner Gendarmenmarkt. Verdoppelung ist nicht unbedingt eine Verzweifachung des Guten, sondern kann eine Infragestellung des Einmaligen bedeuten.

Zwar stand die Inflation der Kuppeln noch bevor, in jenem Zeitalter, als Parlamente, Börsengebäude, Justizpaläste, Gefängnisse, Polizeipräsidien, Glaspaläste mit Kuppeln bedacht wurden. Museen jedoch konnten bereits von Kuppeln bekrönt sein. Die Tribuna in den Florentiner Uffizien, die das Herzstück der Medici-Sammlung beherbergte, trug von Anfang an, das heißt seit dem späten Cinquecento, eine achtseitige Kuppel, das vatikanische Museum Pio Clementino eine Kuppel über der Zylinderschale seit 1773, die man allerdings als »die klassizistisch dünnblütige Enkelin des Pantheons« gescholten hat.[5]

Die Kuppel war also wegen ihrer häufigen Verwendung schon eine in ihrer Aussagefähigkeit gefährdete Architekturform. Bald würde sie allem dienen, was von gewisser Größe und öffentlichem Rang war. Schinkel hielt sie bei seinem Museum für unentbehrlich, setzte sie gegen die pragmatische Kritik durch und besetzte sie inhaltlich hoch. Flankiert von zwei Innenhöfen, geht der Kuppelsaal durch beide Hauptgeschosse. Galeriedirektor Gustav Friedrich Waagen, ein Freund Schinkels, nannte ihn »eine Art von Pantheon«.[6] Schinkel selbst sprach vom »würdigen Mittelpunkt, [...] der das Heiligthum sein muss, in dem das Kostbarste bewahrt wird«.[7] Und was ist das »Kostbarste«? Es ist die Versammlung antiker Götterstatuen, die unter der zentralen Wölbung zusammengetreten ist. Die Bildungsgeschichte der abendländischen Welt, im Museum aufbewahrt und in der Rotunde abermaliger Konzentration zugeführt, war der zeitlich begrenzten politischen Herrschaft im Hohenzollernschloss gegenüber konfrontiert. Das verdiente durchaus eine Kuppel. Sammlung und Gehäuse sollten »durch Zugänglichkeit gemeinnützig und für die Bildung der Nation wirksam gemacht werden«.[8]

Es kennzeichnet Schinkels Sinn für Loyalität, Diskretion und Diplomatie, dass er der architektonischen Würdeform der Kuppel zwar nach innen zur vollen – Waagen sagt: »erhebenden«[9] – Wirkung verhalf, ihr aber nach außen die pathetische Fernwirkung vorenthielt. Denn sie ist eingelassen in einen »viereckigen Schutzbau für das Kuppelgewölbe«, verborgen hinter einem kastenförmigen Aufsatz, gewissermaßen in Schutzhaft genommen. Das Allerheiligste erblickt man nicht von außen, man ahnt es allenfalls.

So tritt die Kuppel auf diesem »schönsten Platze der Hauptstadt«[10] nicht in Konkurrenz zum benachbarten Dom, der damals noch der von Schinkel selbst umgebaute, auch von einer Kuppel und zwei Nebenkuppeln bekrönte Kirchbau war.

Dass gegenüber das Schloss über kurz oder lang gleichfalls eine Kuppel erhalten würde, war von Schinkel gleichfalls berücksichtigt. Aber zugleich sicherte ihre ungewöhnliche Behandlung im Außenbau auch ihre Wirksamkeit. Die altgewohnte und schon halb verbrauchte Form erhielt neues Interesse. »Nur das ist ein geschichtlicher Act, der auf irgendeine Weise ein Mehr, ein neues Element in die Welt einführt, aus dem sich eine neue Geschichte erzeugt und fortspinnt.«[11] Es ist ein Entwurfsproblem, das Schinkel auch bei der anderen eindrucksvollen Entscheidung seines Projektes, den offenen Treppenläufen und dem Altan hinter dem Säulenschleier der Kolonnade, zu lösen hatte. Singulär, wie diese Stadtloggia war - denn wo sonst gab es einen solchen Innenraum, der zugleich Außenraum war? –, war sie doch durch die Reihe der ionischen Riesensäulen an die Tradition rückgebunden und »spann ihre Geschichte fort«.

Für den Kenner, aber nur für ihn, bereitete diese äußere Kolossalordnung den Kuppelsaal vor, der die Gebäudemitte in ihrer ganzen Höhe durchschneidet. Sie war aber auch kontrastierend auf die Kuppel bezogen. Die Säulenhalle, so hat Georg Wilhelm Friedrich Hegel den griechischen Tempel in der berühmten Stelle seiner *Ästhetik* beschrieben, war der Ort der ungezwungenen Begegnung, eingerichtet »auf ein Umherstehen, Hin- und Herwandeln, Kommen und Gehen«. Auf den überkuppelten Saal traf dagegen zu, was der Philosoph »die konzentrierte innere Sammlung einer ringsum eingeschlossenen, vom Äußeren losgelösten Versammlung« nannte.[12]

Als relevante, sprachfähige Mitteilungsform sind Kuppeln als Gebäudekronen heute kaum noch nutzbar. Wenn Norman Foster sich beim Wiederaufbau des Reichstagsgebäudes dem Druck der konservativ dominierten Baukommission fügte und Paul Wallots mächtigem Vierkant ein gläsernes Hütchen aus seiner Kollektion verpasste, scheint ihn angelsächsische Ironie geleitet zu haben. In der Ausführung hat er sich schließlich große Mühe gegeben, die alte Form einer neuen Interpretation zuzuführen. Populär ist sie, aber in ihrem Symbolverhalten nicht überzeugend. Denn welchen Sinn ergibt es, wenn das Volk über seinen Vertretern, doch ohne Sichtverbindung zu ihnen, auf einer Doppelspirale zur Aussichtskanzel strebt?

Im Museumsbau hat Stephan Braunfels noch einmal von der Kuppel Gebrauch gemacht, bei der Pinakothek der Moderne in München.

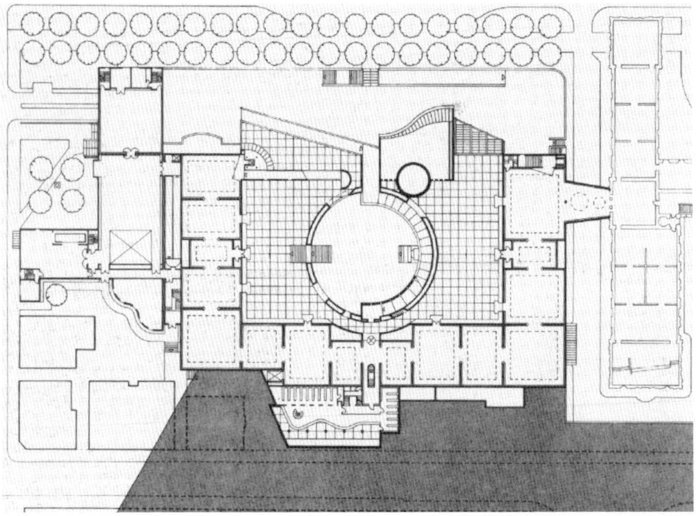 

JAMES STIRLING UND MICHAEL WILFORD, NEUE STAATSGALERIE, STUTTGART, GRUNDRISS OBERGESCHOSS, ROTUNDE 1977–1984

Hier leitet der Kuppelsaal die Erschließung des großen Gebäudes ein, erlaubt auch den öffentlichen Weg diagonal durch das Haus, ohne dass der Gast die eigentlichen Ausstellungsräume betreten müsste. In James Stirlings Stuttgarter Neuen Staatsgalerie dient der Kuppelraum sogar ausschließlich der öffentlichen Passage, ist nicht einbezogen in den inneren Museumsrundgang. Konsequenterweise führte der britische Tausendsassa in einem Grundriss, der auf den ersten wie auf den zweiten Blick Schinkels Berliner Museum zitiert, die Kuppel als Negation einer Kuppel aus. Seine Rotunde versammelt nichts mehr unter einer Wölbung. Sie ist nach oben offen, die Mauerkrone von Wein überrankt, eine gebaute Ruine, keine Kuppel, sondern deren Abwesenheit. Das kann man nur einmal bauen, nicht öfter. Dann ist auch diese Form erledigt und die Konvention abgehakt.

SELBSTERFUNDENE IKONOGRAFIE

Man begreift, vor welchen Schwierigkeiten zeitgenössische Architekten stehen, wenn sie ein Bauwerk von öffentlichem, sogar kulturpolitischem oder historisch-moralischem Interesse zu entwerfen haben und ihrer Schöpfung demgemäße symbolische Wirkung sichern möchten. Schinkel konnte sich eben noch auf eine Tradition stützen und sie durch Bearbeitung und Transformation frisch erhalten. Daniel Libeskind musste bei einem anderen bedeutsamen Berliner Museum, dem Jüdischen Museum, seine Ikonografie selbst erfinden. Die Architekturgeschichte konnte ihm, anders als Schinkel, keine ihrer alten Pathosformeln mehr an die Hand geben.
In den hundertachtzig Jahren, die seit der Eröffnung des Schinkel-Museums vergangen sind, hat sich der Verschleiß der Tradition fortgesetzt. Auch durch die Zitierkünste der Postmoderne in den 1970er- und

DANIEL LIBESKIND, JÜDISCHES MUSEUM, BERLIN, 1989–1999

1980er-Jahren ist er nicht dauerhaft aufgehalten worden; im Gegenteil hat ihn die Beliebigkeit des Zitierens noch beschleunigt. Ohnehin gestattete es die Bauaufgabe an der Berliner Lindenstraße Libeskind kaum, auf ein Formenmaterial zurückzugreifen, das von andersartigen Assoziationen vorgeprägt wäre. Ein Bauwerk, das nach dem Holocaust jüdischer Kultur gewidmet ist, kann sich nicht auf bauhistorische Vorgänger berufen. Für Beispielloses stehen keine Beispiele zur Verfügung.
Sollte es also keine auf den Nullpunkt der Sprachlosigkeit gebrachte Bauform werden, musste der Architekt eine Gestalt entwickeln, für die es innerhalb der Tradition des Bauens kein Vorbild gab. Libeskind fand Anregungen in eigenen biografischen Erfahrungen, im eigenen Œuvre (das bis dahin ein gezeichnetes, noch kein gebautes Werk war), in den Symbolzeichen der Geschichte, der Täter wie Opfer. Die Konvention der städtebaulichen Nachbarschaft in der südlichen Friedrichstadt blieb zur Seite. Wie ein Blitz fährt der Baukörper in die Lücke zwischen den Wohnungsblöcken der 1970er-Jahre und dem barocken Königlichen Kollegiengebäude, dem späteren Kammergericht und Berlin-Museum. Libeskinds Blitz ist weniger Blitz als Schinkels Kuppel Kuppel ist. Der Begriff Kuppel beschreibt zu allererst eine langbewährte Bauform. Erst dann stellt sich die Frage nach den Bedeutungen, die in ihr enthalten sind. Das Wort Blitz ist dagegen kein eingeführter Architekturterminus. Eine Kuppel ist Architektur, ein Blitz ist es nicht. Man wird Mühe haben, sich eines anderen architektonischen oder architekturnahen Gebildes zu entsinnen, dem diese Figur unterlegt ist – außer dem Denkmal für die Weimarer Märzgefallenen, das Walter Gropius 1920/21 entwarf und baute.[13] Übrigens ist der Blitz in Weimar eine Aufriss-, nicht eine Grundrissfigur.
Die gesplitterte Figur lädt zu anderen Vergleichen ein, darunter vor allem der zerborstene

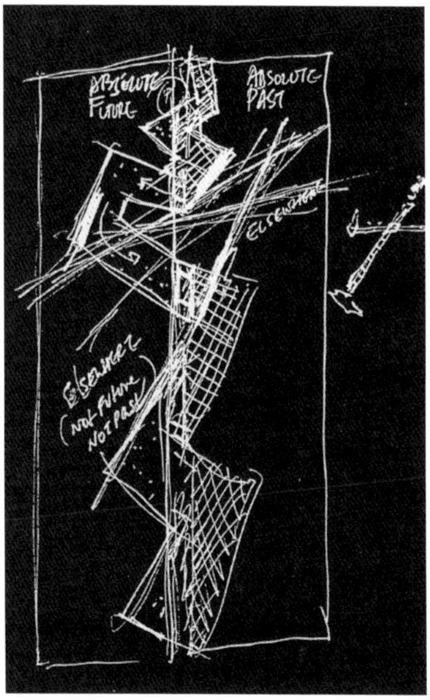

DANIEL LIBESKIND, JÜDISCHES MUSEUM, BERLIN, GRUNDRISSSKIZZE, 1989–1999

Davidstern, auf den Libeskind immer wieder zu sprechen kommt. Auch an eine SS-Rune kann der Grundriss erinnern. In der Tat wäre das zerbrochene Zeichen der Schergen auch eine angemessene Aussage dieses Bauwerkes. Es ist der Punkt, wo der Unterschied zwischen Symbol und Metapher einsetzt. Beim Symbol ist – wie bei der Kuppel – die Bedeutung der Form immanent und in ihrer Spannweite nicht zu erschöpfen (»symbállein« = zusammenwerfen, vereinigen). Schinkel nennt es in seinem legendären, nie fertiggestellten *Lehrbuch* »ein Verhältniß, welches allemal Thätigkeit anregend, seinem Wesen nach ist, indem es zu einem bestimmten Beziehn, Vergleichen, hin und her schweben zwingt, und eingehn läßt in das Wesen der Gegenstände«.[14] Bei der Metapher dagegen ist die Bedeutung aus einem anderen Sinnbereich auf die Form übertragen worden (»met aphérein« = herübertragen) und deshalb auch wieder ablösbar und auswechselbar: ein Blitz, ein Davidstern, eine SS-Rune.

Verständlicherweise hat der Architekt viel Argumentationsaufwand getrieben, um sein Bauwerk als Davidstern interpretiert zu wissen. Libeskind hat sich einer Entwurfsstrategie bedient, die jede einzelne Figur aus einem Netz von Beziehungen, von vorhandenen oder gelegten Spuren hervorgehen lässt. Vektoren, die »invisible connectors«, verbinden in der Fantasie des Künstlers den architektonischen Schauplatz mit Orten, die ihm durch Menschen oder Ereignisse wichtig geworden sind. So begründete Libeskind den vielzackigen Grundriss des Jüdischen Museums mit Linien, die er auf dem Stadtplan zwischen den Wohnadressen von Stadtbürgern gezogen hat. Es sind Namen, die in seinen Augen für eine deutsch-jüdische Kultursymbiose stehen: Paul Celan, Heinrich Heine, E. T. A. Hoffmann, Friedrich Schleiermacher, Arnold Schönberg, Rahel Varnhagen.

Dieses Berliner Beziehungsspiel von hoher Willkürlichkeit gruppierte sich für Libeskind gewissermaßen wie von selbst, als sei es eine Fügung des Schicksals, zur Figur eines (leicht verzogenen) Davidsterns. Damit war ein zusätzliches bildhaftes Argument für die Grundfigur des Jüdischen Museums, den zerbrochenen Davidstern, gefunden. Den Lesern seiner Texte und Betrachtern seiner Zeichnungen bleibt es überlassen, an eine prästabilierte Ordnung des Stadtbildes zu glauben, die nur der Entdeckung durch den Architekten harrte. Oder an eine Konstellation, die der Autor in den Stadtplan hineinsah, weil er sie sehen wollte.

Ein für den ganzen Bau charakteristisches Moment sind die unbetretbaren Räume, die »voids«. Ein Riegel leerer, unzugänglicher Schächte durchschneidet als schmaler, steiler, mehrfach unterbrochener Hohlkasten das Zickzack der Geschossflächen, die ihn umfassen und überspringen. Libeskind sieht darin unter anderem zwei Linien der Geschichte, die Linie der in schroffen Umbrüchen sich vorwärts tastenden Kontinuität und die Linie der Progression, die in viele Fragmente gebrochen ist. In Libeskinds Interpretation stehen die Leerräume für das »Nicht-Sichtbare [...] als dem Unsichtbaren«, für die »Abwesenheit« der jüdischen Kultur, die sich durch die zeitgenössische Kultur Berlins ziehe, oder für die eigene Abwesenheit, die jeder Teilnehmer empfinden werde.[15] Dass man nach der Einrichtung des Museums nun doch einen betreten kann, widerspricht der ursprünglichen Absicht – wie überhaupt mit der Normalität des Museumsalltags, mit der Überfülle der Exponate und Multimediainstallationen dem Bau ein großes Stück seiner beklemmenden Fremdartigkeit abhanden gekommen ist.

Manches in dieser Architektur erklärte sich aus sich selbst wie die Weg- und Treppenführungen, die ohne Ausgang vor einer Mauer enden. Manches ist doppelt und mehrfach verschlüsselt. Der E.-T.-A.-Hoffmann-Garten erinnert nicht nur an Hoffmann als Juristen, der seinen Schreibtisch im Kammergericht nebenan hatte. Er erinnert auch an Hoffmann als Dichter angstbesetzter Erzählungen und als Musiker, der in der schriftstellerischen und musikalischen Doppelbegabung bei Libeskind verwandte Saiten angeschlagen haben mag. Zugleich und nicht zuletzt aber gilt der Stelenhof als Garten des Exils, in dessen Rechtkantpfeilern die Ölweiden Jerusalems wurzeln. Ihre Anzahl 49 hat Libeskind auf die Kabbala bezogen, doch auch

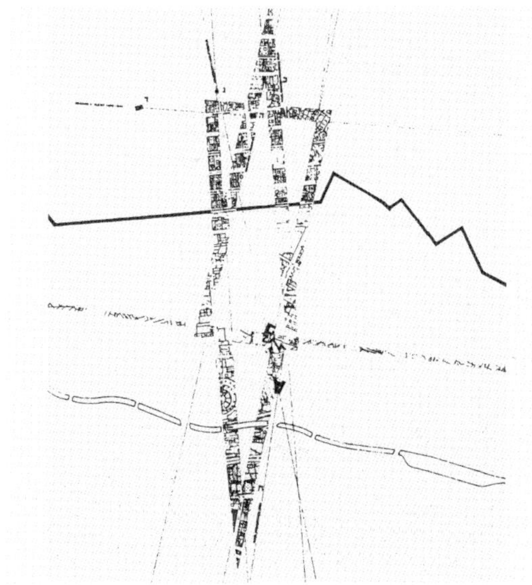

DANIEL LIBESKIND, DAVIDSTERN IM BERLINER STADTGRUNDRISS, ERMITTELT AUS VERBINDUNGSLINIEN ZWISCHEN ADRESSEN VON BÜRGERN AUS DER DEUTSCH-JÜDISCHEN KULTURGESCHICHTE

auf das Gründungsjahr des Staates Israel: 1948. Und die übrig bleibende 49. Stele? Steht für die Stadt Berlin. Kaleidoskopartig gleiten die kryptischen Metaphern aus den verschiedensten Zusammenhängen ineinander.[16] Unter jedem Text liegt ein Subtext, hinter jedem Code ein weiterer Code. »Architecture parlante« ist zu einer »architecture murmurante« geworden, die ihre Auslegungen vor sich hinraunt.

Andere Metaphern des Bauwerkes reiben sich nicht nur wechselseitig im Nebeneinander. Sie erhalten auch einen changierenden Sinn, wenn man ihre Genese im eigenen Werk von Libeskind verfolgt, also im Nacheinander. So findet sich der Vielzack des Berliner Jüdischen Museums bereits in einer ganz anderen Planung, die bis zu einer großen Bodenplastik gedieh und einem völlig anderen Kontext entstammte. 1985 war Libeskind mit einem Workshop in der norditalienischen Zitadelle

Palmanova beschäftigt, einem Grenzort im Friaul aus dem Seicento, der mit seinen vielfach gewinkelten Bastionen und Contrescarpes einen frühbarocken Festungsstern bildet. Eine Bodenskulptur aus Holz und Metall, die Libeskind 1988 in Genf ausstellte und *Line of Fire* nannte, hielt diese Figur fest. Die Entscheidung des Berliner Preisgerichts für die Entwurfsarbeit Nummer 1021, für das Museumsprojekt Libeskinds, war damals noch nicht vorherzusehen.

Mit der Berliner Situation und ihrem historischen Hintergrund hatte die Grundform daher a priori nichts zu tun. Denn man wird ja nicht so weit gehen wollen, an den Fortifikationsgürtel des Großen Kurfürsten zu erinnern, der unweit des Museumsstandortes verlief?[17] Auf jeden Fall wäre dieser Assoziationszusammenhang ein ganz anderer als der, für den Davidstern oder SS-Rune stehen. Es ist, als suchten die Formen – anders als der Architekt es in seinen Äußerungen suggeriert – ihre Bedeutung erst. Flottierende Bedeutungen machen auf Zuruf oder Abruf an den Formen fest. Ein fester Verbund von Form und Aussage existiert jedenfalls nicht mehr.

DER ERSTE ZWECK, VERSTANDEN ZU WERDEN

Schinkels Museum verweist auf Architekturgeschichte und eine sie durchlaufende Tradition, die nicht strikt bindet, aber ein Referenzsystem für Entwurf und Deutung abgibt. Libeskinds Museum springt aus der Geschichte bekannter Formen heraus. Auch wenn die Architekturhistoriker mit dem Etikett des Dekonstruktivismus eine Rubrik gefunden haben, unter der sie es ablegen: Einen solchen Bau hat man zuvor noch nicht gesehen. Nicht die Allgemeinheit einer Symbolsprache, sondern die Besonderheit der Formfindung erschwert die Kommunikation zwischen dem Gebäude und seinem Besucher.

Denn Libeskinds Blitz oder Stern oder Rune bezieht sich nicht nur auf die historische Katastrophe des Holocaust, sondern erklärt sich auch aus der Biografie des Künstlers, aus seinen persönlichen Vorlieben für Musik und Literatur, aus seinen Recherchen, die er im Kulturleben und der Ortsgeschichte Berlins unternommen hat. Im Gebrauch der Zeichen ist etwas eingetreten, was man die Privatisierung der Symbole nennen könnte. Sie gelten nicht für alle, sondern für einen, der sie den anderen begreifbar machen möchte. Auf was hat sich Libeskind nicht alles berufen? Auf die Gedichte Paul Celans, auf Arnold Schönbergs unvollendete Oper *Moses und Aron,* die im Wort und dann im Schweigen endet, auf Walter Benjamins Geschichtsphilosophie und seine zwei unterschiedlichen Vorstellungen von Zeit, der Zeit als Kontinuität und der Zeit als Progression!

Nun könnte man sich damit bescheiden zu sagen: Der Künstler hat immer recht. Seine Inspirationen holt er sich, wo er sie findet, und mit den Verfahren, die ihm geeignet scheinen. Einleuchtend mögen ihre Assoziationen für ihn selbst sein, weil sie ihn als Künstler zu seinen schwierigen, anspruchsvollen und komplexen Gebilden veranlassen oder zumindest auf dem Weg zu ihnen bestärken. Jedes Werk des Künstlers muss sein Publikum überzeugen, nicht jede seiner eigenen Deutungen muss es. Genügt es nicht, dass wir anderen durch die physisch-psychische Überzeugungskraft des Bauwerks, die sich ihnen verdankt, an ihnen teilnehmen? Ein Haus, das fasziniert, irritiert, Rätsel aufgibt und Verstörungen auslöst, ist es allemal geworden.

Aber Bilder sind auch Orientierungshilfen, die es erlauben, uns in einer chaotischen Welt zurechtzufinden. Sie versammeln akkumuliertes Wissen in sich, verbinden das Neue mit dem Alten und sichern eine Kontinuität, ohne die Erfahrung und Verständnis nicht möglich wären. So benötigen Naturwissenschaftler bildhafte Denkmodelle für Vorgänge, die anders nicht erklärbar wären: in der Kernphysik etwa das weizsäckersche Tröpfchenmodell, das die Spannungsverhältnisse innerhalb eines Atoms nach dem Beispiel eines Wassertropfens erläutert. Oder in der Biotechnologie die Anordnung und Wiederholung von Erbinformationen auf der DNA-Doppelhelix. Und wir arbeiten nicht nur in unserem bewussten Verhalten mit Bildern, sondern sind bereits im Vor- und Unbewussten mit Bildern ausgestattet, die bestimmte Verhaltensweisen in uns auslösen: das Thema von Psychoanalyse und Tiefenpsychologie.

Bilder ermöglichen die Strukturierung von Wahrnehmungen und damit auch von Reaktionen und Handlungen. Infolgedessen ist die Pflege und Bearbeitung unseres Bildervorrats eine Maßnahme, die mit angemessenem und sinnvollem Verhalten in der Welt zu tun hat. Wie sollte dieses vitale Interesse nicht einem Medium gelten, in dem jeder sich in jedem Augenblick seines Lebens bewegt, nämlich zwischen Baukörpern und in Architekturräumen?

Beide, Schinkel wie Libeskind, haben über den Bedeutungsverlust der architektonischen Form reflektiert. Schinkel hat sich in den Skizzen zu seinem *Lehrbuch* gefragt, was denn wäre, wenn »das Symbolische, Sinnbildliche« nicht mehr »ein Lebendiges« sei, sondern »ein todter Begriff [...], der nur auswendig gelernt und im Gedächtniß erfaßt werden konnte«. Das waren jene neuen Zeiten, in denen »diese ganze Sphäre auch am Ende in die Hände der Antiquaren« falle.[18] Man meint, schon Friedrich Nietzsche zu hören.

Schinkel war überzeugt, das Symbolische der »Alten Welt«, der Antike, habe zum größten Teil schon dieses Schicksal erlitten. Allerdings hoffte er auch auf Ausnahmen, hoffte darauf, dass »manche lebendige Symbolik statt findet, die für alle Ewigkeit immer auf dieselbe Art neu erschaffen werden wird und Leben behält«.[19] Wenn Libeskind fragt: »Kann die sichtbare Form noch das Schicksal der Architektur tragen?«,[20] treibt auch ihn die Sorge um die Mitteilungsfähigkeit des Gebauten, um – wie Semper es gesagt hat – den »ersten Zweck, verstanden zu werden«.

Eine Anweisung oder auch nur ein Vorschlag, wie künftig mit Bildern und Zeichen umzugehen sei, ergibt sich daraus nicht. Man wird weder Pluralismus noch Globalisierung, zwei Charakterzüge der Gegenwart, zurücknehmen können oder auch nur wollen. Aus dem einen ergibt sich das andere, eine enorme Ausweitung der Quellen und Repertoires und gleichzeitig eine Abnahme ihrer gesellschaftlichen Verbindlichkeit. Wo sich einer in dieser Pluralität bemerkbar, sichtbar machen will, muss er auf hohe Originalität setzen. Aber große Originalität – das ist das Dilemma – bedeutet auch erschwerte Mitteilung. Wer von den Stars hochindividuelle Überraschungen erwartet, kann ihnen nicht verbindliche Deutungen abverlangen. Denn Verbindlichkeit setzt Konvention voraus. Der nie zuvor gesehene, gehörte, gelesene Einfall, der nur dem Künstler gehört, der ihn hervorgebracht hat, ist nicht dechiffrierbar. Es fehlt der zur Dechiffrierung gehörende Schlüssel. Die Informationsästhetik hat uns mit der

DANIEL LIBESKIND, JÜDISCHES MUSEUM, BERLIN 1989–1999 / HOWARD RAGGATT, AUSTRALISCHES NATIONALMUSEUM, CANBERRA, 2000/01

enttäuschend banalen Einsicht bedacht, dass Verständigung irgendwo dazwischen liegen muss, zwischen Ordnung und Komplexität, zwischen Chaos und Konvention.
Hinzu kommt das Tempo der Formenveränderungen. Wo Originalität zum Signum der schöpferischen Leistung geworden ist statt, beispielsweise, der intelligente Gebrauch einer bekannten Form, muss sie auch schnellstmöglich wieder ersetzt werden können. Wir verübeln ja schon einem Künstler, wenn er sich selbst wiederholt – einem Libeskind etwa, wenn er das Katastrophenszenario seines Jüdischen Museums auf ein keineswegs katastrophenbelastetes Institut wie das Londoner Victoria and Albert Museum anwendet und seitdem auf viele, auch banale Aufgaben wie Einkaufszentren und Hochhäuser. Wir verübeln es noch viel mehr anderen, wenn sie sich einer solchen Form bedienen – wie etwa dem Architekten des australischen Nationalmuseums in Canberra. Er übernahm Libeskinds Blitz als Zitat und zog sich eine Beschwerde des Autors wegen der Verletzung seines künstlerischen Urheberrechts zu. Konvention und Tradition können nicht mehr entstehen. Die Kuppel gehörte allen, also auch Schinkel, der Blitz nur Libeskind.
Pluralismus, Globalisierung, Veränderungsdruck: Viel zu sehr haben diese Faktoren alle Aktionsfelder menschlichen Handelns durchdrungen, von Produktion und Konsum bis zum Freizeitverhalten, als dass man ihre Rücknahme verlangen könnte. Unter Schinkels Kuppel, die, variiert, noch die Kuppel des römischen Pantheons war, lassen sich die schnell wechselnden Götter und Heroen unserer Zeit nicht mehr aufstellen, auch wenn das antike Pantheon – ein Tempel für »alle Götter« – selbst bereits ein Ausdruck kultischer Pluralität war. So viele Nischen, wie für die zeitgenössischen Götter gebraucht würden, fasst keine Rotunde, weder eine antike noch eine klassizistische.
Am Platze wäre allenfalls die gewissenhafte Erwägung, wo denn der große Zauber unserer Formenerfinder wie Libeskind angebracht ist und wo nicht. Der Kampf mit den digital erzeugten Bilderfluten und virtuellen Realitäten ist auf deren Feld von der tatsächlichen Realität der Bauten nicht zu gewinnen. Zu gewinnen oder vorsichtiger: Zu bestehen

ist diese Konkurrenz nur durch die der Architektur eigenen Mittel, durch Konzentration, Intensität und sinnlich greifbare Präsenz. Eindämmung der Bilderinflation also auf Seiten der Urheber; und kritische Lesebereitschaft statt staunender Akzeptanz von allem und jedem auf Seiten des Publikums: Das ist schon der ganze Ratschlag.
Letzten Endes ist der Sinn, den ein Bauwerk, ein Kunstwerk auszeichnet, gemeinschaftliche Leistung von Architekt und Benutzer. Darin unterscheidet sich das Medium Architektur von den elektronischen Szenarios, die von den Bildschirmen auf uns herabprasseln. Der Architekt macht Vorschläge, der Betrachter akzeptiert oder verwirft sie, jeder für sich, aber auch jeder in der Reaktion auf den anderen. Insofern ist Architektur immer ein »void«, das sich erst in Gebrauch und Geschichte mit Bedeutung füllt. Für beides sind wir alle verantwortlich und nicht nur die Architekten.

1 Vgl. Peter Collins, »The Linguistic Analogy«, in: *Changing Ideals in Modern Architecture 1750–1950*, London und Montreal 1965, S. 173 ff.

2 Gottfried Semper, *Der Stil in den technischen und tektonischen Künsten*, Bd. 1, Frankfurt am Main 1860, S. 6 f.

3 Richard Lucae, »Schinkel im Lichte der Gegenwart«, in: Julius Posener (Hrsg.), *Festreden Schinkel zu Ehren 1846–1980*, Berlin 1980, S. 54 f.

4 Vgl. Adolf Reinle, »Zentralraum und Kuppelbau«, in: ders., *Zeichensprache der Architektur. Symbol, Darstellung und Brauch in der Baukunst des Mittelalters und der Neuzeit*, Zürich und München 1976, S. 113 ff.; zu Kugelbauprojekten vgl. die Aufsätze von Hans Sedlmayr und Adolf Max Vogt, in: Klaus Jan Philipp (Hrsg.), *Revolutionsarchitektur. Klassische Beiträge zu einer unklassischen Architektur (Bauwelt-Fundamente, 82)*, Braunschweig 1990, S. 125 ff., 155 ff.

5 Leo Bruhns, *Die Kunst der Stadt Rom. Ihre Geschichte von den frühesten Anfängen bis in die Zeit der Romantik*, Wien 1951, S. 622.

6 Gustav Friedrich Waagen, »Karl Friedrich Schinkel als Mensch und Künstler« (1844), in: Waltraud Volk (Hrsg.), *Karl Friedrich Schinkel. Sein Wirken als Architekt*, Berlin 1981, S. 99.

7 Karl Friedrich Schinkel, »Votum zu dem Gutachten des Herrn Hofrat Hirt«, in: *Karl Friedrich Schinkel 1781-1841*, Ausst.-Kat. Staatliche Museen zu Berlin, Berlin 1980, S. 142.

8 Ders., *Sammlung architectonischer Entwürfe*, in: Klaus J. Lemmer (Hrsg.), *Karl Friedrich Schinkel. Berlin. Bauten und Entwürfe*, Berlin 1973, S. 18.

9 Waagen 1981 (wie Anm. 6), S. 99.

10 Schinkel 1973 (wie Anm. 8), S. 20.

11 Goerd Peschken (Hrsg.), *Karl Friedrich Schinkel. Das architektonische Lehrbuch*, München und Berlin 1979, S. 149.

12 Georg Wilhelm Friedrich Hegel, *Ästhetik* (1830), Bd. 1, Frankfurt am Main 1966, S. 64; die Passage wurde bereits von Fritz Neumeyer wie Tilmann Buddensieg auf Schinkels Museum bezogen.

13 Elke Dorner, *Daniel Libeskind. Jüdisches Museum Berlin*, Berlin 1999, S. 55.

14 Schinkel, zit. nach Peschken 1979 (wie Anm. 11), S. 33.

15 Daniel Libeskind, »Between the Lines«, in: ders. und Kristin Feireiss (Hrsg.), *Erweiterung des Berlin-Museums mit Abteilung Jüdisches Museum*, Berlin 1992, o. S.

16 Vera Bendt, »›Wahnsinnige Wissenschaft‹. E. T. A. Hoffmann, Exil und das Jüdische Museum Berlin«, in: *E. T. A. Hoffmann Jahrbuch*, Bd. 8, Berlin 2000, S. 106 ff.

17 Elke Dorner verweist auf Fortifikationsentwürfe Michelangelos, die Libeskind gekannt habe, s. Dorner 1999 (wie Anm. 13), S. 57 f.

18 Schinkel, zit. nach Peschken 1979 (wie Anm. 11), S. 33 f.

19 Ebd.

20 Daniel Libeskind, »Symbol and Interpretation«, in: ders., *Radix – Matrix. Architekturen und Schriften*, München und New York 1997, S. 154.

WARENMESSE, FORTSCHRITTSMOTOR, IDEENFORUM

SIND WELTAUSSTELLUNGEN NOCH AKTUELL?

Über das Ende der allerersten Weltausstellung, der *Great Exhibition* in London, am 11. Oktober 1851, gibt es einen anrührenden Bericht. Der Zulauf war an diesem letzten Tag größer denn je. Als die Sonne unterging und die Polizei höflich um die Räumung des Bauwerks bat – es war damals eine einzige Ausstellungshalle, aber die eindrucksvollste überhaupt, der Kristallpalast –, da bemächtigte sich des Publikums eine unbeschreibliche Rührung. Man warf Tücher und Hüte in die Luft, brach in Vivat-Rufe aus und sang schließlich spontan die britische Nationalhymne, trotz des internationalen Charakters des ersten World's Fair.[1]
Begeisterung war auch bei den Veranstaltern angebracht. Die Zahl der Besucher lag mit sechs Millionen höher, als in den kühnsten Hoffnungen zu erwarten gewesen war. Die *Great Exhibition* war ohne öffentliche Subventionen ausgekommen und schloss mit einem Überschuss ab. Auf historische Statistiken darf man freilich nicht allzu viel geben. Was jeweils in Rechnung gestellt wird, an Infrastruktur, an Umwegfinanzierung und -einnahmen, an Nachnutzung, geht daraus nicht hervor. Es gibt Weltausstellungen wie die Pariser von 1937, die in den Berichten bald als finanzieller Erfolg, bald als Fiasko dargestellt wurden.
Für den Kulturhistoriker, der nicht den Wirtschaftsprüfer spielen muss, ist die Institution der Weltausstellung ein Geschenk. Wann gibt es schon einmal ein Kulturphänomen, das einen so präzisen Anfang in der Geschichte genommen hätte, am 1. Mai 1851, und dessen hundertsechzigjährige Abfolge zwischen London und Schanghai so detailliert belegt wäre!? Schließlich legten die über sechzig »Expos« – die Zahl variiert je nach Einschätzung, offiziell registriert werden sie erst seit 1931 – ein beredtes Zeugnis

JAMES ROBERTS, *INNENANSICHT DES KRISTALLPALASTS VON JOSEPH PAXTON IN LONDON*, 1851

von ihrer Epoche ab, mit dem, was sie boten, und in der Art und Weise, wie sie es boten. Es waren Ereignisse, die auf das Interesse der Weltöffentlichkeit spekulierten und es natürlich auch erhielten: Jahrmärkte nationaler Eitelkeiten, Orte der Innovation, Motoren des Fortschritts, »Weltkongresse von Produkten und Produzenten«, wie Karl Marx und Friedrich Engels sie genannt haben, Wallfahrtsstätten zum Fetisch Ware, wie Walter Benjamin sie bezeichnete,[2] moderne Turmbauten zu Babel.

DIE WELTAUSSTELLUNG ALS WARENMESSE

Die erste Weltausstellung in London war als *The Great Exhibition of the Works of Industry of All Nations* angekündigt. Produkte aller Völker sollten vorgewiesen, der Vergleich zwischen ihren Leistungen möglich gemacht werden. Zwar behielten sich die Gastgeber jeweils den Löwenanteil vor – in London 1851 belegte das Empire über die Hälfte der Ausstellungsfläche –, das Prinzip der Internationalisierung galt trotzdem. Die Expos waren Ergebnisse und zugleich Schrittmacher der Globalisierung. Aus der Welt machten sie einen gemeinsamen Markt.

Vergleichbarkeit bedingte auch eine entsprechende räumliche Organisation. Die Veranstalter konnten auf frühere bauliche Marktstrukturen zurückgreifen wie die Foire St. Germain in Paris aus der zweiten Hälfte des 18. Jahrhunderts. Sie hatte aus zwanzig Karrees mit zweigeschossigen Läden bestanden, je ein Karree für je eine Produktart. Auf der Foire St. Germain wurde verkauft; auf den nationalen Gewerbeausstellungen des frühen 19. Jahrhunderts und den Weltausstellungen nicht mehr. Der Information zwischen Herstellern und Kunden dienten diese sozusagen platonischen Märkte natürlich trotzdem oder erst recht. Man nahm die Waren und Maschinen nicht mit nach Hause, sondern merkte sie sich vor und knüpfte Kontakte zu künftigen Geschäftspartnern, um die Objekte der Begierde gegebenenfalls später heimzuführen. Aufschub der Triebbefriedigung führte zur Sublimierung des Handels.

Anfangs waren die Weltausstellungen daher auch Mustermessen, auf denen man den Markt und die Publikumsresonanz testete und die Leistungen der Konkurrenz abschätzen lernte. Voraussetzungen waren Gewerbefreiheit, die in Frankreich im Zuge der Revolution 1791 durchgesetzt worden war, Abschaffung des Zunftwesens, freie Berufsausübung; schließlich auch freie Preisbildung entsprechend der Nachfrage, also Marktwirtschaft, freier Warenverkehr, also auch weitgehende Aufhebung der Schutzzölle. Diese Entwicklungen setzten sich im 19. Jahrhundert mehr oder weniger in vielen Ländern durch. Ohne sie wären Weltausstellungen nicht entstanden.

Wer sich auf dem Weltmarkt bewähren wollte, musste Qualitäten bieten, die zum Preis in einem angemessenen Verhältnis standen. Für viele Produzenten, die nach London oder Paris kamen, auch für ganze Nationen bedeuteten diese Zusammenkünfte Schlüsselerlebnisse, manchmal katastrophale, aber heilsame. Man sah, was man konnte, aber wichtiger noch: was man nicht konnte und lernen musste. Die Deutschen hatten mehrfach solche Erfahrungen zu machen: während der ersten Weltausstellung in London beispielsweise, auf der sie noch nicht als Angehörige eines einheitlichen Staatsgebildes auftreten konnten, oder auf der in Philadelphia 1876, als die deutschen Aussteller die Chancen und Leistungen des amerikanischen Marktes unterschätzt hatten. Ihre Produkte galten als billig und schlecht, als chauvinistisch und geschmacklos. Die entsprechenden Berichte, vor allem die berühmt-berüchtigten *Briefe aus Philadelphia* des Ingenieurwissenschaftlers und Technikphilosophen Franz Reuleaux, leiteten unter den Herstellern und Wirtschaftspolitikern eine Phase der Selbstkritik und des Strategiewechsels ein.[3]

Zum Wettbewerb gehörte die Inszenierung der Leistung. Wenn das eine Exemplar aus der Serie für alle stand, wenn es zudem nicht mitgenommen, sondern – vorläufiger Triebverzicht! – allenfalls später konsumiert werden konnte, musste es sich der Aufmerksamkeit einprägen. Warensortimente wurden als die »nützlichen Künste« gefeiert, die Produkte gewissermaßen nobilitiert. Eine Reihe nationalfranzösischer Gewerbeausstellungen, Vorläufer der Weltausstellungen, fanden im Louvre und im Louvrehof statt, also mitten unter den Ewigkeitsgebilden der Kunst. Was sonst auf dem Markt für den sofortigen Verbrauch bestimmt war, wird jetzt aus dem bisher natürlichen Ablauf genommen, wird abstrahiert, seinem Funktionszusammenhang entwendet, sozusagen »stillgestellt«, auch wenn es aus Demonstrationsgründen ziemlich viel Lärm machte. In den großen Maschinenhallen der Expos des 19. Jahrhunderts thronten die Dampfhämmer und Elektromotoren wie die Idole eines neuen Zeitalters, des Zeitalters der Industrie.

Diese Funktion der Weltausstellungen, als Plätze globaler Marktinformation, hielt nicht lange stand. Natürlich wurden noch lange, werden noch heute Produkte und Maschinen auf den Expos gezeigt. Aber die universalen Informationswege beschleunigten sich im 19. Jahrhundert ungeheuer. Das Eisenbahnnetz, zu Beginn, 1851, noch rudimentär, vervollständigte sich. Die Schiffe fuhren schneller. Telegraf und Telefon kamen auf – beide natürlich auf Weltausstellungen vorgestellt.

Internationale Kongresse für alle Disziplinen organisierten sich. Kein Erfinder musste auf die nächste Expo warten, um seine Neuerung bekannt zu machen. »Heute stehen alle Völker miteinander in Kontakt; sie kommunizieren ohne Unterlass [...]. Kaum sind die Produkte geschaffen, da sind sie auch bekannt, verkauft und oft genug kopiert, von einem Ende der Welt zum anderen«, hieß es schon 1896.[4]
Dazu kam: Die Zahl der beteiligten Nationen, Aussteller und Produkte hatte sich vervielfältigt. 1851 waren es in London immerhin schon siebzehntausend Aussteller, 1900 in Paris sechsundsiebzigtausend. Wer konnte da noch die Übersicht bewahren? Fachlich relevante Informationen waren viel leichter auf spezialisierten Veranstaltungen zu holen. Hatten sich in den beiden ersten Jahrzehnten der Weltausstellungen London und Paris einen ehrgeizigen Wettstreit um die jeweils schönste und bedeutendste *Great Exhibition* oder *Exposition universelle* geliefert, so scherte London in den 1870er-Jahren aus und veranstaltete nun eine Serie großer internationaler Spezialausstellungen. Die Fachmesse löste sich aus der Weltausstellung und nahm ihren eigenen Weg. Wer sich über die jüngsten digitalen Revolutionen auf dem Laufenden halten will, geht auf die Hannoveraner CEBIT und nicht auf die Expo.

DIE WELTAUSSTELLUNG ALS KONKURRENZ DER NATIONEN

Das Bekenntnis zum Universalismus, zur einen Welt, gehört zum Repertoire aller Eröffnungsredner von Weltausstellungen. Bei der Vorbereitung der allerersten, London 1851, hatte Prinzgemahl Albert erklärt, es werde niemand auch nur einen Augenblick zweifeln, dass wir in der Zeit eines wunderbaren Übergangs lebten, »der Verwirklichung des großen Zieles, auf das in der That die ganze Weltgeschichte gerichtet ist – der Darstellung der Einheit der Menschheit«.[5]
Die ersten Weltausstellungen hatten diesem Ideal einen überzeugenden räumlichen Ausdruck gegeben, indem sie die Exponate aller Nationen unter jeweils einem Dach vereinten. Das war ein erhabener Gedanke der Aufklärung – die Einheit der Welt als säkulares Ziel der Geschichte. Bei Friedrich Schiller, der noch keine Weltausstellung erleben durfte, heißt es triumphal: »Unser sind alle Schätze, welche Fleiß und Genie, Vernunft und Erfahrung im langen Alter der Welt endlich heimgebracht haben«![6] Der Satz hätte auf den Portalen der frühen Ausstellungspaläste stehen können.
Stattdessen stand schon über der Porte Impériale des Pariser Weltausstellungsgebäudes von 1855, einer Nachbildung antiker Triumphportale, eine allegorische Personifikation nicht der Völkergemeinschaft, sondern von La France, mit Strahlenkrone, links und rechts begleitet von Allegorien der Industrie und der Kunst. Die Werbung für die nationalen Volkswirtschaften kollidierte mit dem erklärten Anspruch auf Internationalität.
Zwar wurden mit dem Aufkommen der Weltausstellungen auch praktische Vereinfachungen und Erleichterungen in der Weltkommunikation diskutiert, Vorschläge für einheitliche Systeme von Maßen und Gewichten, eine Universalwährung, ein einheitliches Patent- und Urheberrecht, statistische Unterlagen nach einheitlichen Parametern. Auf der anderen Seite wurden die Expos, diese großartigen Foren internationaler Zusammenarbeit, zunehmend zur Selbstdarstellung der Nationen genutzt

oder missbraucht. Das Prinzip »Alles-unter-einem-Dach« wurde aufgegeben, einmal weil die Fülle der Waren nicht mehr darunter passte, aber auch, weil die Staaten auf eigene Präsentation in eigenen Baulichkeiten drängten. In Paris gab es 1878 noch ein einheitliches Hauptgebäude, aber jedes Teilnehmerland konnte den Eingang zu seiner eigenen nationalen Abteilung durch die Vorblendung von Fassaden in dem, was man für nationale Bauformen hielt, individuell gestalten. Für Belgien beispielsweise gab es sechzig laufende Meter. Arme Länder, die nicht die Mieten für die Flächen dahinter zahlen konnten, leisteten sich nur drei Meter.

Der nächste Schritt nach den individualisierten Fassaden vor einem einheitlichen Gebäude waren die individuellen Pavillons der Nationen. Die Terrains der Weltausstellungen sind seitdem mit einer Vielzahl aufmerksamkeitsheischender Sonderbauten übersprenkelt, bald chaotisch wie in Osaka, bald in Versuchen der Bändigung zusammengefasst (wie in Hannover). Seitdem es eine Konvention für Weltausstellungen gibt, seit 1928 bis 1931, ist den Organisatoren von Expos der ersten Kategorie sogar vorgeschrieben, den Teilnehmerstaaten zu eigenen baulichen Darstellungen zu verhelfen.

Das verordnete Chaos, das zugegebenermaßen auch Lust erzeugt, enthielt Konfrontationen, die der Behauptung vom friedlichen Wettstreit geradezu hohnlachten. In Paris 1937 stürmte auf gegenüberliegenden Standorten, bei deren Vergabe sich die Ausstellungsleitung ja etwas gedacht haben musste, ein sowjetisches Arbeiter- und Bauernpaar auf den deutschen Turm zu, auf dem ein Adler überm Hakenkreuz beutegierig hockte. Nebenan, im Schatten des Naziturms, verbarg sich der Pavillon der Spanischen Republik, gegen die gerade die Legion Condor ihre Attacken geflogen hatte. Solche Konfrontationen waren nicht selten. In Brüssel 1958, also mitten im Kalten Krieg, standen sich die Pavillons der USA und der UdSSR zwar nicht genau gegenüber, lieferten sich aber trotzdem in enger Nachbarschaft einen Konfrontationskurs. Gelegenheiten für das wechselseitige Kräftemessen sind offenbar gesucht worden.

Wie die Staaten lieferten sich auch die Großfirmen ihre Duelle, auch Rüstungskonzerne wie Le Creusot und Krupp. Krupp war im 19. Jahrhundert von Mal zu Mal mit größeren Kanonen, mit größeren »killing machines« präsent. 1867 wurde in Paris eine fünfzig Tonnen schwere Haubitze gezeigt, die größte Kanone der Welt, die auf einem eigens konstruiertem Waggon herbeigeschafft werden musste. Drei Jahre später beschossen Kruppkanonen die Stadt, in der sie kurz zuvor gezeigt und bewundert worden waren. Die Realität der Expos und die Realitäten in der Welt haben sich von dem erklärten Friedenswillen der Expomacher nie beeindrucken lassen. Krieg war immer, Krimkrieg oder Ermordung Kaiser Maximilians von Mexiko, Bürgerkrieg in den USA oder Spanien, die Weltkriege, denen die geplanten Expos in Tokio, Barcelona, Rom zum Opfer fielen. Aber das spricht nicht gegen Expos, sondern gegen die Vernunft der Menschheit.

DIE WELTAUSSTELLUNG ALS ENZYKLOPÄDIE

Als Weltbilanzen, als Synopsen aller Völker und Rassen stehen die Weltausstellungen in einer Tradition, die ins 18. Jahrhundert zurückreicht, in der Tradition des enzyklopädischen

FRÉDÉRIC LE PLAY UND JEAN BAPTISTE KRANTZ,
HAUPTGEBÄUDE DER PARISER WELTAUSSTELLUNG AUF DEM MARSFELD, UMGEBEN VON KLEINBAUTEN, 1867

Denkens. Weltausstellungen waren Menschheitsenzyklopädien und damit Instrumente der Weltordnung und Welterfassung. Die berühmteste dieser Enzyklopädien war die von Denis Diderot und Jean Le Rond D'Alembert ab 1751 herausgegebene, die »ein allgemeines Bild der Anstrengungen des menschlichen Geistes auf allen Gebieten und in allen Jahrhunderten« vermitteln wollte. Alle Handwerke, technischen Berufe und mechanischen Tätigkeiten waren darin vertreten und in berühmten Stichen illustriert, als Belege für die Kunst- und Geistestätigkeiten des »homo faber«.

Den Zusammenhang alles Wissenswerten, den die *Encyclopédie* auf den zweidimensionalen Buchseiten herstellte, gaben die frühen Weltausstellungen im Dreidimensionalen wieder, greifbar, als die Sachen selbst. So stand am Beginn der Organisation jeder Weltausstellung die Katalogisierung der Objekte, der Klassen und Gruppen, in denen man sie zeigen wollte. »Von dem einfachsten Geräthe des täglichen Bedürfnisses bis zur complicirten Maschine, [...], von dem rohen Schnitzwerk des nackten Australiens bis zur vollendeten Blüthe der Kunst«,[7] alles wurde gesammelt und klassifiziert, anschaulich vergleichbar und beherrschbar gemacht. Bisweilen glichen sich sogar die bildlichen Darstellungen, so wenn man den Handwebstuhl aus der *Encyclopédie* mit dem automatischen Webstuhl aus dem Expokatalog von 1878 vergleicht. Der französische Schriftsteller Paul Bourget, der sich während der Chicagoer Weltausstellung 1893 am Lake Michigan aufhielt, schilderte amüsiert, aber auch bewundernd, dass grobschlächtige Farmer mit unersättlicher Wissbegier durch die Säle wanderten »wie durch eine kolossale Lektion über die Natur der Dinge«.[8] Die Expos waren, unter anderem auch, Bildungsanstalten.

In den Gebäuden der Weltausstellungen spiegelten sich diese Anstrengungen, die Fülle der menschengemachten Welt zu bändigen. Auf der *Exposition universelle* in Paris von 1867 fand dieser Versuch sogar eine symbolisch überzeugende Form. Das Bauwerk auf dem Marsfeld nahm die Form einer Ellipse oder eines Ovals an, genauer: eines gestreckten Kreisrunds. Es war eine Form, mit der die Welt und ihre Produktion als Ganzes verständlich gemacht werden sollte. Sieben Galerien in immer engeren Ringen nahmen die Rohprodukte auf, dann die Maschinen, die sie bearbeiteten, dann die Erzeugnisse wie Textilien oder Möbel. Den innersten Ring bildete eine Darstellung der Geschichte der Arbeit von der Steinzeit bis zur Gegenwart. Also von innen nach außen ein Prozess der Verfeinerung und Kultivierung.

Das komplementäre Gliederungsprinzip war das der Nationen in radialer Anordnung, jeder Sektor einer Nation eingeräumt. Wer sich über eine der sieben Produktgattungen informieren wollte, lief konzentrisch die Ringe ab. Wer an der Produktion der Nationen interessiert war, bewegte sich radial von innen nach außen oder umgekehrt. »In diesem Palais die Runde zu machen, das sich wie der Äquator schließt, bedeutet buchstäblich, einmal die Welt zu umschreiten«, schrieb ein Zeitgenosse.[9] Andere nannten den Bau das Weltei. Fraglos war diese Ordnung klug und intelligent ausgedacht. Nur funktionierte sie nicht. Die einzelnen Staaten produzierten nicht in allen Sparten gleichmäßig, so dass die einzelnen Nationalproduktionen sich nicht an den vorgezeichneten Sektor halten konnten, ihn nicht ausfüllten oder übergriffen. Dass allzu rigorose Ordnung ihrerseits Chaos produziert, hat auch seine Aussagekraft.

Weltausstellungen waren gemeint als »theatrum mundi«, darin vergleichbar den Wunderkammern der Renaissance und des Manierismus. In ihnen hatte sich auch das Entlegenste gemischt, Mineralien und Knochenfunde, »indianische Kleider« und »antichische Bilder«, und auch sie hatten die Merkwürdigkeiten dieser Welt in symbolische Ordnung bringen wollen. Vor den Ringen des Ausstellungspalais von 1867 darf man sogar an Weltkarten des Mittelalters denken, auf denen die Erde als Scheibe dargestellt ist, gehalten von Christus, mit Jerusalem in der Mitte. In Paris lag in der Mitte ein Raum der Stille, ein Garten, ein »jardin centrale« – als Nachklang des Paradieses?

Zum enzyklopädischen Charakter der Weltausstellungen gehörte, dass sie zugleich die entferntesten Gegenden des Globus und die entlegensten Epochen der Geschichte in die Austragungsorte der Expos zitierten. Die Pariser Weltausstellung von 1867, also gerade die strengste, logischste Palastform, war als erste von einem Schwarm exotischer Kleinbauten umgeben, einem Aztekentempel, ägyptischen Pylonen und Tempeln, einer türkischen Moschee, einem maurischen Kiosk oder chinesischem Turm. Rekonstruktionen des Ältesten und Entlegensten finden sich seitdem immer wieder neben der Technologie vom neuesten Stand. Einerseits geht der zögernde Blick in die ungewisse Zukunft mit ihren unbekannten Perspektiven, noch technischer, noch mehr durchrationalisiert. Andererseits schweift der Blick zurück ins Gewesene. Avancierteste Technik und Beschwörungen der Vergangenheit, Experimentierwerkstätte und völkerkundliches Museum, als müsse man sich im Schwindel des Neuen des festen Halts versichern (der aber dann auch nur eine Fiktion aus Leinwand und Stuck war). Die Hoffnung immerhin schien, dass sich nicht alles ändern werde.

LE VIEUX PARIS,
WELTAUSSTELLUNG PARIS, 1900, POSTKARTE

PALAIS DE L'ÉLECTRICITÉ UND CHÂTEAU D'EAU,
WELTAUSSTELLUNG PARIS, 1900, POSTKARTE

Zu solchen Rückversicherungen boten sich nicht nur exotische Vorzeiten an. Auch Rekonstruktionen der eigenen Vergangenheit verhalfen zu dieser Mixtur von enzyklopädischer Wissbegier, Nervenkitzel und Berufung aufs Vergangene. Jede Weltausstellung bis hin zu Brüssel im Jahre 1958 und Montreal 1967 bot Rekonstruktionen des Altvertrauten und Schon-nicht-mehr-Vertrauten, Oud-Antwerpen, Old Chicago, Vieux Paris, La Belgique Joyeuse, Vieux Québec. Oft zeigten diese Rekonstruktionen dieselben Bauwerke, die man ein paar Kilometer weiter noch in voller Lebensgröße besichtigen konnte – oder die gerade der Modernisierung zum Opfer gefallen waren. Dann ließen sich sogar ein paar aus dem Abbruchmaterial gerettete Spolien in den Schwindel aus Stuck und Leinwand einmontieren.

In ihren unterschiedlichen Ansprüchen an Authentizität lassen sich diese Illusionstechniken nicht nur unter dem belehrend-enzyklopädischen Aspekt verbuchen. Wie fast alles, was auf den Weltausstellungen passierte, hatten sie einen Doppel- oder Mehrfachaspekt. Denn natürlich gehörten die Schaustellungen der räumlichen und zeitlichen Ferne auch in die Geschichte der Vergnügungen.

DIE WELTAUSSTELLUNG ALS VERGNÜGUNGSPARK

Ein großer Erfolg war das Exotische, zumal seine Schauplätze zunehmend mit originalem Personal bestückt wurden. Ganze Truppen von »Exoten« belebten jeweils zu mehreren Hunderten die Weltausstellungen, und damit zogen auch Schreie, Musik, Düfte und Gerüche in die Ausstellungsparks ein. Hundertschaften aus den afrikanischen Kolonien, aus Ägypten oder Polynesien führten in den zumeist nördlich-kalten Gefilden ihren heimischen Alltag vor, töpferten und schmiedeten, trommelten, bauchtanzten oder dämmerten auch nur vor sich hin. In Wildwestrevuen überfielen jeden Nachmittag Indianer einen Zug friedliebender Pioniere. Voyeure kamen voll auf ihre Kosten. Völkerschaften, denen man einen niedrigeren Zivilisationsstand zuschrieb und die unberechenbar schienen – »Wilde« oder »Kanaken« aus Zentralafrika oder Neukaledonien –, wurden wie im Wildgehege hinter Zäunen gehalten. In St. Louis 1904 waren es nicht weniger als tausendzweihundert Filipinos. Die Praxis der Weltausstellungen verhielt sich nicht anders als bei den Völkerschauen, die beispielsweise der Hamburger Tierpark Hagenbeck seit 1877 organisierte.

ILLUMINIERTES AUSSTELLUNGSGELÄNDE, WELTAUSSTELLUNG CHICAGO, 1933, POSTKARTE

Ausgleichende Gerechtigkeit hat dafür gesorgt, dass der Begriff Exotismus relativ ist. Bei der *World's Columbian Exhibition* in Chicago 1893 gab es ein eigenes Vergnügungsviertel, die Midway Plaisance, wo sich alle Instrumente der Volksbelustigung fanden – ein Riesenrad lange vor dem Rad im Wiener Prater, ein ingenieurstechnisches Meisterstück übrigens –, aber auch ein deutsches Dorf mit oberhessischem Rathaus, Wasserburg und bayerischem Biergarten, unmittelbar neben dem türkischen Dorf, dem javanischen Dorf und der »Straße in Kairo«. Veranstaltet wurde diese Filiale des Deutschtums von einer GmbH, die aufschlussreicherweise *Deutsch-ethnographische Ausstellung* hieß.
Europäische Vergangenheit wurde also trotz des großen Anteils deutscher Einwanderer in Chicago als exotisch empfunden – oder zumindest präsentiert – wie die »Exoten« selbst. Im Übrigen wurden die historischen Faksimiles genauso bespielt wie die exotischen Exponate, mit Maskenzügen, Turnieren und Festmählern, beispielsweise mit dem Einzug Kaiser Karls V. in Antwerpen im Jahr 1520, wiederaufgeführt im Jahr 1894. Haben wir uns von solchen Lustbarkeiten sehr weit entfernt? Die Warteschlangen vor der Samsara des Jemen oder dem Wüstenfort aus Fiberglas, das die Vereinigten Emirate errichten ließen, gehörten auf der Expo in Hannover zu den längsten, und nicht nur wegen des guten Mokkas, den es dort geben sollte.
Auch wo nicht die Exotik der Ferne regierte, sorgten die Weltausstellungen für die Befriedigung der Schaulust. Zunehmend traten die Attraktionen, die man bereits mit vollem Recht multimediale Spektakel nennen könnte, an die Stelle der belehrenden Klassifikationen. Das Amüsement war schon ganz zu Beginn, 1851, dabei gewesen; jetzt nahm es überhand. Als ein Höhepunkt überwältigenden Spektakels galt die Pariser Weltausstellung von 1900, bei der mit Licht, Farbe, Klang und Wasser alle Register der Inszenierungskunst gezogen wurden. Die

späteren Weltausstellungen brachten vor allem mit nächtlichen Scheinwerferinszenierungen noch jede Zuschauermenge zum Staunen, für uns heute nicht ohne leichtes Grauen zu betrachten, weil diese Vorführungen so fatal an die Parteitagsregie der Nationalsozialisten erinnern – und an die nächtlichen Bombenangriffe auf die europäischen Städte.

DIE WELTAUSSTELLUNG ALS IDEENFORUM

Die Hannoveraner *Expo 2000* war sehr stolz auf ihr Thema »Mensch – Natur – Technik«. Man konnte lesen, es sei ihr Verdienst, zum ersten Mal die Weltausstellung zu einem Ideenforum gemacht zu haben. Davon kann nicht die Rede sein. Schon die zweite Weltausstellung überhaupt, Paris 1855, war nach Themen gegliedert, mit Sektionen wie Ernährung oder Gesundheit, die nach wie vor Gegenstände von Themenparks sind. Sehr früh wurden die Expos auf historische Daten bezogen. Philadelphia beging 1876 die Hundertjahrfeier der amerikanischen Verfassung. Paris feierte 1889 die Französische Revolution, was es den Monarchien nicht leicht machte, sich am Jubiläum der Entmachtung und Enthauptung eines der Ihren zu beteiligen. Chicago war 1893 der Entdeckung Amerikas durch Kolumbus gewidmet.
So ganz genau hatte man in Chicago das Datum allerdings nicht getroffen, vierhundert Jahre zuvor, 1493, war Kolumbus bekanntlich schon zum zweiten Mal in die Karibik aufgebrochen. Die Expo in Sevilla 1992 war da pünktlicher, fünfhundert Jahre nach Kolumbus' erster Reise. Auch Hannover sollte zunächst an ein historisches Ereignis erinnern, an das fünfzigjährige Bestehen der Bundesrepublik. Die Wiedervereinigung hat diese Absicht durchkreuzt, glücklicherweise.

Historische Daten haben sich unterschiedlich auf die Inhalte der Expos ausgewirkt, jedenfalls weniger als andere inhaltliche Akzente, die schon auf den frühen Weltausstellungen gesetzt wurden. Überraschenderweise spielte der soziale Aspekt eine große Rolle – überraschend, wenn man sich die Kritik vor Augen hält, die Marx und Engels oder später Walter Benjamin an diesen Veranstaltungen des produzierenden Kapitals geübt haben. Ein Arbeiterhaus für vier Familien hatte schon Prinzgemahl Albert, der Inspirator der allerersten *Great Exhibition* in London 1851, neben den Kristallpalast stellen lassen. Es zeichnete sich durch »Trockenheit, Wärme, Dauerhaftigkeit, Feuersicherheit, Schallaufhaltung« aus. Eine Waschmaschine für Arbeiter sollte auf zentralen Plätzen von Arbeitersiedlungen aufgestellt und mit einer Dampfmaschine betrieben werden; zu befürchten war nur, dass der Ruß aus dem Dampfmaschinenschlot den Erfolg aller Waschanstrengungen wieder zunichte gemacht hätte.
Musterhäuser für wenig bemittelte Bürger gehörten bei den folgenden Weltausstellungen zum Standard. In Paris 1855 war eine der Exponatgruppen preiswerten »Gegenständen des häuslichen Bedarfs für die arbeitende Klasse« gewidmet. 1867 galt die zentrale Pariser Ausstellung im Ausstellungspalast der Geschichte der menschlichen Arbeit und ihrer Produkte und begann bei den bearbeiteten Feuersteinen der Prähistorie. Kaiser Napoleon III., der Gastgeber der Weltausstellungen von 1855 und 1867, empfand sich als »empéreur des ouvriers« und behauptete, niemals hätten die Interessen der arbeitenden Klasse so sehr im Mittelpunkt gestanden wie heute. Was Hannover im Jahr 2000 als »Zukunft der Arbeit« in Halle vier zeigte, gab es 1889 bereits als Abteilung »économie sociale« in Paris. Selbstredend

diente die Befriedung der »großen Mehrzahl« zugleich den Interessen des Großbürgertums. Es war paternalistische Sozialpolitik und ganz gewiss nicht das, was Arbeiterassoziationen und spätere Gewerkschaften sich erhofften: verantwortliche Mitbeteiligung. Aber dass die Verbesserung der Lebensverhältnisse ein durchgehendes Thema aller Weltausstellungen war, steht außer Frage.

Im letzten Jahrhundert fanden thematische Devisen Eingang auch in die Titel der Weltausstellungen. Schon Brüssel 1958, das doch scheinbar mit dem Atomium den Kräften der atomaren Technik blind vertraute, hatte »Bilanz für eine menschlichere Welt« ziehen wollen. Ab Montreal 1967 gehörten dazu expressis verbis Fragen des Umgangs mit den Ressourcen, mit der Natur, mit den Energien, aus denen sich dieses »Raumschiff Erde« speist. Die Veranstalter von Montreal hatten dafür bei Antoine de Saint-Exupéry das schöne Wort »Terre des hommes« gefunden, Erde aller Menschen, mit der wir schonend umzugehen haben. Das war sehr viel poetischer und (wie sagt man heute?:) nachhaltiger als die klapprige Hannoveraner Klassenaufsatzformel: Mensch, Natur, Technik.

In einem der Themenpavillons von Montreal leuchtete eine Ziffernanzeige auf, die von Minute zu Minute um hundertzwanzig Zähler zulegte. Als die Expo nach gut sechs Monaten schloss, war sie um fünfunddreißig Millionen angewachsen. So viele Menschen mehr mussten seit der Eröffnung der Ausstellung ihr Auskommen auf der Erde finden. Kann man das Problem des Bevölkerungswachstums deutlicher machen? Als Forum des guten Willens haben sich die Expomacher in ihren grundsätzlichen Erklärungen immer verstanden, von London bis

ANDRÉ WATERKEYN, ATOMIUM, WELTAUSSTELLUNG BRÜSSEL, 1958, POSTKARTE

zu den fernöstlichen Expos in Aichi 2005 (»Weisheit der Natur«) und Schanghai 2010 (»Better City, Better Life«), auch wo der gute Wille von den allermeisten Ausstellern und erst recht von der Welt jenseits des Ausstellungszauns nicht geteilt wurde.

EIN ENDE DER WELTAUSSTELLUNGEN?

In den einhundertsechzig Jahren seiner Geschichte sind die Möglichkeiten dieses Mediums durchgespielt worden. Man hat den Eindruck: Sie haben sich erschöpft. Als universale Produktschau ist die Institution Weltausstellung abgehakt, durch zweckmäßigere Medien und andere Einrichtungen abgelöst. Dass die Hannoveraner *Expo 2000* mit ihren neuen Hallen im wörtlichen Sinne Platz geschaffen hat für die großen Fachmessen, die auf dem Messegelände stattfinden, dass sie ein Zwischenspiel in der Geschichte der Hannoveraner Messe ist und um keinen Tag verlängert werden konnte, weil die Aussteller der nächsten Fachmesse vor den Toren standen, hatte nahezu symbolischen Aussagewert. Produktinformationen wird sich kaum jemand mehr auf einer Expo holen.

Die Weltausstellung als Enzyklopädie: Vom Anspruch der Vollständigkeit, den die Enzyklopädie enthält, haben wir uns längst verabschiedet. Dass eine Expo das Universum abbilden könnte, gar in ihrer Erscheinungsform abbilden könnte wie die Pariser Weltausstellung von 1867, würden wir heute als Anmaßung empfinden, auch wenn sich die Kugeln oder »Welteier« als Pavillonform bis heute gehalten haben. Exotische Orte müssen nicht mehr in Stuck reproduziert werden; Airtours und Club Méditerrané bringen uns vor Ort. Wenn Inder und Schwarzafrikaner heute die Austragungsländer der Expos besuchen, dann nicht, um den Abendländern exotische Gänsehäute zu verursachen, sondern um ihnen Computertechnik beizubringen.

Die Weltausstellung als Nationalkonkurrenz: Natürlich liefern sich die Staaten nach wie vor prestigeträchtige Wettkämpfe, aber die großen Weltfirmen stehen ihnen seit langem darin nicht nach. Nur wird Sponsoring sich in Zukunft diskreter äußern, wird sich in die Themenparks einmischen und ihre Inhalte beeinflussen. Die Naivität, mit der sich die großen Unternehmen darstellten, hat fast schon etwas nostalgisch Sympathisches. So ruppig und deutlich durften die großen Bosse damals auftreten. Dagegen wird das Prinzip der nationalen Repräsentanz im Zuge der Globalisierung weiter zurückgedrängt werden. Wäre es bei irgendeiner der alten Expos denkbar gewesen, dass sich die Supermächte so gut wie nicht mehr präsentierten? Seitdem der Kampf um die politische Hegemonie in der Welt nicht mehr zwischen zwei großen Blöcken spielte, waren weder USA noch Russland interessiert. Nur McDonald's war in Hannover allgegenwärtig.

Die Weltausstellung als Vergnügungspark: Niemand wird auf einer Weltausstellung noch, wie bei den alten Expos, mit einem Lunapark Eindruck machen. Wer die Perfektion von Hightech-Maschinenparks auf den Rummelplätzen von heute kennt, wird sich auf keine Konkurrenz mit ihnen einlassen. Disneyland und Disneyworld besorgen das besser. Disneyworld hat auch vorgemacht, wie Massenbelustigung mit Belehrung zu verbinden ist. Infotainment und Edutainment werden heute von den großen Unternehmen, den Medienanstalten oder Autofirmen, mit einer Perfektion praktiziert, die eine temporäre Institution wie eine Ausstellung nicht erreichen kann.

Die Weltausstellung als Ideenforum: Das ist eine noch immer mögliche Rolle, wie sehr sie auch durch kommerzielle Rücksichten, diplomatische Vorsicht, nationale und private Sonderinteressen abgeschwächt oder durchkreuzt wird. Aber auch die Reichweite dieses Werkzeugs ist eingeschränkt im Zeitalter schnellerer und vielfältiger Publikationsmittel, die manchmal auch die intensiveren Instrumente sind und die – etwa bei medial wirksamen Aktionen der Umweltorganisationen – ungleich mutiger, meinungsfreudiger und pointierter ausfallen. Der Report des Club of Rome hat vermutlich mehr bewirkt als die wohlkonzipierte Expo

von Montreal, die Agenda 21 mehr als die *Expo 2000*.
Die Sorge, die jeweilige Weltausstellung könne womöglich die letzte gewesen sein, ist fast so alt wie die Institution der Weltausstellung überhaupt. Sie gehört zur speziellen Exporhetorik, die es nicht nur bei den Befürwortern, sondern auch bei den Kritikern gibt. Vor allem nach der Pariser Expo von 1889, die eine wirkliche Expo der Novitäten war und den zunächst nicht übermäßig beglückten Parisern den Eiffelturm geschenkt hat, und nach der glamourösen von 1900 mit ihren üppigen Lichtinszenierungen wurden solche Stimmen laut. Wie sollte man diese Höhepunkte übertreffen können?
Dass die negativen Voraussagen bisher nicht eingetroffen sind und die neuen Industrieriesen wie China nach wie vor an Selbstdarstellungen interessiert sind, besagt nicht, dass die Kassandrarufe nicht doch einmal zutreffen könnten. Denkbar ist durchaus, dass sich das Medium über kurz oder lang erschöpft, wie manche andere historischen Medien, von denen nur noch die Kulturhistoriker erzählen – die Scharaden. Oder die Scherenschnitte. Oder die Panoramen, jene rührend altmodischen gemalten Rundhorizonte. Bis dahin ziehen die Großveranstaltungen noch immer alle an, die es lieben, mit Tausenden ihresgleichen über die Expoplazas und -boulevards zu schlendern. Manchmal ist das Abendrot schöner anzusehen als der helle Tag. Zumindest die Austragungsorte profitieren durch neue Infrastrukturen und glamouröse Neubauten von den Megaevents.
Und vielleicht gibt es ja wirklich ein starkes Argument für die Expos: nämlich, dass wir uns so an sie gewöhnt haben. Wie an die Fußballweltmeisterschaften oder die Olympiaden.

1 Winfried Kretschmer, *Geschichte der Weltausstellungen*, Frankfurt am Main 1999, S. 50. Die Literatur zu den Weltausstellungen ist unübersehbar, vgl.u. a.: Philippe Bouin und Christian-Philippe Chanut, *Histoire française des foires et des expositions universelles*, Paris 1980; *Le Livre des expositions universelles 1851–1989*, Ausst.-Kat. Musée des Arts Decoratifs Paris, Paris 1983; Eric Mattie, *World's Fairs*, New York 1998; Thomas Schriefers, *Für den Abriss gebaut? Anmerkungen zur Geschichte der Weltausstellungen*, Hagen 1999; Andrew Garn und Paola Antonelli, *Weltausstellungen 1933–2005. Architektur, Design, Graphik*, München 2008; Beat Wyss, *Bilder von der Globalisierung. Die Weltausstellung von Paris 1889*, Berlin 2010.

2 Karl Marx und Friedrich Engels, »Revue« (1850), in: *Marx-Engels-Werke*, Bd. 7, Berlin 1960 ff., S. 430 f.; Walter Benjamin, zit. nach Kretschmer 1999 (wie Anm. 1), S. 7.

3 Franz Reuleaux, *Briefe aus Philadelphia*, Braunschweig 1877, S. 3 ff.

4 Redebeitrag Mélines in der Abgeordnetenkammer am 16.3.1896, zit. nach Kretschmer 1999 (wie Anm. 1), S. 107.

5 Georg Wilhelm Viebahn (Hrsg.), *Amtlicher Bericht über die Industrie-Ausstellung aller Völker zu London im Jahre 1851*, Berlin 1852, S. 6.

6 Friedrich Schiller, »Was heißt und zu welchem Ende studiert man Universalgeschichte?«, in: *Schillers Sämtliche Werke*, Bd. 9, Stuttgart und Tübingen 1844, S. 242.

7 Christian Sartorius, *Die Industrieausstellung in London* (1851), zit. nach Kretschmer 1999 (wie Anm. 1), S. 20.

8 Paul Bourget, *Outre-Mer. Notes sur l'Amérique*, Paris 1894, S. 6.

9 Christian Beutler, *Weltausstellungen im 19. Jahrhundert*, Ausst.-Kat. Die Neue Sammlung, Staatliches Museum für angewandte Kunst, München, München 1973, S. 70.

REFORMWILLE ZUR MACHT

DER PALAZZO PITTI UND DER DEUTSCHE ZYKLOPENSTIL

Für Heinrich Klotz †

Im Jahre 1911 standen, unabhängig voneinander, zwei deutsche Italienreisende mit ausgeprägtem Architekturinteresse vor dem Florentiner Palazzo Pitti. Beide hielten den Eindruck dieser Kaufmanns- und später landesfürstlichen Residenz für einen Höhepunkt ihres Florenzaufenthaltes. Der dreißigjährige Philosoph Leopold Ziegler, zu jener Zeit Gast in der Villa Romana, beschrieb den mächtigen Palast in seiner *Florentinischen Introduktion* als ein »singuläres Kunstwerk höchsten Ranges«.[1] Der vierundzwanzigjährige Architekt Erich Mendelsohn, im September und Oktober auf Italienreise, rühmte den Palazzo in noch stärkeren Tönen als »Sinnbild der Höhe, bis zu der der Mensch überhaupt hinaufkam«. Dagegen seien »alle Dome der Gotik, alle Kuppelkirchen der Renaissance [...] Bilder eines kindlichen Traumes, mystische Phantasie eines überirdischen Reiches«. Angesichts des Palazzo Pitti stellte der junge Mendelsohn fest: »Es gibt keine Frage mehr, keine Ahnung über die ›Grenzen der Menschheit‹. Jener steht jeder Antwort. Das ist die Grenze und hoch genug. Wohl dem, der sich ihr nähert.«[2]

Ähnlich, wenn auch in nicht so farbigen Worten, notierte Adolf Loos seine Begeisterung.[3] Hendrik Petrus Berlage stellte den »mächtigen« Palazzo Pitti über das Kolosseum und alle anderen Renaissancepaläste, weil es ihm an halbierten Säulen oder Pfeilern fehlte – wie seiner Amsterdamer Börse.[4] Man hat den Eindruck, als hätten sich in jenen Jahren die Architekten auf dem geräumigen Platz vor dem Palast, den die verschwenderische Großzügigkeit des Bauherrn der Stadtöffentlichkeit eingeräumt hatte, ein Stelldichein gegeben, so viele besichtigten den Palazzo Pitti.

PALAZZO PITTI, FLORENZ, FASSADE ZUR STADT, BEGONNEN UM 1458 NACH PLÄNEN VON FILIPPO BRUNELLESCHI (?)

ZWISCHEN HOF UND GARTEN

Ziegler und Mendelsohn beschrieben und analysierten unterschiedliche Fassaden des Palastes. Ziegler ging mit kunsthistorisch geschultem Auge auf den ältesten, ursprünglich nur siebenachsigen Bauteil an der Straßenseite ein, als dessen Urheber Giorgio Vasari und mit ihm ein Teil der späteren Autoren Filippo Brunelleschi angenommen haben.[5] Die Form der Fenster mit ihrer steiler geführten äußeren Bogenlinie sah Ziegler im Zusammenhang mit der Notwendigkeit, die Fugen der Keilsteine in die Fugen der mächtigen Quaderschichten einmünden zu lassen. Mendelsohn begeisterte sich an der Gartenseite, am Arkadenhof Bartolomeo di Antonio Ammanatis, einem Hauptwerk des toskanischen Manierismus. Aber beide Autoren ordneten ihre Seherlebnisse einem zeitgenössischen Kontext ein.

So erörterte Ziegler, kurz bevor er auf den Palazzo Pitti zu sprechen kam, die modernen Meisterwerke der Technik. Er fragte sich und seine Leser, warum die Lokomotiven und Kraftwagen ästhetisch nie Wohlgefallen auszulösen pflegten (was andere Zeitgenossen entschieden anders beurteilten). Auch die Baumeister der Gegenwart dürften nicht glauben, eine Erneuerung der Architektur zu bewirken, indem sie zwar sachlich konstruierten, aber vergäßen, dass jedes Bauwerk zugleich ein anschauliches, körperliches Ganzes, ein kubisches Raumbild bieten müsse. Die Fassade des Palazzo Pitti war ihm ein Beleg dafür, wie »der technische Gedanke sich ungezwungen umsetzt in eine architektonische Sinnbildlichkeit«.[6] Ein Thema war aufgenommen worden, das in der zeitgenössischen Architekturproduktion aktuell war. Vielen Kritikern schien es in den Industriebauten von Peter Behrens – die Turbinenhalle in Berlin-Moabit war zwei Jahre zuvor fertiggestellt worden – vorbildlich behandelt.

Der andere Florentiner Gast von 1911, Erich Mendelsohn, erklärte den Palazzo zu einem »Symbol für den ungestümen Reformwillen zur Macht über die Stadt und die Menschen«. Abermals meint man, eine Anspielung auf gegenwärtige Architektur herauszuhören. Auch Peter Behrens hatte der monumentalen Kunst »naturgemäß« die Stelle zugewiesen, wo ein Volk am tiefsten bewegt werde: »Es kann der Ort sein, von dem Macht ausgeht.«[7] Statt aller ins Ferne schweifenden Träume und Sehnsüchte fand Mendelsohn im Palazzo Pitti das Menschenmögliche geleistet und zu sichtbarer Anschauung geworden: »Frei von Kastengeist und Enge, mit der Leichtigkeit

BARTOLOMEO DI ANTONIO AMMANATI, PALAZZO PITTI, FLORENZ, HOF- UND GARTENFASSADE, UM 1560–1566

eines weitsichtigen lebendigen Geistes, der alles kann, weil er Recht und Fähigkeit zu solchem Willen hat.«[8] In der Deutung des Nietzsche-Lesers Mendelsohn, der seine Verlobte brieflich immer wieder zur Lektüre Nietzsches anhielt und ihr Werke des Philosophen referierte, wurden die Schöpfer des Palastes zu wahren Übermenschen. Und in der Tat: »Das monumentale Bauwerk, das seit alters die Mitarbeit vieler zur Voraussetzung hatte und die Spuren der vielen an sich trug, war«, wie Heinrich Klotz in seinem Brunelleschi-Buch bemerkt, »zum Werk eines einzelnen Künstlers geworden«.[9]
Nietzsche selbst hatte den Palazzo Pitti als Beispiel des »großen Stils« gerühmt. Der Kaufmannspalast auf dem linken Arnoufer galt ihm als die »höchste Steigerung der Kunst der Melodie«, als die Gegenposition zu jedem »Decadenz-Geschmack« – zumindest für die erzmanieristische Hofseite Ammanatis eine sehr anfechtbare Behauptung. Aber wenn Nietzsche in der *Götzen-Dämmerung* verlangte, im Bauwerk solle sich »der Sieg über die Schwere, der Wille zur Macht versichtbaren«, so war im Pitti-Palast diese Forderung eingelöst.[10] Der Münchner Architekturstudent Mendelsohn hatte hier die Quelle gefunden, die seiner Begeisterung die Worte gab.

ÜBERMENSCHLICHE WESEN FÜHREN DIE RECHNUNG

Die Interpretation des Palazzo Pitti als der sinnbildhaften Überhöhung der Konstruktion (Ziegler) oder des gebauten Willens zur Macht (Nietzsche und Mendelsohn) war keineswegs eine selbstverständliche Perspektive. Beispielsweise hatte der britische Architekturschriftsteller John Ruskin –und nach ihm Hippolyte Taine in seiner *Voyage en Italie* – den Bau in erster Linie nicht als beseelte Konstruktion oder als steinerne Machtgeste erlebt, sondern als naturnahes Gebilde. Für Ruskin lagen die »Pracht und Macht« dieses Bauwerkes »in der natürlichen Zerklüftung des Gesteins«, dem »strenge[n], herbe[n] Zug der Angehörigkeit zum Mark des Berges, aus dem es herausgerissen ward«.[11] Dass diese malerische Sichtweise, die in der Kunst die Natur erblickte und dagegen den »blanken Gehorsam gegen die Regeln und Messungen der Menschen« stellte, sich weder mit Zieglers noch mit Mendelsohns Eindrücken deckte, geht bei den beiden jüngeren Autoren aus dem Gebrauch eines Schlüsselwortes hervor, das titanischen Gestaltungswillen signalisierte. Ziegler wie Mendelsohn verwenden das zeittypische Adjektiv »zyklopisch«.

FRITZ SCHUMACHER, KREMATORIUM, DRESDEN, 1908–1911

Natürlich lag es nahe, die gewaltigen Mauerwerksquader beider Fassaden und vor allem die Bossen im Erdgeschoss der Eingangsseite zyklopisch zu nennen. Auch Jacob Burckhardt hatte schon »das Gefühl, als hätten beim Vertheilen dieser Massen übermenschliche Wesen die Rechnung geführt«.[12] Ziegler stellte der »fast zyklopisch ungefügen Masse der Quader, die in der Rustika von ungeheurer Ausladung sind«, die »zuchtvolle Bemeisterung« durch Proportion und Ordnung am selben Bauwerk gegenüber. Mendelsohn schloss von den »zyklopenhafte[n] Blöcken des Erdgeschosses auf der Höhe des Abhangs« auf besagten »Reformwillen zur Macht«. Über die Bauherren, die diese triumphal-verschlossene Architektur in Auftrag gegeben hatten, fällt bei Mendelsohn kein kritisches Wort, im Gegenteil, sie sind »von der Glut eines großen Gedankens getragen« und haben daher »Recht und Fähigkeit zu solchem Willen«.[13] Ziegler, der seinen *Cicerone* gelesen hatte und sich in seinem Urteil von Machiavelli hätte bestärkt fühlen können, machte dagegen Vorbehalte gegen die machtbewussten Kaufleute, ihren Geschlechterhass und ihre Rachsucht geltend.[14] Umso größer erschien ihm die Leistung, dass sich die großen intriganten Familien im Wunder der Florentiner Kunst zusammengefunden hatten.

Mendelsohns Hoffnung auf die Künstler und Baumeister als die großen Täter und Zieglers Sehnsucht nach dem einheitsstiftenden Kunstwerk wurden zu Leitmotiven des expressionistischen Bauens. Doch im Jahre 1911 sahen beide Besucher ihre Wünsche durch das zyklopische Mauerwerk des

OSKAR KAUFMANN, HEBBEL-THEATER, BERLIN, 1906/07

Palazzo Pitti bereits erfüllt. Monumentalität, »die eigne starke Form« (Peter Behrens),[15] hieß um 1910 ein Gebot der Stunde. Der Wille zum Imposanten äußerte sich in einer Reihe öffentlicher Bauten und manchmal auch privater Wohnhäuser, für die sich in der zeitgenössischen Literatur die Bezeichnung Zyklopenstil so oft findet, dass sie zum Stilbegriff dieser Phase der deutschen Architektur avancieren sollte.[16] So nannte sie Karl Scheffler, der diesen »neupathetischen Architekturstil« nicht leiden konnte, 1908. Scheffler verwies auf den Zusammenhang zwischen Primitivismus und Dekadenz: »Die klarsten, nüchternsten Aufgaben werden vergewaltigt, bis sie geeignet schienen, Gegenstand für etwas pyramidenhaft Ragendes oder toteninselhaft Tiefsinniges zu werden.«[17] Gustav Adolf Platz übernahm den Begriff und tadelte lange danach, 1927, die »Zyklopenbauten aus gewaltigem Quaderwerk mit übertrieben schweren Gliederungen«. Zu den Anhängern dieser architektonischen Kraftnahrung zählte er Wilhelm Kreis, Otto Rieth, Bruno Schmitz und – in dessen Dresdner Epoche – Fritz Schumacher.[18] Schumacher lieferte mit dem Dresdner Krematorium ein eindrucksvolles Beispiel des neuen Kolossalstils. Als junger Mann hatte er 1893/94 eine Brunelleschi-Monografie veröffentlichen wollen, in der natürlich auch der Palazzo Pitti vorkommen sollte.[19] Oskar Kaufmanns Hebbeltheater in Berlin, dessen gerundetes Foyer sich durch die rustizierte Fassadenfront kämpft, konnte als ein anderes Exempel dieses ungefügen Pathos gelten. Einen Palazzo

PAUL BONATZ UND EUGEN SCHOLER, HAUPTBAHNHOF, STUTTGART, 1911–1928

Pitti des Eisenbahnzeitalters zog Paul Bonatz in Gestalt des Stuttgarter Hauptbahnhofs empor: grobe Rustika auch hier und monumentale Rundbogentore für die Eingangshallen.

WUCHT UND GRÖSSE

Die »Bauart von kraftloser Brutalität«, behaftet »mit dem Größenwahn der Dimensionen und der Sterilität des Empfindens«, hatte Walter Rathenau im Sinn, wenn er gegen den »Pseudo-Teutonenstil« zu Felde zog.[20] Solchen harschen Urteilen über den pathetischen Monumentalismus schlossen sich keineswegs alle zeitgenössischen Kritiker an. Für Autoren wie den Preußenbarden Arthur Moeller van den Bruck, für Albert Hofmann und überraschenderweise auch für den Befürworter des englischen Landhauses (aber auch Architekten der Funkstation Nauen!) Hermann Muthesius verkörperte dieses Titanentum einen neuen, kraftvollen Beginn. Sie sahen Kühnheit und Originalität, wo andere Autoren nur die Übersteigerung und das Ende einer Epoche erblickten.

Neu waren Massen- wie Detailwirkung des Zyklopenstils in der Tat. Zwar bot unter den historisierenden Stilarten die Neoromanik mit ihrer bildhauerischen Architekturauffassung, ihren schweren Wänden und tief eingeschluchteten Öffnungen den nächsten Anknüpfungspunkt. Aber der Zyklopenstil ging weit über die Neuromanik, über Franz Schwechtens Kaiserschloss in Posen oder seine Berliner Kaiser-Wilhelm-Gedächtniskirche hinaus. In seiner »echt steinmäßigen Schlichtheit und Geschlossenheit, in Wucht und Größe«, in seiner »manchmal doch etwas ungeschlachten, aber doch ausgesprochen deutschen Eigenart« sei er ein »starker junger Trieb unserer neuen Kunst«.[21]

Neben den zivilisierten Neoklassizisten boten die Gigantomanen eine Alternative zum auslaufenden Art Nouveau und zum

Heimatstil. Nach den Schöngeistern und neben den gebildeten Philologen übernahmen die Kraftmenschen das Kommando.
Details schlossen sich in diesen Denkmälern oder zumindest denkmalhaften Bauten zu dräuenden Silhouetten mit einfachen Konturen und horizontalen Fassadenabschlüssen zusammen. Ornament fand nur Eingang, wenn es ikonografisch erwünschte Inhalte mitteilte oder starke Emotionen abstrahlte. Flankierende Pylonen nahmen die Bauvolumen in die Zange. Türme mit kuppelartigen Aufsätzen erinnerten – Zufall oder nicht – auffallend oft an das Grabmal des Ostgotenkönigs Theoderich in Ravenna. Arnold Böcklins *Toteninsel*-Variationen steuerten die sepulkrale Stimmung und manchmal auch die Zypressen bei. Auf dem Papier entfalteten sich solche Visionen noch üppiger als in der Realität. »Diese Wickingergräber [sic], Bismarcktürme, Tempel ohne Bestimmung, Ruhmeshallen und Schlossbauten, schwarz mit Kohle vor wilde Gewitterhimmel – die immer mit zur Architektur gehören – gestellt und das Ganze theaterhaft beleuchtet, sind wahrhaft monströs«, seufzte Karl Scheffler.[22]
Die Monumentalität solcher Bauten und Pläne war von ägyptischer oder assyrischer Baukunst inspiriert oder von der spätromanischen Baukunst der Kaiserdome und Pfalzen. Ein zeitlich näher liegendes Vorbild war das Werk des Architekten Henry Hobson Richardson, von dem Louis Sullivan in bester Rhetorik à la Walt Whitman ausrief: »Hier ist ein Mann [...], ein wirklicher Mann, ein männlicher Mann; eine virile Kraft – breit, kräftig, mit einer überwältigenden Energie – ein ganzer Mann.« Richardsons öffentliche und private Bauten an der Ostküste und im mittleren Westen der USA beeindruckten mit ihren schweren, geschlossenen Mauern und ihrem »modern romanesque« die europäischen Architekten wie zum Beispiel die skandinavischen Nationalromantiker.[23] Deutschen Architekten hatte 1897 der Band Paul Graefs *Neubauten in Nordamerika* das Werk Richardsons nahe gebracht. Bruno Schmitz, der wilhelminische Denkmälerspezialist, kannte die Arbeiten Richardsons schon längst aus eigener Anschauung, da er 1888 im Zusammenhang mit dem Projekt eines Siegesdenkmals für den Staat Indiana eine Amerikareise unternommen hatte.
Dass der Palast des Luca Pitti in der Ahnengalerie des Vorkriegsmonumentalismus seinen Platz behauptete, hängt mit der Konsequenz seiner Komposition zusammen. Dieser grandioseste aller Quattrocento-Paläste verzichtete an der Stadtseite auf den humanistischen Apparat der klassischen Formen, eine gliedernde Pilasterordnung oder das ausgreifende und den Bau nach oben definitiv abschließende Kranzgesims. Die Stockwerke wurden nur durch Größe und Form der Wandöffnungen differenziert. Das Relief der Bossen im Erdgeschoss wird in den Obergeschossen nicht so stark zurückgenommen, dass von unten nach oben ein Effekt der Sublimierung einträte. Da die Vertikalität der hohen Fenster durch die Horizontalität der Balustradenbänder konterkariert wird, entsteht ein gleichmäßiges Wandfeld. Verböte nicht die Mauerschwere einen Vergleich, ließe sich an die »curtain walls« moderner Bürohäuser denken. Denn auch am Palazzo Pitti umschließt den Gebäudewürfel eine fast einheitlich strukturierte Fläche. Sie hat es ermöglicht, dass die Architekten der späteren Erweiterungen leichtes Spiel hatten: Die Fortsetzbarkeit des Bauwerkes war bereits in der Urfassung angelegt.

Zudem offenbarte der rigorose Maßstabsbruch, den der Palazzo Pitti im Verhältnis zur mittelalterlichen Stadt noch rücksichtsloser als die anderen Bankiersresidenzen des 15. Jahrhunderts vollstreckte, eine frühkapitalistische Ungeniertheit, die dem Spätkapitalismus des 19. und frühen 20. Jahrhunderts imponieren musste. Denn auch das Zeitalter Wilhelms II. trat in eine neue urbanistische Größenordnung ein, die mit radikalen Verstößen gegen den bisherigen städtebaulichen Maßstab zusammenging.

Für die weniger kritischen Zeitgenossen war der Zyklopenstil die gegebene Ausdrucksform der neuen, die moderne Welt bewegenden Kräfte: der Großindustrie. »Wucht, Strenge und Knappheit entsprechen dem organisierten Arbeitsleben, das sich darin abspielt«, so Walter Gropius. Liebenswürdigkeit und Freundlichkeit hatten an diesen Orten nichts zu suchen. »Es ist die Kunst [...], die man nicht liebhaben kann, vor der man niedersinkt, die uns erschauert, uns durch ihre Größe seelisch überwältigt.«[24] Peter Behrens war der Architekt, der solche »zyklopischen Tempel der Arbeit«, solche »Stätten der Erhebung«, solche »steinernen Redensarten« errichtet hatte.[25] Jeder einschlägig bewanderte Leser dürfte sich bei diesen Formulierungen Adolf Behnes aus dem Jahre 1920 an die massiv scheinenden Eckpylonen der behrensschen Turbinenfabrik in der Berliner Huttenstraße erinnert haben, die um der monumentalen Wirkung willen die sichtbare Stahlkonstruktion der Dreigelenkbinder an der Seitenfront abgelöst und fürs Auge befestigt hatten.

Dieser Zusammenhang zwischen zeitgenössischer Technik und architektonischem Zyklopentum – die »Verwandlung der konstruktiven Mittel in ein plastisches Symbol« – hatte auch dem Philosophen Leopold Ziegler schon eingeleuchtet, als er im Jahre 1911 vor der Fassade des Palazzo Pitti stand.[26]

1 Leopold Ziegler, *Florentinische Introduktion zu einer Theorie der Architektur und der bildenden Künste* (1912) (*Bauwelt Fundamente*, 88), Braunschweig und Wiesbaden 1989, S. 22 ff., S. 24.

2 Erich Mendelsohn an Luise Maas, seine spätere Frau, 3.10.1911, Kunstbibliothek, Stiftung Preußischer Kulturbesitz, Berlin.

3 Adolf Loos, »Architektur« (1909), in: ders., *Trotzdem. 1900–1930*, Wien 1982, S. 95.

4 Hendrik Petrus Berlage, »Modern Architecture« (1911), in: Sergio Polano, *Hendrik Petrus Berlage. Complete Works*, New York 1988, S. 91.

5 Die Zuschreibung ist kontrovers. Der Bauherr Luca Pitti erwarb erst Jahre nach Brunelleschis Tod (1446) die für den Bau des Palastes notwendigen Grundstücke und begann 1458 das Gebäude; entstand der Entwurf so lange vorher? Heinrich Klotz berücksichtigte in seiner Brunelleschi-Monografie (Stuttgart 1990) den Palazzo Pitti nicht.

6 Ziegler 1989 (wie Anm. 1), S. 22.

7 Peter Behrens, »Was ist monumentale Kunst?«, in: *Kunstgewerbeblatt*, Neue Folge 20, 3, 1908/09, S. 46.

8 Mendelsohn 1911 (wie Anm. 2).

9 Heinrich Klotz, *Filippo Brunelleschi. Seine Frühwerke und die mittelalterliche Tradition,* Stuttgart 1990, S. 157.

10 Friedrich Nietzsche, zit. nach ders., *Götzen-Dämmerung. (Kritische Studienausgabe in 15 Bänden),* hrsg. von Giorgio Colli und Mazzino Montinari, Bd. 6, München und Berlin 1980, S. 118; vgl. Theo Meyer, *Nietzsche und die Kunst,* Tübingen und Basel 1993, S. 105 ff.

11 John Ruskin, *Die sieben Leuchter der Baukunst* (1849), Dortmund 1994, S. 151.

12 Jacob Burckhardt, *Der Cicerone,* Bd. 2, 8. Auflage, Leipzig und Berlin 1901, S. 115.

13 Ziegler 1989 (wie Anm. 1), S. 23; Mendelsohn 1911 (wie Anm. 2).

14 Jacob Burckhardt: »Man fragt sich, wer denn der weltverachtende Gewaltmensch sei, der mit solchen Mitteln versehen, allem bloss Hübschen und Gefälligen so aus dem Wege gehen mochte?«, zit. nach Burckhardt 1901 (wie Anm. 12), S. 115. Schon Machiavelli schrieb in seinen *Storie fiorentine,* nie zuvor habe ein Privatmann ein ähnlich königliches Schloss gebaut, vgl. Wolfgang Braunfels, *Mittelalterliche Stadtbaukunst in der Toskana,* 5. Auflage, Berlin 1982, S. 207.

15 Behrens 1908/09 (wie Anm. 7).

16 Erich Haenel spricht vom »Stimmungsstil« der Monumentalisten, s. ders., »Neue Arbeiten von Wilhelm Kreis«, in: *Dekorative Kunst,* 7, 2, November 1903, S. 43. Julius Posener nennt es »Wilhelminismus«. Der Begriff ist missverständlich, da er sich zwangsläufig auf die gesamte Epoche Kaiser Wilhelms II. bezieht und nicht nur auf die »Architektur des Auftrumpfens«, s. ders., *Berlin auf dem Wege zu einer neuen Architektur. Das Zeitalters Wilhelms II.,* München 1979, S. 81 ff.

17 Karl Scheffler, »Heinrich Tessenows Zeichnungen«, in: *Kunst und Künstler,* 15, 1916/17, S. 24; ders., *Moderne Baukunst,* Leipzig 1908, S. 100. Das von Scheffler geprägte Wort vom »künstlichen Zyklopenstil« zitiert Adalbert Matthaei billigend in: ders., *Deutsche Baukunst im 19. Jahrhundert und in der Gegenwart,* Leipzig und Berlin 1920, S. 86.

18 Gustav Adolf Platz, *Die Baukunst der neuesten Zeit (Propyläen Kunstgeschichte,* Erg.-Bd. 1), Berlin 1927, S. 33.

19 Fritz Schumachers Manuskript in der Hamburgischen Staats- und Universitätsbibliothek (Schumacher-Nachlass) bricht in der Erörterung der Sakralbauten Brunelleschis ab. Im weiteren Plan des Buchmanuskriptes ist der Palazzo Pitti als Stichwort notiert. Für den Hinweis bin ich Hartmut Frank und Christian Weller dankbar.

20 Walter Rathenau, »Das Denkmal der Unreife«, in: Alfred Lichtwark und Walter Rathenau, *Der rheinische Bismarck,* Berlin 1912, S. 25. Karl-Heinz Hüter wollte an Wortprägungen wie »Teutonismus« oder »Neuteutonenstil« anknüpfen, um diese zeitgenössische Vorliebe zu bezeichnen, s. ders., *Architektur in Berlin. 1900–1933,* Dresden und Stuttgart 1988, S. 46. Aber nicht nur Teutonen pflegten Pathos. Der »Zyklopenstil« war ein zwischen Chicago und Helsinki verbreitetes internationales Phänomen.

21 Albert Hofmann, »Der Wettbewerb zur Erlangung von Entwürfen für ein Bismarck-Denkmal«, in: *Deutsche Bauzeitung,* 36, 1902, S. 33 ff.

22 Scheffler 1908 (wie Anm. 17), S. 101. Eine zeittypische Begründung für die Popularität des Theoderich-Grabes unter deutschen Denkmalarchitekten gab Hubert Schrade: Jener Germanenfürst begann »in seinen letzten Lebensjahren […], in denen er sein Denkmal erbauen ließ, sich vom Römischen abzuwenden und an Möglichkeiten der Einigung aller Germanen zu denken.«, ders., *Das Deutsche Nationaldenkmal. Idee, Geschichte, Aufgabe,* München 1934, S. 100.

23 Louis Sullivan, *Kindergarten Chats,* New York 1957, S. 28 f.; Cornelius Gurlitt, »Deutsche Baukunst«, in: *Deutsche Kunst und Dekoration,* 5, 1899/1900, S. 212 ff.; vgl. Barbara Miller Lane, *National Romanticism and Modern Architecture in Germany and the Scandinavian Countries,* Cambridge und New York 2000.

24 Walter Gropius, »Monumentale Kunst und Industriebau (1911)», in: ders., *Werkverzeichnis und Ausgewählte Schriften,* hrsg. von Hartmut Probst und Christian Schädlich, Bd. 3, Berlin 1986–1988, S. 28.

25 Adolf Behne, »Fabrikbau als Reklame«, in: *Das Plakat,* 11, 6, 1920, S. 275; vgl. Karin Wilhelm, *Walter Gropius. Industriearchitekt,* Braunschweig und Wiesbaden 1983, S. 19.

26 Ziegler 1989 (wie Anm. 1), S. 21.

TURM UND HÖHLE

EIN MOTIV AUS DER WERDEZEIT DER MODERNE

Der menschliche Geist habe die Tendenz zu funktionieren, wie er immer funktioniert habe. Es sei wahrscheinlich, dass er auch weiterhin wie vor fünf- oder zehntausend Jahren funktionieren werde – und nicht so, wie er noch nie funktioniert habe. Als die Seminarteilnehmer des Psychoanalytikers C. G. Jung in den späten 1920er-Jahren Sätze wie diese notierten,[1] mussten die Worte des Meisters wie eine radikale Absage an alle Modernisierungstendenzen klingen. Die Ingenieure versuchten, mit neuen Kommunikationstechniken den Raum zu besiegen und mit neuen Fortbewegungsmitteln die Schwerkraft zu überlisten. Die Designer erprobten bislang ungekannte Materialien, sagten dem Handwerk ab und mobilisierten die Industrie auch für die Produktion von Geräten, die der Hand und dem Auge des Menschen nahe waren. Die Architekten machten sich auf, die künftige Stadt rational zu planen und das Wohnen von den Zwängen der Konvention zu befreien. Aber die Psychoanalytiker beschworen Archetypen, in denen die Welt sich darstellte, wie sie sich immer dargestellt hatte.

Das alte Wahre stand gegen das provokative Neue, gegen den Aufbruch in eine unbekannte Zukunft. Vom Weg zurück in die Schichten der unbewussten Psyche, vom Abstieg in die Tiefe unvordenklicher Zeiten versprach Jung sich individuelle wie kollektive Heilung. Eine Epoche, die den neuen Menschen propagierte, brachte zugleich den alten Adam in Erinnerung.

»JE TIEFER DER BRUNN …«

Im Jahre 1909 unternahm Jung zusammen mit seinem großen Kollegen Sigmund Freud eine Vortragsreise. Der Bruch zwischen beiden trat erst drei Jahre später ein, damals reisten sie noch zusammen. Auf dieser Reise hatte Jung, der schon von Berufs wegen ein trainierter, sozusagen ein professioneller Träumer war, einen Traum, der die psychoanalytische Lehre geradezu schulmäßig wiedergab. Jung träumte von einem Haus. Dessen Stockwerke reichten nach unten hin in immer ältere erdgeschichtliche Zeitalter zurück. Das allerunterste Gewölbe war eine Felshöhle mit Knochenresten und Gefäßscherben, den Überresten einer primitiven Kultur; sie verkörperten das dem Bewusstsein nicht mehr zugängliche Unbewusste.[2] Jungs Traum wirkt wie eine Illustration der auch von Freud vertretenen Überzeugung, die Arbeit des Psychoanalytikers gleiche der Tätigkeit des Archäologen. Wie der Altertumswissenschaftler gräbt sich der Altertumswissenschaftler in Sachen Psyche in die Schichten der Vorzeit, in den seelischen Untergrund zurück, um die Wahrheit zu erforschen und durch deren Aufklärung den Bann zu lösen, den das Vergangene über das Gegenwärtige verhängt hat.

Im Denken Jungs wie Freuds spielte die Höhle eine Vorzugsrolle. Jung, der sich ja nicht nur mit dem individuellen, sondern auch mit dem kollektiven Unbewussten beschäftigte, verwies mit Vorliebe auf Mythen, in denen der Held in die Unterwelt, in die Tiefe eines Berges oder in den Leib eines Walfischs eindrang. Es war das Motiv der Katabasis, des Abstiegs »ad inferos«, der die Introversion des Bewusstseins in die Tiefenschichten der unbewussten Psyche ausdrücke. Für Jung war es mit dem Gedanken der Rettung, Erlösung und Wiederherstellung der individuellen Ganzheit verbunden. »Die Höhle ist der Ort der Wiedergeburt, jener geheime Hohlraum, in den man eingeschlossen wird, um bebrütet und erneuert zu werden.«[3] Unbestimmt und vage, wie es Jungs Definition des Archetypus entsprach, verbanden sich mit der Höhle sowohl die Vorstellung des Mutterschoßes wie die des Hauses. »Die wärmende, schützende, nahrungsspendende Mutter ist auch der Herd, die schützende Höhle oder Hütte.«[4]

Zu der Zeit, in der C. G. Jung seinen – für die spätere Archetypenlehre entscheidenden – Traum hatte, 1909, war der höhlenhafte Raum noch und wieder ein Thema der zeitgenössischen Formenproduktion. So konträr eine Regression in unbewusste Schichten der Psyche sich zum Zukunftsoptimismus und zur Veränderungsbereitschaft der späteren 1920er-Jahre verhielt, so nahe war sie dem Bilderdenken von Jugendstil und Expressionismus. Das Höhlenartige ist vielen Raumbildungen vor und nach der Jahrhundertwende eigen. Man mag es sogar schon in den dunklen, mit schweren Portièren verhängten, mit weichen Teppichen ausgelegten Räumen von Gründerzeit und Historismus vorweggenommen finden.

An deren gedämpfte Koloristik haben sich die Künstler des deutschen Jugendstils und des internationalen Art Nouveau nicht gehalten. Aber wenn sie die Formen zusammenzogen, die Wandungen, Decken und Böden verschliffen, labyrinthische, auf innere Zentralräume bezogene Grundrisse erfanden, irritierende Spiegeleffekte einsetzten, das Licht zu überraschenden Wegen nötigten, entstanden Räume, die ihre Bewohner wie ein gebautes Futteral, wie den Fötus im Mutterleib umschlossen. In manchen Palais, die Victor Horta in Brüssel und Hector Guimard in Paris errichteten, bewegt man sich wie in submarinen Grotten. Die gläsernen Kuppeln filtern das Licht, die farbigen Keramik- oder polierten Steinböden schimmern feucht.

ANTONI GAUDÍ, CASA MILÀ, BARCELONA, 1905–1910

Großbürgerliche Stadthäuser in der Stadterweiterung von Barcelona wie Antoni Gaudís Casa Batlló und Casa Milà begegneten dem Großstadtverkehr mit porösen, ausgehöhlten Felswänden.

Gaudís Landsmann und Generationsgefährte Lluís Domènech i Montaner vereinte in seinem Palau de la Música Catalana die Konzertbesucher unter einer umgestülpten gläsernen Kuppel, die aus dem Emporensaal eine Venusgrotte machte. In der Tat war die katalanische Metropole eine Hochburg der Wagnerianer wie Paris oder wie London, wo der Art-Nouveau-Illustrator Aubrey Beardsley den Stoff von Venus und Tannhäuser zu einer Novelle namens *Under the Hill* verarbeitete und Algernon Charles Swinburne das *Laus Veneris* sang: »Her gateways smoke with fume of flowers and fire. Her doors are made with music.«[5] Der Marsch aus dem *Tannhäuser* waren die ersten Takte wagnerscher Musik, die in Barcelona ertönten. Selbstverständlich zierte auch Wagners Büste die Fassade des Palau de la Música Catalana. Der Barcelona-Chronist Robert Hughes fühlte sich in den unterirdischen Pferdeställen von Gaudís Palau Güell sogar an Alberichs Höhle aus dem *Rheingold* erinnert.[6]

Nichts ist für diese Architekturhöhlen bezeichnender als ihr Eingang, als Swinburnes »doors« und »gateways« (vgl. S. 9 ff.). In die verschatteten Portale, manchmal parabelförmig, manchmal wie ein Omega-Bogen ausgebildet, von Ornamentgewächsen halb zugewuchert oder von Gorgonenhäuptern bewacht, dringt man nicht ohne Schaudern ein, wie in ein verbotenes, erogenes Geheimnis. So haben Joseph Maria Olbrich oder Fedor Schechtel, Pierre Roche, Jules Lavirotte, Henri Sauvage, Paul Cauchie, Ernest Blérot oder Paul Hankar, Raimondo d'Aronco oder

WENZEL AUGUST HABLIK, AUS DER MAPPE *SCHAFFENDE KRÄFTE*, 1909

Giuseppe Sommaruga den Eintritt in ihre Häuser inszeniert. Guimard verstand es, mit seinen vegetabilen und heraldischen Pariser Métro-Pavillons ein gesamtes hochmodernes Transportsystem in einen unterirdischen Hörselberg zu verzaubern. Wo die Art-Nouveau-Künstler ihrer Fantasie die Zügel ließen, wurde das Betreten eines Hauses zu einem Vorgang, der sexuelle Penetration ebenso wie einen umgekehrten Geburtsvorgang assoziieren konnte. Der ausgesetzte und vereinsamte Mensch kehrt zurück in den Schoß der Großen Hetäre oder der Großen Mutter, in C. G. Jungs »schützende Höhle«. Dieser Gedanke konnte einer Epoche nicht fremd sein, in der Havelock Ellis und Rudolf Krafft-Ebeling ihre Psychopathologie des Geschlechtslebens veröffentlichten und der polnisch-deutsche Dichter Stanisław Przybyszewski in seiner *Totenmesse* verkündete: Am Anfang war das Geschlecht, alles war in ihm, nichts außer ihm.

Das Konzept des Hauses als Gesamtkunstwerk, konsequent vom Kellergitter bis zum Kaminkopf, vom Rankgerüst bis zum Tischbesteck, trug zu dem umhüllenden, bergenden oder auch verzehrenden Charakter der Architektur bei. Das Gesamtkunstwerk nimmt den, der es akzeptiert, bereitwillig auf, aber dem Fremden, Uneingeweihten verschließt es sich hermetisch. Wer in ein Haus von Peter Behrens, Henry van de Velde, Charles Rennie Mackintosh oder Josef Hoffmann eintrat, unterwarf sich den Gesetzen einer eigenen Welt, die nicht mit der profanen Außenwelt übereinstimmte.

Bei Künstlern, deren Temperament zu feierlichem Pathos neigte, stellte sich leicht eine sakrale Aura ein. Die Gäste der *Internationalen Ausstellung für moderne dekorative Kunst* 1902 in Turin wurden, wenn sie die deutsche Abteilung besichtigen wollten, durch eine Vorhalle geschickt, die Behrens als Grotte mit Quellbecken, mit wachhabenden Engeln und opaleszierendem Oberlicht ausgestattet hatte. Das Licht fiel wie durch Felsspalten scheinwerferartig von oben herab. Die Besucher glaubten sich in einer »anderen Welt«, empfanden »eine gewisse Ähnlichkeit mit einer Gruftkapelle« oder mit einem »unnahbaren Heiligtum des Femgerichts«.[7] »Macht aus der Höhe und Macht aus der Tiefe«, begeisterte sich Georg Fuchs über diese »Vorhalle zum Hause der Macht und der Schönheit«. Seine Ausstellungsbeschreibung geriet zu einem peinlichen Hymnus auf den Willen zur Macht: »Und also wird der Machthaber zum Künstler, der Gewalt-Herr zum Dichter, indem er das, was ihm die Wirklichkeit versagt, zur Erfüllung und Vollendung des Lebens, selbst schafft im Rausche der Dankbarkeit und im Überschwange seiner edlen Kraft.«[8]

Wo die deutschen Reformkünstler den Alltag ins Auge fassten, zügelten sie ihre Verführungskünste. Mit der Wiederkehr eines Klassizismus, einer Rückbesinnung auf den »Stil um 1800«, schien der unterirdische Strang der Überlieferung gekappt. Aber es schien nur so. Auf den Zeichenblöcken und Radierplatten eines Wenzel August Hablik oder in den Skizzen und Skulpturen eines Hermann Obrist gingen die montanen Fantasien des Jugendstils ununterscheidbar in die des Expressionismus über. Eines der eindrucksvollsten Blätter Habliks aus der 1909 entstandenen Mappe *Schaffende Kräfte* zeigt eine Tropfsteinhöhle, die sich auf eine kristalline Gebirgsfestung öffnet, ein Zauberreich, dem Hablik den Spruch beigab: »Je tiefer der Brunn', den du hinabsteigst, desto heller leuchten die Sterne«. Obrist, eine der großen Figuren der Jugendstilgeneration, »der alte ernste Zukunftskünstler«, meinte zu den eigenen rauschhaften Eingebungen, es seien »Phantasien (gemalte und gezeichnete), die, wie ich glaube, noch weit über den p.p. Expressionismus hinausgehen.«[9] Seine Grabmäler und Modelle für Monumentalbauten sind Gebilde, in denen wie in einer Gesteinsart von bisher unbekannter, weich formbarer Beschaffenheit Höhlungen eingemuldet scheinen.

Höhlenvisionen wurden jedoch auch in einem Zusammenhang realisiert, der – anders als die Kunst des Jugendstils und des Frühexpressionismus – unter der offiziellen Protektion des Zweiten Kaiserreiches stand. In den kolossalen Monumenten, die das Reichsgebiet zwischen dem Deutsch-Französischen Krieg von 1870/71 und dem

Ersten Weltkrieg überzogen, fand die Nationalisierung der Höhle statt. Das klassische Beispiel ist die Kyffhäusersage, deren Entstehung ins 13. Jahrhundert, in die Zeit des zerbrechenden Stauferreichs, zurückreicht, aber im späteren 19. Jahrhundert aktualisiert und der Reichsideologie dienstbar gemacht wurde. Die adventistische Legende von der Wiederkehr des verschollenen Herrschers verschmolz das Schicksal zweier staufischer Monarchen, Kaiser Friedrich I. Barbarossa und Kaiser Friedrich II. In der Form, die sie im Laufe der Jahrhunderte annahm, wies sie dem schlafenden Monarchen eine unterirdische Ruhestatt im Kyffhäusergebirge zu. Im 17. Jahrhundert berichtet ein Chronist, er habe in Thüringen sagen gehört, »dass solcher Kayser Friederich tieff unter den Erden in einem Berge auff der Bank bey einem rundten Tische sitze und habe einen greulichen großen grauen Bart, der ihm biß an die Erde heruntergewachsen sey«.[10] Erst dann werde er erwachen und sein Kaisertum wieder antreten, wenn die Raben – die eigensüchtigen Fürsten – nicht mehr um den Berg kreisten.

In dieser Ausformung war die Sage höchst geeignet, der Reichsgründung von 1871 den mythologischen Hintergrund zu stiften. Das Kyffhäuserdenkmal, im Jahre 1889 ausgeschrieben und vom Wettbewerbssieger Bruno Schmitz bis zum Jahre 1896 realisiert, konfrontierte in typologischer Gleichsetzung Friedrich Barbarossa mit Wilhelm Barbabianca, den rotbärtigen Hohenstaufer- mit dem weißbärtigen Hohenzollerkaiser. Ein tief gelegener Felsenhof, ursprünglich der Steinbruch für das Baumaterial, symbolisiert das unterirdische Schloss Barbarossas. Ihn umgibt eine offene Bogenhalle, deren mächtige Rundpfeiler im Boden versunken scheinen. Der Sagenkaiser

BRUNO SCHMITZ, BARBAROSSA IM KAISER-WILHELM-DENKMAL AUF DEM KYFFHÄUSER, 1889–1896

ist in einer Bogennische der Turmwand dargestellt, mit wallendem Bart und mittelalterlicher Reichskrone. Ein Stück weiter oben reitet Wilhelm I., assistiert von den Allegorien des Krieges und der Geschichte, gewissermaßen aus der Wand heraus. Die Höhe löst ein, was sich in der Höhle angekündigt hatte. Im Souterrain, das im Traum C. G. Jungs die Reste des kollektiven Unbewussten barg, lagert das Arsenal nationalistischer Mythenbildung. Im oberirdischen Denkmal tritt es fordernd zu Tage.

»IN DIE HÖHE WILL ES SICH BAUEN«

Das Kyffhäuserdenkmal ist nicht nur Höhle, es ist auch Turm. Die Verbindung beider scheinbar widersprüchlicher Motive findet sich in vielen Sieges-, Kaiser- und Bismarcktürmen, die nach 1871 das Land überzogen. Ob von Wilhelm Kreis, Bruno Schmitz oder anderen Patrioten, alle diese stämmig aufragenden Denkmäler bergen im Inneren kryptenartige Hohlräume, die feierlichen Zusammenkünften dienen und den

BRUNO SCHMITZ, KAISER-WILHELM-DENKMAL
AUF DEM KYFFHÄUSER, 1889–1896

BRUNO SCHMITZ, KAISER-WILHELM-DENKMAL
AUF DEM KYFFHÄUSER, SCHNITT, 1889–1896

Besuchern die Aura ihrer hehren Bestimmung aufnötigen. Auch das Kyffhäuserdenkmal bietet außer dem Felsenhof im Turmkörper eine Kuppelhalle nebst zwei Seitenkammern, die patriotische Reliquien aufnahmen. Im 1913 eingeweihten Leipziger Völkerschlachtdenkmal, gleichfalls von Schmitz, ist es eine ganze vertikale Sequenz von Höhlen, von Krypta, Halle und Kuppelraum übereinander. Schon in prähistorischen Kulten wie in der alchemistischen Bildersprache gehörten Berg und Grotte, Turm und Höhle zusammen. Nicht zufällig waren Höhlensanktuarien wie Turmheiligtümer oft demselben Patron gewidmet, dem Erzengel Michael.[11] Er steht auch, elf Meter hoch, am Völkerschlachtdenkmal.
Der Turm als Denkmal war auch deshalb eine naheliegende Wahl, weil dessen patriotische Verwendbarkeit sich aus der Geschichte dieser Bauform von selbst ergab. Als Abkömmling der Wehrarchitektur stand er für Verteidigungsbereitschaft, Weitsicht, Festigkeit, Stärke, Entschlossenheit. Als Nachfahre der Geschlechter- und Rathaustürme verkörperte er Stolz, Machtbewusstsein, Dominanz. Der aufrechte Stand und die kopfartige Ausbildung vieler Türme legten eine anthropomorphe Auffassung nahe. Otto Bartning schrieb von seinen Turmentwürfen: »Mit scharfen Augen teilen sie die Wolken, und mit schmalen Augen schaun sie in die Winde.«[12] Kennern und Schülern Sigmund Freuds war ohnehin eine eingeschränktere Deutung des erigierten Bauwerks präsent, vergleichbar »allen in die Länge reichenden Objekten«.[13] Selbst profane Geschäftshochhäuser wurden von ihren Erbauern als Zeichen der Virilität gelesen.
Schon vor der Jahrhundertwende hatte in Chicago Louis Sullivan vom Hochhaus verlangt, es müsse sich emporrecken in reinem Frohlocken darüber, dass es vom Boden bis zum höchsten Punkte eine Einheit bilde. Wer es plane, dürfe kein Feigling, kein Bücherwurm sein, sondern müsse ein Mann sein, der »im vollsten Sinne« lebt, dankbar dem »Herrn der Natur, der diese wunderbare Gelegenheit dem Menschen« darbiete.[14]
Dem Turmbau, den Dynamik, Höhentrieb und vertikaler Aufstieg auszeichnen, musste die besondere Zuneigung der Expressionisten gelten. Für den Turm sprachen die Sehnsucht nach dem Erhöhten und Entrückten,

HANS POELZIG, *FLUGHAUS*, UM 1919, WACHSKREIDE

die größere Nähe zu den Elementen, die Erhebung über die Menge, das Ekstatische im wörtlichen Sinne. Der Turm war ein künstlicher Gipfel, ein gebauter Berg. Architektur sei »Türmen, Gipfeln, Wölben von Massen aus dem Erdinnern«, schrieb Walter Müller-Wulckow: »Architektur, versteinertes Stehen in allen Wettern, wird jäh zur Gesteinseruption.«[15] Die Türme der Expressionistengeneration waren demgemäß in aller Regel nicht leichte, luftige Gerüste, die sich zu Skelettbauten hätten verfestigen lassen, sondern schwergewichtige Emporwölbungen oder scheinbar knetbare Massen.

Als habe er Müller-Wulckows Beschreibung im Sinn, zeichnete Hans Poelzig Landschaften, aus denen Türme aufstehen. »Es ist ein Flügelwesen in uns, das aufsteigt und die Arme ausbreitet, ein Trieb, steigend mit der Höhe in die Weite und Unendlichkeit, der sich nicht halten lässt und zu höherer Allheit will«, begeisterte sich der Kölner Architekt Hans Hansen in einem Text, der sich wie eine weitere Erläuterung zu Hans Poelzigs Skizze liest. »Da richtet sich aber in der seherischen Liebe einer jungen Menschheit der Bergtrieb auf mitten in der satten Ebene. Die Ahnung vergangener Gestaltungsherrlichkeit, der Turmtrieb der Babelerbauer. Und nun wird das Bewusstsein wach: Jenseits der Ebene am Ufer dieses fetten Sumpfes wachsen Gebirge. Es sind Mauern und Türme. Es sind Höhen und Ausblicke. Es ist Architektur!«[16]

Der Schriftsteller Josef Ponten verfasste einen Roman, *Der babylonische Turm,* dessen Held alle denkbaren kulturellen und sakralen Funktionen in einem einzigen Bauwerk vereinigen wollte, von der Bibliothek bis zum Trappistenkloster und zum Einsiedler im Turmknauf. »Hauptsache, dass wir hochkommen!«[17] Sieben Jahre später sammelte Ponten in seinem Buch *Architektur, die nicht gebaut wurde* die architektonischen Utopien aller Zeiten, darunter zahlreiche Türme. Noch immer und jetzt erst recht sagte er dem Hochhaus eine große Zukunft voraus und prophezeite, es werde eine Zeit bedeutender Architektur herbeiführen, »eine Architektur so groß und heilig wie die der Kathedralen«.[18] So konnte es nicht fehlen, dass der Wolkenkratzer zu einer Aufgabe expressiver Architektur schlechthin ausgerufen wurde. »Dazu kommt auch hier das Überschreiten des menschlichen Maßes, sodass der Wolkenkratzer in seiner praktischen Zweckmäßigkeit und Nüchternheit zugleich eine expressionistische Architektur genannt werden muss.«[19]

Mit diesem Ensemble changierender Bedeutungen waren Turm und Höhle auch für Architekten brauchbar, die sich die Unterstellung

HANS POELZIG, ENTWURF FESTSPIELHAUS SALZBURG, 1920–1922

chauvinistischer oder ausschließlich kommerzieller Motive verbeten hätten. Wer seinen Nietzsche kannte – und fast alle lesenden und denkenden Künstler der Epoche kannten ihn –, war ohnehin mit der Verbindung von Höhe und Tiefe, von Turm und Höhle aus der Topografie des Übermenschen vertraut. Zarathustra, der die Städte und Ebenen nicht liebte, genoss zehn Jahre lang »seines Geistes und seiner Einsamkeit« auf den Gipfelhöhen und bewohnte mit Adler und Schlange eine Höhle, vor der ihn das »große Gestirn« der Sonne allmorgendlich begrüßte. »In die Höhe will es sich bauen mit Pfeilern und Stufen, das Leben selber: In weite Fernen will es blicken und hinaus nach seligen Schönheiten – darum braucht es Höhe!«[20] Diese Verbindung von exponiertem Stand und bergendem Schutz, von Höhenrausch und Erdnähe findet sich in vielen visionären Projekten der Zeit und manchmal auch in realisierten Bauten. »Die Weltkatastrophe«, schrieb ein anonymer Autor 1919 in der Broschüre *An alle Künstler!,* »hat Zarathustra nicht so sehr ad absurdum geführt, dass nicht Mistralwind auf Flügeln des heiligen Geistes hereinfegte«.

HÖHENRAUSCH UND ERDNÄHE

Die spektakulärste Verwirklichung des gebauten Höhlenberges gelang Hans Poelzig 1919 mit dem für Max Reinhardt umgebauten Zirkus Schumann, der nunmehr als Großes Schauspielhaus firmierte. Der mächtige, rot gestrichene Bau mit den Zauberhöhlen

ERICH MENDELSOHN, EINSTEINTURM, POTSDAM, 1917–1924

seiner Innenräume, dessen letzte Reste in späteren DDR-Tagen abgetragen wurden, war der erste repräsentative Bau der jungen Weimarer Republik, eine exotische Blüte in der grauen Nachkriegstristesse. Aus dem Straßenbild stieg das Theater als ein dräuendes, fremdartiges Massiv empor und wirkte ebenso geheimnisvoll anziehend wie düster abweisend. Wer die Foyers und Umgänge betrat, sah sich in eine submarine, unerlöste Welt versetzt, gedrückt in den Proportionen, indirekt beleuchtet durch verborgene Lichtquellen. Nach den dumpfen Verhältnissen der Vor- und Nebenräume erschien die Stalaktitenpracht des Amphitheaters wie eine Befreiung, die große lichte Grotte nach den niedrigen Höhlengängen.
Erich Mendelsohn erlebte den Bau, so schwer und gedrungen er wirkte, zugleich als Turm: »Hier sind nicht mehr Stockwerke stufenartig aufeinandergestapelt, sondern die einzelnen Massenteile zueinander und gegeneinander zur Größe eines Turmbaues emporgeschleudert.«[21] Poelzig hat oft solche sich aufschichtenden und aufwölbenden Architekturberge imaginiert: so bei den Projekten für das Haus der Freundschaft in Istanbul oder für die Salzburger Festspiele. Es verwundert nicht, dass Karl Scheffler in Poelzigs Wesen selbst »etwas Turmartiges« fand.[22]
Für Poelzigs »Turmbau« musste Mendelsohn schon deshalb Verständnis haben, weil er selbst zur gleichen Zeit mit einem Bauwerk beschäftigt war, das »Tellurisches und Planetarisches« miteinander verband.[23] Das Programm des Einsteinturmes am Potsdamer Telegrafenberg forderte sowohl den Turm als auch die Höhle, indem es ein Turmteleskop mit Coelostaten und ein unterirdisches, thermokonstantes Laboratorium vorsah. Zwischen dem Schaft des Turmes und dem breit gelagerten Sockel vermitteln Arbeits- und Übernachtungsraum, Freitreppe und Vorbau. Wie aus der Hand eines Demiurgen geknetet, schuf Mendelsohn nicht ein Symbol des wissenschaftlich-technischen Zeitalters, sondern ein Gebilde prometheischer Urkraft, kein sachliches Labor, sondern ein Monument, das durch seine bescheidenen Abmessungen vor dem einschüchternden Pathos schmitzscher Nationaldenkmäler bewahrt wird. Gleichwohl hätte *Metropolis*-Regisseur Fritz Lang statt der allzu romantisch geratenen Wohn- und Arbeitshöhle seines Erfinders Rotwang ohne Weiteres den Einsteinturm als Filmset benutzen können.
Bei Bruno Taut vollzog sich die Verschmelzung von Turm und Höhle unter dem Vorzeichen des Kristallinen. In den »Häusern des Himmels«, den »Heiligthümern der

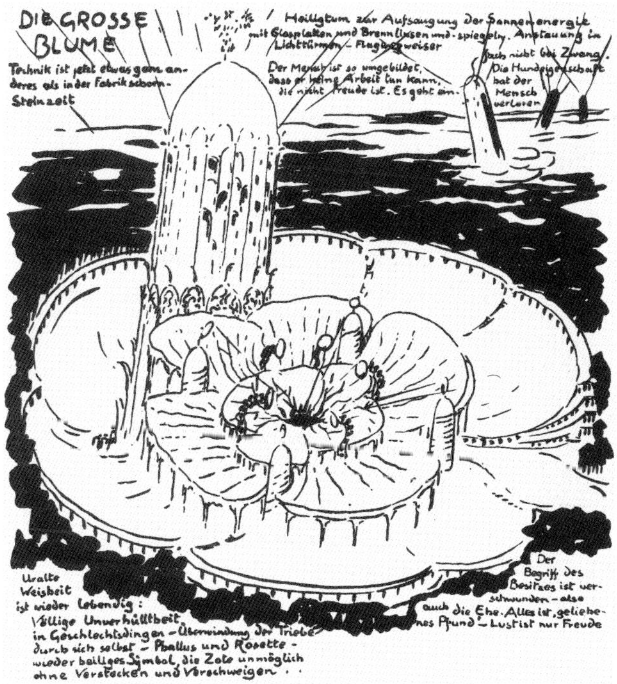

BRUNO TAUT, *DIE GROSSE BLUME,* IN DEM ALBUM *DIE AUFLÖSUNG DER STÄDTE,* 1920

Glühenden« und »Großen Kirchen«, die er vorschlug, in der andächtigen Stille der durchleuchteten Hallen richtet der Mensch seine Empfindungen auf die Harmonie und die Größe des Alls. »Vom Licht der Sonne durchströmt thront das Kristallhaus wie ein glitzernder Diamant über allem, der als Zeichen der höchsten Heiterkeit, des reinsten Seelenfriedens in der Sonne funkelt.«[24] Das Kristallhaus, im Pavillon der Glasindustrie auf der Kölner Werkbundausstellung von 1914 in Miniaturform verwirklicht, ist Turm und gläserner Schrein zugleich. Als Ort der Meditation, als die Leere, die - nach den Worten der Mystiker - die Fülle zwingt, krönt es die Stadt, ist es die Krone der *Stadtkrone,* der Aufgipfelung von Kulturbauten in Tauts Stadtentwurf. Wenn irgendwo die Geburt des »Neuen Menschen« gelingen würde, dann an diesem heiligen Ort.

In Tauts Bilderalbum *Die Auflösung der Städte,* erschienen 1920, ein Jahr nach der *Stadtkrone,* ist der Mensch bereits »umgebildet« und hat zu einer neuen Moral gefunden. Die Höhle ist zu einem vaginalen Blütenkelch geworden, der Lichtturm – zugleich ein Sonnenkraftwerk - zu einem Phallus, mit dem sich die Vorstellung von Lebenskraft und Regeneration verbindet. »Uralte Weisheit ist wieder lebendig: Völlige Unverhülltheit in Geschlechtsdingen – Überwindung der Triebe durch sich selbst – Phallus und Rosette - wieder heiliges Symbol, die Zote unmöglich ohne Verstecken und Verschweigen.«[25]

In den Weltanschauungsgemeinschaften der Epoche setzte sich der Höhlencharakter

RUDOLF STEINER, ZWEITES GOETHEANUM, DORNACH, 1924–1928

gegenüber dem Turmelement umso stärker durch, je mehr sie Wert auf esoterische Abgeschlossenheit legten. Die ersten Bauten der Theosophischen (später: Anthroposophischen) Gesellschaft waren kleine verborgene Bauwerke. Der erste wurde 1908/09 in Malsch bei Karlsruhe als dreiachsig-ellipsoider Gewölbebau errichtet und sieht von außen geduckt und unscheinbar wie ein Brunnenhäuschen aus. Zur Tag- und Nachtgleiche fällt die Sonne durch die einzige Öffnung, ein Auge im Gewölbe, auf einen bestimmten Punkt im Inneren. Der zweite war 1911/12 ein umgebauter Kellerraum in der Stuttgarter Zweigniederlassung, gleichfalls mit einer Lichtöffnung, durch die aber wegen der Kellerlage nur künstliches Licht einfallen konnte. Erst als die Anthroposophen sich etabliert hatten und über eigenes Territorium verfügten, entstand der bebaute und gebaute Berg von Dornach bei Basel. Rudolf Steiner entwarf das Goetheanum in der zweiten Fassung von 1924 bis 1928 als mächtigen Baukörper mit zahlreichen Leibeshöhlen, den Sälen, Foyers, Probe- und Tagungsräumen. Für die Goetheanum-Bauten lässt sich als literarisches Vorbild der Tempel aus dem *Märchen* des Namenspatrons Johann Wolfgang von Goethe reklamieren: ein Tempel, der »dämmernde Gewölbe« und »verborgene Hallen« enthielt.[26]

Ein Lebensreformer, der zu Rudolf Steiner, dem Schöpfer von Dornach, die Gefühle enttäuschter Zuneigung hegte, war der Maler Hugo Höppener, der sich Fidus nannte. Fidus hat lange vor Steiner, seit 1892, Tempel entworfen, die »auf volklichem Gemeindeboden« »wundersame Darstellungen einheitlicher Gefühlserlebnisse« darstellen sollten und die er sich als Andachtsbauten, Musikhallen oder gar als »Feuerehrungshallen aus dem Lichtglauben« dachte.[27] Die akustischen Erfordernisse für eine große Gemeinde – Fidus' Musiktempel sollten Zehntausenden Platz bieten – legten muschelartige Raumformen nahe, und die Riten, denen sich die Anhänger unterwarfen, bedingten Gesten der Abwehr zugleich mit Gebärden der Einladung. »Prinzip: Eine Menge abgeschlossen von der Außenwelt«, heißt die widersprüchliche Devise auf dem Entwurf eines anderen Sonderlings, des niederrheinischen Baumeisters Karl Buschhüter. Sein Haus der Sammlung oder »Folkshaus«, mutmaßlich 1905 gezeichnet, vereint paradigmatisch Architekturmotive der Tempelkünstler: die schützende Umwallung, den ritualisierten Zugang zum Höhlenraum, den Sog des Eingangs zwischen den geschlossenen Flanken und den seitlichen Türmen, den erotisierten Portalbereich. »Aus dem Traumland der Baukunst« beschriftete Buschhüter eine Variante dieses »Folkshauses«.[28]

Auch diesseits der esoterischen Gemeinschaften, in den großen christlichen Konfessionen,

waren in den späten 1910er- und in den 1920er-Jahren höhlenhafte Sanktuarien verbreitet. Die Hoffnungen auf eine Erneuerung des Glaubens führten in der liturgischen Bewegung der katholischen Kirche und in entsprechenden protestantischen Bestrebungen zu gemeinschaftlich gefeierten Handlungen, die den Gottesdienstbesucher zum aktiven Teilnehmer der kultischen Vorgänge machen sollten. Der Altar als zentraler Ort der Feier sollte infolgedessen allen Teilnehmern sichtbar und zugänglich sein, ein Wunsch, der den Zentralbau oder zumindest zentralisierende Grundrisse förderte. Otto Bartning beschrieb, wie ihm die Vision seiner damals berühmten »Sternkirche« »fast dämonisch« zuteil geworden sei: »Den hoch hinauf gewölbten, tief hinab gehöhlten Raum [...], die Stufen sollst Du sehen, wie sie zur Mitte niedersteigen. Und die Menschen auf den Stufen [...].«[29]
Dominikus Böhm, der katholische Kirchenbauer, fasste seine Kirchenräume dagegen als Weg der Gemeinde auf, in dem sich der Heilsweg darstellt. Auch seine Wegkirchen sind mit Gewölben gedeckt, die kämpferlos vom Fußpunkt aufsteigen, spitzbogig oder, eine Vorliebe der Dekade, parabolisch. »Man liebte das Gewölbe, das gleich einer Fontäne unmittelbar aus der Erde aufschießt und, einen dunklen und schwermütigen Raum hinterlassend, sich im hohen Scheitel zurückwendet«, schrieb Rudolf Schwarz.[30] Licht fällt wie durch Schächte und Spalten ein. Böhms Christkönigskirche in Mainz-Bischofsheim kam sogar ohne Licht in Hauptschiff und Altarzone aus, wahrhaftig ein »dunkler und schwermütiger Raum«. Dass der Sakralbau auch das Thema Turm ausspielte, war schon durch die Tradition der Bauaufgabe bedingt. Meist waren es gedrungene Baukörper, oft westwerkartige Lösungen.

DOMINIKUS BÖHM,
ENTWURF EINER KIRCHE, UM 1925

HAUS UND HOCHHAUS

Im Falle des Wohnhauses, des »Wohnlings«, wie der Maler, Poet und Architekturvisionär Hermann Finsterlin es nannte, lag der Expressionistengeneration die Höhle ohnehin nahe. Nur wer die Kräfte in der Abgeschiedenheit sammelte, »unter Tage« gewissermaßen, war zu gemeinsamen Taten und Anstrengungen, zu »Flügelwesen« und »Unendlichkeitstrieb« imstande. »Mein Blick wollte beim Erwachen und Wachträumen nicht mehr an senk- und waagrechten Wänden abprallen, sondern wie in erträumten Edelhöhlen oder in Riesenorganen komplizierte Formen umschmeicheln.«[31] Hinter der Häufigkeit, mit der Begriffe wie Urhöhle, Urborn oder Mutterlauge in Finsterlins Essayistik auftreten, hat sein Biograf auch ein privates Faktum vermutet: Finsterlin war als Frühgeburt zur Welt gekommen. Die Allmachtsfantasien, die an der Rückkehr in ungeschiedene Naturzusammenhänge

hafteten, ließen sich als Kompensation frühkindlicher Frustration deuten. »Als Behausung kommt nur die Riesenblase in Frage oder die Naturhöhle.«[32]
Finsterlin hat Vor-Bilder troglodytischen Wohnens gezeichnet, wenn auch nicht verwirklichen können. Die »unberechenbare organische Verschmelzung schon hybrider Formelemente« erlaubte die Darstellung bewegter Formenlandschaften.[33] Innen und Außen werden zu kontinuierlichen Flächen und Räumen zusammengeführt. Unter den Händen dieses kundigen Speläologen entstand ein unterirdisches Labyrinth, dem er auch in Filmprojekten nachgehen wollte. Eines seiner Szenarien hieß *Die Grotte*. Finsterlins Faszination für Stalagmiten und Stalaktiten, für Höhlendome und ausgewachsene Felsformationen, aber vor allem für organoide »Cavitäten« war eine Faszination für Grenzverwischungen und Raumauflösungen: »Der Troglodyte einer gar nicht mehr fernen Zukunft wird als wahrhaft arkadischer Gott dem Raum, der ihn wie ein fabelhafter Mikrokosmos umsichert und zugleich ins Unendliche tasten lässet, mit den beherrschten Geistern der Wärme-, Licht- und Luftstrahlung innewohnen.«[34]
Die Architektur musste mehrere Jahrzehnte warten, bis Architekten oder Bildhauer wie Juan O'Gorman, André Bloc oder, in Deutschland, Engelbert Kremser Mittel zur Realisierung halbwegs vergleichbarer Vorstellungen fanden.
Im realisierten Wohnhausbau des zweiten und beginnenden dritten Jahrzehnts des 20. Jahrhunderts wurden die imaginierten Abenteuer in der Unterwelt in fassbare Vorstellungen von Geborgenheit und Intimität übersetzt. Mit dem englischen Landhaus lag eine Tradition vor, die solchen reduzierten Wünschen entgegenkam. Das englische Haus, so befand sein Botschafter auf deutschem Boden, Hermann Muthesius, verkünde »die Lebensauffassung des gereiften Mannes, den das Leben gelehrt hat, dass er nur in sich und nicht im Treiben der Welt den ersehnten Frieden finden kann.«[35] Wenn England auch jetzt noch anregend wirkte, so mit Qualitäten, über die Muthesius allerdings mit spürbarer Zurückhaltung urteilte: Häuser, die er düster, weltverschlossen und freudlos nannte.[36] Die unverputzten Ziegel oder groben Feldsteine, der Verzicht auf Profile, die riesigen Kaminschlote und die sonderbaren Proportionen vermittelten ausdrucksstarke Bilder.
Anders als die leichten flächigen Kompositionen der neuen Architektur, bildeten Häuser, die in dieser Tradition errichtet wurden, keinen Kontrast zu ihrer natürlichen Umwelt. Sie erschienen als selbstverständliche, wenn auch ausgezeichnete Teile der Umgebung, als krönende Felsen, mächtig aufgeworfene Erdrücken oder, vor allem wenn sie mit Reet gedeckt waren, als pelzige Lebewesen in der belebten Natur. Landschaftlich geprägte Elemente konnten aufgegriffen werden, so in Bernhard Hoetgers Häusern in Worpswede oder in den Landhäusern, die von Architekten der Amsterdamer Schule im holländischen Worpswede, dem Park Meerwijk in Bergen, errichtet wurden. Oft waren es märchenromantische Gebilde mit tief heruntergezogenen Dächern. Hausmauern wurden als Treppenwangen oder Gartenmauern weitergeführt und verliefen im Boden, eine Verwurzelung im wörtlichen Sinne. Physischer und psychischer Schutz hatten Vorrang.
Das Leitbild der Höhle erwies hier seine regressive Seite. Vor den Gefahren der Zeit, vor den Zumutungen der technisierten Ära versprach das bergende Haus seinem Bewohner die Illusion von Sicherheit.

HERMANN FINSTERLIN, *SAMMELRAUM*, UM 1920

»Mit dem Treiben der Welt hat er in seinen Geschäften zu tun, Frieden und Ruhe sucht er in seinem Hause«, hatte schon Muthesius dem Bauherrn des englischen Landhauses nachgesagt.[37] Drohte die äußere Welt mit Entfremdung, so enthielt die geschützte Innenwelt ein Angebot der Identität. Säkularisiert und individualisiert schien von den modernen Ritualhöhlen ein letzter Nachklang jener Stabilisierung auszugehen, die frühere Kulturen in den verborgenen Kultorten ihrer Stammesheiligtümer gewonnen hatten. Wie sehr es sich um fiktive Rückgriffe handelte, zeigte die Realität der Bauten. Keine dieser Behausungen war aus der Erdformation ergrabener oder geschnittener Hohlraum; wo hätte er in den Innenstädten und Vororten der zeitgenössischen Zivilisation auch herkommen sollen? In keiner niedersächsisch-germanischen Fachwerkhöhle Bernhard Hoetgers glühte ein heiliger Herd, in keinem Wohnlabyrinth Finsterlins hätte ein Quellheiligtum gesprudelt. Allenfalls eine blasse literarische Erinnerung war im Spiel.

Der Baugedanke des Turms ging in das Hochhaus der 1920er- und der späteren Jahre ein, wenn auch die Moderne ihn gründlich transformierte: keine anthropomorphe Gestalt mehr, keine Scheidung in Kopf, Leib und Fuß, keine Gesteinseruption, kein gotisierender Höhendrang, stattdessen euklidische Abstraktion, Systemzwang, Auszehrung der Masse, horizontale Gliederung und Breitfenster selbst in luftigen Höhen. Die Schalen des vormals Amorphen sind abgeworfen, der Prozess einer Läuterung des Chaotischen in anschauliche

ERNST SCHÖFFLER, CARLO SCHLÖNBACH UND CARL JACOBI, TITANIA-PALAST, BERLIN, 1926-1928

Gestalt ist nicht mehr Thema: Das Bauwerk der neuen Architektur ist, was es ist, von vornherein. In der Massengliederung machte die Hochhausscheibe dem Turm im eigentlichen Sinn Konkurrenz. Im Wettlauf um die Höhenrekorde in den Metropolen der Welt hat sich dagegen der Turm, nunmehr auf unvorstellbare Maße gesteigert, wieder durchgesetzt. Hybris ist ihm geblieben.

Im weit geöffneten, transparenten, von Licht und Luft durchfluteten Wohnhaus des Neuen Bauens war der Gedanke der Höhle vollends verschwunden. Wände sind nunmehr flächenhafte, leichte oder leicht wirkende Begrenzungen und nicht mehr körperliche Mauern, die höhlenhafte Räume umschließen und selbst, wie Höhlen, eingekerbt, durchschluchtet und ausgeschabt werden konnten. Nur in großen öffentlichen Innenräumen wie den opulent inszenierten, von bengalischen Lichtbändern umzogenen Kinosälen überdauerte das Element des Höhlenartigen. »Maul, groß aufgesperrt«, pries Erich Mendelsohn im Stakkatorhythmus sein Berliner Kino Universum, »Schildkrötendach, Schutzwölbung der schrägen Decke, schrägzu auf die Bildleinwand. – Aha! Kamera! Richtig! Bildleinwand – die Außenwelt.«[38]

Die Lichtspielhäuser projizierten bewegte Bilder auf eine Fläche, die viele hundert Menschen über Stunden hinweg zu betrachten gehalten sind. Sie bringen eine Interpretation der Höhle in Erinnerung, die weitaus älter ist als die C. G. Jungs, Sigmund Freuds oder Friedrich Nietzsches: Gefangene sitzen in einem unterirdischen, höhlenartigen Gehäuse und sind so gefesselt, dass sie nur nach vorn blicken können. Hinter ihnen bewegen Gaukler Geräte, Bildsäulen und andere Bilder vor einer Lichtquelle und projizieren so Schatten auf die Höhlenwand, die den Gefangenen einzig sichtbar ist. So machte Plato in der *Politeia* die Höhle zum Ort der Illusion, zum bloßen Abbild des Wahren. War Plato ein Höhlenfeind, ein Befürworter des Lichts und der Sonne auf Kosten der Dunkelheit, ein Modernist? Aber das Abbild auf dem Bildschirm in der Höhle ist alles, was wir in der Welt der Sinne haben können, und auch das Tagesgestirn ist nur ein Gleichnis der Ideenwelt: eine andere Projektion.

1 William McGuire (Hrsg.), *C. G. Jung. Traumanalyse. Nach Aufzeichnungen der Seminarteilnehmer 1928–1930,* Olten 1991, S. 211.

2 C. G. Jung, *Die Archetypen und das kollektive Unbewusste (Gesammelte Werke,* 9, I), Olten 1976, S. 149; vgl. auch: ders., *Das symbolische Leben* (1935), *Verschiedene Schriften (Gesammelte Werke,* 18, I), Olten 1981.

3 Ders., *Seele und Erde (Gesammelte Werke,* 10), Olten 1974, S. 50.

4 Ders., »Der Traum vom kollektiven Unbewusstsein«, in: Aniela Jaffé (Hrsg.), *Erinnerungen, Träume, Gedanken von C. G. Jung,* Stuttgart 1984, S. 163 ff.

5 Aubrey Beardsley, zit. nach Mario Praz, *Liebe, Tod und Teufel. Die schwarze Romantik* (1930), München 1963, S. 382.

6 Robert Hughes, *Barcelona. Stadt der Wunder,* München 1992, S. 530.

7 Fritz Hoeber, *Peter Behrens,* München 1913, S. 233.

8 Georg Fuchs, »Die Vorhalle zum Hause der Macht und der Schönheit«, in: Alexander Koch (Hrsg.), *I. Internationale Ausstellung für moderne dekorative Kunst in Turin MDCCCCII,* Darmstadt und Leipzig 1902, S. 116.

9 Wilhelm von Bode, »Die ›Not der geistigen Arbeiter‹ im Gebiet der Kunstforschung«, in: *Kunst und Künstler,* 18, 7, 1920, S. 299; Hermann Obrist, in: Arbeitsrat für Kunst (Hrsg.), *Ja! Stimmen des Arbeitsrates für Kunst in Berlin,* Berlin 1919, S. 61 ff.

10 Horst Müller, *Der Kyffhäuser,* Leipzig 1992, S. 70.

11 Jan Pieper, *Das Labyrinthische. Über die Idee des Verborgenen, Rätselhaften, Schwierigen in der Geschichte der Architektur,* Gütersloh u. a. 2009, S. 177, 318, 167 f.

12 Otto Bartning, *Erde Geliebte. Spätes Tagebuch einer frühen Reise,* Hamburg 1955, S. 602.

13 Sigmund Freud, *Die Traumdeutung* (1900) *(Gesammelte Werke,* 2), London 1942, S. 348.

14 Louis Sullivan, zit. nach Paul Sherman, *Louis Sullivan. Ein amerikanischer Architekt und Denker,* Frankfurt am Main und Berlin 1963, S. 146.

15 Walter Müller-Wulckow, »Zukünftige Architektur«, in: *Das Hohe Ufer,* 1, 3, 1919, S. 35.

16 Hans Hansen, *Das Erlebnis der Architektur,* Köln 1920, S. 99.

17 Josef Ponten, *Der babylonische Turm,* Stuttgart und Berlin 1918, S. 14.

18 Ders., *Architektur, die nicht gebaut wurde,* Bd. 1, Stuttgart 1925, S. 123.

19 Walter Strich, »Bemerkungen zum Begriff des Expressionismus in der Architektur«, in: *Die Dioskuren,* Bd. 2, München 1923, S. 346.

20 Friedrich Nietzsche, *Also sprach Zarathustra (Werke in drei Bänden,* 2), hrsg. von Karl Schlechta, 9. Auflage, München 1981, S. 277, 358.

21 Erich Mendelsohn, »Das Problem einer neuen Baukunst« (1919), in: ders., *Das Gesamtschaffen des Architekten,* Berlin 1930, S. 18.

22 Karl Scheffler, »Das Große Schauspielhaus«, in: *Kunst und Künstler,* 8, 5, 1919/20, S. 236.

23 Erich Mendelsohn an Louise Mendelsohn, 24.6.1917, in: Oscar Beyer (Hrsg.), *Erich Mendelsohn. Briefe eines Architekten,* München 1961, S. 40.

24 Bruno Taut, *Die Stadtkrone,* Jena 1919, S. 69.

25 Ders., *Die Auflösung der Städte oder Die Erde eine gute Wohnung oder auch: Der Weg zur alpinen Architektur,* Hagen 1920, Tafel 2.

26 Johann Wolfgang von Goethe, »Unterhaltungen deutscher Ausgewanderten«, in: *Goethes Werke,* Hamburger Ausgabe, Bd. 6, 11. Auflage, München 1982, S. 240 f.

27 Fidus, zit. nach Janos Frecot u. a., *Fidus 1868–1948. Zur ästhetischen Praxis bürgerlicher Fluchtbewegungen,* München 1972, S. 132, 244, 236.

28 Karl Buschhüter, »Entwurf einer Monistenkirche« (1904–1905), in: Walfried Pohl, »Der Krefelder Architekt Karl Buschhüter«, in: Guido Rotthoff (Red.), *Krefelder Architekten,* Krefeld 1987, S. 257, 221.

29 Bartning 1955 (wie Anm. 12), S. 602 f.

30 Rudolf Schwarz, *Vom Bau der Kirche,* 2. Auflage, Heidelberg 1947, S. 114.

31 Hermann Finsterlin, »Biografie in großen Zügen«, in: Reinhard Döhl, *Hermann Finsterlin. Eine Annäherung,* Ausst.-Kat. Staatsgalerie Stuttgart, Stuttgart 1988, S. 10.

32 Ders., »Aphorismen«, in: ebd., S. 398.

33 Ders., »Die Genesis der Weltarchitektur oder die Deszendenz der Dome als Stilspiel«, in: *Frühlicht. Eine Folge für die Verwirklichung des neuen Baugedankens,* 3, Frühjahr 1922, S. 158.

34 Ders., »Geringelt liegt die Schlange der Entwicklung im Mittag« (1925), in: Döhl 1988 (wie Anm. 31), S. 332.

35 Hermann Muthesius, *Das englische Haus,* Bd. 1, 2. Auflage, Berlin 1908, S. 220.

36 Ebd., S. 148.

37 Ebd., S. 220.

38 Erich Mendelsohn, »Zur Eröffnung des Kinos ›Universum‹« (1931), in: Ita Heinze-Greenberg und Regina Stephan (Hrsg.), *Erich Mendelsohn. Gedankenwelten,* Ostfildern 2000, S. 109.

VON DER ZUKUNFTSKATHEDRALE ZUM ICONIC BUILDING

EXPRESSIONISTISCHE ARCHITEKTUR DAMALS UND HEUTE

Es gibt nicht oft historische Augenblicke, in denen Menschen ihren Mut und ihre Vorstellungskraft zusammennehmen, um der Welt ein anderes Bild vom menschlichen Zusammenleben vor Augen zu stellen. Der Expressionismus, dieser große Aufbruch vor und vor allem unmittelbar nach dem Ersten Weltkrieg, war ein solcher Moment. Im äußeren Elend der ersten Nachkriegsmonate und -jahre entstand eine glanzvolle Vision. Ein himmlisches Jerusalem auf Erden zeichnete sich ab – im erschöpften Berlin (oder München, Wien, Dresden, Amsterdam). Dichter und Künstler, die als Expressionisten galten und sich oft auch selbst so bezeichneten, wollten einen anderen Menschen, eine andere Stadt, eine andere Gesellschaft, eine andere Gemeinschaft – eine neue Welt. Dass Notzeit war, konnte helfen, die alten sozialen Schranken zu überwinden.
Moralische Kategorien standen in den Manifesten obenan: Aufrichtigkeit, Nächstenliebe, Solidarität, Brüderlichkeit. Die Künste folgten ihnen. Dass alles Getrennte wieder zusammenfinden werde, war die Hoffnung vieler, und der Baukunst, der mütterlichen Architektur, trauten sie die einigende Kraft zu. Das Gesamtkunstwerk unter der Leitung der Baumeister sollte die partikularen Künste vereinigen wie die Gemeinschaft des Volkes die einzelnen Menschen. Große Zeiten künstlerischer Gemeinsamkeit wurden beschworen: die Kathedralen der Gotik, die Schlösser und Wallfahrtskirchen des Barock und jenes Bauen, das alle europäischen Maßstäbe sprengte und als letztes und höchstes galt – die Tempel Indiens.

MAX TAUT, *BLÜTENHAUS*, 1921

WAS EINE SACHE IM INNERSTEN BEWEGT

Uns Nachgeborenen bleibt die Bewunderung; und die Philologie. Definitionsfragen haben bereits die Zeitgenossen beschäftigt. Schon ihnen fiel es schwer zu sagen, was Expressionismus in der Architektur eigentlich sei. In der bildenden Kunst hatte sich das Wort im Laufe der Jahre 1910 und 1911 eingebürgert – als Gegenbegriff zum Impressionismus. Der erste, der es auf die Baukunst anwendete, scheint der Kritiker Adolf Behne Anfang 1913 gewesen zu sein. Was das Werk des Berliner Architekten Bruno Taut auszeichne, schreibt Behne, sei der Verzicht auf »jede Vorstellung einer bestimmten Ordnung, einer bestimmten Formung. Ihm ergibt sich stets alles aufs neue vom Grund aus.« Alles von außen Kommende halte Taut sich fern. Seine Häuser entstünden »von innen heraus«, wie eine wachsende Pflanze. »Man darf demnach die Architektur Tauts als dem innersten Sinne nach ›expressionistisch‹ bezeichnen.«[1]

Also nicht Schrei und Emotion, sondern der Ausdruck dessen, was eine Sache im Innersten bewegt. Manche Autoren hielten Architektur und Expressionismus für unverträglich. Das Bauen sei zu sehr von den realen Bedingungen abhängig, von Gebrauchszweck, Material, Konstruktion und Ökonomie der Herstellung, als dass es expressionistischem Darstellungsdrang folgen könne. Es stimmt wohl, dass die Architektur als eine im Wesentlichen nichtdarstellende Disziplin die Deformation der Gegenstandswelt kaum praktizieren konnte; und das war ja ein Verfahren der expressionistischen Malerei und Bildhauerei. Aber die Architekten taten etwas anderes. Sie deformierten die Gegenstände ihrer Erfahrung: Bautradition, Gebäudetyp, Konstruktion, Material, Zweck und unterwarfen sie ihrem eigenen Ausdrucksbedürfnis.

Einen Vorteil hatte die Architektur gegenüber allen anderen Künsten: Als Gestaltung des inneren und äußeren Raumes, der Interieurs wie der Stadträume, erlaubte die Baukunst es eher als die anderen Gattungen, die Distanz des Ästhetischen aufzuheben. Man muss Bilder, Gedichte oder Musik nicht zur Kenntnis nehmen, man muss nicht ins Theater oder Kino gehen. Aber Räume und Bauwerke kann man nicht ignorieren. »Wo wir auch sein mögen, wo wir gehen und stehen, essen, arbeiten und schlafen, wo wir ruhen und warten, reisen und wandern, überall ist

BRUNO TAUT, KRISTALLHAUS FÜR DIE FOLKWANGSCHULE, HAGEN, 1920

geformter Raum um uns«, begeisterte sich ein Kritiker der Zeit, Heinrich de Fries. »In dieser Unentrinnbarkeit, in dieser Allgegenwärtigkeit der architektonischen Form liegt die unermessliche Macht ihrer Wirkungsfähigkeit begründet.«[2] Als das allumgebende, alles einbegreifende Medium besaß Architektur die größere Macht, war sie zum totalen Kunstwerk vorherbestimmt. Das fanden zumindest die Architekten. Poeten, Theatermenschen oder Filmemacher sahen es verständlicherweise anders.

Während des großen Völkermordens von 1914 bis 1918 und unmittelbar danach schienen viele Wortführer des Expressionismus von einem religiös überhöhten Sozialismus erfüllt, von einem »Sozialismus des Herzens«. Sie trugen, wie Bruno Taut es ausgedrückt hat, »das große Allgemeingefühl« in sich, aus dem allein das bedeutende Werk entstehen könne.[3] In der jungen Republik erblickten sie nicht die Staatsorganisation, sondern das lebendige Volksganze, die Bruderschaft aller Schaffenden, und in der sozialistischen Gesellschaft eine Gemeinschaft, die auf »natürlichen« Lebensformen, auf Solidarität und gegenseitiger Hilfe beruht. »Austausch und sinnvolle Verteilung der Kräfte und Mittel zum gemeinschaftlichen Zweck wertvoller Leistung«, beschrieb Otto Bartning das »liebende Prinzip«, das die Organisation der Menschen regieren müsse. Erich Mendelsohn erträumte sich einen Sozialismus, wie er im parteipolitischen Alltag nicht zu haben war, nicht bei den Sozialdemokraten und nicht bei den Unabhängigen Sozialisten: »Solidarismus als Kombination von Individualismus und Socialismus«.[4]

Es gab einen linken oder halblinken Expressionismus, der auf soziale und spirituelle Läuterung zielte. Aber es gab auch einen halbrechten und extrem rechten Expressionismus, der die Kräfte der Landschaft, der Stämme, der Nation und, leider auch das: der Rasse, erwecken wollte. Denn: »Der Künstler weiß

WILLY DZUBAS, *GERMANY*, FREMDENVERKEHRSWERBUNG MIT DEM CHILEHAUS, 1925

nur zu gut, dass gerade der Kunst der Deutschen das Krause, Vielgestaltige, Umwegemachende, das ganz und gar Irrationalistische den Zauber aufdrückt«, sagte kein Geringerer als Hans Poelzig. Dieser halbrechte oder ganz rechte Expressionismus war vor allem in Norddeutschland zu Hause, wo Fritz Högers Chilehaus als Symbol »deutscher Zukunft« galt: »Es ist deutsch und eine starke Einheit, ein einmütiges Ganzes«, aus dem das Volk lernen möge.[5] Bernhard Hoetger, Bildhauer und Architekt der fantastischen Bremer Böttcherstraße, bezog sich in den 1920er-Jahren auf Spekulationen über eine atlantisch-nordische Rasse, auf deren Wiedergeburt er noch in den Anfangsjahren des NS-Regimes hoffte, als so etwas wie ein »völkischer Expressionismus« noch möglich schien.

Es waren also intensive, wenn auch widersprüchliche Überzeugungen, aus denen die expressionistischen Bauvisionen hervorgingen. In der Hochzeit des historischen Expressionismus fand der große Entwurf überwiegend auf dem Papier, in den Skizzenbüchern, auf den Modellplatten, in den Manifesten statt – oder auf der Kinoleinwand. Gebaute Architekturen waren in dieser frühen – für die Baukunst frühen – Phase selten und genossen dementsprechende Beachtung: Hans Poelzigs Großes Schauspielhaus für Max Reinhardt in Berlin, diese rote, grüne und im Zuschauersaal der Dreitausend gelbe Revolutionshöhle, oder Erich Mendelsohns Einsteinturm in Potsdam (Abb. S. 84), bei dem der Neuling in der Szene Albert Einsteins Relativitätstheorie in ein Symbol titanischen Forscherdrangs übersetzte. Gäbe es nicht die Schule von Amsterdam mit ihren erstaunlichen Formfindungen für sozialen Wohnungsbau in Amsterdam-West und -Süd, so wüsste niemand zu sagen, wie sich aus solchen hochindividuellen Schöpfungen ein Stadtzusammenhang bilden könnte.

Expressionismus war mithin ein äußerst vielfältiger Komplex von Meinungen, Urteilen, Handschriften. Er war kein Phänomen mit scharfen Konturen. Zwar liebten Künstler und Architekten den Kristall und dessen präzise Kanten und Schliffe, aber ebenso dessen kaleidoskopische Lichteffekte, Durchblicke und Überschneidungen. Mit dem Thema der gemodelten, erdhaften Höhle pflegten sie überdies ein Gegenmotiv (vgl. S. 75 ff.), das sich auch wieder ins Kristalline verwandeln konnte, in die Tropfsteinhöhlen eines Wenzel Hablik, Hans Poelzig oder Bruno Taut. Die expressionistische Unschärferelation, das eigentümliche Sfumato dieser Epoche, die chromatischen Tonleitern, Dissonanzen und enormen

Intervalle gehörten zur spezifischen Kreativität der Zeit. Ihre großen Leistungen gingen aus dem schöpferischen Chaos der Epoche hervor und waren auf das Chaos angewiesen.
Künstler müssen sich nicht um Definitionen kümmern, wir Interpreten wohl. Jede Epoche, aber diese besonders, stellt Abgrenzungsprobleme, deren Lösung zugleich die Interpretation bestimmt. Geschichte ist nicht etwas objektiv Gegebenes, das wir nur nachzuschreiben haben, sondern schreibend konstituieren wir sie. Die engste Wahrnehmung des Architekturexpressionismus beschränkte sich auf den Berliner Arbeitsrat für Kunst, der sich im November 1918 bildete, auf den Kreis um Bruno Taut und seine Korrespondenz, die später vom Dichter Alfred Brust den poetischen Namen Gläserne Kette erhielt. Der kauzige Dichter Paul Scheerbart, Autor zahlreicher utopistischer Erzählungen von kristallinen Visionen, galt als der literarische Patron, als der St. Paulus dieser Gruppe – obwohl schon Hermann Finsterlin, einer der fleißigsten Korrespondenten der Gläsernen Kette, nie von ihm gehört haben will.[6] Allenfalls Hans Poelzig und Erich Mendelsohn wurden diesem illustren Kreis zugezählt. Auf dieser Materialbasis schrieben die ersten Bauhistoriker, die sich für das Phänomen des Expressionismus wieder interessierten, Göran Lindahl, Ulrich Conrads und Hans G. Sperlich, Dennis Sharp, Franco Borsi und Giovanni Klaus Koenig.[7]
Mitteleuropa in den Jahren zwischen 1910 und 1925 bildete in dieser Perspektive das Zentrum der Bewegung. Hier waren die Zusammenhänge mit den anderen Künsten am engsten: dieselben Freundeskreise, dieselben Galerien, dieselben Ausstellungen, dieselben Schulen, dieselben Publikationen, dieselbe Lektüre – obenan die Mystiker, die

ERNST HAECKEL, BUCHUMSCHLAG ZU *KUNSTFORMEN DER NATUR*, LEIPZIG 1899–1904

utopischen Sozialisten, der Anarchismus eines Pjotr Kropotkin, die faszinierten Blicke auf die kristallinen *Kunstformen der Natur* (1899–1904), die der Naturwissenschaftler Ernst Haeckel ermöglicht hatte, und vor allem Friedrich Nietzsche, damals schon lange nicht mehr unter den Lebenden. Der lange Schatten Nietzsches lag auf der expressionistischen Literatur wie auf der expressionistischen Architektur.

DREIECKSMODERNE

Der architektonische Expressionismus hatte einen Vorlauf, in dem sich die neuen Ideen und Formulierungen vorbereiteten, und eine breite Nachhut, die Zackenornamente,

JOŽE PLEČNIK, HERZ-JESU-KIRCHE, PRAG, 1928–1932

Dreiecksarkaden und -erker, parabolische Portale und Gewölbe, kunstvoll verlegte Ziegelbänder oder islamische Dachzinnen bis in die frühen 1930er-Jahre fortsetzte. Diese Nachfolge ist bis heute nicht im Zusammenhang aufgearbeitet worden, obwohl sie um 1930 eine der großen verfügbaren Alternativen darstellte – neben der Moderne und dem konservativen, regionalistisch oder klassizistisch eingefärbten Lager. Von der Notwendigkeit, mit der sich die Expressionisten, die durch das Inferno des Weltkrieges gegangen waren, in diesen und keinen anderen Formen ausdrückten, hatten sich die Architekten in den späteren Jahren der Weimarer Republik schon weit entfernt.

In der Zeitschrift *Die Baugilde* erschien 1928 eine bezeichnende Glosse. Sie schlug eine Architekturzentrale mit drei Abteilungen vor, für die sich die Bauwilligen entscheiden konnten. Entweder wurden ihre Pläne von Architekten bearbeitet, die auf Säulenstümpfen thronten, Tracht und Perücke trugen und für Stilimitationen zuständig waren. Oder sie ließen sich von kahl geschorenen, auf kubischen Hockern postierten Herren beraten, die im Namen der Neuen Sachlichkeit argumentierten. Oder sie wandten sich an das »Atelier für Dreiecksmoderne«, dessen Baukünstler, mit Spitzbärten und dreieckigen Brillengläsern versehen, auf pyramidenförmigen Sitzgelegenheiten balancierten.[8] Die Herren in dieser Abteilung Angewandter Expressionismus waren damals noch vollbeschäftigt.

Auch dieser Expressionismusbegriff, der sich an konkreten Umständen, Schulbildungen, Freundschaftsbeziehungen und geografischer Nähe orientierte, könnte zweifellos erweitert werden. Seelenverwandtschaften gab es auch in anderen Teilen der Welt. Frank Lloyd Wright schuf im zweiten Jahrzehnt des 20. Jahrhunderts einige fantastisch inszenierte Bauten, die dem mitteleuropäischen Expressionismus Ehre gemacht hätten – darunter das Kaiserliche Hotel in Tokio. Vor allem in Regionen, die auf ihre kulturelle Eigenart Wert legten, finden sich in dieser Zeit expressive Überhöhungen. Im nordfranzösischen Lille beispielsweise türmte Émile Dubuisson einen Rathauskomplex in Ziegel und Sichtbeton um einen flandrischen Belfried von 105 Metern Höhe empor. In Prag und später im slowenischen Ljubljana (Laibach) suchte Jože Plečnik, ein Schüler Otto Wagners, seine Bauten in den ehemaligen Teilstaaten der Doppelmonarchie durch eine eigenwillige, expressiv-eklektische Formensprache gegen die habsburgische Tradition abzugrenzen. In Pamplona am spanischen Pyrenäenrand setzte Stadtarchitekt Victor Eusa Gottesfestungen mit hundertfach multiplizierten Kreuzmotiven allen republikanischen Modernisierungstendenzen entgegen.

Die ältere deutsche Kunstgeschichte sprach von Zeitstilen im Gegensatz zu Haltungsstilen. Zeitstile sind an eine Epoche gebunden. Haltungen dagegen können stets aufs Neue eingenommen werden. In diesem

Sinn war immer wieder einmal von geheimer Gotik die Rede, von ewigem Barock oder einer zeitenthobenen Klassik, und also auch von einem periodisch wiederkehrenden Expressionismus. Gerade in den Jahren, in denen der Expressionismus seinen Höhepunkt erreichte, war ein solches typologisches Denken verbreitet. Der Kunsthistoriker Wilhelm Worringer oder auf populärerem Niveau Karl Scheffler liebten es, die Produkte unterschiedlichster Epochen in simple Antithesen zu zwängen.[9] Beide Autoren wurden in ihrer Zeit auch von Künstlern intensiv gelesen.
Ganz in dieser Tradition hat der italienische Architekturhistoriker Bruno Zevi seine lebenslange Polemik gegen den Klassizismus des rechten Winkels mit dem gedanklichen Konstrukt eines ewigen Expressionismus gekrönt.[10] Auf der einen Seite ruhen - laut Zevi - die Olympier der »Akademie«, der Regel und der Ordnungen, von Leon Battista Alberti über Gian Lorenzo Bernini bis Walter Gropius (aber was tun mit dem expressiven Zackenblitz aus Beton, den Gropius 1920/21 auf dem Weimarer Friedhof als *Denkmal für die Märzgefallenen* inszenierte?). Auf der anderen Seite tummeln sich die Anhänger des Nonfinito und der Dissonanz von Filippo Brunelleschi (ausgerechnet Brunelleschi, der Künstler der maßvollen Florentiner Frührenaissance!) über Michelangelo und Francesco Borromini, über Frank Lloyd Wright und Erich Mendelsohn bis Eero Saarinen und Jørn Utzon. Diesem expressiven Haltungsstil all' italiana ordnete Zevi auch jüngere Hervorbringungen zu: alles, was Zacken und Spitzen, Kurven und Schwünge hatte, was zu stürzen oder zu swingen schien, Günter Behnisch, Daniel Libeskind, Frank O. Gehry, Santiago Calatrava, gleichviel. Das heißt den Begriff des Expressionismus so weit spannen, dass er alles und jedes umfängt, was aufregend und aufgeregt aussieht.

EXPRESSIONISMUS NACH DEM EXPRESSIONISMUS

In der Tat gab es nach 1945 einen wiedererwachenden Freistil, der gegen die Konformität banaler Bürostädte oder trostloser Vorortsiedlungen Zeichen des Eigensinns und der Individualität setzte (vgl. S. 291 ff.). Fast immer wurden solche Wiederaufnahmen durch biografisch nahe liegende Beziehungen unterstützt. Der prominenteste dieser Nachkriegsexpressionisten, Hans Scharoun, musste nicht weit suchen, um auf Vorbilder für seine Theaterentwürfe, Siedlungsbauten und die Kulturbauten am Berliner Kulturforum zu stoßen. Scharoun fand sie bei Scharoun. Die unerhörte Exuberanz seiner Raumerfindungen, die überquellende Formenvielfalt waren in seinen eigenen Entwürfen und Skizzen vorgebildet, nicht zuletzt in jenen, die er während der Kriegsjahre in Berliner Luftschutzkellern aufs Papier geworfen hatte. Die Katarakte des Lichts, die Kaskaden der Treppen, die ineinanderfließenden Räume, die oftmals harten Formbrüche entstanden nun nicht mehr aus Wasserfarben, sondern aus Stein und Beton.
Die vitalen Projekte boten Bühnen für das fluktuierende Leben, wenigstens soweit es die Architektur betraf. Scharouns städtebauliche Ideen stehen auf einem anderen Blatt, obwohl auch sie, als Variation des Themas Stadtlandschaft, Vorläufer in den Traktaten und Bilderalben der Expressionisten haben. Direkte Verwandtschaften finden sich ebenso bei Hermann Fehling und Daniel Gogel, die Wohnhäuser und Bauten

HANS SCHAROUN, STAATSBIBLIOTHEK, BERLIN, 1964–1972

ZVI HECKER, JÜDISCHES GEMEINDEZENTRUM, DUISBURG, 1996–1999

für wissenschaftliche Institute in Berlin und im oberbayerischen Garching errichteten und im Wettbewerb für die Berliner Philharmonie den zweiten Preis nach Scharoun erhielten. Sie hatten bei Mendelsohn, den Brüdern Hans und Wassili Luckhardt und Max Taut gelernt und gearbeitet, Künstlern, die Phasen des autochthonen Expressionismus durchlaufen hatten.
Im Berliner Stadtbild wäre heute ein solcher Freistil kaum noch geduldet. Jetzt ist er auf Solitäre, auf besondere Aufgaben beschränkt – wie im Falle von Daniel Libeskinds Jüdischem Museum, dessen vielfach gebrochener Grundriss sich laut Libeskind von einem zerborstenen Davidstern herleitet (vgl. S. 43 ff.). Oder Zvi Heckers Heinz-Galinski-Schule, die irgendwo im Berliner Grunewald verborgen liegt. Auch Hecker ist ein Architekt, der die Bilder und Ideen des deutschen Expressionismus kennt. Er bewundert Scharoun und hat oft in dessen Philharmonie gesessen – wie übrigens auch Frank O. Gehry.
Heckers Bauten sind doppelt und mehrfach kodiert, sie entfalten ein ganzes Bukett von Bedeutungen. Sein Gemeindezentrum in Duisburg ist fünffach aufgefächert. Die fünf Gebäudestege bezieht er auf fünf Epochen des jüdischen Gemeindelebens in der Stadt, aber auch auf die fünf ersten Buchstaben des hebräischen Alphabets, womöglich auch auf die fünf Bücher Mose. Zugleich spielt der Grundriss auf die Seiten eines aufgeschlagenen Buches an, auf die Finger einer geöffneten Hand, auf die Zacken eines Sterns. Manuel Herz ließ sich bei der Mainzer Synagoge gleichfalls von abstrahierten hebräischen Lettern und Bildsymbolen wie dem Schofar, dem Widderhorn, leiten. Verschlüsselte Formensprache und zerklüftete Silhouette haben sich zu einer Spezialität der jüdischen Diaspora entwickelt.
Noch näher liegen die Verbindungen zum originären Expressionismus, die den Kölner Architekten Gottfried Böhm in seinem Lebenswerk geleitet haben. Die Böhms sind ein in dieser Kontinuität rarer Familienverband von Baumeistern. Dominikus Böhm, der große Kirchenbauer, wird als ihr Stammvater in hohen Ehren gehalten. Als Gottfried Böhm nach Dominikus' Tod 1955 das Büro übernahm, entwickelte er wie selbstverständlich Themen weiter, die seinem Vater vor allem in den 1920er-Jahren teuer gewesen waren. Zylindrische Türme oder Kapellen

mit konischen Helmen charakterisierten eine ganze Gruppe von Dominikus Böhms Kirchenentwürfen in den 1920er- wie Gottfried Böhms in den 1950er-Jahren. Noch folgenreicher war die Auseinandersetzung mit der Wölbetechnik Dominikus Böhms. In seinen Expressionistenjahren hatte Böhm senior Gewölbeschalen verwendet, die zumeist mit Stahlhalterungen unter die Dachkonstruktion gehängt waren. Das Ergebnis waren Räume, bei denen Wand und Decke in eins verschmolzen und die scharfen Grate dieser Spitzbögen und Parabelbögen das Licht führten.

In seinen eigenen Kirchenbauten übersetzte Gottfried Böhm dieses Prinzip in Faltwerke aus Stahlbeton. Es entstanden hochindividuelle Lösungen, die den kühnsten Ehrgeiz der expressionistischen Generation erfüllt hätten: kristalline Strukturen, riesige, höhlenhafte Räume, Großskulpturen. Wie die Tempel Hinterindiens oder die Kathedralen des Mittelalters krönen sie die Silhouetten der Städte. Als die Schalungsarbeiten für solche Betonkonstruktionen zu teuer wurden und das komplizierte Faltwerk das Leistungsvermögen der Bauhandwerker überforderte, ging Böhm zu einer Gerüstarchitektur über, an der die individuellen Ausdrucksmomente noch immer großen Anteil haben.

In einem Spezialfall ist es dieselbe Gesinnungsgemeinschaft, die bis heute fortexistiert und den Architekturvorstellungen ihres Gründervaters verpflichtet geblieben ist: die Anthroposophenkolonie mit ihrem Mittelpunkt in Dornach bei Basel (vgl. S. 85 f.). Die Bauleidenschaft, die sie und ihren Chefinspirator Rudolf Steiner beseelte, erklärt sich aus ihrer Auffassung von Architektur. Architektur erschloss in ihren Augen den Zugang zu höheren Wahrheiten.

GOTTFRIED BÖHM, KATHOLISCHE PFARRKIRCHE CHRISTI AUFERSTEHUNG, KÖLN, 1964–1970

»Gesetzgeber« nannte Steiner die Bauten, die im anthroposophischen Geist konzipiert waren. Die »Gesetzgeber«, die in Dornach ab 1913 errichtet wurden, bedeuteten für alle Anthroposophen eine Verpflichtung, dieses Erbe fortzusetzen. Das haben sie getan, manchmal sklavisch an den Modellen Steiners festhaltend, manchmal frisch und originell, manchmal das Vorbild übertrumpfend wie im Fall des Versicherungsgebäudes NMB im Amsterdamer Bijlmermeer, errichtet nach anthroposophisch-ökologischen Gesichtspunkten. Auch für den Ungarn Imre Makovecz war schon im sozialistischen Ungarn Steiners Goetheanum eine Inspiration für seine merkwürdigen Mischungen aus magyarischer Folklore und Ausdrucksdrang gewesen.

Eine andere geografisch definierte Enklave, in der die Expression zu besonderer Blüte

GÜNTHER DOMENIG, STEINHAUS, STEINDORF AM OSSIACHER SEE, KÄRNTEN, 1986–1998

gedieh, lag und liegt in Graz. In der Steiermark herrschte ein Klima, das architektonischen Experimenten günstig war. Mitbestimmung spielte eine Rolle und führte zu einer Vielfalt von Formen, die der Vielfalt der Wünsche entsprach. Dass diese Spielräume oft zugunsten einer aggressiven Dynamik genutzt wurden, mag nicht zuletzt an der Person Günther Domenigs gelegen haben. Domenig wurde 1980 Professor an der Grazer Technischen Universität und ermutigte seine jüngeren Kollegen, ungewohnte Wege einzuschlagen. Er selbst baut seit vielen Jahren an einem eigenen Haus am Ossiacher See, Kärnten. Es scheint sich zu einer lebenslangen Obsession auszuwachsen: eine steinerne Schlucht, mit Hügelaufschüttungen, aus denen Felsen hervorbrechen. Alle Räume und Wege winden sich um einen zentralen Brunnenschacht aus Licht und Wasser. In ihrer Beschwörung imaginärer Katastrophen ist diese Anti-Heimatarchitektur nicht weit entfernt von einem anderen »Stil« unserer pluralistischen Tage, vom Dekonstruktivismus; ja, sie nimmt Teil an ihm.

Funktioniert so viel Grazer Ausdruckswille auch im Wohnungsbau? Das Ehepaar Michael Szyszkowitz und Karla Kowalski hat mehrfach Siedlungsbau geplant, auch unter Beteiligung der Bewohner, die an Raumteilung und Materialwahl mitwirkten. Sie haben ihre »architektonische Melodie, die wie ein Stück Musik die Seele anrührt«, auch unter den Bedingungen des deutschen sozialen Wohnungsbaus im Ruhrgebiet, in Gelsenkirchen, durchgehalten. Der Kontakt zu den Elementen, den diese expressive Organik hält, hat sich in einem fast kuriosen Zug niedergeschlagen. Das Himmelsnass wird in dieser Siedlung nicht ins nächste Abwasserrohr geschickt, sondern sein Schicksal wird zu einer symbolischen Handlung stilisiert. Vor die Hauswände legten die Planer Fallrohre und offene Rinnen mit sorgfältig austariertem Gefälle und leiten das Wasser über ein Beton-Metall-Gerüst. Umständlicher ist Regenwasser kaum je beseitigt worden. Erst dann wird ihm erlaubt, im Kraut und Kies eines zentralen linsenförmigen Angers zu versickern, den der Aquädukt als Arkade umgibt.

Wie immer diese Manifestationen einer neuen Expressivität sich bei den verschiedenen Architekten individuell und biografisch erklären lassen, als Rückgriff auf eigene frühe Werkphasen (Hans Scharoun), als fortdauernde Wirkung einer Weltanschauung (bei den Anthroposophen), als Begegnung

MICHAEL SZYSZKOWITZ UND KARLA KOWALSKI, SIEDLUNG KÜPPERSBUSCH, GELSENKIRCHEN, 1990–1998

mit dem Werk eines anderen Architekten, das nachhaltigen Eindruck machte, oder gar als Familienzusammenhang wie bei den Böhms - ausreichend begründet ist diese Wiederkehr verloren geglaubter Subjektivität damit nicht. Zweifellos hat der Neuexpressionismus einen empfindlichen Punkt in der zeitgenössischen Sensibilität berührt. Er hat als Kompensation für Langeweile und Frustration zu dienen. Er bietet Orientierung, Richtung und Raumbildung statt Zufallsverteilung und Abstandsflächen. Er sucht Bilder zu vermitteln statt nur Geschossflächenzahlen zu erfüllen. Er geht bewusst mit Materialien um, statt das günstigste Angebot aus dem Katalog zu nehmen. Aber er stellt sich auch in den Dienst des Markenbrandings, indem er das nie zuvor Gesehene, die Sensation, das überwältigend Auffällige offeriert.

CAD-EXPRESSIONISMUS

Dabei kommen die jüngsten Expressionen mithilfe der jüngsten und fortschrittlichsten Entwurfswerkzeuge zustande. Der »klassische Expressionismus«, um dieses paradoxe Wort zu benutzen, war auf die Genialität oder zumindest doch die Expertenschaft des Bauhandwerks angewiesen. Er war verloren, als die Maurer nicht mehr zu einem machbaren Preis die Klinkersteine in den komplizierten Mustern verlegen konnten, die ihnen die Architekten abverlangten, und als die verwundenen Schalungen für den Betonguss unbezahlbar und unrealisierbar wurden. Wenn heute ein Frank O. Gehry dramatisch bewegte Blechhäute über verzogene Stahlrohrgerüste wirft oder Betonfertigteile verformt, bedient er sich

FRANK O. GEHRY, ZOLLHOF, DÜSSELDORF, FASSADENDETAIL, 1994–1998

selbstredend des Computers. Der Computer hilft nicht nur als Zeicheninstrument, sondern als Produktionswerkzeug, nicht nur in CAD (computer-aided design), sondern auch CAM (computer-aided manufacturing). Nur so können die verwegensten zeitgenössischen Architekturerfindungen realisiert werden, die Längen der Stahlrohrglieder berechnet oder die Gussformen der Betonelemente – jedes Teilstück ein anderes Format – gefräst werden.
Armer Hermann Finsterlin! Dreimal glaubte der Künstler und Architekturautodidakt in den frühen 1920er-Jahren vor der Verwirklichung eines seiner »Wohnlinge« zu stehen, dieser »organische[n] Verschmelzungen schon hybrider Formelemente«.[11] Aber nie wurde etwas daraus. In unseren Tagen hätte er sich nur der Computerprogramme und digital gesteuerten Fräsen zu bedienen, mit denen der kalifornische Architekturdesigner Greg Lynn oder dessen niederländischer Kollege Lars Spuybroek vom Büro Nox ihre »embryologischen Häuser« oder biomorphen Wohnzellen zaubern. Heutige Technologie und Informatik könnten für die organoiden Ursprungsfantasien der Expressionisten die Herstellungsverfahren liefern. Doch welche Ideen und Ideale treiben die Zauberlehrlinge von heute an – außer dem Interesse am Interessanten? Empfehlen sie nur neue Tasterlebnisse und Körpergefühle? Spielen sie auf die neue Leitwissenschaft der Biotechnik an, auf das Programm der Genmanipulatoren, die sich ja nach den Fruchtfliegen, ihrem bevorzugten Forschungsgegenstand, auch einmal den kokonbildenden Insekten zuwenden könnten?
Zwischen dem CAD-Expressionismus der jüngsten Jahre und dem authentischen Expressionismus gibt es einen großen Unterschied. Was in den frühen 1920er-Jahren soziale Utopie mit dem Blick auf eine neue Menschengemeinschaft war oder konservative Utopie mit dem Wunsch nach einer Wiederherstellung von Heimat und Stammeslandschaft, ist heute ein Formendialekt unter anderen geworden, und nicht einmal der vorherrschende. Verloren ist der Glaube an die erlösende Kraft der Kunst, an das schöpferische Potenzial des Handwerks, an die ungemessene Gestaltungsgabe des Volkes, als dessen Sprecher sich einst die Architekten des originalen Expressionismus empfanden.
Was Zeitstil war, gebunden an den konkreten historischen Zeitpunkt und nur an ihn, ist nun wiederkehrender »Haltungsstil«? Das Wort lässt zögern. Haltung klingt nach lutherischem »Hier stehe ich und kann nicht anders«. Aber fast alle, die den Neuexpressionismus praktizieren, können auch anders.

SANTIAGO CALATRAVA, BAHNHOF ORIENTE, LISSABON, 1993–1998

Möglicherweise hat der Utopieverlust auch mit dem Medium zu tun. Die »saubere« Software der Computer verlangt vom Benutzer präzise Handhabung und eindeutige Ja-Nein-Entscheidungen. Digital erzeugte Bilder haben kein Sfumato; es sei denn, das Programm bietet sie als Softzeichner eigens an. Im »unsauberen« Medium der expressionistischen Zeichnung warteten dagegen im Grunde des Blatts Visionen auf ihre Evokation. Statt der eindeutigen Entscheidungen eines Mausklicks lockten die unwillkürliche Handbewegung, das Stricheln und Streicheln des 6b-Bleistiftes oder der Zeichenkohle, der Widerstand des Papierkorns, das Verlaufen der Farbe auf dem feuchten Fond des Aquarellpapiers Vorstellungen hervor, die ihren Urheber selbst überraschten. Die Bekenntnisse sind Legion, dass eine andere Kraft als die des planenden Individuums den Weg gewiesen habe. Der Architekt müsse »glücklich sein, dass das Schicksal ihn auserwählt hat, ein Brennpunkt für das Fluidum zu sein«, schrieb Bruno Taut 1920, »so glücklich, dass er selber nur das Fluidum sein, darin aufgehen möchte.«[12]

Anders als der Expressionismus aus erster Hand ist der neue Expressionismus – wenn wir ihn denn überhaupt so nennen wollen – seit den späten 1950er-Jahren eine von vielen zeitgenössischen Spielarten, die heute Dekonstruktivismus, Zweite Moderne (oder ist es schon die dritte?), Neue Einfachheit oder Minimalismus heißen. Der Expressionismus aus zweiter Hand existiert schon sehr viel länger als sein Vorgänger. Er ist

HERMANN FINSTERLIN, *KNOCHENMODELL*, 1920–1924

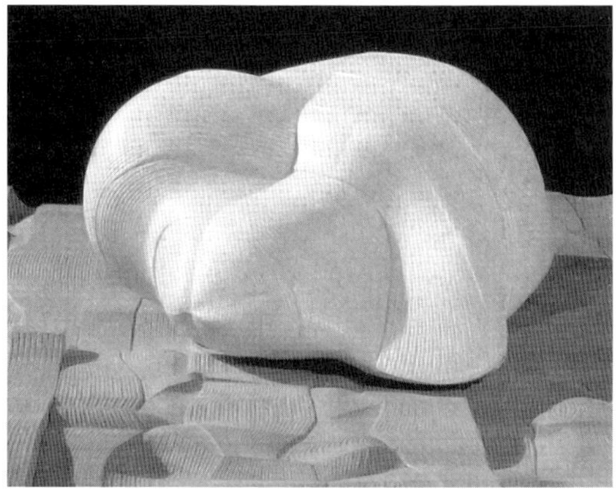

GREG LYNN, EMBRYOLOGICAL HOUSE, 1999–2001, MODELL

mit keinen weiteren sozialen oder religiösen Glaubensbekenntnissen verbunden. Er verpflichtet zu nichts und protestiert auch gegen nichts. Er hegt keine großen Allgemeingefühle. Er will Gebäude als Designobjekte herstellen, die vor allem Sensation machen, zugunsten seiner Auftraggeber und notabene seiner Architekten. Die neuen Expressionisten mögen biografische Gründe oder eine künstlerische Überzeugung haben, so zu entwerfen, wie sie entwerfen. Aber ihr Vorschlag ist eine Offerte, die mit zahlreichen anderen konkurriert. Man kann sie wählen – oder auch eine andere.

1 Adolf Behne, »Bruno Taut«, in: *Pan*, 3, 23 vom 7.3.1913, S. 538 ff.

2 Heinrich de Fries, *Wohnstädte der Zukunft. Neugestaltung der Kleinwohnungen im Hochbau der Großstadt*, Berlin 1919, S. 64 f.

3 Bruno Taut, »Zuschrift«, in: Hans Kampffmeyer, *Friedensstadt. Ein deutsches Kriegsdenkmal*, Jena 1918, S. 59.

4 Otto Bartning, *Vom neuen Kirchbau*, Berlin 1919, S. 106; Erich Mendelsohn auf einer Zeichnung aus den 1920er-Jahren, abgebildet in: Erich Mendelsohn, *Opera completa*, Mailand 1970, S. 129.

5 Hans Poelzig, zit. nach ders., *Hans Poelzig. Gesammelte Schriften und Werke*, hrsg. von Julius Posener, Berlin 1970, S. 142; Fritz Höger, »Das Wesen des Chilehauses«, in: *Hamburgischer Correspondent* vom 1.1.1925.

6 Hermann Finsterlin an Wolfgang Pehnt, 5.7.1967.

7 Göran Lindahl, »Von der Zukunftskathedrale bis zur Wohnmaschine«, in: *Figura. Acta Universitatis Upsaliensis*, Neue Serie 1, 1959, S. 226 ff.; Ulrich Conrads und Hans G. Sperlich, *Phantastische Architektur*, Stuttgart 1960; Dennis Sharp, *Modern Architecture and Expressionism*, London 1966; Franco Borsi und Giovanni Klaus Koenig, *Architettura dell'espressionismo*, Genua 1967. Als mein Expressionismus-Buch 1973 zum ersten Mal erschien, kommentierte die nordamerikanische Architekturhistorikerin Rosemarie Haag Bletter noch aus einem engen Expressionismusverständnis mit Unwillen das verbreiterte Panorama, in dem nun auch die Niederländer und die Norddeutschen, die Anthroposophen und wenigstens einige Praktiker aus Kirchen- und Hochhausbau figurierten, vgl. Wolfgang Pehnt, *Die Architektur des Expressionismus*, Stuttgart 1973; Rosemarie Haag Bletter, »Wolfgang Pehnt. Expressionist Architecture«, in: *Journal of the Society of Architectural Historians*, 37, 2, Mai 1978, S. 132.

8 G. A. Behrens, »Architektur-Fließarbeit«, in: *Die Baugilde*, 10, 22, 1928, S. 1670 f.

9 Wilhelm Worringer, *Abstraktion und Einfühlung*, München 1908; ders., *Formprobleme der Gotik*, München 1912; Karl Scheffler, *Der Geist der Gotik*, Leipzig 1917.

10 Bruno Zevi, »Le tre stagioni dell'espressionismo architettonico«, in: Stephanie Barron und Wolf-Dieter Dube (Hrsg.), *Espressionismo tedesco. Arte e società*, Ausst.-Kat. Palazzo Grassi Venedig, Mailand 1997, S. 99 ff.

11 Hermann Finsterlin, »Die Genesis der Weltarchitektur oder die Deszendenz der Dome als Stilspiel«, in: *Frühlicht*, 3, Frühjahr 1922, S. 76.

12 Bruno Taut, »Glasbau«, in: *Stadtbaukunst alter und neuer Zeit*, 8, 1920, S. 122.

DAS WERDEN DER NEUEN ZEIT

WIE DER STADT KÖLN EINE WELTAUSSTELLUNG ENTGING

Der Deutsche Werkbund, diese Vereinigung der kreativen und ökonomischen Intelligenz, gegründet zwecks »Veredelung der gewerblichen Arbeit im Zusammenwirken von Kunst, Industrie, und Handwerk«, hatte zu manchen Orten Deutschlands einen engen Kontakt und zu anderen nicht. Mit Köln verband sich in der großen Öffentlichkeit der Name Werkbund erst seit 1914, dem Jahr, in dem die erste große Werkbundausstellung stattfand. Eröffnet wurde sie am 16. Mai 1914, ihr vorzeitiges Ende fand sie am 6. August desselben Jahres, eine knappe Woche nach Kriegsausbruch. Die Kölner Ausstellung – wie immer man sie bewertet hat – ging in die Annalen der Design- und Architekturgeschichte ein. Sie war ein Meilenstein auf dem Weg zu einem gewandelten Verhältnis zwischen Kunst, Handwerk und Industrie, zwischen Produktion und Konsumtion.

DER VORGÄNGER 1914

Nahe liegend war das Kölner Experiment für den Werkbund nicht. In der Stadt arbeiteten gerade einmal zwölf von ungefähr tausend Werkbundmitgliedern. Es waren nicht die aktivsten, kein Gründungsmitglied darunter, niemand, der sich durch besondere Verdienste um den Bund ausgezeichnet hätte. Köln trat 1911 in Verhandlungen ein, nicht weil man sich in der Stadt für die Ziele des Werkbundes besonders engagieren wollte, sondern weil man das touristische und wirtschaftliche Potenzial einer solchen deutschlandweiten Vereinigung erkannt hatte. Man wollte das Event, das Gewerbeförderung versprach, nationale Aufmerksamkeit auf die Stadt lenken und sie in der Konkurrenz der großen Kommunen positionieren würde.

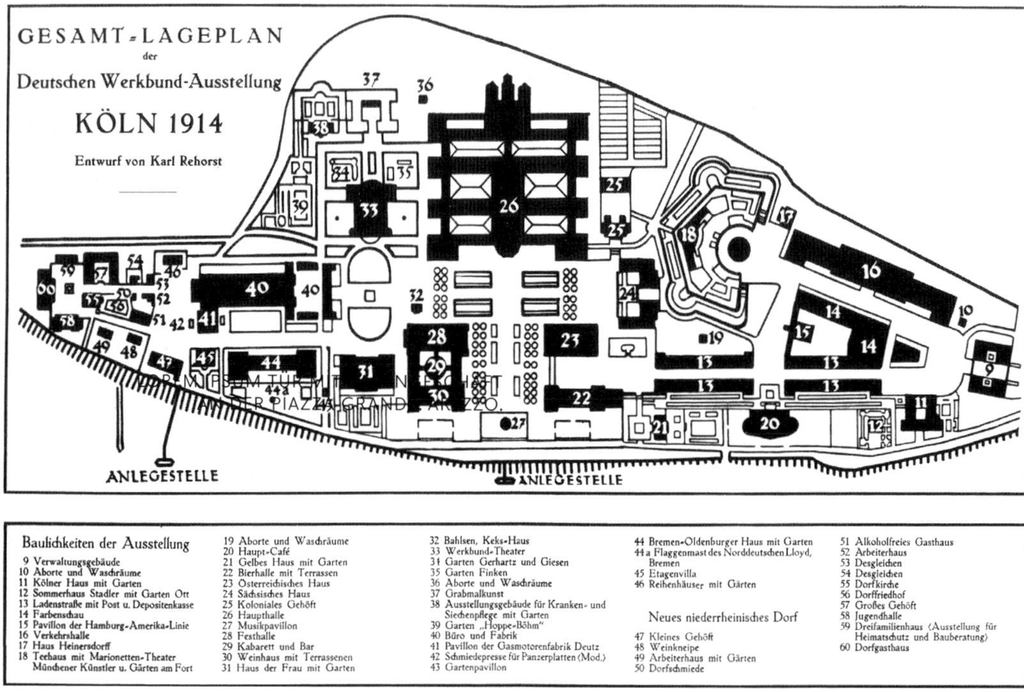

AUSSTELLUNG DES DEUTSCHEN WERKBUNDES, GESAMTLAGEPLAN VON KARL REHORST (OHNE VERGNÜGUNGSPARK), KÖLN, 1914

Schon damals wurde die Kölner Werkbundausstellung als Weltausstellung etikettiert – allerdings nur im Kölner Karneval von 1914. Immerhin, von der Fläche her konnte sich die Werkbundausstellung durchaus mit internationalen Expos messen. Köln bot 350 000 Quadratmeter Ausstellungsfläche in neu errichteten, temporären Bauten. Kleinere Weltausstellungen des 19. und frühen 20. Jahrhunderts wie die in Antwerpen oder Melbourne boten auch nicht mehr. Ein unschätzbares Plus dieser Ausstellung war der wunderbar gelegene Bauplatz auf dem Deutzer Ufer, das Gelände des heutigen Rheinparks und umgebauten bisherigen Messegebäudes. Es bot den Blick auf das Flusspanorama der Stadt, und man konnte es – außer über die Hohenzollernbrücke und mit der Straßenbahn – auch per Schiff erreichen. Zumindest in der Rhetorik der Veranstalter spielte das patriotische Motiv eine große Rolle. Köln bildete »Deutschlands Warte gegen den Westen«, war »überragender Vorort des gewaltigen rheinisch-westfälischen Industriegebietes«, war »eine Stadt zugleich alter Kultur und neuzeitigen Lebens« von immerhin 635000 Einwohnern, versprach einen »kraftvollen Resonanzboden [...]. Dass Frankreich so nahe, England und Amerika nicht weit lagen [auch Amerika?], war ein großer Vorteil.«[1] Je nach politischem Standort wurde die westliche Lage als Bastion gegenüber Konkurrenten und potenziellen Gegnern oder als Brücke und »Eingangstor« für »neue, tätige Freunde« interpretiert. Mit der Verschärfung der politischen Lage im spannungsreichen Sommer 1914 verlagerte sich die Argumentation

AUSSTELLUNG DES DEUTSCHEN WERKBUNDES, KÖLN, 1914

natürlich in Richtung einer polarisierten Auseinandersetzung.
Die kulturgeografische Spekulation, die sich mit der Wahl Kölns verband, deckte sich mit der nationalpolitischen Mission, zu der sich der Werkbund in seiner ersten Phase beauftragt fühlte. Im wilhelminischen Zeitalter standen alle Industrienationen unter dem Eindruck, jetzt werde der Weltmarkt ein für alle Mal aufgeteilt und wehe, wer zu spät kam. Umso wichtiger sei es, sich einen aussichtsreichen Platz am Weltmarkt zu sichern. Der liberale Wirtschaftspolitiker und Werkbundmann Friedrich Naumann sprach von volkswirtschaftlichen Entscheidungsschlachten und der Eroberung des Weltmarktes. Dass dies in einem Land mit schon damals hohen Löhnen nur durch die Qualität der Produktion möglich sei, war allgemeine Überzeugung. Nicht die Herstellung von Massengütern, sondern nur Qualitätssteigerung könne »der deutschen Arbeit den Sieg in der Welt [...] erkämpfen«.[2]
Das Echo auf diese enorme Anstrengung von Stadt und Werkbund war geteilt, in der Öffentlichkeit, aber auch im Werkbund selbst. Bei den späteren Architekturkritikern und -historikern, denen an einem lupenreinen Stammbaum der Moderne gelegen war, fanden drei Gebäude Gnade: die Musterfabrik, die Walter Gropius bauen durfte, weil Hans Poelzig abgesagt hatte, das Ausstellungstheater Henry van de Veldes, an dem der junge Architekt Erich Mendelsohn »die geschlossene, sich gegenseitig steigernde Raumtendenz«[3] rühmte, und schließlich Bruno Tauts Glashaus. Taut und seine Freunde sahen in dem zierlichen Gebilde, das vor dem eigentlichen Ausstellungsgelände stand, den Beginn eines neuen Zeitalters, der kristallinen Architektur.
Die gezeigten »großen und kleinen Dinge« dagegen, meinte der Hagener Kulturpolitiker Karl Ernst Osthaus, erschienen nur darum gut, »weil man ihnen nichts Schlechtes nachsagen kann«. »In ihrer Gesamtanlage und vielen Einzelheiten« fand Osthaus, selbst Werkbundmitglied, »eine bedauerliche Entgleisung«.[4] Wer in den zeitgenössischen Rezensionen der Kölner Ausstellung

TITELBLATT DER ZEITSCHRIFT *DIE FORM*, 1929

auf Vokabelsuche geht, stößt auf Formeln wie »beruhigte Feierlichkeit«, »wuchtig gestaltet« und wo die Berichterstatter kritische Töne beigaben: »furchtbar würdig, furchtbar ernst«.[5] Immerhin, bis zur vorzeitigen Schließung nach dem Ausbruch des Weltkriegs hatten über eine Million Besucher die Ausstellung gesehen.
In die Bau- und Designgeschichte eingegangen ist die Kölner Ausstellung mehr durch das, was sie diskutierte, als durch das, was sie zeigte. Erst der Krach, der auf der Jahresversammlung des Werkbundes losbrach, machte sie richtig berühmt. Es ging um Norm und Individualität, Typus und Künstlererfindung, realistische Designpolitik und freie Fantasie, und darum, wie der allseits ersehnte neue Stil zu erreichen sei: durch organisierte Selbstbindung oder als natürliche Frucht spontaner Entscheidungen. Welche der so erbittert verteidigten Positionen die Zukunft für sich hatte, ist eine offene Frage, auch heute noch. Waren es wirklich die Vertreter des Typus mit ihrer Hoffnung auf gut gelöste Zweckmäßigkeit und verbindliche Sachlichkeit? Oder nicht doch die formbewussten Individualisten, die Image, Zeichenhaftigkeit, Signalwirkung und Markenbewusstsein über alles stellten, mit anderen Worten, die Frank O. Gehrys und Zaha Hadids von damals?

BESSER UND SCHÖNER UND GRÖSSER

Die kontroverse Resonanz der Ausstellung von 1914 und ihr plötzliches Ende entmutigten Veranstalter und Aussteller nicht. Im Gegenteil scheint so etwas wie ein trotziges Gefühl der Verpflichtung geherrscht zu haben, das abgebrochene Werk später wieder aufzugreifen und weiterzuführen. »Wir machen es noch einmal, und besser und schöner und größer als damals.«[6] Hans Poelzig, der 1919 zum Vorsitzenden des Werkbundes gewählt wurde, dieses Amt allerdings mit zunehmender Unlust ausübte, wollte den Werkbund »dahin stellen, wo er zuerst stand, auf den Boden des Idealismus, nicht des Kompromisses und der Resignation«. Nicht weniger als »das Gewissen der Nation« sollte der Werkbund werden.[7]
Diese Stimmung hielt über Jahre hinweg. 1925 wurden die ersten Gespräche geführt, die eine neue große Werkbundausstellung zum Gegenstand hatten. Im selben Jahr wurde auf dem Jahrestag des Werkbundes in Bremen der Beschluss dazu gefasst. Es sollte sich nicht um eine Neuauflage der Themen von 1914 handeln, sondern der Ehrgeiz griff weit höher.

Von Anfang an war jetzt von einer »internationalen« Werkbundausstellung die Rede, während sich die Kölner Schau von 1914 auf die Produktionen der deutschsprachigen Länder beschränkt hatte. Bald lauteten die Attribute »Universal-Ausstellung« und Weltausstellung.[8] Nicht mehr Stuttgart (Ausstellung *Die Wohnung,* 1927), Breslau *(Wohnung und Werkraum,* 1929) oder Karlsruhe *(Die Gebrauchswohnung,* 1929) waren die Vergleichsbeispiele, sondern die internationalen oder Weltausstellungen in Paris 1925, Barcelona und Sevilla 1929, und die geplanten in Chicago 1933 und Brüssel 1935. Das Briefpapier des Ausstellungsbüros trug den Titel »Internationale Werkbund-Ausstellung Die Neue Zeit«. Mit Chicago war an eine Kooperation gedacht.[9] Der Zeitpunkt, zu dem das Ereignis stattfinden sollte, schob sich allerdings kontinuierlich hinaus.

Dass es den Initiatoren mit einer Ausstellung universalen Zuschnitts ernst war, belegen die Gespräche, die sie nicht nur mit der deutschen Reichsregierung und dem Reichskommissar für das Ausstellungswesen führten, sondern vor allem mit dem neu gegründeten Bureau International des Expositions in Paris. Die Pariser Konvention, die 1928 verabschiedet worden war und drei Jahre später in Kraft trat, sollte Ordnung in das überbesetzte internationale Ausstellungswesen bringen – man sprach von einer »Ausstellungs-Epidemie«[10] – und ihre Lizenzen an Bedingungen knüpfen. Weltausstellungen der Kategorie B, die thematisch gebundene Expos waren, sollten nur einmal alle zehn Jahre in ein und demselben Land stattfinden, jeweils zwei Jahre vorher bekannt gemacht werden und für das Publikum mindestens sechs Monate lang geöffnet sein. Einladungen waren auf dem Wege staatlicher Diplomatie auszusprechen. Dieser internationale Status wurde dem Kölner Unternehmen am 12. November 1928 in einer Konferenz von vierzig Ländern erteilt.

Ein Anlass für die Kölner Pläne war die Entscheidung des Deutschen Reichs, sich als unterlegener Kriegsgegner Frankreichs nicht an jener Ausstellung zu beteiligen, die 1925 als *Exposition Internationale des Arts Décoratifs* in Paris stattfand. Nach einer Aktennotiz Konrad Adenauers, des Kölner Oberbürgermeisters, habe Bruno Paul, Direktor der Vereinigten Staatsschulen für Freie und Angewandte Kunst in Berlin, ihn im Frühjahr 1925 auf die Sachlage aufmerksam gemacht. Er, Adenauer, habe daraufhin angeboten, eine ähnliche Ausstellung in Köln durchzuführen.[11]

Als Richard Riemerschmid 1926 die Leitung der Kölner Kunstgewerbeschule (später: Werkschulen) übernahm, festigte sich der Kontakt der Stadt zum Werkbund. Zugleich stiegen die Chancen für Köln, da Riemerschmid bis 1926 auch erster Vorsitzender des Bundes war und selbst ein Exposé für die große neue Schau ausgearbeitet hatte.[12] Adenauer tat seinerseits, was er tun konnte, um die Ausstellung in seine Stadt zu holen. Vielleicht war auch die Berufung Riemerschmids schon mit Blick auf den Gewinn der Ausstellung erfolgt.[13] Als der Werkbundvorstand im Oktober 1926 in Berlin zusammenkam und den Veranstaltungsort diskutierte, schickte Adenauer ein Telegramm an Peter Bruckmann, inzwischen Riemerschmids Nachfolger als Vorsitzender des Werkbundes: »koeln laesst dem werkbund in der gestaltung von form und inhalt der ausstellung freie hand«.[14]

Mit den immer ehrgeiziger werdenden Plänen wurde das Konkurrenzstreben anderer Städte geweckt. In Düsseldorf legte sich Oberbürgermeister Robert Lehr mächtig ins Zeug, mit dem Erfolg der *Gesolei*-Ausstellung (*Ge*sundheitspflege, *so*ziale Fürsorge, *Lei*besübungen) von 1926 im Rücken. Er verwies auf die Ausbaupläne für das Düsseldorfer Rheinufer und auf die Unterstützung durch die Ruhrindustrie. Die alte Konkurrenzsituation zwischen Düsseldorf und Köln tat ihre Wirkung. Berlin war als Reichshauptstadt der bedrohlichste Wettbewerber und suchte die Werkbundveranstaltung in seine schließlich 1931 realisierte *Deutsche Bauausstellung* zu integrieren. Dem Ehrgeiz der Werkbündler entsprach diese Strategie natürlich nicht; sie wollten allein das Sagen haben. Allenfalls Außenseiterchancen hatten Dresden, Frankfurt am Main, Hamburg, München und Stuttgart.

Aber warum fiel die Entscheidung auf Köln? Einmal war es die Erinnerung an die erste Werkbundausstellung von 1914, deren Anstöße nun auf höherer, internationaler Ebene fortgesetzt werden sollten. Dazu hatte Köln mit der Ausstellung *Pressa* von 1928 einen neuerdings errungenen Erfolg zu verbuchen – allerdings auch Düsseldorf mit der *Gesolei* – und sich internationale Reputation erworben, »die ein internationales Kapital mit nationaler Verzinsung bedeutet«.[15] Fünf Millionen Menschen hatten diese Darstellung der zeitgenössischen Medien gesehen. Daran sollte *Die-Neue-Zeit*-Schau anknüpfen. Lag der Etat der *Pressa* bei 7 Millionen Mark, so sollte die neue Veranstaltung 12 bis 13 Millionen kosten. Das zeigt die Größenordnung, die man so kurz nach der Kraftanstrengung der *Pressa* zu stemmen gedachte.

DAS SCHÖNSTE AUSSTELLUNGSGELÄNDE DER WELT

Mit seinem rechtsrheinischen, unmittelbar am Strom gelegenen Ausstellungsgelände konnte Köln einen besonderen Trumpf ausspielen. Die vorhandenen unansehnlichen Räumlichkeiten hatte der Kölner Stadtbaudirektor Adolf Abel mit einer von Wandpfeilern akzentuierten, expressiven Ziegelsteinhülle ummantelt. Zusammen mit einem neuen Campanile vermittelte sie die fast venezianische Anmutung eines modernen Markusplatzes. Die alte Stadt auf dem linken Ufer mit ihren romanischen Stiftskirchen, dem Rathausturm und dem Doppelturm der Kathedrale lieferte dazu jedem Besucher ein unvergessliches Panorama – wie auch umgekehrt die neuen Messebauten vom linken Ufer aus ein pittoreskes, trotzdem straff organisiertes Architekturbild boten. Neu war auch die ebenfalls von Abel entworfene Staatenhalle.

So konnte Werkbund-Geschäftsführer Ernst Jäckh ohne allzu viel Übertreibung mit dem Blick auf die deutsche Konkurrenz, aber auch auf Paris behaupten: »Köln hat das schönste Ausstellungsgelände in Europa!«[16] Den Enthusiasten von damals wäre es jedenfalls unvorstellbar gewesen, dass die Stadt siebzig Jahre später dieses einzigartige Terrain einem Unternehmen überließ, das sonst die Stadt zu verlassen drohte. Die Messefacilitäten wurden ins Hinterland abgeschoben, wo sie zum Rhein keine Beziehung aufnehmen können.

Jäckh begnügte sich nicht damit, die bereits vorhandenen Messebauten zu rühmen. Die Stadt Köln war »werdende Weltstadt«, eine »Eingangspforte nach Deutschland für friedliche Völkerwanderung«, Teil »eines lebensspendenden Kraftfeldes von geradezu amerikanischer Quantität und Qualität« (gemeint war das Ruhrgebiet als Hinterland). Eine wichtige Rolle spielte dabei der große Fluss, der Rhein. 1914 war jedermann die Parole von »Deutschlands Fluss, nicht Deutschlands Grenze« gegenwärtig.

Jetzt wurde er als »europäischster von allen europäischen Flüssen« gepriesen. Das ehemalige »Kampfziel« der Völker diesseits und jenseits des Stroms avancierte »zum erstenmal in seiner ganzen und alten Geschichte zum Symbol eines neuen Friedenssystems«.[17]

Auch abgesehen von aller Rheinideologie waren die Annehmlichkeiten der Flusslage nicht zu verachten. Nicht zu verachten? Vielmehr: Das Kölner Panorama war »unvergleichlich, einzigartig«. »Weltfreudigkeit und Sinnenheiterkeit« zeichneten die Bewohner aus. Lokale, landschaftliche, geschichtliche und geografische Vorzüge besitze mehr oder weniger jede Stadt, doch »Köln hat die Qualität einer Gesamtheit solcher Eigenschaften, Elementen, die sich gegenseitig steigern.«[18] Natürlich war dieses Lob nicht ohne taktische Motive ausgesprochen. Der Werkbund wollte bei seinem künftigen Gastgeber Schönwetter machen. Gleichwohl zeigt es, wie sehr sich die Stadt damals als Metropole empfand. Fritz Schumacher, der Anfang der 1920er-Jahre in Köln ein Gastspiel als Stadtplaner gab, rechnete mit zwei Millionen Einwohnern! Entsprechend trat die Stadt auf und wurde demgemäß wahrgenommen.

Kölner mag interessieren, wie knapp ihre Stadt den Titel einer Weltausstellungsstadt verfehlt hat. Aber das wirklich Interessante ist das Programm, das sich der Werkbund damals zutraute. Nicht weniger als eine Deutung der Gegenwart war geplant. Schon der Programmentwurf von Ende 1926 gibt sich großartig. »Nicht eine Weltausstellung üblicher Art soll veranstaltet werden. Weder ist die Aufstapelung ungeheurer, wahllos zusammengetragener Massen geplant, noch eine Schau, die auf das enge Gebiet des Kunstgewerbe beschränkt ist […] Wir wollen nicht in Massen, sondern in Höchstleistungen zeigen, was alles in dieser gärenden, neuen Zielen zustrebenden Zeit schon Gestalt geworden ist oder zur Gestalt drängt.« Und das hatte nicht nur das eigene Land zu interessieren, sondern alle Staaten. »Das Werden der neuen Zeit ist keine Angelegenheit Deutschlands, sondern der Welt.«[19] Eine weltbürgerliche Mission wartete offensichtlich auf die Deutschen, wieder einmal. Jäckh zitierte keinen Geringeren als Friedrich Hölderlin: »Bei deinen Feiertagen/Germania, wo du Priesterin bist/und wehrlos Rat gibst rings/den Königen und den Völkern.«[20] Der Dichterspruch schien wie geschaffen für das besiegte, »wehrlose« Land, dem doch die Völker zu lauschen hatten.

NEUE ZEIT, NEUE EPOCHE

Das Attribut »neu« schmückte damals viele Unternehmungen (vgl. S. 161 f.). »Es hat das wort neu in bezug auf das bauen die bedeutung eines neuen anfangs«, klärt uns ein Vertreter des Neuen Bauens auf, Hugo Häring.[21] Selbstverständlich war auch die Zeit nicht einfach weitere Zeit, sondern neue Zeit, andere Zeit, etwas qualitativ Andersartiges. »Weltwende« heißt es bei Jäckh, und Wilhelm Lotz schrieb: »Wenn der Werkbund es gewagt hat, einer Ausstellung diesen Namen (Neue Zeit) zu geben, so muss der Ausgangspunkt der Glaube an eine hereinbrechende neue Epoche der Menschheitsgeschichte sein.«[22] Die neue Werkbundausstellung sollte dem neuen Äon gerecht werden, indem sie nicht auf Luxusgüter für die wenigen Wohlhabenden setzte, sondern die sozialen Bedürfnisse der Gemeinschaft erfüllen wollte.

Zum Generalkommissar der Ausstellung war Ernst Jäckh 1928 ernannt worden, zeitweiliger Geschäftsführer des Werkbundes und Mitbegründer der Deutschen Hochschule für Politik in Berlin. Im Werkbund war Jäckh umstritten. Den linken Künstlern um Bruno Taut und Walter Gropius war er während der Auseinandersetzungen um 1914 als ein wendiger Realpolitiker verdächtig, der kein Verhältnis zur Kunst habe.[23]
Bei der Vorbereitung der Ausstellung *Die Neue Zeit* hat er jedenfalls seine diplomatischen Beziehungen zugunsten des Werkbundprojektes ausgespielt.
Den Programmentwurf von 1926 redigierte er wirkungsvoll und verlieh dem ohnehin schon pathetischen Text zusätzliches Pathos. Es gehe um »das bewusste Erlebnis der Kontinuität des entscheidendsten Jahrhunderts von Entdeckungen, Erfindungen und Gestaltwandlungen«. Die Totalität und Einheit einer solchen neuen Zeit seien darzustellen, »sie bekennerisch und gläubig zu entwickeln«. Die Ausstellung solle die »universale und säkulare, profunde und grandiose Bedeutung einer solchen Weltwende und einer solchen Lebenseinheit« bewusst machen. Spricht so ein Pragmatiker? Der Text, den er auf dem Werkbundtag in Breslau 1929 vorstellte, in der *Form,* der Hauszeitschrift des Deutschen Werkbundes, veröffentlichte und etwas leichter konsumierbar den Kölner Stadtverordneten vortrug,[24] atmet Prophetenglut. »Wir leben wirklich ›im Jahre 1‹ oder im ersten Jahrzehnt eines neuen Raummaßes, einer neuen Zeitrechnung – und tun meist noch so, als ob der alte Raum einer alten Zeit uns noch im Bann haben müsste.«[25]
Nicht weniger als das Wissen und Können der Menschheit suchte Jäckh in ein ringförmiges Programmschema zu gießen, »in einem Kreislauf, der weder Anfang noch Ende hat«. Mit seinen Stationen in geheiligter Siebenzahl nahm es sich wie ein Sigel auf dem Geheimwissen der Welt aus und versinnbildlichte »zyklische Ausstellung in siebenfacher Einheit«.[26] Freie Zirkulation in kreisender Bewegung sollte diesem Mantra entsprechen. Man konnte den Ausstellungsweg in freier Wahl beschreiten: freier Bürger, freie Wahl. Die Titel der sieben Ausstellungseinheiten lauteten: Weltbild, Formung des Menschen, Beherrschung der Stoffe und Kräfte, Bauen und Wohnen, Landesplanung und Städtebau, Gestaltung des Staates, Ordnung der Welt.
Jäckh spielte bis ins Einzelne durch, wie wunderbar sich das Ineinander der Kategorien ergänzen würde. Das Ganze sei eine »biologische und morphologische Einheit«, in der das eine ins andere überginge und die »neue Welt in ihrem humanistischen Wachstum« sich zeige. Die künftige Harmonie der Welt war in diesem Ausstellungsring, in diesem »Gesamtorganismus« vorweggenommen.[27] Dass dieses Konzept von einem Ehrgeiz sondergleichen getragen war, erkannten auch Werkbündler, wie die Reaktionen auf Jäckhs Vorschlag zeigten. »Noch niemals war eine Ausstellungsidee so umfassend und anspruchsvoll [...]. Noch nie hat man von einer Ausstellung so viel gefordert!«, fand Walter Riezler, Herausgeber der Zeitschrift *Die Form.*[28]
Was das Praktische betraf, wollte Jäckh im Wesentlichen mit den vorhandenen Messebauten und dem Staatenhaus auf dem östlichen Rheinufer auskommen. Es sollten keine weiteren, provisorischen Baulichkeiten errichtet werden. Nur Pavillons der teilnehmenden Nationen wären wohl unvermeidlich gewesen. Sie sollten an einer großen Festwiese jenseits des Bahndamms liegen. Seine

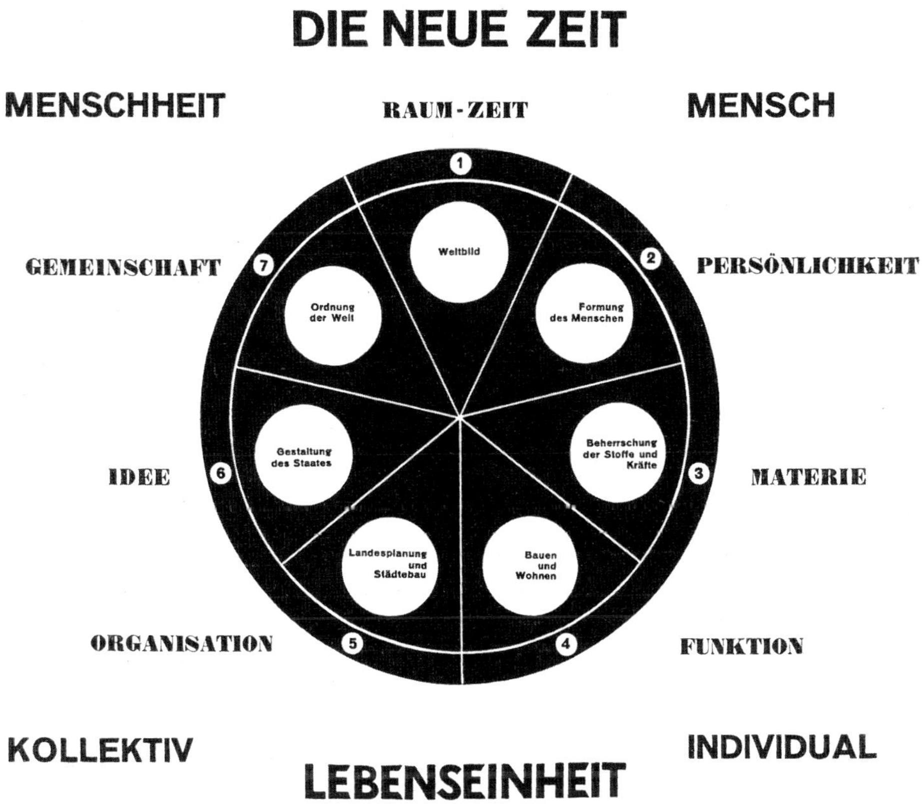

ERNST JÄCKH, INHALTLICHES SCHEMA DER WERKBUNDAUSSTELLUNG *DIE NEUE ZEIT*, 1929

Befürchtung, die Demonstration der neuen großen Einheit könne hier durch kleinliche Eigeninteressen der beteiligten Staaten in Frage gestellt werden, durch »zu grelle und zu schreiende Kontraste eines Nebeneinander etwa von Spitztürmen und Rundkuppeln, von Rokoko Minaretts und dergleichen«,[29] war groß und angesichts der Erfahrungen mit früheren Weltausstellungen nicht unbegründet.

Im Übrigen setzte Jäckh auf Bauten, die – anders als temporäre Pavillons – für eine dauerhafte Nutzung gedacht waren. Auf dem rechten Rheinufer, nicht allzu weit vom Ausstellungsgelände entfernt, sollten vorbildliche Wohnsiedlungen erstehen. Köln war ja sowieso schon [dank der Tätigkeit der kommunalen Gemeinnützigen AG für Wohnungsbau (GAG)] eine der deutschen Großstädte, die sich in modernem sozialem Wohnungsbau hervorgetan hatten. Dass Jäckh ohnehin vorgesehene öffentliche Großbauten der Stadt wie die neue Universität, die Adolf Abel plante, oder die Zentralmarkthalle, den Schlachthof, Schulen und Kliniken einbeziehen wollte, nimmt sich fast schon wie ein Antiklimax aus.[30] Der redliche Abel als Star einer Weltausstellung – das mag man sich nicht recht vorstellen. Jäckh konnte es offenbar; er sah auch in Abels Messebauten »weltstädtische Baulichkeiten«.[31]

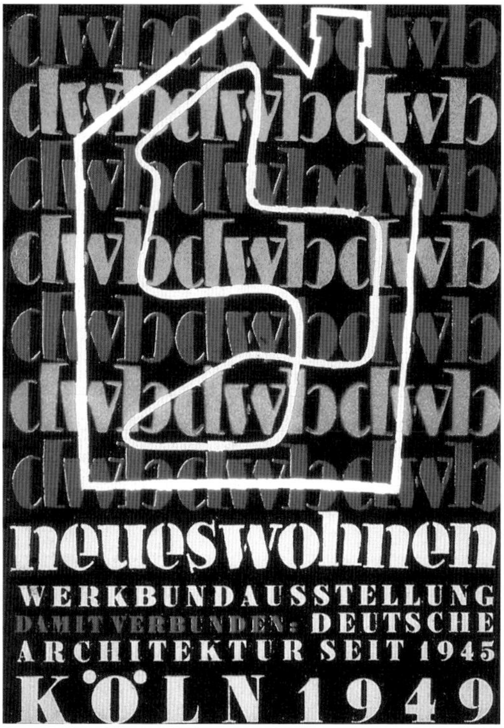

TITELBLATT DES AUSSTELLUNGSKATALOGS *NEUES WOHNEN*, WERKBUNDAUSSTELLUNG, KÖLN, 1949

So hätte Köln sich um Haaresbreite mit dem Ruhm einer Weltausstellung schmücken können. Die Weltwirtschaftskrise, die am 25. Oktober 1929 mit dem New Yorker Börsenkrach einsetzte und zu vieljähriger Depression führte, trat dazwischen. In seiner wirtschaftlichen Notlage war das Reich nicht mehr in der Lage, Zuschüsse für ein derartiges Ereignis aufzubringen, und ebenso wenig die Stadt. Schon mehrfach war die Ausstellung verschoben worden. Auch das Jahr 1932 war nicht zu halten; als fünfundzwanzigstes Jubiläumsjahr des 1907 gegründeten Werkbundes wäre es ein passendes Datum gewesen. Um 1930 tröstete man sich noch mit der Hoffnung, wenn die Ausstellung nicht 1932 stattfinden könne, so doch 1933 oder 1934.[32] Da standen freilich andere Programme auf der Agenda. Unter dem Druck der Nationalsozialisten war der Deutsche Werkbund bei tätiger Mitwirkung seines Führungspersonals gleichgeschaltet worden und hatte jede Einflussmöglichkeit verloren. Es gibt so etwas wie einen historischen Zeitpunkt, zu dem etwas möglich ist oder eben nicht mehr möglich ist. Auch 1932 war eine große zeitanalytische Schau nicht mehr möglich; aber man hat sie sich zugetraut und viel dafür unternommen. Das legt die Meßlatte hoch, auch künftig: für die Stadt Köln wie für den Deutschen Werkbund.

FORTSETZUNG NACH DEM KRIEG

Das große Projekt, das zur großen Illusion wurde, blieb nicht die letzte Zusammenarbeit zwischen dem Deutschen Werkbund und der Stadt Köln. Nach dem Krieg, 1949, fand im Staatenhaus des Messegeländes die Ausstellung *Neues Wohnen* statt.[33] Ohne das Attribut »neu«, groß geschrieben, ging es auch diesmal nicht. Nach Umfang und Auftritt war die Veranstaltung nicht mit der Schau von 1914 oder gar dem Plan von 1932 zu vergleichen. Aber in Köln, damals noch eine Trümmerwüste, erforderte auch sie Mut – oder sie erst recht. Gezeigt wurde Hausrat vom Bücherständer, Eierlöffel und Brotkorb bis zur Reformküche. Architektur war in Fotos vertreten, Einfamilienhäuser, Hochbauten, überraschend viele Kirchen (meist als Notkirchen bezeichnet), eine große Zahl von Projekten, dazu die damaligen Prestigeaufgaben: der Wiederaufbau der Alten Brücke in Heidelberg oder der Paulskirche in Frankfurt.
Die Moderne allerdings hatte nach dem Bankrott des Regimes und dem Debakel des

WERKBUNDAUSSTELLUNG *NEUES WOHNEN*, BLICK IN DIE AUSSTELLUNGSHALLE, KÖLN, 1949

Krieges ihr Gesicht verändert. Die Philosophie, die hinter dieser Ausstellung stand, unterschied sich sehr von heutigen Befindlichkeiten und auch von denen, die der geplanten Ausstellung von 1932 zugrunde lagen. Nicht das Neue war jetzt gefragt, sondern Rettung mit Hilfe der Tradition. Das Modische sei nicht die Aufgabe des Werkbundes, erklärte Kölns Stadtplaner seit 1946, Rudolf Schwarz, »sondern das Gültige, nicht das schnell Wechselnde, sondern die lange bestehende Sitte [...]. Es ist nicht seine Aufgabe, immer etwas anderes zu erfinden, das es bisher so noch nicht gab, sondern immer aufs neue das Gleiche sich vorzunehmen, es aber immer besser zu machen, bis es allmählich ein Gültiges wird.«[34] Das ist eine Position, die zu verteidigen dem Deutschen Werkbund im Zeitalter der Bilderproduktion, des So-noch-nie-Gesehenen, der Formenerfindung um jeden Preis schwer fallen muss – wenn er sie denn überhaupt noch vertreten will.

1 Peter Jessen, »Die Deutsche Werkbund-Ausstellung Köln 1914«, in: *Deutsche Form im Kriegsjahr. Die Ausstellung Köln 1914 (Jahrbuch des Deutschen Werkbundes 1915),* München 1915, S. 3; vgl. u. a. Angelika Thiekötter, »Deutsche Werkbund-Ausstellung Cöln 1914 – Idee und Realisierung«, in: Wulf Herzogenrath u. a. (Hrsg.), *Der westdeutsche Impuls 1900-1914. Die Deutsche Werkbund-Ausstellung Cöln 1914,* Köln 1984, S. 60 ff.

2 Friedrich Naumann, *Der deutsche Stil,* Hellerau o. J. [1912], S. 13.

3 Erich Mendelsohn, »Die internationale Übereinstimmung des neuen Baugedankens oder Dynamik und Funktion« (1923), in: ders., *Das Gesamtschaffen des Architekten,* Berlin 1930, S. 29.

4 Karl Ernst Osthaus, »Deutscher Werkbund« (1919), zit. nach Rainer Stamm (Hrsg.), *Karl Ernst Osthaus. Reden und Schriften,* Wuppertal 2002, S. 105.

5 Zit. nach Angelika Thiekötter, »Drei Bauten im Spiegel der zeitgenössischen Presse«, in: Herzogenrath 1984 (wie Anm. 1), S. 161.

6 Peter Bruckmann, Trinkspruch auf Konferenz während der Pressa, 15.6.1928, in: Historisches Archiv der Stadt Köln, Bestand 902, Konrad Adenauer, Ausstellungen 1927–1933, Nr. 175, Fasz. 6; zu diesem Ausstellungsprojekt: Joan Campbell, *Der Deutsche Werkbund 1907–1934,* Stuttgart 1981, S. 258 ff.; Annemarie Jaeggi, »›Die Neue Zeit‹, Köln 1932 – Weltgestaltung in einem von Technik und Industrie geprägten Zeitalter«, in: Winfried Nerdinger (Hrsg.), *100 Jahre Deutscher Werkbund 1907–2007,* Ausst.-Kat. Architekturmuseum der TU München u. a., München 2007, S. 150 ff.; Werner Durth und Paul Sigel, *Baukultur. Spiegel gesellschaftlichen Wandels,* Berlin 2009, S. 275 ff.

7 Hans Poelzig, »Werkbundaufgaben. Rede auf der Stuttgarter Werkbundtagung, 7.9.1919«, in: *Mitteilungen des Deutschen Werkbundes Berlin,* 2, 4, 1919, S. 109 ff.

8 Peter Bruckmann benutzte den Begriff Weltausstellung bereits am 16.7.1926 in einem Brief an Adenauer. Historisches Archiv der Stadt Köln, Bestand 902, Konrad Adenauer, Internationale Werkbundausstellung Die Neue Zeit, Nr. 133, Fasz. 1.

9 Von konkreten Verhandlungen und sogar einer Arbeitsgemeinschaft der Ausstellungsleitungen von Köln und Chicago berichtet der *Stadt-Anzeiger Köln* noch am 8.4.1930.

10 »Neue Strömungen im Ausstellungswesen«, in: *Stadt-Anzeiger Köln* vom 12. 4. 1929.

11 Historisches Archiv der Stadt Köln, Bestand 902, Konrad Adenauer, Internationale Werkbundausstellung Die Neue Zeit, Nr. 133, Fasz. 1, Aktennotiz 3.12.1925. Riemerschmid brachte den Vorschlag einer neuen großen Ausstellung im Sommer 1925 auf der Werkbundtagung in Bremen vor, der Ende November desselben Jahres auf der Vorstandssitzung des Werkbundes in Hannover weiter diskutiert wurde. Als Termin war damals 1929 oder 1930 ins Auge gefasst worden.

12 Richard Riemerschmid, »Werkbundausstellung 1930«, Typoskripte, Architekturmuseum der TU München und Werkbundarchiv Berlin, ADK 8–845/26.

13 Vermutung von Jaeggi 2007 (wie Anm. 6), S. 153.

14 Konrad Adenauer an Peter Bruckmann in Berlin, 22.10.1926, Historisches Archiv der Stadt Köln, Bestand 902, Nr. 133, Fasz. 1.

15 Ernst Jäckh, »Internationale Werkbundausstellung Die Neue Zeit« (Sonderdruck), Historisches Archiv der Stadt Köln, Bestand 902, Nr. 133, Fasz. 1, S. 19. Dieser Text eines Vortrags von Jäckh vor den Kölner Stadtverordneten vom 29.10.1928 ist nicht identisch mit dem Artikel Jäckhs in der Zeitschrift *Die Form,* 4, 15, 1929.

16 Ebd.

17 Ernst Jäckh, »Idee und Realisierung der Internationalen Werkbund-Ausstellung ›Die Neue Zeit‹ Köln 1932«, in: *Die Form. Zeitschrift für gestaltende Arbeit,* 4, 15, 1929, S. 401 ff., 419 f.

18 Ebd.

19 Programmentwurf, Abschrift, Die Neue Zeit. Internationale Ausstellung, 1926, Historisches Archiv der Stadt Köln, Bestand 902, Nr. 133, Fasz. 1.

20 Jäckh 1929 (wie Anm. 17), S. 421.

21 Hugo Häring, *vom neuen bauen. über das geheimnis der gestalt,* Berlin 1957, S. 6.

22 Jäckh 1929 (wie Anm. 17), S. 410; Wilhelm Lotz, »Lexikon oder Manifest?«, in: *Die Form,* 4, 19, 1929, S. 439.

23 Karl Ernst Osthaus, mit Taut und Gropius befreundet, sprach mit Blick auf die Geschäftsstelle des Werkbundes vom »vollständigen Mangel einer geistigen Initiative«. Seit 1912 war Jäckh Geschäftsführer. Karl Ernst Osthaus, »Deutscher Werkbund« (1919), zit. nach Rainer Stamm (Hrsg.), *Karl Ernst Osthaus. Reden und Schriften,* Wuppertal 2002, S. 107.

24 Am 29.10.1928 im Sitzungssaal der Stadtverordnetenversammlung.

25 Jäckh 1929 (wie Anm. 17), S. 406, 409, 407; Vortrag von Jäckh vor den Kölner Stadtverordneten am 29.10.1928, Sonderdruck, Historisches Archiv der Stadt Köln, Bestand 902, Nr. 133, Fasz. 1.

26 Ebd., S. 411.

27 Ebd., S. 411, 417.

28 Walter Riezler, in: *Die Form* (1929), zit. nach G. B. von Hartmann und Wend Fischer, *Zur Geschichte des Deutschen Werkbundes. Zwischen Kunst und Industrie. Der Deutsche Werkbund,* Auss.-Kat. Die Neue Sammlung München, München 1975, S. 19.

29 Jäckh 1929 (wie Anm. 17), S. 419.

30 Ebd., S. 405.

31 Ebd., S. 418.

32 Die Lokalpresse berichtete bis ins Jahr 1932 hinein, die Ausstellung sei nicht aufgegeben, sondern nur aufgeschoben, s. *Stadt-Anzeiger Köln* vom 25.6.1930, 29.2.1931, 22.2.1932. Am 30.7.1932 heißt es: »Der ursprüngliche Plan war viel zu weit gespannt. Nur wenn es gelingt, hier die richtigen Grenzen zu ziehen, alle Theorie und verstiegenen Abstraktionen, die sich schon in den Vorbesprechungen aufdringlich breit machte, beiseite zu lassen, könnte sich der Plan zu einer wegweisenden Tat entwickeln.«

33 *Werkbundausstellung Neues Wohnen. Deutsche Architektur seit 1945,* Ausst.-Kat. Westhaus und Staatenhaus der Messe Köln, Köln 1949, o. S.

34 Rudolf Schwarz, zit. nach ebd., o. S.

IMMER GERADEAUS

DER GERADE WEG IN DER MODERNEN ARCHITEKTUR

»›Man zieht gerade Linien, füllt Löcher auf, nivelliert und landet beim Nihilismus.‹ (Wütender Ausruf des großen Städteplaners, der einer Kommission für Stadterweiterungspläne präsidierte).
Ich habe geantwortet:
›Pardon, das ist, offen gesagt, die Arbeit des Menschen.‹«
— Le Corbusier, *Urbanisme*

In der Mitte der 1920er-Jahre hatte sich Le Corbusiers Renommee als Städteplaner genügend verbreitet, um ihm Berufungen in internationale Wettbewerbsjurys einzutragen. So nahm er vom 10. bis zum 13. Februar 1925 als »architecte-urbaniste« aus Paris an einem Preisgericht teil, das einen Wettbewerb für die Erweiterung der Stadt Straßburg beurteilte.[1]
Nach dem Ende des Ersten Weltkriegs standen in Straßburg – wie in anderen europäischen Festungsstädten – bislang militärisch genutzte Terrains zur Verfügung. In der elsässischen Hauptstadt hegte man damals hochgespannte Hoffnungen auf eine wirtschaftlich günstige Entwicklung und erwartete eine Verdoppelung der Bevölkerung innerhalb der nächsten fünfzig Jahre. Der Schwerpunkt der Stadterweiterung war im Süden vorgesehen. Hafenanlagen sollten vergrößert und neue Industriezonen ausgewiesen werden, wobei aber die Zentralität des vorhandenen Stadtkerns nicht angetastet werden sollte. Die französische Regierung unterstützte ihrerseits die Straßburger Pläne, um der »Metropole des [französischen] Ostens« die Vorteile ihrer Zugehörigkeit zur französischen Republik zu verdeutlichen; der Versailler Vertrag hatte 1919 Straßburg und Elsass-Lothringen wieder Frankreich zuerkannt.

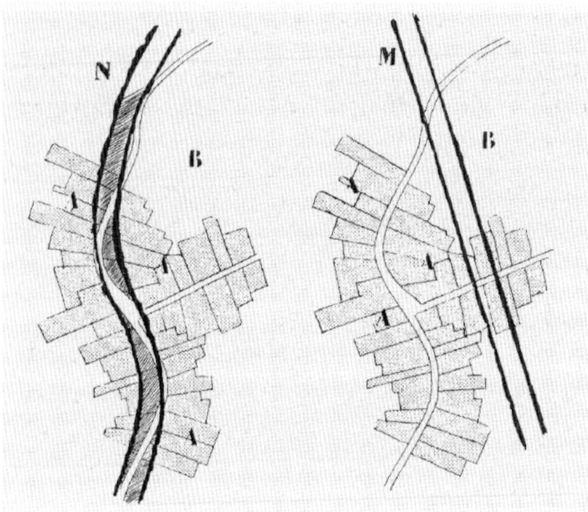

LE CORBUSIER, ALTERNATIVE PLANUNGSVORSCHLÄGE FÜR EINE ORTSDURCHFAHRT, LINKS: »HIER WERDEN SÄMTLICHE GRUNDEIGENTÜMER VON DER ENTEIGNUNG BETROFFEN; DIE STRASSE IST GEKRÜMMT«, RECHTS: »HIER WIRD FAST NIEMAND VON DER ENTEIGNUNG BERÜHRT; DIE STRASSE IST GERADE«, 1925

Le Corbusier-Jeanneret hatte bereits im März 1923 auf dem Straßburger Kongress der Société française des urbanistes einen Vortrag über seine »Ville contemporaine de 3 millions d'habitants« gehalten. Als Jurymitglied war er von den Wettbewerbsteilnehmern nominiert worden, aber die Radikalität seines Denkens konnten die Magistratsmitglieder auch von Le Corbusiers damaligem persönlichem Auftritt her kennen. Die Straßburger Erfahrungen waren ihm so wichtig, dass er sie noch im selben Jahr den Lesern seines Buches *Urbanisme* (deutsch: *Städtebau)* mitteilte.[2] Der Jury lagen, so sah es Le Corbusier, Pläne vor, die sich grundsätzlich voneinander unterschieden: solche, die er als Anpassungsplanung bewertete, und solche, die der Realität gegenüber eine rigorose Haltung einnahmen. Diese utopisch orientierten Varianten beschrieb Le Corbusier nicht näher (und nach dem erhaltenen Material ist es schwierig sich vorzustellen, welche er gemeint haben könnte). Sie entwarfen »ein Gelobtes Land, von dem man nur zu gut weiß, dass man es niemals betreten kann«. Dass der Verfasser der »Ville contemporaine« auf der Seite der Utopisten stand, ist unschwer zu erraten.

JEDE GERADE EINE TAT

Le Corbusier berichtet, man habe das Preisgericht nach der ersten Durchsicht der Pläne in Autos verladen und in die Umgebung der Stadt, an die Orte des Planungsgeschehens also, transportiert. Le Corbusiers Begleiter, M. Peter, der in der Jury die Straßburger Handelskammer vertrat, äußerte Verdruss über die windungsreichen Straßen, die das Fahrtempo verlangsamten und zur Vorsicht nötigten, obwohl er im Preisgericht die Partei einer Anpassung an das vorhandene Straßennetz vertrat. Le Corbusier nutzte die Gelegenheit, diesen Verteidiger der vorhandenen Straßenkurven zu einem Anhänger der Geraden zu machen. Er ließ den Wagen halten, als die Straße einen von Napoleon gezogenen Kanal und später eine Eisenbahnlinie überbrückte.

Den schnurgeraden Kanal fand er eindrucksvoll und bewegend, ein Werk des Menschen; der Kontrast zur gewellten Landschaft erschien ihm als Lyrismus. Die Eisenbahnlinie, nicht minder gerade gezogen, sei wie der Kanal und später die Hafenanlage »eine Tat«. Zwar führte Le Corbusier zugunsten von geraden Straßenführungen, die außerhalb der Ortskerne angelegt werden sollten wie vierzig Jahre danach Colin Buchanans Ortsumgehungen,[3] auch praktische Gründe auf. Er verwies auf die Notwendigkeit zügiger Verkehrsabwicklung und auf den Vorteil, außerhalb der Ortslagen nur wenige Grundstücksbesitzer enteignen zu müssen. Aber die ideelle Motivation ist überdeutlich. Die Gerade ist überlegen, weil sie ein Bild der Ordnung entwirft und einen Willensakt des Menschen darstellt.

Urbanisme enthält eine Enzyklopädie der Vorbilder, Beweggründe und ideologischen Rechtfertigungen geradlinigen Planens. Die Römer preist Le Corbusier als Kolonisatoren, die, wenn schon nicht hinreichend in der eigenen Kapitale, so doch in allen ihren Neugründungen rechtwinklige Stadtfiguren wählten, leicht zu organisieren und leicht zu beherrschen. »Die Gerade entsprach der Würde römischer Bürger«. Ägyptische Tempelanlagen, das Alte Babylon, der Grundriss Pekings, die Idealstädte der Renaissance illustrieren den Geist der Ordnung. Aigues-Mortes und Montpazier müssen als reguläre Stadtgründungen die Ehre des krummwüchsigen Mittelalters retten. Frankreichs Könige werden um der beherzten Schnitte willen gelobt, die sie mit Chirurgenhand durch das alte Stadtchaos legten, ebenso Napoleon I. und Napoleon III. mit seinem eigensinnigen Willensvollstrecker, dem Baron Haussmann. Ein Kupferstich mit dem Sonnenkönig, wie er mit herrischer Geste den Bau des Hôtel des Invalides befiehlt, beendet den Hauptteil des Buches: »Ehre einem großen Städtebauer! Dieser Despot konzipierte Gewaltiges und verwirklichte es. Der Glanz seines Ruhms liegt über dem ganzen Lande, überall verstand er zu sagen: ›Ich will!‹ oder ›So gefällt es mir‹.«

Le Corbusiers Philippika zugunsten der geraden Linie und sein barsches Urteil über den gekrümmten, gewundenen Weg, den »Weg der Esel, Rinder und Pferde«, ist eine relativ späte Stellungnahme in einer Auseinandersetzung, die schon seit Jahrzehnten, ja Jahrhunderten geführt wurde. Geführt wurde und wird sie auf den unterschiedlichsten Argumentationsebenen, auf der ästhetischen ebenso wie auf der anthropologischen, auf der praktischen ebenso wie auf der semantischen. Die Frontstellungen gingen mitten durch die Lager hindurch und nötigten zu befremdlichen Koalitionen.

Le Corbusier hat sich aller Aspekte bedient, um dem Geist der Ordnung zum Sieg zu verhelfen, wenn er auch je nach dem Ort der Debatte zu differenzieren wusste. Seine Straßburger Mitjuroren konfrontierte er mit praktischen Einwänden, während er den Lesern von *Urbanisme* den Blick auf die Erfordernisse der gegenwärtigen Weltepoche zutraute.

In der Gartenkunst hatte zu diesem Zeitpunkt der formale Garten längst wieder seine Rechte gegenüber dem Landschaftspark geltend gemacht. Dem Reiz der Mannigfaltigkeit, der den gewundenen Pfaden des Englischen Gartens folgte, trat nun erneut das Schauspiel der Verkürzung entgegen, der s-förmigen »line of beauty« William Hogarths die ordnende Linie des tektonisch gestalteten Gartens, die auf Brunnen, Teehäuschen oder doch wenigstens Gartenbänke zulief. Joseph Addison

hatte vom idyllischen Alpental geträumt, über dessen anmutigen Wiesen und sich schlängelnden Bächen die Göttin der Freiheit schwebte.[4] Aber wie sollte man die Wiesen und Bäche auf den begrenzten Grundstücken realisieren, die im 20. Jahrhundert auch wohlhabenden Bauherren nur noch zur Verfügung standen? Der formale Garten setzte die rechten Winkel und geraden Linien von Haus und Terrasse fort, während die miniaturisierte Ausgabe des pittoresken Gartens nun lächerlich erschien.
Hermann Muthesius, der die neue Botschaft zusammen mit der Propagierung des englischen Landhauses vermittelte, befand: »Dass der Mensch sich dazu entschließt, die Zufälligkeiten der Natur im kleinen Rahmen seines Gartens in gedrängter Steigerung nachmachen zu wollen, ist ein völlig unnatürlicher Zustand.«[5] Nicht die Nachahmung der Natur galt jetzt als die Verkörperung der Freiheit, sondern die Geometrie. »Überhaupt ist die gerade Linie, wenn man von einer Stelle zu einer anderen zu gehen wünscht, der natürliche Weg.«[6]

DER WEG DER ESEL

So findet sich auch Le Corbusiers Behauptung von der Geraden als dem Weg des Menschen bereits bei den Befürwortern des formalen Gartens. Reginald Blomfield und Inigo Thomas benutzen 1895 in *The Formal Garden* Formulierungen, als sähen sie bereits Le Corbusiers Esel die krummen Wege entlang trotten: »Es darf wohl behauptet werden, dass ein natürlich empfindender Mensch einen geradlinigen Pfad einem Zick-Zack-Weg vorziehen würde.«[7] Allerdings war gerade Le Corbusier nicht bereit, die Folgerungen aus seinem eigenen Postulat auch für Gartenanlagen zu ziehen. Der Plan der »Ville contemporaine« sah einen (von Orthogonalen und Diagonalen durchkreuzten) großen englischen Landschaftsgarten vor. Für den kleinen Maßstab des Villengartens empfahl er Madame Meyer, einer prospektiven Bauherrin, in einem illustrierten Brief von 1925 einen Garten »wie bei Robinson«, keinesfalls à la française, sondern ein »wildes Gehölz, [...] in dem man sich weit von Paris entfernt glauben kann«.[8] Bei der Gartengestaltung griff er, der Gegner der »Eselswege«, zu einem ähnlichen Kontrast von rationaler Architektur und scheinbar freier Natur, wie ihn das 18. Jahrhundert mit der Konfrontation von palladianischen Villen und pittoresker Landschaft gesucht und gefunden hatte.
Doch in Sachen Stadtplanung hatte er seinen Gegner fest im Auge: den österreichischen Urbanisten Camillo Sitte und dessen Plädoyer für einen malerischen Städtebau. Dem Klassiker Sittes, dem *Städtebau nach seinen künstlerischen Grundsätzen* (1889), war Le Corbusier – damals noch Jeanneret – schon früh, 1910, begegnet. Sittes Buch lag als *L'art de bâtir les villes* auch in zwei französischen Auflagen vor. Es habe eine Zeit gegeben, bekannte Le Corbusier, in der ihn Sitte hinterlistig für das malerische Stadtbild gewonnen habe. In der Tat enthält seine 1910 entstandene, aber unpubliziert gebliebene Schrift *La construction des villes* die Forderung, Straßen müssten gebogen sein und geometrische Anordnungen vermeiden. Was die Esel betraf, attestierte er ihnen damals noch die Klugheit, sich die unbeschwerlichsten, weil dem Gelände am besten angepassten Wege zu suchen.[9] Nun dagegen galt Sitte bei ihm als Inbegriff einer gefühlsseligen Vergangenheit, ja als die Vergangenheit schlechthin.

RAYMOND UNWIN, LINKS: »SCHULBEISPIEL EINER UNREGELMÄSSIG ANGELEGTEN STADT«, RECHTS: »GRUNDRISS UND SKIZZE EINER STRASSE, WELCHE AUF DER EINEN SEITE DIE UNINTERESSANTE VERSCHWINDENDE PERSPEKTIVE DER UNUNTERBROCHENEN BAUFLUCHT ZEIGT«, 1922

Den Wiener Stadtplaner so umstandslos auf die Seite eines nur romantischen, nur nostalgischen Städtebaus zu stellen, war ein Akt grober Polemik. Sie erklärt sich daraus, dass Le Corbusier trotz seines längeren Aufenthaltes in Deutschland und Österreich Sitte offenbar nicht im Original las, sondern die französische Übersetzung durch Camille Martin benutzte, der eigenmächtig ein Kapitel über die Straße hinzugefügt und überhaupt den Tenor des Buches verändert hatte. Sitte selbst hatte keineswegs behauptet, die gerade Straße sei »idiotisch«.[10] Er hat vielmehr wieder und wieder betont, die malerische Unregelmäßigkeit der alten Städte sei aus einer Vielzahl geschichtlicher Umstände und praktischer Notwendigkeiten hervorgegangen, nicht aus Willkür oder ästhetischer Entscheidung, und sei deshalb auch nicht übertragbar.

Anders als seine Widersacher ihm unterstellten, setzte Sitte nicht auf den Zufall, sondern auf ein verlässliches Programm. Dazu gehörten auch Rücksichten auf Verkehrserfordernisse, auf eine vernünftige Ausnutzung der Baugrundstücke und auf Windrichtungen und Stadthygiene. Auch spätere Autoren, die Sittes Prämisse vom Städtebau als Raumkunst teilten, vertraten diese Strategie. »Der Städtebau-Künstler muss sich vor der Ansicht hüten, dass es ein leichtes sei, Zufälle zu entwerfen«, warnte Raymond Unwin, dessen behagliche Illustrationen in den *Grundlagen des Städtebaues* viel zur Verbreitung eines idyllisierenden Städte- und Siedlungsbaus beigetragen haben. »Während er also die Schönheit krummer Straßen anerkennt, muss er der Versuchung widerstehen, ziellos geschlängelte Linien zu erzeugen in der Hoffnung, dass daraus glückliche Zufälle sich ergeben möchten.«[11]

Camillo Sitte war durchaus auch »bedeutenderen Wirkungen«, »den energischen barocken Typen« und der »überzeugend klaren Conception« eines Gottfried Semper zugänglich.[12] Nicht zufällig haben ihm die Apologeten eines monumentalen Städtebaus Werner Hegemann und Elbert Peets das erste Kapitel ihres *American Vitruvius* gewidmet.[13] Wogegen sich Sitte wandte, das waren die Riesendimensionen und Maßlosigkeiten, war die Monotonie der endlos, ohne Zielpunkt oder vertikalen Akzent erstreckten Straße, war der »geisttödtende

Anblick [...] ewig gleicher Straßenfluchten«.[14] Ein Rückzugsgefecht war es insofern, als Sitte den öffentlichen Raum als ästhetisch erlebbare Einheit verteidigte, wohlwissend, dass die Zeit gegen ihn war. Wo er die gewundene Straße einsetzte, bezog er sie auf Faktoren wie den Verlauf von Höhenlinien oder Grundstücksgrenzen.
Wenn Le Corbusier sich vehement für die Gerade als erzeugendes Moment des modernen Städtebaus ins Zeug legte (um an weniger auffälliger Stelle seines Buches *Urbanisme* wenigstens den »Ammen und Fußgängern«[15] krumme Wege zu konzedieren), hatte er Bundesgenossen in den unterschiedlichsten Lagern der zeitgenössischen Urbanistik, auch in solchen, mit denen er jede Gemeinsamkeit verabscheuen musste. Denn mit langen, grandiosen, von krönenden Bauwerken abgeschlossenen Magistralen arbeiteten die Akademiker seit je. In den unabsehbar sich ausbreitenden Metropolen bedeuteten die weiten Perspektiven und monumentalen Foren hilfreiche Orientierung; so haben Joseph Stübben, Eugen Fassbender oder Peter Behrens argumentiert.[16] Durch die amerikanische City-Beautiful-Bewegung hatte die Strategie der Stadtverschönerung und -monumentalisierung neuen Aufwind gewonnen. Die eindrucksvollen Achsenplanungen à la Washington, Chicago, Cleveland oder San Francisco ersetzten das gleichförmige Raster, indem sie einzelne ausgewählte Geraden auf Kosten anderer privilegierten oder Diagonalen und Sternmuster auf die vorhandenen Straßengitter projizierten.

DER GEIST DER KONTINUITÄT

So sehr diesen Planungen die absolutistische Vergangenheit barocker Stadtentwürfe anhing, so waren sie doch als Ausdruck neuen Bürgerstolzes und sozialer Harmonie gemeint. Der Plan und die großen öffentlichen Gebäude, auf die seine wichtigsten Linien zielten, symbolisierten »den Geist der städtischen Kontinuität« und bedeuteten »die präzise Verkörperung des städtischen Lebens«.[17] Achsen, Drei- oder Mehrstrahlanlagen waren an die Verklärung feudaler oder geistlicher Herrschaft nicht so fest gebunden, als dass sie nicht umgedeutet werden konnten. So hatte Léon Jaussely, Professor an der Pariser École des Beaux-Arts und prominentes Jurymitglied im Straßburger Wettbewerb von 1925, fünfundzwanzig Jahre zuvor (und damit noch vor der Veröffentlichung des »Great Plan of Chicago«) den Apparat akademischer Achsenplanung spielen lassen, um einen »Platz des Volkes« für die »große Metropole eines demokratischen Staates« zu inszenieren.[18] In der Straßburger Konkurrenz wurde diese Position nachdrücklich durch den Pariser Architekten Xavier Metz vertreten, der in seinem Projekt, einem zweiten Preis ex aequo, die Industriegebiete im Süden der Stadt mit der Place de la Bourse durch eine von Schmuckplätzen skandierte Avenue verbinden wollte. Diese zeremonielle Verknüpfung der modernen Stadterweiterung mit dem mittelalterlichen Stadtkern kontrastierte bei Metz mit bandförmigen Gewerbeflächen, die allen zeitgenössischen Anforderungen nach flexibler Auffüllung und leichter Erweiterbarkeit entsprochen hätten.[19]
Das Vergnügen, das Le Corbusier an geradlinigem und ungehindertem Verkehr empfand und seinen Straßburger Mitjuroren und

Exkursionsgefährten zu vermitteln suchte, hatte sich zur Zeit des Wettbewerbes längst in unzähligen zeitgenössischen Projekten anderer Architekten niedergeschlagen. Vielstöckige Knotenpunkte und Verknüpfungen als Vorbedingung zügiger Trassenführung waren in der Realität metropolitaner Verkehrsplanungen ausgiebig berücksichtigt worden, hatten Eingang in die seriöse Planungstheorie gefunden, hatten aber auch die Zeichner von Comicstrips beflügelt und die Visionäre der Stadt inspiriert. Die Straße, dieser »lärmende Abgrund«, solle »sich nicht mehr wie eine Fußmatte vor der Pförtnerloge ausbreiten, sondern sich mit mehreren Stockwerken in die Erde eingraben«, schrieb Antonio Sant'Elia im Manifest *L'architettura futurista.*[20]

Sant'Elia und sein Freund Mario Chiattone nutzten in ihren Stadtvisionen die Trassen für Autos, Aufzüge, Bahn und vor allem für den Transport von Energie, um schnelle und schnellste Bewegung bei monumentaler Schwere der Baumassen zu suggerieren. Die unendliche Gerade wird in den Teilansichten der Città nuova vorausgesetzt, aber fast nie dargestellt, da beide Architekten in ihren Darstellungen den diagonal genommenen Ausschnitt bevorzugen. Ausnahme ist Sant'Elias frontal wiedergegebener Verkehrsknotenpunkt, die »Stazione d'aeroplani e ferroviari«, bei dem die Rollbahn der Flugzeuge die Achse der Gleisanlagen und Straßen bis an den Horizont fortsetzt. Wie ein abstraktes Gitter soll sich das neue Netz der Verkehrswege über Stadt, Land und Kontinente legen. Architektur wird zum Gefäß der Bewegung. »So scheint es,« schrieb Adolf Rading 1928, »dass wir allmählich dahinkommen, alle diese Bewegungen, die horizontale wie die vertikale, in besondere Bahnen zu lenken, sie sichtbar und durchsichtig zu

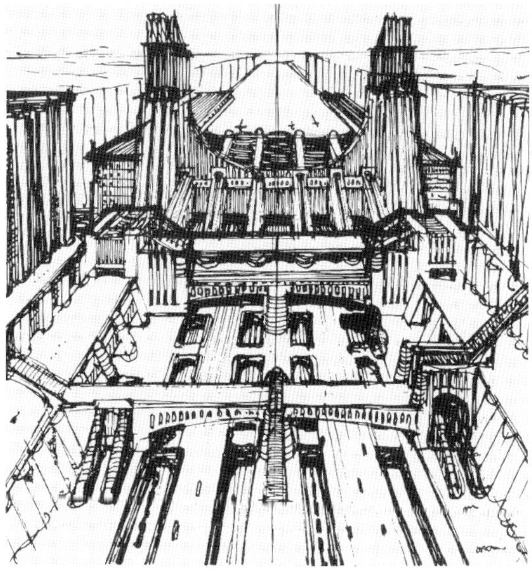

ANTONIO SANT'ELIA, *STAZIONE AEROPLANI*, 1914

machen, daraus das große und übersichtliche Gerüst der Stadt zu bauen, an dem gemessen das, was wir heute Häuser nennen, nur etwas Sekundäres, Kleines ist, Ruhepunkte, ganz gelöst von der großen Konstruktion der Bewegung, aber ganz und gar von ihr bestimmt und sich ihr einordnend.«[21]

Hatte der Akademismus seine Achsen auf monumentale Ziele gelenkt, so eilen sie bei der radikalen Moderne ins Leere. Die anthropomorphe Begründung der Geraden als Fortsetzung der menschlichen Körperachsen in die umgebende Welt geriet in Vergessenheit. Nun war die Gerade die Bedingung ungehinderter Freizügigkeit, rauschhaften Tempos und der Bewegung um ihrer selbst willen. Als sich bei zunehmender Verkehrspraxis herausstellte, dass schnurgerade geführte Stadtstraßen und Autobahnen die Aufmerksamkeit der Verkehrsteilnehmer ermüdeten und daher ebenfalls mit Risiken belastet waren, verabschiedeten die Planer ohne

LE CORBUSIER, VILLE CONTEMPORAINE, 1922

Bedauern die axialen Trassen und wandten sich geschwungenen Linienführungen zu. Sigfried Giedion, der Historiker und Apologet der Neuen Architektur, pries die Parkways, die in den USA nach dem Federal Act von 1921 entstanden, als Befreiung von den »gefährlich geraden und starren Linien« und von »der Zwangsjacke einer schnurgeraden Bahn«. »Fährt man die sanften Abhänge hinauf oder hinunter, so erhält man das befreiende Empfinden, als sei man mit der Erde verbunden und schwebte doch über sie hin, ein Gefühl, das demjenigen beim Hinabgleiten des Skifahrers über unberührte Schneeflächen nahekommt.«[22] Auch Le Corbusier war in seinen städtebaulichen Studien für Rio de Janeiro 1929 und für Algier ab 1930 zu kurvigen Schnellstraßensystemen übergegangen, zu denen ihn die gebirgige und buchtenreiche Topografie dieser Städte genötigt hatte, angeblich »ganz die Natur respektierend«.[23]

In Le Corbusiers Stadtplanungen aus den 1920er-Jahren, der »Ville contemporaine« und dem »Plan Voisin«, schießen die geraden Achsen durch die Stadtmitte hindurch. Traditionelle Würdezeichen wie Triumphbögen und Obelisken, die er zu diesem Zeitpunkt noch verwendete, markieren die urbane Zone höchster Verdichtung, tragen aber keinerlei wahrnehmbare Bedeutungen mehr und stellen sich dem unaufhaltsamen Fluss des Verkehrs nicht in den Weg. In den Planungen der totalitären Regime, die in den 1920er- und 1930er-Jahren entwickelt wurden und ihre Verführungskraft auch auf andere Staaten ausübten, wirkt die Rhetorik der Achsen dagegen im zentripetalen Sinn. Unter Benito Mussolini, Adolf Hitler, Francisco Franco und Josef Stalin, aber auch unter Kemal Atatürk oder der französischen Volksfrontregierung dient sie der Inszenierung von Stadtkronen und Stadtforen, von Parteigebäuden und Staatsbauten.

Technizistische und rhetorische Komponenten, der Modernismus der Tiefbauingenieure und die Regiekünste der Akademie kamen zusammen, um die Stadt dem großen Ornament zu unterwerfen. In Berlin wie in den anderen »Städten des Führers«, in Rom wie in den novecentistischen Ensembles, die Städten wie Turin, Genua, Brescia oder Bergamo implantiert wurden, in Moskau, in Ankara wie im Paris der Weltausstellung

von 1937 dirigieren geradlinige und kilometerlange Annäherungen die Aufmerksamkeit auf erhabene Ziele. Nicht die freie Willkür des einzelnen Stadtbürgers ist die ihnen angemessene Bewegungsform, sondern der verordnete Wille der geschlossenen Formation. Die Geometrie der Planungen entspricht der Geometrie der gesellschaftlichen Gliederungen. Zwar ist die ungebrochene Achse auch als Mittel eines großbürgerlich-demokratischen Städtebaus eingesetzt worden. Aber die ihr innewohnenden oder anhängenden Eigenschaften machten sie zur Verklärung institutioneller Herrschaft besonders tauglich: Symmetrie, Wiederholung, Hierarchie, Monumentalität.[24]
Es war und ist keine unabdingbar zwangsläufige, aber doch nahe liegende Verbindung von Form und Inhalt, bekräftigt durch die zahlreichen einschlägigen Beispiele von gesellschaftlicher Macht und gestalterischer Autorität in der Geschichte. Zufall, individuelles Ereignis oder gar eigenwillige Caprice galten gegenüber der energischen Willensbetonung der Geraden immer als lästiger Störfall, wenn nicht als Sabotage.

EIN JA, EIN NEIN

Architekten, die aus ihrer eigenen biografischen Erfahrung leidvolle Erinnerungen an die einschüchternde Macht der Institutionen hegen, haben der monumentalisierten Geraden gegenüber Misstrauen bewahrt. So sah Günter Behnisch, der den letzten Weltkrieg noch als junger Offizier mitgemacht hatte, seine Arbeit als eine Verteidigung des Individuellen, Schwachen, Ungeschützten gegen die Herrschaft der Apparate und Ämter. Als sein Büro

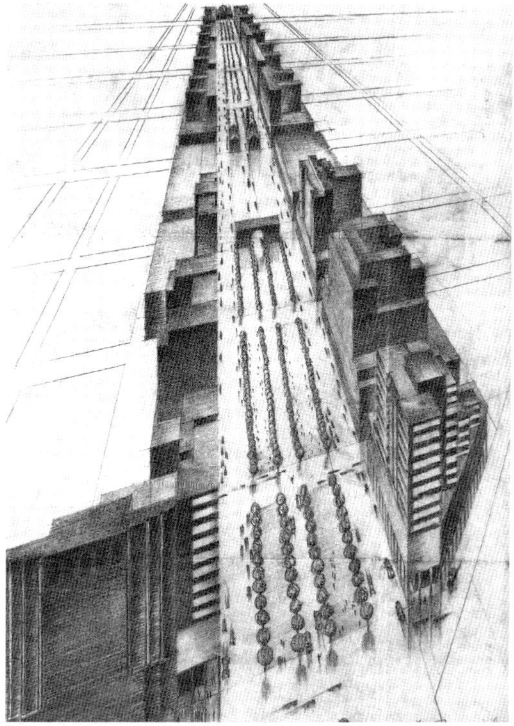

UMBERTO CUZZI, *VIA ROMA IN TURIN*, ENTWURF, 1928

1973 mit der Neugestaltung der Stuttgarter Königstraße, einer von König Wilhelm I. angelegten Stadtachse von vergleichsweise bescheidener Länge, beauftragt war, sorgte er dafür, dass dem Fußgängerkorso mit versetzten Baumreihen, Pavillons und verschiedenfarbigen Pflasterungen jeder monarchische Geist ausgetrieben wurde. Als organisierendes Element der Innenstadt ist die ursprüngliche historische Achse kaum noch erkennbar.
Für Lucien Kroll, den belgischen Veteranen der 1968er-Generation, ist die Gerade wie jedes mechanische Schema überhaupt ein Produkt der militärischen Zivilisation, das Ergebnis orthodoxer Lagerhaltung und einer Epoche, die das Träumen vergessen hat (vgl. S. 187 ff.). Gegen das mechanische Denken

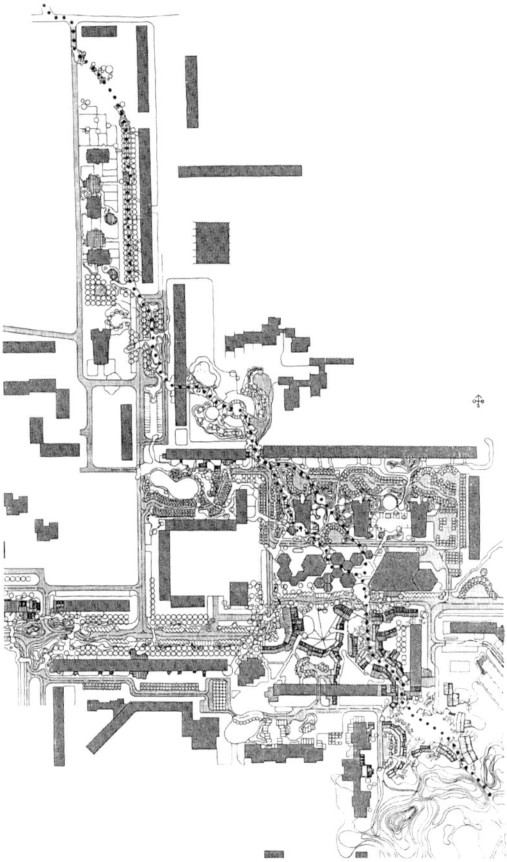

LUCIEN KROLL, UMGESTALTUNG EINER WOHNANLAGE VON 1960, ALENÇON-PERSEIGNE, 1978, PUNKTIERT: NEUE WEGFÜHRUNG

der Fließbandkonstrukteure und Großraumorganisatoren setzt er den Anarchismus der Kelten, Indianer, Azteken und Hindus, der Bastler und Zivilisten. Einen staunenswerten Beleg für das Überleben dieser alten »Träumer-Kulturen« fand er während seines Engagements für Perseigne, ein Neubauquartier im Städtchen Alençon zwischen Normandie und Bretagne. Das Atelier Kroll war als Planungsberater gerufen worden, nachdem die Bewohner gegen das reglementierte Dasein in den Blocks des sozialasozialen Wohnungsbaus protestiert hatten. Ein kritischer Moment in der Bewohnerrevolte war der Augenblick, als die Leute einen Aufseher verprügelten, der ihnen das Betreten des Rasens verweigerte.
Das Verbot wurde aufgehoben, und sofort entstand ein Netz von Trampelpfaden, in den Worten Krolls: die alte Fußgängerkultur der Kelten im Gegensatz zur Rechtwinkligkeit römischer Planungen. Kroll beschloss, die wichtigste der entstandenen Diagonalen aufzugreifen und sie mit einer in Einzelhäuser aufgelösten Schule zu säumen. Später erzählten ihm alte Bauern der Gegend, auf derselben Spur sei vor Errichtung der Satellitenstadt ein uralter Weg verlaufen, der Pfad von Saint-Gilles. Ein altehrwürdiges Muster war durch alle neueren Planungen durchgeschlagen wie die ursprüngliche Schrift eines Palimpsestes durch alle späteren Überlagerungen.[25]
Die Gerade ist die kürzeste Verbindung zwischen zwei Punkten. Aber sie ist nicht immer die schnellste. Der Mensch manifestiert sich in der Geometrie. Doch er manifestiert sich nicht nur in ihr, sondern auch in ihrer Störung, Aufhebung oder Überlagerung durch andere geometrische Ordnungen. Selbst Le Corbusier gab zu, die gerade Straße könne sterbenslangweilig wirken, während der krummen Straße malerische Reize nicht abzusprechen seien und man sie auf unebenem Terrain nicht entbehren könne. »Die gerade Straße ist eine Straße der Arbeit. Die krumme Straße ist eine Straße der Ruhe.«[36] Vielleicht sind es doch nicht nur Esel, die den krummen Weg entlang trotten? Es ist allemal klüger, Alternativen offen zu halten. Sogar bei einem so dezidierten Denker wie Friedrich Nietzsche, einem genauen Zeitgenossen Camillo Sittes, findet sich die Lobpreisung des Geraden wie des Krummen. In der *Götzen-Dämmerung*

lautet die »Formel meines Glücks: ein Ja, ein Nein, eine gerade Linie, ein Ziel [...]«. Aber seinen Zarathustra lässt er sagen: »Alles Gerade lügt, krumm ist der Pfad der Ewigkeit.«[27]

1 Die Unterlagen des Straßburger Wettbewerbes befinden sich in den Archives Municipales, Straßburg. Sie wurden veröffentlicht und kommentiert in: Cécile Messelis, *Projets d'extension pour Strasbourg 1922–1929,* Mémoire de maîtrise d'histoire de l'art, Université de Strasbourg, 1990.

2 Le Corbusier, *Urbanisme,* Paris 1925; deutsch: *Städtebau,* Stuttgart 1929, vgl. vor allem S. 226 ff.

3 Ministry of Transport, *Traffic in Towns. A Study of the Long Term Problems of Traffic in Urban Areas (Buchanan Report),* London 1963.

4 Joseph Addison, in: *The Tatler* vom 18.–20.8.1710; vgl. Valentin Hammerschmidt und Joachim Wilke, *Die Entdeckung der Landschaft. Englische Gärten des 18. Jahrhunderts,* Stuttgart 1990, S. 9.

5 Hermann Muthesius, *Das englische Haus,* Bd. 2, Berlin 1910, S. 84.

6 Raymond Unwin, *Grundlagen des Städtebaues,* Berlin 1910, S. 158.

7 Reginald Blomfield und F. Inigo Thomas, *The Formal Garden in England* (1892), zit. nach Günter Mader und Laila Neubert-Mader, *Der Architektonische Garten in England,* Stuttgart 1992, S. 72.

8 Willy Boesiger (Hrsg.), *Le Corbusier. Pierre Jeanneret. Œuvre complète 1910–1929,* Bd. 1, 10. Auflage, Zürich 1984, S. 89.

9 Ebd., S. X; vgl. H. Allen Brooks, »Jeanneret and Sitte. Le Corbusier's Earliest Ideas on Urban Design«, in: Helen Searing (Hrsg.), *In Search of Modern Architecture. A Tribute to Henry-Russell Hitchcock,* Cambridge, Mass., 1982, S. 278 ff.

10 George R. Collins und Christiane C. Collins, *Camillo Sitte and the Birth of Modern City Planning,* London 1965, S. 71, 100; Boesiger (Hrsg.) 1984 (wie Anm. 8), S. 172.

11 Unwin 1910 (wie Anm. 6), S. 158.

12 Camillo Sitte, *Der Städtebau nach seinen künstlerischen Grundsätzen,* Wien 1889, S. 122, 127.

13 Werner Hegemann und Elbert Peets, *The American Vitruvius. An Architect's Handbook of Civic Art* (1922), New York 1988, S. 7 ff.

14 Sitte 1889 (wie Anm. 12), S. 153.

15 Le Corbusier 1929 (wie Anm. 2), S. 173.

16 Vgl. Gerd Albers, *Entwicklungslinien im Städtebau. Ideen, Thesen, Aussagen 1875–1945 (Bauwelt Fundamente,* 46), Düsseldorf 1975, S. 75 ff.

17 Daniel H. Burnham und Edward H. Bennett, *Plan of Chicago,* Chicago 1909, S. 117.

18 École nationale supérieure des Beaux-Arts, *Les concours Chenavard,* Paris 1907; vgl. Robert Bruegmann, »Burnham, Guérin and the City as Image«, in: *The Plan of Chicago. 1909–1979,* Chicago 1979, S. 16 ff.

19 Messelis 1990 (wie Anm. 1), Tafel 3.

20 Antonio Sant'Elia, *L'architettura futurista,* Mailand 1914.

21 Adolf Rading, »Die Typenbildung und ihre städtebaulichen Folgerungen«, in: Fritz Block (Hrsg.), *Probleme des Bauens,* Potsdam 1928, S. 76.

22 Sigfried Giedion, *Raum, Zeit, Architektur,* Ravensburg 1965, S. 491.

23 Willy Boesiger (Hrsg.), *Le Corbusier, Pierre Jeanneret. Œuvre complète 1929–1934,* Bd. 2, 10. Auflage, Zürich 1964, S. 141.

24 Wilhelm Rave resümiert in seiner Dissertation *Die Achse in der Baukunst* (Diss., Technische Hochschule Berlin, 1929, S. 113): »Allen Achsen gemeinsam ist die Fähigkeit, Klarheit zu geben«.

25 Wolfgang Pehnt (Einleitung), *Lucien Kroll. Bauten und Projekte,* Stuttgart 1987.

26 Boesiger (Hrsg.) 1984 (wie Anm. 8), S. 172.

27 Friedrich Nietzsche, *Götzen-Dämmerung; Also sprach Zarathustra (Werke in drei Bänden),* hrsg. von Karl Schlechta, Bd. 2, 9. Auflage, München 1981, S. 949, 408, 463.

BLUTWARMES LEBEN, EINFACHSTE KÖRPERFORM

GOETHES GARTENHAUS IN ZEITEN DES BAUHAUSES[1]

JOHANN WOLFGANG VON GOETHES GARTENHAUS AN DER ILM, WEIMAR, 16./17. JAHRHUNDERT, UMGESTALTET 1776

»Das Goethe-Gartenhaus zeichnet man nicht, es ist schon zu oft geschehen«, befand die Bauhausschülerin Lou Scheper-Berkenkamp in ihrer humoristischen *Übersichtskarte von Weimar unter besonderer Berücksichtigung seiner Kulturstätten* aus dem Jahre 1924.[2] In der Tat war diese Ikone des Goethekultes wieder und wieder gezeichnet, radiert, lithografiert und fotografiert worden und wurde es auch weiterhin. Das Missvergnügen einer jungen Bauhäuslerin änderte nichts an der steilen publizistischen Karriere des Gartenhauses. Es gehöre »zu dem unberührbaren Bestand dessen in Deutschland, das man sich für die Ewigkeit geweiht vorzustellen liebt, weil es eine letzte Innigkeit deutschen Wesens auszudrücken scheint!«, meinte zwei Jahre später Hans Wahl, Direktor des Goethe-Nationalmuseums.[3]

Der Dichter war in das Haus »an der Ilm schönen Wiesen in einem Thale«[4] im April 1776 eingezogen. Sechs Jahre lang hatte er es als ständigen, wenn auch nicht alleinigen Wohnsitz benutzt und später als idyllischen Zufluchtsort. Seit es 1841 für den Besucherverkehr freigegeben und nach dem Tod von Goethes Enkel Walther im Jahr

1885 vollends zur öffentlichen Gedenkstätte wurde,[5] gewann die touristische Attraktion auch einen kulturpolitischen Stellenwert. In den Reformbewegungen des frühen 20. Jahrhunderts spielte sie eine tragende Rolle. Von konservativen Zeitgenossen wurde das Haus in den 1920er- und 1930er-Jahren gern als Argument gegen die ungeliebte Moderne benutzt, als »Ur-Ausdruck eines Hauses«, enthoben allen modischen Wandels.[6]

UNÜBERBRÜCKBARER ABGRUND

Der räumlich nächste Adressat für eine Kritik an der Moderne war das Weimarer Bauhaus, das eine Stellvertreterrolle für die neue Zeit zu übernehmen begann und entsprechende Angriffe auf sich zog. »Goethehaus und Bauhaus sind zwei feindliche Lager, deren politische Fehde das Leben im Gemeinwesen an der Ilm oft peinlich erschwert.«[7] Wege, die Lehrer und Schüler zwischen den verschiedenen Standorten der Bauhausinstitute zurücklegten und Moderne-Interessierte wie Goethe-Touristen einschlugen, kreuzten sich in der überschaubaren Mittelstadt vielfach. Anlässe zur kritischen Gegenüberstellung waren daher ständig gegeben. So schrieb die *Deutsche Bauzeitung,* als 1922 die Pläne für eine Bauhaussiedlung Am Horn bekannt wurden: »Goethe und die alten Meister würden sonderbare Augen machen beim Anblick dieser Bauhaus-Siedlung, und mit Recht dürfte Altmeister Goethe ausrufen: Habt ihr es noch nicht weitergebracht?«[8]

Die Frage wurde erst recht gestellt, als das Musterhaus Am Horn nach einem Entwurf von Georg Muche entstand, realisiert vom Bauatelier Walter Gropius unter der technischen Leitung von Adolf Meyer mit Walter March. Das Versuchshaus stellte das größte Exponat der Bauhausausstellung von 1923 dar. Als öffentlich begehbares Anschauungsobjekt war es das vor Ort anschaulichste Zeugnis einer neuen Baugesinnung. Auf dem Wege dorthin durchquerte fast jeder Besucher, der aus der Stadt kam, »Goethes seligen Park« an der Ilm und wanderte »an Goethes stillem Gartenhaus« vorüber.[9] Daher lud das Musterhaus, nur wenige hundert Meter vom »alten Hausgen« im »lieben Gärtgen vorm Thore«[10] entfernt, zum Vergleich geradezu ein: eingeschossiger Flachbau mit erhöhter Gadenzone über dem zentralen Wohnraum gegen zweistöckigen Hausquader unter holzschindelgedecktem Walmdach, Experimentalbaustelle mit industriellen Fertigfabrikaten gegen Handwerkstradition.

Das »weiße Würfelhaus« von 1923 hatte in dieser Gegenüberstellung wenig Chancen auf wohlwollende Beurteilung. Rezensenten fanden es »für Menschen mit Nerven glatt unbewohnbar«, fühlten sich an das »Sammelbecken einer Hochdruckwasserleitung« erinnert oder gar an »jene Häuschen auf öffentlichen Plätzen, die [...] auf der einen Seite ›für Herren‹, auf der anderen ›für Damen‹ zugänglich sind.«[11] Dass die Konfrontation auch bei freundlichen Beobachtern nicht zugunsten des neuen Gebäudes ausging, belegt die Reaktion des Architekturtheoretikers und -lehrers Paul Klopfer, der als Direktor der Weimarer Baugewerkenschule Lehrveranstaltungen auch für Bauhäusler hielt: »Mein Heimweg führte mich an Goethes Gartenhäuschen vorbei. Wie innig wuchs es heraus, aus dem Wiesenplan im Verein mit den hohen Bäumen und dem Berghang dahinter. In einer Frühlingsnacht schlug dort die Nachtigall [...]. All dieses urwüchsige, heimliche,

GEORG MUCHE (ENTWURF), BAUABTEILUNG DES BAUHAUSES (ADOLF MEYER), HAUS AM HORN, WEIMAR, 1923

heimatliche Kulturhafte fehlt dem Gropiushaus – in der Kühle seiner inneren und äußeren Erscheinung hat es nichts mit Nachtigallen zu tun.«[12]
Anwälte des Neuen wie Sigfried Giedion und Adolf Behne äußerten Einwände von der anderen Seite her. Giedion vermisste die mangelnde Öffnung des introvertierten Hauses zum Außenraum hin. Behne fand den um den höheren Mittelraum geordneten Grundriss zwanghaft und wünschte sich ein dynamischeres, funktionales Bauen, wie es gleichzeitig in manchen Beispielen der Weimarer Internationalen Architektur-Ausstellung zu sehen sei.[13] Angesichts dieser fatalen Reaktion unterschiedlichster Parteigänger nimmt es nicht Wunder, dass Gropius sich bei der New Yorker Bauhausausstellung von 1938 der Äußerung »einer jungen unvoreingenommenen Kanadierin« entsann, die, endlich, einen positiven Vergleich zwischen Goethe- und Musterhaus zog. Goethes Gartenhaus, habe Miss G. Wookey von der Universität Toronto bemerkt, sei das einzige Gebäude in ganz Weimar, »das eine gewisse kongeniale Verwandtschaft zum Bauhaus aufwiese«.[14]
In der Kulturpropaganda völkisch-nationaler Kreise machte das Gartenhaus Karriere als Inbegriff bürgerlich-deutscher Bescheidenheit, an dem die Produktionen der neuen Zeit gemessen wurden. Einer, der ihm zu dieser Rolle verhalf, war der Maler, Architekt und Kulturschriftsteller Paul Schultze-Naumburg, der früh in Weimar gebaut hatte und von 1930 bis 1940 die Vereinigten Kunstlehranstalten Weimar, eine Nachfolgeanstalt des Bauhauses, leitete. In den *Kulturarbeiten,* seinem verdienstvollen publizistischen Frühwerk, das sich im Sinne von Dürerbund und Heimatschutz für die Erhaltung der Kulturlandschaften einsetzte, spielte das Gartenhaus bereits eine Rolle. Schultze-Naumburg bildete es allerdings nicht als Ganzes ab, obwohl es als positives Beispiel in seine argumentative Konfrontation guter, das heißt bei Schultze-Naumburg: vorindustrieller Bauten mit verderbten Baulichkeiten des späteren 19. und frühen 20. Jahrhunderts vorzüglich gepasst hätte.

PAUL SCHMITTHENNER, VARIATIONEN DES »THEMAS« GARTENHAUS, 1943–1949

Aber pars pro toto war das Gartenhaus doch vertreten, mit dem Gartentor, das Goethe sich vom Großherzoglichen Oberbaudirektor Clemens Wenzeslaus Coudray noch zwei Jahre vor seinem Tode hatte entwerfen lassen: »Man zeige mir in der ganzen Welt eine zweite Tür, die mehr dem Sinn entspricht, als freundlicher Zugang zu einem heiteren Garten zu dienen und die dabei mehr dem Material – dem durch Farbe geschützten Holz – entspricht.«[15] Der Autor setzte noch eins darauf: Es sei für ihn das schönste Bild, das er in seiner Fotosammlung besitze. Ein anderes goethesches Gartenhaus, an der rückwärtigen Gartenmauer des Hauses am Frauenplan, fand gleichfalls Eingang in Schultze-Naumburgs Kulturfeldzug.[16]

In den 1920er- und 1930er-Jahren verschärften sich die Fehden, in denen den Neuerern das Gartenhaus als Muster vorgehalten wurde. Die damals konservative Fachzeitschrift *Baumeister* suchte im ersten Heft des Jahrgangs 1934 ihre künftige Redaktionspolitik im »Dritten Reich« zu definieren und illustrierte den Leitartikel ihres Hauptschriftleiters Guido Harbers mit mehreren Abbildungen und maßgerechten Plänen dieses »Sinnbildes notwendiger geistiger Sammlung und körperlicher Erholung«. Das eigene Heim werde wieder zum Ziel staatlicher Kulturpolitik, »bei voller Freiheit der inneren organischen Entwicklung«.[17] Gründlicher kann man sich nicht irren.

Einen Höhepunkt erreichte der propagandistische Diskurs, mit dem Gartenhaus auf dem Panier, bei Paul Schmitthenner. In dessen *Baugestaltung* von 1932, später mit dem zunächst als Untertitel verwendeten Begriff *Das deutsche Wohnhaus* als Haupttitel, figurierte eine durchsonnte Aufnahme des Gartenhauses gegenüber der dräuenden Abbildung einer »Wohnmaschine«, die sich als Hans Scharouns kleine Villa in der Stuttgarter Weißenhofsiedlung entpuppt. Schmitthenner, neben Paul Bonatz Haupt der sogenannten Stuttgarter Schule, hatte Anlass, den Architekten der Siedlung zu grollen. An der prestigeträchtigen Werkbund-Veranstaltung auf dem Weißenhof waren weder Bonatz noch er selbst beteiligt worden – und das in ihrem Lehr- und Wohnort Stuttgart.

So konstatierte Schmitthenner nichts Geringeres als eine »Menschheitsfrage«: »Von Goethes Haus zur Wohnmaschine klafft ein Abgrund, der unüberbrückbar […]. Auf der einen Seite: Rechnender Verstand, Maschine, Masse, Kollektivismus, auf der anderen Seite: Gefühl, blutwarmes Leben, Mensch, Persönlichkeit.«[18] In Schmitthenners eigenen Entwürfen kehrt der Typus des zweistöckigen Gartenhauses, mit drei Fensterachsen und steilem Walmdach, immer wieder. Seine Stuttgarter Studenten ließ er Goethes Häuschen übungshalber zeichnen.[19]

Schmitthenner sollte 1933 auf eine Berliner Leitungsposition im Bauwesen berufen werden – laut Kollege Hans Poelzig ein »sehr wichtiger, einflussreicher Posten« – und amtierte für kurze Zeit als Reichsfachleiter für bildende Kunst im Kampfbund für deutsche Kultur (1933–1934).[20] Sein Engagement für Volk und Führer ist ihm nicht honoriert worden, er reüssierte im »Dritten Reich« so wenig wie Schultze-Naumburg. Mit seiner Rede über das »sanfte Gesetz«, zuerst in Freiburg 1941 gehalten, verdarb er es endgültig mit den Machthabern.[21] In der Nachkriegsauflage von *Das deutsche Wohnhaus*[22] verschwand die Abbildung des scharounschen Wohnmaschinchens, das in seiner kapriziösen Willkür auch zuvor schon ein denkbar ungeeigneter Beleg für modernen Kollektivismus gewesen war. Goethes Gartenhaus musste nun auf einer Doppelseite gemeinsam mit dem gleichfalls abgebildeten Straßburger Münster die »Sendung des deutschen Volkes«[23] auch und erst recht nach dem verlorenen Krieg verteidigen.

Die tatsächliche Entstehungs- und Nutzungsgeschichte des Gartenhauses trat in solchen Polemiken in den Hintergrund. Es war nicht erst in Goethes Lebenszeit, als ein Produkt der Zeit »um 1800« entstanden, wie es viele Veröffentlichungen der 1920er- und 1930er-Jahre (und noch unserer Tage) suggerieren. Es lag in Gärten und Weinäckern, datierte ins 16. und 17. Jahrhundert und unterlag mehreren Umbauten. Auch der Dichter übernahm das Haus im damaligen börnerschen Garten, das Herzog Carl August für ihn kaufte, nicht ohne Veränderungen.[24] Erst Goethe ließ zwei Fenster vermauern, um sich besser gegen Wind und Kälte zu schützen. Die Symmetrie der Hauptfassade wurde mit Hilfe eines Blindfensters notdürftig gewahrt. Sogar die Rankspaliere, die dekorativ die weiß verputzten Flächen gliedern, fügen sich keineswegs einer pedantischen Regel. Ihre vertikalen Leisten halten unterschiedliche Abstände, Teile der Fassade blieben ganz ausgespart. Über solche der Zweckmäßigkeit oder einem Mangel an Dogmatik geschuldeten Verstöße, auch über die Restaurierungen und wechselnden Ausstattungen, die seit Goethes Tod stattgefunden hatten, sah die konservative Kulturkritik gnädig hinweg. So leicht ließ sie sich dieses vom Dichterruhm überglänzte Belegstück ihrer antimodernen Ästhetik nicht in Frage stellen.

NEUE UND ALTE SACHLICHKEIT

Weimar war nicht nur für Patrioten das »höchste Symbol reinster Deutschheit und letzte Ziel alles Strebens deutscher Menschen«,[25] sondern die Stadt, die der ersten demokratischen Republik von 1919 bis 1933 den Namen gegeben hatte. Auch Goethes Gartenhaus gehörte nicht ausschließlich in die konservative Asservatenkammer. »Es gilt nicht, um 1920 […] ein falsches Biedermeiertum künstlich zu beleben, das doch nur Maskerade und nie Leben werden kann, sondern es gilt, die Aufgaben, die unsere

ADOLF MEYER VOR GOETHES GARTENHAUS

Zeit uns stellt, mit den Mitteln, die unsere Armut uns gelassen hat, im gleichen Sinne sauber und sachlich zu lösen, wie es jene Zeit getan hat«, schrieb der Kritiker Paul Fechter.[26] In seiner strengen Quaderform, die Höhe des Hauskorpus im Verhältnis 1:1 zur Höhe des steilen Walmdaches, entsprach das Gartenhaus durchaus »jenen typischen Bau-Elementen«, die Gropius zu den *Grundlagen für Neues Bauen* zählte; sie beruhten »selbstverständlich auf den einfachsten Körperformen der Stereometrie: Würfel, Halbkugel, Halbzylinder, Kegel, Prisma, Pyramide.«[27]

Zu Beginn seiner publizistischen Laufbahn war das Gartenhaus noch nicht einer der antagonistischen Parteiungen im architekturästhetischen Streit zuzuordnen gewesen. Wo wäre die Front in den ersten anderthalb Jahrzehnten des 20. Jahrhunderts auch verlaufen? Einen vorsichtigen Reduktionismus empfanden viele Reformer als disziplinierende Befreiung vom Überschwang des Jugendstils, ob Joseph Maria Olbrich in den letzten Jahren seines Schaffens, ob Peter Behrens nach den Darmstädter Anfängen, ob Autoren wie Friedrich Ostendorf in seinen einflussreichen *Büchern vom Bauen* (erste Auflage 1913): »Entwerfen heißt: die einfachste Erscheinungsform für ein Bauprogramm finden.«[28]

Den von Paul Mebes herausgegebenen Band *Um 1800. Architektur und Handwerk im letzten Jahrhundert ihrer traditionellen Entwicklung*, dessen erste Auflage 1908 im zweiten Band eine Abbildung von Goethes Gartenhaus enthielt[29] und in beiden Bänden zahlreiche Bauten des Weimarer Klassizismus zeigte, kannte jeder informierte Architekt jener Zeit; er erlebte 1918 und 1920 weitere Auflagen, allerdings ohne Gartenhaus. Auch Schultze-Naumburgs *Kulturarbeiten* wurden damals, lange vor seinen rasseideologischen Ausfällen, als das gelesen, was diese Kampagnen zu ihrer Entstehungszeit tatsächlich waren, nämlich Versuche, dem eklektizistischen Stilchaos mit einem an der bürgerlichen Kultur des 18. Jahrhunderts geschulten Purismus entgegenzuwirken. Adel der Armut sollte dem plebejischen Reichtum der Gründerzeit Einhalt gebieten.

Einen Aufruf, den Typus zu beherzigen, hätten damals viele unterschrieben. Und was, wenn nicht einen Typus, sichtbar auch in der individuellen Überformung, verkörperte das Haus an der Ilm? Sogar der traditionsbewusste Schmitthenner erwies sich als Schrittmacher zeitgemäßer Rationalisierung. Zusammen mit anderen Vorbildern nahm er das Gartenhaus als Ausgangspunkt für Typenbildung, Normung und Vorfertigung.

In seinem posthum veröffentlichten Material für ein weiteres Buch deklinierte er eine Vielzahl von Variationen des dreiachsigen, zweistöckigen Hauses durch und wandelte sie nach Bauart, Material und Lage ab.[30]
Ob Walter Gropius und sein Partner Adolf Meyer,[31] Hans Scharoun, Bruno Taut, der zweite Bauhausdirektor Hannes Meyer oder dessen Nachfolger Ludwig Mies van der Rohe, sie alle haben noch nach dem Ersten Weltkrieg blockhafte, klassizistisch disziplinierte, sparsam mit Pilastern und Gesimsen, Sattel- und Walmdächern, Schlagläden und Gauben gegliederte Wohnhäuser gebaut – Mies noch bis zum Haus Mosler in Neubabelsberg. Gropius gab sich nach dem Ersten Weltkrieg alle erdenkliche Mühe, die skeptischen Weimarer Handwerker zu überzeugen, »wie vernünftig und wie schlicht ein solches Haus« des frisch ernannten Bauhausdirektors sein werde.[32] Das Haus Stöckle in Berlin-Zehlendorf aus dem Gropiusatelier – Mauerwerk, holzverschalter Giebel, Satteldach – belegt es. Es hätte, wie Gropius' Mitarbeiter Fred Forbat formulierte, fast von Tessenow sein können.[33]
Heinrich Tessenow, der »Holz-Goethe«, hat publizistisch viel für eine Bau- und Wohnkultur im Geist der Goethezeit getan, auch dort, wo er sich nicht ausdrücklich auf sie bezog. Und Tessenow war eine Figur, die Autorität in unterschiedlichen Lagern genoss, früh schon bei den Boden- und Wohnreformern verschiedener Couleur und erst recht, nachdem sich die Gegensätze zwischen Traditionalisten und Modernen ausdifferenziert hatten. In der radikalen Berliner Künstlergruppe Arbeitsrat für Kunst war er 1918 Mitglied, ebenso in der Berliner Modernistengruppen Zehnerring (ab 1924) und Der Ring (ab 1926). Er baute und entwarf bis in die 1940er-Jahre hinein Häuser, von denen

HEINRICH TESSENOW, GOETHES GARTENHAUS, UM 1904

manche bis hin zu den knapp unter der Traufe sitzenden Obergeschossfenstern wie Kopien des Gartenhauses wirken – so die Zwillingshäuser am Heideweg in Dresden-Hellerau. In einem davon wohnte er für kurze Zeit selbst. Doch Tessenow baute und entwarf auch großstädtische Bauten wie das Hochhaus für den Dresdner Anzeiger, das Hallenbad in Berlin-Mitte oder die Malwida-von-Meysenbug-Schule in Kassel (Abb. S. 201), die in ihrer Rationalität, Klarheit und Härte jeder modernen Anforderung in Programm wie Ästhetik gerecht wurden. Vermutlich während der Zeit, in der Tessenow bei Schultze-Naumburg in Saaleck arbeitete, 1904/05, zeichnete er eine Reihe von Ansichten Alt-Weimars, von denen der Schriftsteller Wilhelm Bode einige für die Illustrierung seiner zahlreichen populären Schriften zur Weimarer Klassik nutzte.[34] Zwei Zeichnungen vom Gartenhaus selbst befinden sich unter den vier Federzeichnungen, die von der Kunstbibliothek der Stiftung Preußischer Kulturbesitz in den 1980er-Jahren angekauft wurden.[35] In ihrer dichten Textur präludierten die liebevollen Darstellungen den sehr viel sparsameren

ERICH PETZOLD, AUFMASSZEICHNUNG VON GOETHES GARTENHAUS, UM 1925

STAATLICHE HOCHSCHULE FÜR BAUKUNST, KLASSE WILHELM WAGENFELD, AUFMASSZEICHNUNG VON GOETHES GARTENHAUS, UM 1928/29

Illustrationen, die Kenner und Laien in Tessenows Buch *Hausbau und dergleichen* (1916) entzückten. Doch man sah in Tessenows Häusern auch das »über alle Originalität hinauswachsende Allgemeingültige«, »Quintessenzhafte«, »die sehr positive Tugend, Urzellen eines allgemeingültigen Baustils zu sein«, »eine neue Art von künstlerischer Ehrlichkeit«. »Er verfährt so, wie jene bedeutenden Baumeister um 1800 verfahren würden, wenn sie heute lebten«, meinte der Architekturkritiker Karl Scheffler.[36] So wurde das Gartenhaus auch in Kreisen geschätzt, die auf eine Vermittlung zwischen den Parteien bedacht waren.

Auch Anhänger oder Pioniere des Neuen Bauens ließen sich ihren Goethe (und dessen Gartenhaus) nicht nehmen. Gropius hat seine Schriften gern mit Goethezitaten geschmückt, vor allem als er selbst das Greisenalter des Dichterfürsten erreicht und sich zweimal für die Auszeichnung mit einem Goethepreis zu bedanken hatte.[37] Goethes Farbenlehre gehörte am Bauhaus, vor allem bei Johannes Itten, Ludwig Hirschfeld-Mack, Paul Klee und Wassily Kandinsky zur Pflichtlektüre. Aufmaßzeichnungen des Gartenhauses wurden nicht nur an der Stuttgarter Hochschule bei Schmitthenner verwendet, sondern auch von Bauhäuslern angefertigt. 1920 bis 1921 sollten Bauhausschüler Möbel im Schloss, im Wittumspalais und im Gartenhaus aufmessen. Später gab Wilhelm Wagenfeld, Bauhäusler und von 1928 bis 1930 Leiter der Metallwerkstatt am Weimarer Nachfolgeinstitut des Bauhauses, der Staatlichen Bauhochschule, ein Aufmaß des Hauses in Auftrag.[38] Man hat den Eindruck, irgendjemand war in den Zimmerchen des Gartenhauses immer mit dem Zollstock unterwegs. Die Blätter aus dem Schmitthenner- und die aus dem Wagenfeld-Unterricht unterscheiden sich übrigens markant in der Darstellungstechnik: die Stuttgarter Zeichnung in Sütterlin beschriftet und mit atmosphärischem Sfumato, die bei Wagenfeld entstandene eine präzise Federzeichnung, die jede einzelne Holzschindel des Daches wiedergibt.

Eine Figur des Schachspiels, das Josef Hartwig 1923 am Bauhaus entwarf, die Damefigur, wirkt, Zufall oder nicht, wie eine

JOSEF HARTWIG,
BAUHAUS-SCHACHSPIEL, 1923

JOHANN WOLFGANG VON GOETHE,
ADAM FRIEDRICH OESER,
STEIN DES GUTEN GLÜCKS
(AGATHE TYCHE), WEIMAR, 1777

KUGELPFEILER IM ROSARIUM
DES PARKES ROSENHÖHE, AB 1900

verkleinerte Kopie jenes »Steins des Guten Glücks«, der Ἀγαθὴ Τύχη, den Goethe 1777 in Sandstein ausführen und in seinem Garten aufstellen ließ: Kugel auf Kubus. Im Schachspiel symbolisieren diese »einfachsten Körperformen der Stereometrie«, wie Gropius sie nennt, die allseitige Beweglichkeit der Damefigur, im Garten den Augenblick des Glücks, in dem die wetterwendische Kugel auf ihrem standfesten Sockel zum Stillstand gekommen ist und das Wandelbare auf dem Beharrenden gründet.[39] Aus dem Meinungsaustausch zwischen Goethe und seinem Leipziger Zeichenlehrer Adam Friedrich Oeser geht hervor, als wie ungewöhnlich der ältere Künstler dieses frühe nichtfigürliche Denkmal und seine harte Konfrontation zweier stereometrischer Körper empfand. Oeser empfahl vermittelnde Wolken- und Flügelformen und für den Übergang zwischen Kubus und Boden einen geböschten Sockel. Dass Goethe auf den »strengen mathematischen Formen« (Oeser), in ihrer Reinheit und Klarheit bestand, hätte ihm die Billigung der Bauhäusler eintragen können, so wie es ihm das Unverständnis des Lehrers einbrachte.[40]

Im 18. Jahrhundert war es an sich keine Seltenheit, Steinkugeln auf flankierende Torpfeiler zu setzen, auch wenn die Übergänge abgemildert waren wie in Oesers Korrekturvorschlag.[41] Neu sind Größe, Härte und Isolation des goetheschen Denkmals. Ein Vorbild, zumal ein ikonografisch bedeutsames, hatte Minister Goethe bei seinen Amtsbesuchen in Jena finden können. Dort flankierte ein Kugelpaar auf Rechteckpfeilern, das den Himmels- und den Erdglobus darstellte, die Freitreppe des alten Stadtschlosses. Es war von dem Astronomen Erhard Weigel ursprünglich am Eingang zum Collegium Jenense aufgestellt und im 18. Jahrhundert vor das Stadtschloss verpflanzt worden. Als Theodor Fischer 1903 bis 1908 seinen Universitätsbau an die Stelle des Schlosses setzte, übernahm er die Kugeln für den kleinen Innenhof seiner Baugruppe und setzte sie auf gemauerte Kuben ohne Deckplatte, als habe er sich dabei des goetheschen Denkmals erinnert und die barocke auf die klassische Form reduzieren wollen.[42]
Auch Zeitschriften, die dem Neuen Bauen nahe standen, erwiesen dem Weimarer

JOHANN WOLFGANG VON GOETHE, TREPPENHAUS IM HAUS AM FRAUENPLAN, 1792

Olympier ihre Reverenz. Der Chefredakteur der modernefreundlichen *Bauwelt* Friedrich Paulsen wusste zwar 1932, zum hundertsten Todestag Goethes, nicht sonderlich viel zum Lobe des Architekturschriftstellers und Bauherren Goethe zu sagen. Dem Klassizismus habe der Dichter eine längere Lebensdauer verschafft, als dieser Stil sie sonst erlebt hätte. Goethes Interesse für »den uns Heutigen faden Palladio« konnte Paulsen nichts abgewinnen. Immerhin erschien ihm die Position des älteren Goethe als »Verständnis für die damals neue Sachlichkeit«.[43] Goethe als Protagonist der Neuen Sachlichkeit von 1800!

Sieben Jahre zuvor hatte die *Bauwelt* – nach eigener Behauptung zum ersten Mal – die beiden eigenhändigen Sepiazeichnungen Goethes für den Umbau des Treppenhauses in seinem Haus am Frauenplan veröffentlicht, »weil sie seine Einstellung zu unserer Kunst scharf zeichnen«. Mit den geschlossenen Treppenwangen, dem fast völligen Verzicht auf Ornament und sogar Handläufe und den ohne Fensterkreuze wiedergegebenen Öffnungen folgen sie einem für seine Zeit – 1792 – erstaunlichen Minimalismus. Der *Bauwelt*-Mitarbeiter entdeckte »ein architektonisches Formengefühl, das sich nicht im Einzelnen verliert, sondern ein straffes

Ganzes gibt. Einfach und in unverfälschtem zeitgenössischem Stil.«[44] Die karge Monumentalität, der glattflächige Reduktionismus etwa des Umbaus für das Jenaer Theater durch Gropius und Adolf Meyer scheint von diesen Zeichnungen aus betrachtet in der Tat nicht mehr fern.

Nicht zuletzt hatten gerade die Parteigänger einer radikaleren Moderne in ihrer Kritik am Musterhaus von 1923 einen subkutanen Klassizismus gewittert, der ihnen Muches Schöpfung verdächtig machte. Der bauhistorisch versierte Adolf Behne vermutete in der »Reißbrettarchitektur« des Hauses Am Horn, in seiner Regelmäßigkeit und Symmetrie, das Vorbild des antiken Hauses. Was im klassischen Rom das Atrium gewesen war, stellt hier, in den bescheidenen Maßen des Musterhauses, der zentrierende, überhöhte Mittelraum dar. Giedion, gleichfalls gelernter Kunsthistoriker, sah in dieser Innenorientierung – »wie es beim antiken Haus geschah« – das eigentlich Unmoderne, Rückwärtsgewandte der Lösung.[45] Den Vergleich mit »dem römischen Atrium« hatte Gropius selbst gezogen.[46]

Vielleicht war es das »Rückwärtsgewandte« der Lösung, das sie auch konservativeren Bauherren empfahl. In einem kleinen Ort im südöstlichen Zipfel Nordrhein-Westfalens, in Burbach im Westerwald, hat die zuständige Denkmalpflege ein Bauwerk entdeckt, das man als eine Kopie des mucheschen Musterhauses bezeichnen muss.[47] Wie das Haus Am Horn ist das Wohnhaus in Burbach über einen Atriumgrundriss errichtet, mit zentralem, höherem Wohnraum unter einem Oberlichtaufsatz und einem Ring von Nebenräumen. Beide Häuser stehen auf einem quadratischen Grundriss, die Seiten des Hauses in Burbach sind allerdings um zwei Meter länger. Muches Haus Am Horn ist von 1923. Auf dem Burbacher Haus weht eine Wetterfahne mit dem Jahr 1924. Dieses Datum steht auch auf den beiden erhaltenen Bauzeichnungen. Der Bauherr war ein Betriebsdirektor der Westerwald-Steinbrüche namens Friedrich Willi Gustav Adolf Grobleben. Wer der Architekt war, hat sich bisher nicht ermitteln lassen.

Was diese Musterhausnachfolge so aufschlussreich macht, ist die Verwandlung, die das Vorbild im Aufriss erfuhr. Mit wenigen Handgriffen wie hoher Sockel, stehende Fensterformate statt quadratischer oder liegender Formate, Kreuzstockfenster, Zeltdach über dem Aufsatz, innen Zimmerdecken mit gerundeter Kehle ist aus dem Weimarer Avantgardebau ein kurioses, aber fröhlich wirkendes Gebilde geworden, eine halbwegs repräsentative Fabrikantenvilla. Die Strecke zwischen den Lagern war viel kürzer, als wir es uns in unserem von Polarisierungen geprägten Denken vorstellen. Es gab einen durchaus lebhaften Kreuz- und Querverkehr zwischen den Positionen.

Was lehrt uns das? Dass Baugeschichte kein feststehender Korpus ein für allemal gesicherter Tatsachen ist, sondern durch neue Entdeckungen – und stammten sie aus Burbach im Westerwald – oder durch beharrliche Neulektüre scheinbar bekannter Fakten sich in ein Wechselspiel changierender Positionen verwandeln kann. Dass der vermeintlich reinblütige Avantgardist ein gerüttelt Maß an Tradition in sich trägt und der vermeintlich stockkonservative Reaktionär durchaus ein Gefühl für das Zeitnotwendige und Weiterführende in sich entwickeln kann. Und dass dadurch alles nicht nur schwieriger, unübersichtlicher und komplizierter wird, sondern auch farbiger, spannender und faszinierender.

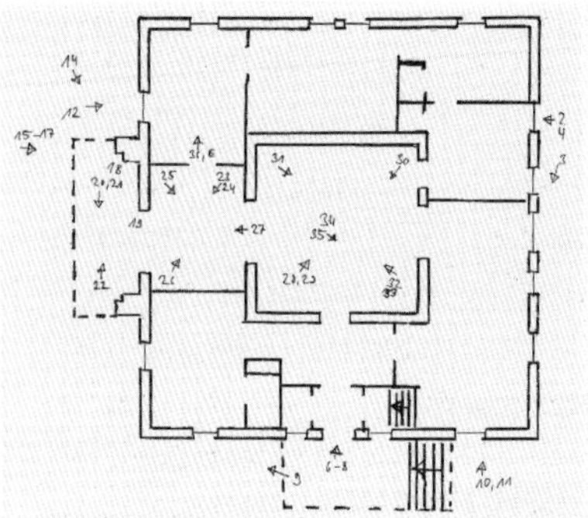

UNBEKANNTER ARCHITEKT, GRUNDRISS,
HAUS GROBLEBEN, BURBACH, WESTERWALD, 1924

UNBEKANNTER ARCHITEKT, HAUS GROBLEBEN,
BURBACH, WESTERWALD, 1924

Dass die Weimarer Klassik in ihren künstlerischen und baukünstlerischen Hervorbringungen und nicht zuletzt mit dem vor ihrer Zeit entstandenen, aber untrennbar mit ihr verbundenen Gartenhaus an den Ilmwiesen so andauernd und unterschiedlich rezipiert und interpretiert werden konnte, hatte mehrere Gründe. Sie lagen nicht zuletzt an jenem Faktum, dass eine Hochburg der Moderne am Zentralort der deutschen Klassik entstand und dass diese Schulgründung in der deutschen Provinz sich zu einer international renommierten Institution entwickelte. Im Falle des goetheschen Gartenhauses lagen sie auch an der Vereinigung weniger, aber starker Eigenschaften, die dieses kleine Gebäude auszeichnete. In seiner fast überindividuellen Erscheinungsform, die sich als Modell eines Hauses schlechthin, als Urhaus analog zur Urpflanze interpretieren ließ, konnten sich die unterschiedlichsten Ambitionen, Anschauungen und Ideologien spiegeln.

Sein prominenter Bewohner war »Weltbewohner« und »Weimaraner«[48] gewesen. Das galt auch für die Bauhäusler der Jahre 1919 bis 1925: Weltbewohner und Weimaraner auch sie.

1 Annemarie Jaeggi, Hans Hanke und Wolfgang Voigt bin ich für Hinweise und Ratschläge dankbar. Dem Thema ging Voigt bereits 1992 in einem umfangreichen, auf Paul Schmitthenner zentrierten Aufsatz nach: »Vom Ur-Haus zum Typ. Paul Schmitthenners ›deutsches Wohnhaus‹ und seine Vorbilder«, in: Vittorio Magnago Lampugnani und Romana Schneider (Hrsg.), *Moderne Architektur in Deutschland 1900 bis 1950. Reform und Tradition,* Stuttgart 1992, S. 244 ff.

2 Reproduziert in: Jeannine Fiedler und Peter Feierabend (Hrsg.), *Bauhaus,* Köln 1999, S. 33. Als frühe Abbildung des Gartenhauses in einer Fachpublikation nennt Kai K. Gutschow die *Süddeutsche Bauzeitung,* 15, 145, 1905, s. »The Anti-Mediterranean in the Literature of Modern Architecture. Paul Schultze-Naumburg's Kulturarbeiten«, in: Jean-François Lejeune und Michelangelo Sabatino (Hrsg.), *Modern Architecture and the Mediterranean Ideal. From Josef Hoffmann and Le Corbusier to Team X,* London 2009.

3 Hans Wahl, *Goethes Gartenhaus,* Leipzig o. J. [1926], S. 3.

4 Johann Wolfgang Goethe an Auguste von Stolberg, 17.–24.5.1776, in: *Goethes Werke,* Weimarer Ausgabe, IV, 3, Weimar 1887–1919, S. 64.

5 Vgl. Ernst-Gerhard Güse und Margarete Oppel (Hrsg.), *Goethes Gartenhaus,* Weimar 2008.

6 Heinrich Tessenow, *Der Wohnhausbau,* 2. Auflage, München 1914, S. 7; vgl. Marco De Michelis, *Heinrich Tessenow,* Stuttgart 1991, S. 59.

7 Gisella Selden-Goth, »Das andere Weimar«, in: *Prager Tageblatt* vom 26.8.1923. Die meisten hier benutzten Pressestimmen zur Bauhausausstellung von 1923 sind in drei Mappen mit Zeitungsausschnitten im Bauhaus-Archiv Berlin gesammelt (GS 10/Mappe 75, Zeitungsausschnitte über Bauhausausstellung Sommer 1923, 1/2). Hinweis auf das Material von Annemarie Jaeggi. Auszüge veröffentlicht in: Christian Wolsdorff, »Das ›Haus am Horn‹ im Spiegel der Presse«, in: Magdalena Droste u. a. (Hrsg.), *Georg Muche. Das künstlerische Werk 1912–1927,* Berlin 1980, S. 31 ff

8 A. Buschmann, »Die Bauhaus Siedlung von Walter Gropius in Weimar«, in: *Deutsche Bauzeitung,* 56, 64, 1922, S. 392.

9 A. Ho, »Die Bauhauswoche in Weimar«, in: *Neue Hessische Volksblätter* vom 17.8.1923; Egbert Delpy, »Die Weimarer Bauhaus Ausstellung«, in: *Leipziger Neueste Nachrichten* vom 22.8.1923.

10 Goethe 1887–1919 (wie Anm. 4), S. 64.

11 Ho 1923 (wie Anm. 9); Fritz Stahl, »Das Musterhaus«, in: *Berliner Tageblatt* vom 28.8.1923; anonym, »Das Bauhaus«, in: *Mitteldeutsche Zeitung* vom 27.8.1923; anonym, »Viel Lärm um Nichts«, in: *Jenaische Zeitung* vom 16.8.1923 und *Fränkischer Courier* vom 21.8.1923.

12 Paul Klopfer, zit. nach Konrad Nonn, »Das Staatliche Bauhaus in Weimar«, in: *Zeitschrift der Bauverwaltung,* 44, 6, 1924, S. 44.

13 Sigfried Giedion, »Bauhaus und Bauhauswoche zu Weimar«, in: *Das Werk,* September 1923.

14 Walter Gropius, zit. nach Herbert Bayer u. a. (Hrsg.), *Bauhaus 1919–1928,* Stuttgart 1955, S. 83.

15 Paul Schultze-Naumburg, *Kulturarbeiten,* Bd. 2, 3. Auflage, München 1909, S. 175 f.

16 Ebd., Bd. 4, 2. Auflage, München 1909, S. 426.

17 Guido Harbers, »Die Neue Zeit und ›Der Baumeister‹«, in: *Der Baumeister,* 32, 1, 1934, S. 1 ff.

18 Paul Schmitthenner, *Baugestaltung. Das deutsche Wohnhaus,* Stuttgart 1932, S. 8. Schmitthenner wies seine Leser und Schüler bereits 1926 auf das Vorbild Gartenhaus hin: »Das bürgerliche Haus«, in: *Die Bauzeitung,* 23, 22/23, 1926, S. 175 ff.

19 Mitteilung von Gerd Behrens, Hamburg, einem Schüler von Schmitthenner, an Theodor Böll, Kunstbibliothek, Hamburg; vgl. die Zeichnung von Erich Petzold in: Wolfgang Voigt und Hartmut Frank (Hrsg.), *Paul Schmitthenner 1884–1972,* Ausst.-Kat. Deutsches Architekturmuseum Frankfurt am Main, Tübingen 2003.

20 Vgl. Voigt 1992 (wie Anm. 1), S. 252, 263; Hans Poelzig an Paul Schmitthenner, 17.6.1934, in: Wolfgang Pehnt und Matthias Schirren (Hrsg.), *Hans Poelzig. Architekt Lehrer Künstler,* München 2007, S. 207 f.

21 Vgl. Hartmut Frank, »Schiffbrüche der Arche«, in: Paul Schmitthenner, *Das deutsche Wohnhaus,* Stuttgart 1984, S. V-XVII; Aufsätze von Wolfgang Voigt, Christian Weller und Hartmut Frank in: Voigt und Frank 2003 (wie Anm. 19).

22 Paul Schmitthenner, *Das deutsche Wohnhaus,* 3. Auflage, Stuttgart 1950.

23 Schmitthenner 1932 (wie Anm. 18), S. 8.

24 Den Kaufvertrag unterzeichnete Goethe auf Wunsch des Herzogs, der in der Weimarer Öffentlichkeit nicht als Förderer seines Günstlings in Erscheinung treten wollte. Vgl. u. a. Wolfgang Huschke, *Die Geschichte des Parkes von Weimar,* Weimar 1951, S. 180 ff.; Rainer Ewald, *Goethes Architektur. Des Poeten Theorie und Praxis,* Weimar 1999, vor allem S. 48 ff.

25 Leonhard Schrickel, *Weimar. Eine Wallfahrt in die Heimat aller Deutschen,* Weimar o. J., S. 278.

26 Paul Fechter, zit. nach Voigt 1992 (wie Anm. 1), S. 247.

27 Walter Gropius, »Grundlagen für Neues Bauen«, in: *Oesterreichs Bau- und Werkkunst,* vom 2.1.1926, S. 136.

28 Friedrich Ostendorf, *Sechs Bücher vom Bauen,* Bd. 1, 4. Auflage, Berlin 1922, S. 5.

29 Paul Mebes (Hrsg.), *Um 1800. Architektur und Handwerk im letzten Jahrhundert ihrer traditionellen Entwicklung,* Bd. 2, München 1908, S. 115.

30 Elisabeth Schmitthenner (Hrsg.), *Gebaute Form,* Leinfelden-Echterdingen 1984; vgl. Voigt 1992 (wie Anm. 1), vor allem S. 255 ff.

31 Den Hinweis auf die Fotografie von Adolf Meyer im weißen Sommeranzug vor dem Gartenhaus verdanke ich Annemarie Jaeggi.

32 Walter Gropius, Manuskript, Bauhaus-Archiv Berlin.

33 Fred Forbat an Wolfgang Pehnt, 27.8.1969.

34 Wilhelm Bode: der »Weimarer Bode«, nicht zu verwechseln mit dem großen Berliner Kunsthistoriker Wilhelm von Bode. Zeichnungen von Tessenow sind enthalten in den Büchern Bodes: *Goethes Lebenskunst,* 5. Auflage, Berlin 1908; *Amalie Herzogin von Weimar,* Bd. 1–3, Berlin 1908; *Goethes Leben im Garten am Stern,* Berlin 1909; *Damals in Weimar,* Weimar 1910; *Das Leben in Alt-Weimar,* Weimar 1912 sowie in Heften der ebenfalls von Bode herausgegebenen Reihe: *Stunden mit Goethe,* Berlin 1905 ff.
Drei der tessenowschen Zeichnungen, darunter eine mit dem Gartenhaus, abgebildet in: Marco De Michelis, *Heinrich Tessenow 1876–1950. Das architektonische Gesamtwerk,* Stuttgart 1991, S. 60, 101. Die Zeichnungen begründeten Tessenows Ruf als Goethekenner, der ihm 1931 zur Umbau- und Erweiterungsplanung des Goethe-Nationalmuseums am Frauenplan verhalf. Tessenows Projekt scheiterte jedoch an finanziellen und politischen Umständen, vgl. ebd., S. 313 ff.

35 Mitteilung von Theodor Böll, Kunstbibliothek in der Stiftung Preußischer Kulturbesitz, Berlin. Die Außenansicht abgebildet in: De Michelis 1991 (wie Anm. 34), S. 60.

36 Karl Scheffler, *Die Architektur der Großstadt,* Berlin 1913, S. 167 ff.

37 Hansischer Goethe-Preis, Hamburg 1956; Frankfurter Goethe-Preis, 1961. Die Dankesreden von Gropius veröffentlicht in: ders., *Apollo in der Demokratie,* Mainz 1967, S. 11 ff., 34 ff.

38 Abgebildet in: Voigt und Frank 2003 (wie Anm. 19), S. 48; Dagmar Blaha u. a. (Bearbeiter), *Repertorien des Thüringischen Hauptstaatsarchivs Weimar,* Bd. 4, Weimar 2008, S. 332 (Akten Staatliches Bauhaus Weimar Nr. 170, ThHStA Weimar. Dort auch eine Anfrage der Deutschen Werkstätten München, die Aufmaße für Kopien von Möbeln aus Goethes Gartenhaus herstellen wollten). De Michelis 1991 (wie Anm. 34), S. 60, dort wohl falsch auf 1934 datiert, denn Wagenfeld war in Weimar bereits zum 31.3.1930 gekündigt worden. Auskunft von Beate Manske, Wilhelm Wagenfeld Stiftung, Bremen.

39 Zur Interpretation des Denkmals: Werner Weiland, »Der Stein des guten Glücks im Garten am Stern«, in: *Goethe Jahrbuch,* Bd. 103, Weimar 1986, S. 344 ff.

40 Timo John, *Adam Friedrich Oeser 1717–1799,* Stuttgart 2001, S. 154 ff. John veröffentlichte erstmals einen Briefentwurf Oesers vom 10.1.1777, aus dem Oesers Kritik an Goethes Wünschen hervorgeht.

41 Vgl. Mebes 1908 (wie Anm. 29).

42 Vgl. Winfried Nerdinger und Theodor Fischer, *Theodor Fischer. Architekt und Städtebauer 1862–1938,* Berlin 1988, S. 82 f. Hinweise von Hans-Dieter Nägelke und Wolfgang Voigt. In den ersten Jahrzehnten des 20. Jahrhunderts waren Kugeln auf Pfeilern beliebte Motive für Toreinfahrten, Gartenmauern und Balkonbrüstungen. Joseph Maria Olbrich setzte bei seinen Villen van Geleen, Kurska, Banzhaf und Feinhals in Köln und Clarenbach in Wittlaer und auf der Darmstädter Mathildenhöhe ganze Kugellager ein.

43 P[aulsen], »Goethe. Was verdankt die Baukunst Goethe. Zu seinem hundertsten Todestag am 22. März 1932«, in: *Bauwelt,* 23, 11, 1932, S. 285 ff.

44 Josef Beitscher, »Beziehungen Goethes zur Baukunst«, in: *Bauwelt. Archiv für Baukunst,* 16, 49, 1925, S. 5 ff.

45 Adolf Behne, »Das Musterwohnhaus der Bauhaus-Ausstellung«, in: *Die Bauwelt,* 14, 41, 1923, S. 591; Giedion 1923 (wie Anm. 13), S. 23. Christian Wolsdorff schreibt, in den zeitgenössischen Besprechungen finde sich kein Hinweis auf die traditionellen Momente des Musterhauses, s. Wolsdorff 1980 (wie Anm. 7), S. 27. Behne und Giedion haben sie jedoch sehr wohl gesehen.

46 Gropius 1926 (wie Anm. 27), S.141. Hinweis von Annemarie Jaeggi.

47 Hans H. Hanke, »Jetzt auch in Burbach: Bauhaus Weltkulturerbe ›Haus am Horn‹«, in: *Die Denkmalpflege,* 1, 2005, S. 5 f. Das Musterhaus in Weimar war offenbar auch im wörtlichen Sinn als Muster gedacht, dessen Pläne vertrieben werden sollten und den Bauhauswerkstätten auf längere Zeit Arbeit geben würden. Ein »Bericht über die wirtschaftlichen Aussichten des Bauhauses« vom 17.10.1924, signiert von Gropius und dem Syndikus des Bauhauses, führt an, dass auf eine Publikation des Musterhauses in Velhagen & Klasings Monatsheften sich 39 Interessenten gemeldet hätten (Bauhaus Archiv Nr. GS 9/Mappe 66; Hinweis von Annemarie Jaeggi). Ob und an wen Unterlagen abgegeben wurden, geht daraus nicht hervor.

48 Johann Wolfgang Goethe, »Gott grüß' euch, Brüder. Zahme Xenien V«, in: *Goethes Werke,* Weimarer Ausgabe, I, 3, Weimar 1887–1919, S. 314.

MODELLWECHSEL

DAS BAUHAUS UND DIE ORGANISATION SEINES NACHRUHMS

Im reichen Erbe des Bauhauses befindet sich auch ein immaterielles Erbstück, eine gegenstandslose Hinterlassenschaft von diskutierbarer Qualität: die Organisation des eigenen Nachruhms und zugleich die Erfindung oder zumindest Benennung eines Stils. Wie hat es eine kleine Schule in vergleichsweise kleinen Städten, Weimar und Dessau, geschafft, eine ganze Epoche auf den eigenen Namen zu verpflichten? Wie war es möglich, dass ein Künstler wie Peter Behrens, bei dem Walter Gropius in seinen Anfängen assistiert hat – und nicht umgekehrt –, heute in der populären Presse als »Bauhaus-Künstler« bezeichnet werden kann? Oder Bruno Taut, oder Erich Mendelsohn, die ihre erfolgreiche Praxis bereits längst gestartet hatten, als das Bauhaus in der Architektur kaum mehr als ein hölzernes Präriehaus (für seinen Mäzen Adolf Sommerfeld) und ein knapp über hundert Quadratmeter kleines, damals höchst umstrittenes Musterhaus vorzuweisen hatte? Behrens, Taut, Mendelsohn - alles Bauhauskünstler?!

DIE GANZE WELT EIN BAUHAUS?

Taut wie Mendelsohn waren Schüler des bedeutenden Architektenlehrers Theodor Fischer in Stuttgart und München, ebenso wie Dominikus Böhm, Martin Elsaesser, Ferdinand Kramer (der sein Studium am Bauhaus begonnen, aber es unbefriedigt verlassen hatte), Alfred Fischer, Hugo Häring, Ernst May, Jacobus Johannes Pieter Oud, Wilhelm Riphahn. Die großen Architekten der Moderne, des »Neuen Bauens«, sind nicht am Bauhaus ausgebildet worden. Das war schon aus Gründen der Chronologie unmöglich. Sondern bei Carl Schäfer,

WERBUNG FÜR TEL AVIV ALS »BAUHAUSSTADT«, UM 1995

Otto Wagner, Hermann Billing, Theodor Fischer oder Hans Poelzig, sofern sie aus dem deutschsprachigen Raum kamen. Dennoch rühmt sich eine Stadt wie Tel Aviv heute als Bauhausstadt, obwohl von den zweihundert Architekten, die dort während der 1930er- und 1940er-Jahre an die viertausend Gebäude modern bauten, nachweisbar nur sechs am Dessauer Bauhaus studiert hatten.[1] Und dennoch preist ein Versandhaus in Italien sein Designangebot von Le Corbusier und Eileen Gray bis Vico Magistretti und Michele De Lucchi als »Last-Minute-Bauhaus-Aktion«. Die Avantgardeproduktion einer ganzen Epoche und sogar deren Nachfolger in späteren Jahrzehnten sind mit dem Label Bauhaus versehen worden. Offensichtlich wohnen wir der Installation eines Stilbegriffs bei, der sich von seinem realen Kern weit entfernt und vieles einbegreift, was mit seinem Namensgeber so viel zu tun hat wie die Gotik mit den Goten.

In seinen Anfängen ist dieses Phänomen noch während der Existenz des Bauhauses beobachtet worden; eine Reihe von Autoren haben in dem von Regina Bittner herausgegebenen Band *Bauhausstil* einschlägige Beobachtungen zusammengetragen.[2] Ernst Kállai, ehemaliger Bauhausschüler in der Ära Hannes Meyer, schrieb 1929/30 in der *Weltbühne:* »Wohnungen mit viel Glas- und Metallglanz: Bauhausstil [...]. Lampe mit vernickeltem Gestell und Metallglasplatte als Schirm: Bauhausstil. Gewürfelte Tapeten: Bauhausstil. [...] eine Wiener Modezeitschrift empfiehlt, Damenwäsche nicht mehr mit Blümchen, sondern im zeitgemäßen Bauhausstil mit geometrischen Dessins zu gestalten.«[3] Bereits damals hatte sich der neue Auftritt in Entwurf und Gestaltung in der Vorstellung eines breiteren Publikums mit dem Bauhaus verbunden, gleichgültig wo die fraglichen Produkte tatsächlich hergestellt worden waren.

Das Groteske ist, dass die Urheber dieser Äußerungsform, der schlanken Sachlichkeit, die nun das Firmenschild Bauhaus tragen soll, alles andere gewollt hatten, als einen neuen Stil zu erfinden. »Darum keinen ›Stil‹, keinen eigenen Baustil. Gemeinsame Gestaltung. Fließendes Übergehen der Dinge«, schrieb Sigfried Giedion, immer ein treuer Anhänger von Gropius.[4] Der Begriff Stil war tabu, da belegt und verdorben durch den Karneval historischer Maskeraden, der das 19. Jahrhundert und noch die ersten Jahre des 20. beherrscht hatte. Dass der eigentliche Wert der Architektur - und man kann hinzusetzen: der Gestaltung überhaupt – von der Stilfrage unberührt bleibe, konnte man als Wunsch schon kurz nach

der Jahrhundertwende lesen. Es komme nicht darauf an, die historischen Stile durch einen neuen Stil zu ersetzen. Es gehe vielmehr um Ehrlichkeit, Sachlichkeit, Gediegenheit.[5] Daraus könne sich womöglich ein neuer Stil ergeben, der aber von manchen Autoren eher als ein Stil jenseits aller Stile betrachtet wurde, einer, der so vernunftgerecht wäre, dass mit ihm die Abfolge der Stile abgeschlossen wäre.
Gropius selbst hat sich immer wieder erbittert dagegen gewehrt, dass seine Arbeit mit dem Etikett eines Stils versehen würde. Für das, was am Bauhaus getrieben wurde, für die Bauhauslehre, beanspruchte er objektive Gültigkeit, nicht, weil sie immergültigen Regeln folgte, sondern weil sie sich am »Fluidum des Lebens selbst« orientiere. »Das Ziel des Bauhauses ist eben kein ›Stil‹, kein System oder Dogma, kein Rezept und keine Mode [...]. Ein Bauhausstil wäre ein Rückschlag in Stagnation, in lebensfeindlichen Trägheitszustand, zu dessen Bekämpfung das Bauhaus einst von mir ins Leben gerufen worden ist.«[6] Walter Gropius schrieb es 1935 in einer in England erschienenen Schrift, die zur internationalen Kanonisierung des Bauhauses beitrug – und damit auch zum »Bauhausstil«.
Was auch unter Bauhäuslern ein durchaus wohlgelittener Gedanke war, das war die Vorstellung eines größeren, eines die ganze Gegenwart umfassenden Bauhauses. Der junge Max Bill erläuterte 1928: »ich fasse das bauhaus größer, als es in wirklichkeit ist: picasso, jacob, chaplin, eiffel, freud, strawinski, edison usw. gehören eigentlich auch zum bauhaus.« Das Bauhaus sei »eine geistige, fortschrittliche richtung, eine gesinnung, die man religion nennen könnte.« Das Bauhaus wurde derart als eine allumfassende, wenn auch nicht genau zu definierende Idee begriffen – denn was verband den Begründer der Psychoanalyse und den Erfinder der Glühlampe miteinander? Der Gedanke einer solchen Bauhausreligion reklamierte bereits die Zuständigkeit des Bauhauses für alles und jedes. Der Klee-Schüler Fritz Kuhr setzte noch eins darauf: »Die welt hat nur dann einen sinn, wenn sie ein ›bauhaus‹ ist [...]. Die ganze welt ein bauhaus«![7]

KONKURRENTEN DES BAUHAUSES

Von den zeitgenössischen Schulen hätte eine Reihe wohlbeleumundeter Institute die gleiche Publizität verdient wie das Bauhaus mit seinen insgesamt nur zwölfhundertfünfzig Schülern, von denen gleichzeitig kaum mehr als je einhundertsechzig Schüler in Weimar oder Dessau studierten.[8] Eine Reform der Ausbildung war an vielen Akademien und Kunstgewerbeschulen eingeleitet worden. Der Werkstattgedanke griff um sich. Lernen durch Tun galt als zukunftsträchtige Pädagogik. Handwerkliche Ausbildung statt der Reißbrettkunst und dem Ornamentzeichnen wurde lange vor dem Ersten Weltkrieg an vielen Lehrstätten im deutschsprachigen Raum gepflegt. Der Bericht, den das Jahrhundertgenie in spe Charles-Edouard Jeanneret, später Le Corbusier genannt, nach einer Deutschlandreise seiner Schule in der Schweizer Uhrmacherstadt La Chaux-de-Fonds gab, enthält einen eindrucksvollen Katalog solcher Orte. Dabei hat er einen der wichtigsten, Hans Poelzigs Kunstakademie in Breslau, gar nicht aufgesucht.[9]
Jeanneret-Le Corbusier war beeindruckt von der unglaublichen Vitalität, Robustheit und Kraft der kunstgewerblichen Bewegung in

Deutschland. Ihre Lehrer betrachteten Schüler als erwachsene Menschen und ließen ihnen jede kreative Freiheit. Vieles, was als Neuerung in Weimar galt, war hier schon vorgegeben: etwa die Teilung der Aufgaben auf »Formmeister«, die Künstler, und »Werkmeister«, die fachlich zuständigen Handwerksmeister; der Vorkurs; oder im Organisatorischen die Symbiosen von Kunstgewerbeschule und Akademie. Die Neuordnung der Schulen war keine alleinige Leistung der Bauhäusler, ganz abgesehen davon, dass ein Teil der theoretischen Vorbereitung im Berliner Arbeitsrat für Kunst unter Federführung von Otto Bartning geleistet worden war. Bartning hatte im Frühjahr 1919 den Unterrichtsausschuss des Arbeitsrats für Kunst geleitet. Dass Gropius, Mitglied des Arbeitsrats und zeitweise Vorsitzender seines Geschäftsausschusses, die Ergebnisse der bartningschen Gedankenarbeit unverzüglich in Weimar umgesetzt hatte und den Ruhm der Nachwelt erntete, ohne ein Wort der Anerkennung für die geleistete Vorarbeit zu verlieren, hat Bartning verschmerzen müssen.[10]

Die Moderne besaß viele Ausbildungsorte: allein im Deutschen Reich die Vereinigten Staatsschulen für Kunst und Kunstgewerbe und die private Reimann-Schule in Berlin, die Magdeburger Kunstgewerbeschule, die Folkwangschule in Essen, die Düsseldorfer Kunstgewerbeschule unter Peter Behrens, die Kölner Werkschulen vor allem unter dem Direktorat von Richard Riemerschmid und die kleine Aachener Handwerker- und Kunstgewerbeschule unter Rudolf Schwarz. Die Frankfurter Kunstschule sah sich auf Augenhöhe mit dem Bauhaus und versuchte bei dessen Auflösung in Weimar 1925, die wichtigsten Dozenten für Frankfurt zu gewinnen.[11]

Besonders intensiv war in der föderalistischen Hochschullandschaft die Konkurrenz zwischen dem Bauhaus und der nahen Kunstgewerbeschule Burg Giebichenstein in Halle, mit einer regen Fluktuation von Schülern und Lehrern in beide Richtungen. Viele Entwürfe könnte man für Produkte der jeweils anderen Schule halten, auch wenn in der klösterlichen Abgeschiedenheit der Burg eher die zeitlos-gültige Norm gepflegt wurde und im Bauhaus die vibrierende Nähe zur aktuellen Gegenwart. Zur Nachfolgeschule des Bauhauses in Weimar, Otto Bartnings Weimarer Bauhochschule, war die Konkurrenz aus naheliegenden Gründen besonders ausgeprägt; und dann wechselte auch noch Ernst Neufert, die rechte Hand von Gropius beim Bau des Bauhausgebäudes, zu Bartning! Warum also das Bauhaus als Namensgeber einer internationalen Stilbewegung und nicht Berlin, Halle, Frankfurt oder Köln? Oder, was die Zentren der Modernität im Ausland betrifft, Paris, Rotterdam, Mailand, Moskau?

Ein kulturpolitischer Glücksfall und Vorsprung des Bauhauses im Wettstreit der Schulen ergab sich durch die Zeitumstände, durch die Wahl Weimars zum zeitweiligen Sitz der deutschen Nationalversammlung. So ärgerlich die Wohnungsnot in der nun auch noch von Abgeordneten überlaufenen Stadt für alle wohnungssuchenden Bauhäusler war, der frisch gegründeten Schule eröffnete die vorübergehende staatstragende Rolle Weimars eine symbolische Perspektive, die als Prestigegewinn nicht zu unterschätzen war. So lange wie die Republik, die von ihrem kurzen Aufenthalt in der Klassikerstadt den Namen Weimarer Republik behielt, bestand auch das Staatliche Bauhaus, vierzehn Jahre lang. In der kollektiven Erinnerung prägte es sich als das Institut ein, das den ersten

WALTER GROPIUS, BAUHAUSGEBÄUDE, DESSAU, 1926

demokratischen Staat auf deutschem Boden begleitete. Die Republik begann 1919 in Weimar, und sie endete 1933 in Berlin - wie das Bauhaus. Den viel beschworenen demokratischen »Geist von Weimar« konnte das Bauhaus auch auf sich beziehen.

MEISTER DER PR

Was das Bauhaus besser konnte als die konkurrierenden Anstalten, das war Werbung, Reklame, PR.[12] Die Manifeste, die Bauhausmappen, die Serie der Bauhausbücher, die Bauhauszeitung, die Bauhauspostkarten, die Bauhaussiegel und -stempel, die Bauhausfeste, die Bauhausausstellungen waren nicht nur begleitende Veranstaltungen, sie waren ein Teil der Programmarbeit selbst. Im Jahr der Bauhausausstellung von 1923 sah der Finanzplan des Instituts nicht weniger als zwanzig Prozent des Gesamtetats für »Propaganda«, Werbeschriften und Reisen vor.[13]

Nicht nur Gropius verstand sich darauf, sein Bauhaus in der Öffentlichkeit zu lancieren. Die Ausstellungstätigkeit ließ auch unter dem zweiten Bauhausdirektor Hannes Meyer nicht nach; eine Wanderausstellung mit dem Titel *10 Jahre Bauhaus* wurde beginnend im Frühjahr 1929 in Basel, Breslau, Essen, Dessau, Mannheim und Zürich gezeigt. Entgegen ihrem Titel war sie auf die Ära Meyer konzentriert. Aber das hatte Gropius nicht anders gehalten. Auch Gropius erweckte in der Öffentlichkeit den Eindruck, was am Bauhaus für die Ewigkeit zählte, sei nur in seiner Ära entstanden.
Die für grafische Werbung zuständige und sehr erfolgreiche Werkstatt des Bauhauses hieß bald vornehm Werklehre für Buch- und Kunstdruck, bald unumwunden Reklamewerkstatt. Heute würde sie wohl Visuelle Kommunikation heißen. Ungewohnte Typografie, vorzugsweise mit serifenloser Schrift, ungewohnte Orthografie, ungewohnter Satzbau, Einbeziehung von Fotos, Auszeichnung

durch rote Balken oder kreisförmige Interpunktionen, Diagonalstellung machten auf die zu transportierenden Inhalte aufmerksam. Zum Teil handelte es sich um eigene Veranstaltungen oder auswärtige Auftritte der Bauhausmeister und zum nicht geringen Teil um Auftragsarbeiten für Kunden, die sich ein fortschrittliches Image geben wollten.
Zeitgenössische Medien, Leuchtschrift, Film, Collagetechniken wurden auch in der sonstigen Selbst- und Fremddarstellung eingesetzt. In Dessau drehte man einen Lehrfilm zur Instruktion der Besucher, in dem die Künstlergattinnen pädagogisch wirksam die Türen neu entworfener Küchenschränke schwenkten und Schubladen aufzogen. Nicht zuletzt war es die Gestaltung von Ausstellungen, die den Ruhm des Bauhauses ins Ausland trug. In Barcelona 1929, wo Ludwig Mies van der Rohe, damals noch nicht Bauhausdirektor, den Deutschen Pavillon entwarf, oder in Paris 1930, wo Walter Gropius, damals nicht mehr Bauhausdirektor, die Leitung der deutschen Sektion hatte, oder bei den internationalen Ausstellungen auf deutschem Boden war nicht das Bauhaus Thema und war auch nicht das Bauhaus als Institution Auftragnehmer für die Präsentation. Aber da die gestaltenden Künstler zum großen Teil Bauhäusler waren oder wurden, kamen Erfolg oder Skandalerfolg stets auch dem Bauhaus zugute. Das Bauhaus genieße Weltruf, das konnte man schon 1928 behaupten, ohne sich lächerlich zu machen.[14]
Walter Gropius, der im selben Jahr das Bauhaus verließ, habe zuviel Radau gemacht, grollte Hans Poelzig, der bei seiner Berufung nach Weimar als Ratgeber beteiligt gewesen war.[15] Heinrich de Fries, als Redakteur der *Baugilde* kein Konservativer, klagte 1925, die Bauhausleitung habe der Baukunst von morgen »durch das geradezu hysterische Propagandageschrei [...] in der schwersten Weise geschadet«.[16] Dass das Bauhaus sein Licht unter den Scheffel gestellt habe, fanden jedenfalls auch seine Freunde nicht.
In Dessau kam ein Faktor von unschätzbarem Aufmerksamkeitswert hinzu, die Propaganda durch Architektur. Das Bauhaus lehrte und arbeitete in einer eigens errichteten Gebäudeanlage, dem Bauhausgebäude, das es – unter kräftiger Nachhilfe durch Bauhauspublizistik und Bauhausfotografie – bald zum Status einer Ikone schaffte.[17] Seine Meister konnten in ebenfalls neu errichteten Häusern wohnen, die ihren Lebensstil ausdrückten. Das war ein Vorzug, den der Umzug nach Dessau dank der Großzügigkeit des Dessauer Oberbürgermeisters Fritz Hesse ermöglicht hatte und den keine andere deutsche Hochschule der 1920er-Jahre genoss. Zwar hatte sich gleichzeitig mit Dessau die Frankfurter Kunstschule einen Komplex von Martin Elsaesser entwerfen lassen. Realisiert wurde er jedoch nicht. Mit seinen Teilsymmetrien und dem eng umbauten Innenhof hätte er auch mit Sicherheit nicht die Publizität erreicht, die das Bauhaus, sein lockerer Grundriss, seine straßenüberspringende Brücke und vor allem die gläserne Fassade seines Werkstattgebäudes erzielten. Offenheit und Gleichberechtigung der Teile suggerierte Elsaessers Vorschlag jedenfalls nicht.[18]
Zur Gleichsetzung der fortschrittlichen Moderne mit dem Bauhaus haben nicht zuletzt die zahlreichen Krisenfälle beigetragen, in denen Gropius Hilfe von außen erbat und erhielt. Schon bald nach der Gründung, im Winter 1919/20 gab es im ersten Bauhausstreit Sympathieerklärungen für das Bauhaus, unter anderem von Adolf Behne, Ludwig Hilberseimer, Erich Mendelsohn, Hans Poelzig als Vorsitzendem des Deutschen Werkbundes und den Brüdern Taut.[19]

Gropius nutzte die Stellungnahmen als positive Propaganda für sein Institut und veröffentlichte 1920 diesen ersten Streit um das Staatliche Bauhaus in einer Broschüre. Die Öffentlichkeit wurde über Anfeindungen unterrichtet, lange bevor sie sich im Klaren sein konnte, was eigentlich angefeindet wurde. Solidaritätsbekundungen wiederholten sich, so bei der drohenden Schließung der Schule in Weimar 1924/25 und bei der Vertreibung aus Anhalt 1932 durch die nationalsozialistisch-bürgerliche Mehrheit des Dessauer Gemeinderats. Jedes Mal kam das Haus in die Schlagzeilen und mobilisierte die Anteilnahme aller Gutwilligen; immer stand es unter Legitimationszwang.
Erich Mendelsohn gab dem Unbehagen Ausdruck, das diese Manifestationen bei ihm und seinesgleichen hervorriefen, als er an László Moholy-Nagy schrieb: »Zu allerletzt wird auch Ihnen nicht unbekannt sein, dass das Bauhaus in seiner bisherigen Zusammensetzung und Tätigkeit für uns alle nicht ohne Probleme geblieben ist, wenn wir auch selbstverständlich für das von der Gegnerseite bekämpfte Prinzip des Bauhauses stets eintreten werden.«[20] Auch interne Gegner bekannten sich nolens volens nach außen zum Bauhaus. Theo van Doesburg, dessen scharfe innere Kritik 1922/23 wesentlich zur Neuorientierung des Bauhauses beigetragen hatte, mahnte, »man kann das Bauhaus in mancher Hinsicht kritisieren, bekämpfen darf und kann man es nicht«.[21] In der Öffentlichkeit konnte so der Eindruck entstehen, die verstreut im Reich und darüber hinaus tätigen fortschrittswilligen Geister erblickten im Bauhaus ein Zentrum auch ihres Strebens und Wollens. Man konnte zu der Auffassung gelangen, das Bauhaus sei der Mittelpunkt aller Moderne.
Das galt umso mehr, als das Bauhaus in den schnell wechselnden Zielen seiner Arbeit,

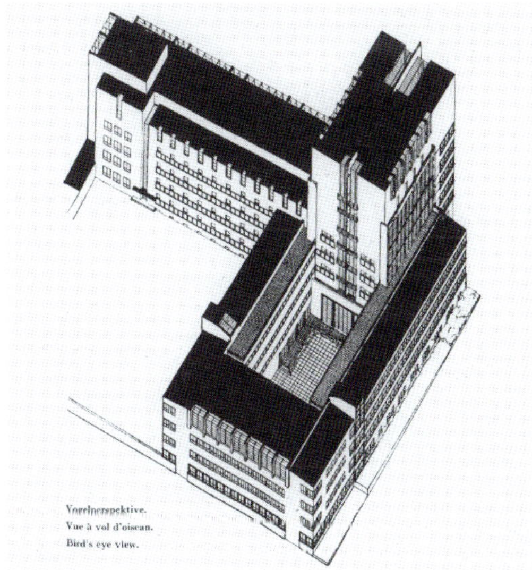

MARTIN ELSAESSER, KUNSTSCHULE DER STADT FRANKFURT AM MAIN, NICHT AUSGEFÜHRTER ENTWURF, 1926/27

im häufigen Paradigmenwechsel tatsächlich den Eindruck erzeugen konnte, als decke es die verschiedensten Erscheinungsformen der zeitgenössischen Avantgarde ab. »Das Beste am Bauhaus war, dass wir voneinander absolut unabhängig und uns über nichts einig waren.«[22] Das Bauhaus erfand sich alle zwei, drei Jahre neu. Wer sich auf Tendenzen oder Ergebnisse des Bauhauses berufen wollte, fand immer eine Position, eine Werkgruppe, ein Statement, auf das er sich beziehen konnte. In der Summe waren immer einzelne Posten enthalten, die Aspekte der zeitgenössischen Lebenswirklichkeit trafen. Aus der Sicht jener Tage, aus der Sicht eines sympathisierenden Zeitgenossen, mochte es tatsächlich erscheinen, als sei ein Stil, der alle Stile beendet, denkbar geworden.
Die Ausdrucksemphasen der allerersten Jahre, die Handwerksromantik und die zeittypischen Rituale der romantisch-expressionistischen Frühphase mochten später zwar nicht mehr zitierfähig sein. Gropius

HANS MARIA LINDLOFF, DESSAUER BAUHAUS-KRACH, »OBEN AUF DES HAUSES TRÜMMERN / HÖRT MAN DEN HERRN GROPIUS WIMMERN«, 1928

selbst sprach von einem »atavistischen Irrtum«.[23] Aber alle anderen Wendungen blieben aktuell: Die neue Devise »Kunst und Technik, eine neue Einheit«, die sich ab 1922 durchzusetzen begann; die soziale Zuwendung unter Hannes Meyer, in dessen Direktorat unspektakuläre Laubenganghäuser, die Gewerkschaftsschule in Bernau und preisgünstige »Volksmöbel« entstanden (»Unser Tun ist Dienst am Volke«[24]); schließlich die gediegenen, akademischen typologischen Studien unter Mies van der Rohe. Daneben zogen die großen, am Bauhaus lokalisierten Künstler wie Paul Klee, Lyonel Feininger, Wassily Kandinsky, Oskar Schlemmer unbeirrt ihre Bahnen. Das offene Ideenlabor, die Coop-Werkstatt, die Fachschule für gehobene Baukultur, und gleichzeitig die Pflege der freien Künste: »die ganze welt ein bauhaus!«

EIN MEINUNGSMONOPOL IN SACHEN MODERNE

Mit der Exilierung vieler Bauhauskünstler, so einschneidend sie für das Leben des Einzelnen war, gewann das Bauhaus ein internationales Forum. Lehrern und Schülern wuchs im Ausland, in Großbritannien, in der Türkei, vor allem aber in den USA, so etwas wie ein Meinungsmonopol in Sachen deutscher Moderne zu. Gropius und das Bauhaus unter seinem Direktorat, dann auch Mies van der Rohe erhielten in der strategisch wichtigsten Institution für die Fixierung der Geschichte in Sachen Kunst, Design und Architektur, dem New Yorker Museum of Modern Art (MoMA), Einzelausstellungen. Bauhauskünstler in den USA gewannen wichtige Aufträge und Lehrämter – am Massachusetts Institute of Technology in Cambridge, am Illinois Institute of Technology in Chicago, am Black Mountain College in North Carolina. Die politische Entwicklung machte sie notgedrungen zu global players.
Einfluss übten auch weniger bekannte Bauhäusler aus. Selbst ein Daniel Libeskind, auf den ersten Blick ein Antipode dessen, was in Dessau gelehrt wurde, bekennt sich zum Bauhaus, vergleicht seine Grundrisse mit den Arbeiten des späteren Kandinsky und erinnert an seine Lehrzeit an der New Yorker Cooper Union, unter anderem bei Hannes Beckmann, einem Schüler Kandinskys und Klees.[25]

Das derart befestigte Renommee strahlte nach 1945 wieder zurück auf Europa. Die ersten Monografien über Bauhaus, Gropius und Mies van der Rohe waren Übersetzungen aus dem amerikanischen Englisch: eine weitere Voraussetzung für die Inthronisation des Bauhauses als universalem Bauhausstil. Versuche, Zweifel an der Vorherrschaft von Materialismus, Technizismus und Funktionalismus öffentlich zu machen, wie im berühmten Bauhausstreit von 1953, scheiterten, zumal dessen Initiator Rudolf Schwarz sie mit unglücklichen persönlichen Invektiven gespickt hatte.[26] Das Bauhaus, im Prestige gestärkt, übernahm die Patenschaft über die bundesrepublikanische »Zweite Moderne«.

Für die Bundesrepublik wurde die Berufung auf das Bauhaus in seiner amerikanischen Redaktion zu einer kulturpolitischen Trumpfkarte. Sie wurde mit großen Ausstellungen seit der Stuttgarter aus dem Jahre 1968 ausgespielt, mit zahlreichen Publikationen seit dem Folianten Hans Maria Winglers, mit dem Bau des Bauhaus-Archivs in Berlin 1976 bis 1979.[27] Die allererste deutsche Veröffentlichung über das Bauhaus nach dem Krieg, eine Übersetzung des MoMA-Ausstellungsbuchs von 1938, präsentierte sich in einer Optik, der man die zunehmende Abstrahierung und Läuterung des Phänomens Bauhaus abzulesen meint. Der Umschlag von 1938 zeigte vor einer leuchtend roten, konkav eingeschwungenen Hintergrundfigur das Dessauer Prellerhaus, auf dessen Balkons Studenten in Oskar Schlemmers Masken ihr Wesen treiben. Dagegen ist der Umschlag von 1955 von allem fröhlichen Maskentreiben gereinigt. Die rote Hintergrundfigur ist zu einem sternförmigen Emblem geworden, jenseits von Zufall und Historie, zeitlos, ein Fanal. Die Option der bundesrepublikanischen Kulturpolitik zugunsten des Bauhauses versprach umso mehr Wirkung, als für den anderen deutschen Staat, die DDR, das Bauhaus trotz anfänglich anders lautender Äußerungen zum kapitalistischen Erbe zählte und sich erst langsam die Bewertung des Bauhauses änderte.[28]

Gropius hat im amerikanischen Exil behauptet, er habe das himmelstürmende Pathos des ersten Bauhausmanifestes von 1919 nur gewählt, um in den jungen Leuten schöpferische Spontaneität auszulösen, »wie der Schöpfungsakt biologischen Lebens immer eines Elementes der Überschwenglichkeit und Illusionskraft bedarf«.[29] Ein sachlicher Aufruf zu sachlicher Arbeit hätte damals seinen Zweck verfehlt. Diese nachträgliche Selbstinterpretation hat man als Versuch gedeutet, sich von den gesinnungssozialistischen Anfängen der ersten Bauhausjahre zu distanzieren. In den USA, deren Kulturleben unter den Nachwirkungen des Kommunistenjägers Joseph McCarthy stand, war es in der Tat nicht ratsam, sich zu einem Dokument zu bekennen, in dem eine »Kathedrale des Sozialismus« beschworen wurde.

Aber vielleicht hatte Mr. Bauhaus doch mehr recht als es damals schien. Vielleicht war bei aller tatsächlichen Identifikation mit der Seelenlage von 1919 damals doch ein Stück Taktik dabei gewesen, sich der Stimmung der Nachkriegszeit anzupassen. Vielleicht war der Habitus des Bauhausgründers einschließlich der eindrucksvollen Lesungen bei Kerzenlicht und dem weihnachtlichen Abendmahl, das Gropius seinen Studenten persönlich auftrug, auch ein beabsichtigtes Stück Inszenierung, eine Stilwahl. Er wählte, was in der Luft lag, gab ihm ein eindrucksvolles Ritual und war dabei für rechtzeitige Revisionen elastisch genug.

HERBERT BAYER, SCHUTZUMSCHLAG FÜR HERBERT BAYER, WALTER GROPIUS, ISE GROPIUS, *BAUHAUS 1919–1928*, NEW YORK, 1938

Seine Berufungspolitik entspricht dieser Strategie. Sie birgt letzten Endes das Erfolgsgeheimnis des Bauhauses. Wo sonst trafen so viele und so unterschiedliche Genies der Epoche zusammen wie in Weimar und Dessau: neben den prominenten Architektendirektoren auch Lyonel Feininger, Johannes Itten, Wassily Kandinsky, Paul Klee, Oskar Schlemmer, László Moholy-Nagy und viele andere. Eine Auswahl berufserfahrener Spezialisten, die eine fachgerechte Ausbildung in Kunstgewerbe, Design und Architektur gesichert hätten, etwa im Sinne redlicher Werkbundphilosophie, wäre anders ausgefallen. Gropius setzte für sein Haus auf Risiko. Die Mitglieder garantierten unterschiedliche Optionen. Das erlaubte Weite, Flexibilität und schließlich auch die Qualifikation, zum Statthalter der Moderne zu avancieren.

In der überschaubaren Vorvergangenheit ist eine alle Kunstgattungen umfassende Stileinführung nicht oft geglückt. Nur jene Bewegung, die sich Jugendstil, Art Nouveau, Modern Style oder Sezessionismus nannte, trat gleichfalls plötzlich und als bewusst gewählter Akt auf. An diesem Neuansatz waren viele Länder und Künstler beteiligt, von London und Brüssel über Paris, Barcelona, Wien, Budapest und Helsinki bis Darmstadt, München, Berlin und – Henry van de Velde sei Dank – Weimar. Auch das Neue, wie es das Bauhaus vertrat, hatte viele Vorgänger und Weggefährten. Doch nur das Bauhaus hat es geschafft, seinen Namen mit der zukunftszugewandten Sachlichkeit zu verbinden. Heute spricht niemand vom School-of-Arts-Style oder vom École-de-Nancy-Stil, wenn wir vom Jugendstil als Gesamterscheinung sprechen. Aber der Modernismus der 1920er-Jahre und aller Produktionen, die sich auf ihn berufen, beginnt nach dem Bauhaus zu heißen. Hier und nirgendwo anders, so suggeriert der Name, sei die Zukunft erfunden worden.

DAS NEUE UND SEINE VORGÄNGER

Eine übliche Rechtfertigung des eigenen Standortes ist die Berufung auf Vorgänger. Wer Tradition für sich in Anspruch nehmen konnte, beglaubigte das eigene Tun. Das Bauhaus hat auf solche Argumentation mit der Geschichte im Rücken weitgehend verzichtet. Es gab hin und wieder einen dankbaren Hinweis auf den Pionier vor Ort, Henry van de Velde, auf den Deutschen Werkbund, auf die Arts-and-Crafts-Bewegung, auf Karl Friedrich Schinkel. Oft waren es Beispiele des anonymen Bauens oder weit zurückliegender Kulturepochen, die als Anregungen dienten. Gemäß einem Ausspruch von Oskar Schlemmer, »fernste vergangenheit wie fernste zukunft liebend«[30], paradierten nun in den Veröffentlichungen und Lichtbildvorträgen der Modernen die Zelt- und Pfostenbauten fremder Kulturen als Vorbilder des Neuen, Lianenbrücken im Urwald, Lamellenkuppeln aus der Südsee, nordafrikanische Lehmbauten, die Trulli in Apulien und Iglus der Eskimos, die Pueblos der Indianer und immer wieder das altjapanische Haus, der altjapanische Tempel, die altjapanische Kaiservilla mit ihrer modularen Komposition und strikten Scheidung zwischen tragenden und füllenden Teilen, als Ausdruck der jeweiligen Notwendigkeiten. Aber im Wesentlichen liebte es das Bauhaus und mit ihm die europäische Avantgarde, das ganz und gar Anfängliche zu betonen, das ganz und gar Andersartige, das sich qualitativ von allem Bisherigen unterschied.

Das Eigenschaftswort, das die 1920er-Jahre über alles schätzten, wo sie Avantgarde waren, lautete »neu« (vgl. S. 115). Die Rede war von der Neuen Wohnung, der Neuen Raumkunst, dem Neuen Bauen, der Neuen Stadt, der Neuen Werkkunst, der Neuen Malerei, der Neuen Musik, der Neuen Küche, der Neuen Frau, dem Neuen Fotografen. Meist war der Begriff den Autoren so wichtig, dass sie ihn mit Großbuchstaben schrieben. Eine Publikumszeitschrift hieß *Die Neue Linie,* Fachzeitschriften *Das Neue Frankfurt, Das Neue Berlin.* Jenseits der Grenzen hielten es die Gesinnungsgefährten nicht anders: *La Città nuova, L'Esprit nouveau, New Ways.* Ein Neubeginn war gewollt, wie immer er definiert war. Die Krönung dieses Drangs bildete das Wort vom Neuen Menschen.

HERBERT BAYER, SCHUTZUMSCHLAG FÜR HERBERT BAYER, WALTER GROPIUS, ISE GROPIUS, *BAUHAUS 1919–1928,* STUTTGART, 1955

Der Zeitbegriff, der dieser Sehnsucht nach dem Neuen entsprach, war nicht der einer gleichmäßig verstreichenden Zeit, in der Reform und Entwicklung möglich gewesen wären. »Ich hasse die Historie, soweit sie mich einzwängen will, und liebe die Vergangenheit, soweit sie künstlerische Instinkte bei mir weckt.«[31] Dieser Ausspruch Hans Poelzigs hätte nicht von einem Bauhausmeister oder gar -direktor stammen können. Nicht Kontinuität war gewünscht, sondern der Bruch, die Unterbrechung der Traditionskette. Nicht die allmähliche Verbesserung des Vorhandenen war gewollt, sondern der Sprung ins Unbekannte. Auf Plakaten oder in Büchern wurde das Alte, wurden die überfüllten Interieurs, die ornamentüberkrusteten Fassaden des 19. Jahrhunderts gern mit zwei temperamentvollen Strichen durchkreuzt – wie bei dem Plakat für die Stuttgarter Weißenhofsiedlung (1927), an der mit Gropius und Mies van der Rohe der ehemalige, erste Direktor des Bauhauses und der künftige, dritte und letzte Direktor entscheidend beteiligt waren. Ein neuer Anfang? Ein Neuer Anfang, mit dem N als Versalie geschrieben. Ein schwebender Aufstieg ins helle Licht der neuen Zeit, wie Oskar Schlemmer es in seinem – nach seiner Bauhauszeit entstandenen – Gemälde *Die Bauhaustreppe* dargestellt hat.

Dass sich das Wort vom Bauhausstil auch in anderen Ländern und Kontinenten dauerhaft durchsetzen konnte, erstaunt umso mehr, als es sehr früh, zu Beginn der 1930er-Jahre, eine wirkungsvolle Initiative gab, die neuen Bewegungen unter einem anderen gemeinsamen Label zusammenzufassen. Namensspender war das kurz zuvor gegründete Museum of Modern Art in New York, wo das Schlemmer-Gemälde heute hängt. Das MoMA hat seitdem immer wieder die Meinungsführerschaft in Sachen Theorie und Begriffsbildung beansprucht. Allerdings war der Begriff, den die jungen Kunsthistoriker Alfred H. Barr Jr., Henry-Russell Hitchcock und Philip Johnson 1932 erfanden, eine eher blasse Prägung, The International Style. So hießen eine Ausstellung und eine sich daraus ergebende Buchpublikation. Gotik, Renaissance, Barock und Klassizismus hätte man genauso benennen können; internationale Stile waren auch sie.

Gezeigt wurden in New York natürlich auch Bauhausbauten, von Gropius, der als angeblicher Funktionalist bei den Ausstellungsmachern weniger Sympathien genoss, und vor allem von Mies van der Rohe. Barr war 1927 als erster der drei Harvardabsolventen in Dessau gewesen. Das Kunsthistorikertrio definierte die moderne Architektur nach Kunsthistorikerart, nämlich ästhetisch, als »style and nothing but the style«, und sah von gesellschaftlichen, wirtschaftlichen und politischen Zusammenhängen ab.[32] Dass bei einem so nachdrücklich etablierten Etikett wie International Style der Begriff Bauhausstil in der Konkurrenz der Markennamen überhaupt eine Chance hatte, bleibt verwunderlich. Denn auch das Wort vom Bauhausstil tendiert dazu, nur die ästhetischen Kriterien anzuvisieren und handelt damit ganz und gar gegen die Vorstellungen aller drei Bauhausdirektoren. Walter Gropius und noch prononcierter Hannes Meyer sahen und förderten natürlich die Internationalität, die sich durch die weltweite Kommunikation hergestellt hatte. Nicht das Internationale am International Style musste sie stören, sondern der Stil. Wenn Gropius dem Phänomen der globalen Verbreitung neuer Bauideen nachging, wie im ersten Band der Reihe der Bauhausbücher, lautete der Titel *Internationale Architektur,* nicht *Stil.*

AUSLOTUNGEN DES MARKENPROFILS

Bertolt Brecht hat 1926 eine Erzählung mit dem skurrilen Titel *Nordseekrabben* geschrieben, die in den *Münchner Neuesten Nachrichten* erschien und, wahrscheinlich von der Redaktion, im Titel den Zusatz *Die moderne Bauhaus-Wohnung* erhielt. Darin wird die Einrichtung eines Konsumenten beschrieben, der sich »vorsätzliche Harmonie« und »reformatorische Zweckdienlichkeit« zur Devise macht.[33] Brecht hatte Erfahrungen mit solchen Interieurs, etwa dank seiner Bekanntschaft mit Friedrich Kroner, Chefredakteur der Zeitschrift *Uhu,* und dem Regisseur Erwin Piscator, dessen Wohnung

Marcel Breuer im Erscheinungsjahr der Brecht-Skizze einrichtete. Die Satire gibt Auskunft auf die Frage, an wen sich die Bauhausproduktion, an wen sich der Bauhausstil eigentlich wendet.
Für die verschiedenen Etappen der Entwicklung wird die Antwort unterschiedlich lauten, für Gropius anders als für Meyer und für Mies van der Rohe anders als für Meyer. Aber die Intention, durch Normierung der Teile, durch Standardisierung, Typisierung, Rationalisierung und Industrialisierung die Herstellungsverfahren zu verbilligen und die Produkte größeren Bevölkerungskreisen zugänglich zu machen, war zweifellos ein durchgehendes Moment. Bei Brecht ist der Klient des Bauhausinterieurs ein bei der AEG angestellter Ingenieur, der reich geheiratet hat. Der Technik und dem Neuen gegenüber ist dieser Angehörige einer aufsteigenden Sozialschicht aufgeschlossen. Wenn der bürgerliche Mittelstand seine Repräsentationsbedürfnisse aus der Tradition absicherte und Arbeiter sich noch an der Selbstdarstellung der besser gestellten Mittelklasse orientierten, so bildete sich hier eine Schicht mobiler Großstädter heraus, die Modernitätssymbole als Mittel ihrer Repräsentation wählten.
Stahlrohrmöbel seien »stillos«, meinte Marcel Breuer anerkennend, da sie »außer ihrem zweck und der dazu nötigen konstruktion keine beabsichtigte formung ausdrücken sollten«.[34] Das war ein Irrtum, denn natürlich bedient sich eine bewusste »Formung« auch außerästhetischer Bedingungen wie Herstellungsprozess und Funktionalität. Die Verkaufspreise, die solche Erzeugnisse im Bauhausstil forderten, sortierten die Käuferschaft. Für Proletarier waren sie zu teuer und erschwinglich nur für Kunden, die sich die Hemden im Proletarierlook beim Herrenschneider anfertigen ließen. Bei diesen Leuten konnten das Maschinelle der Arbeitswelt, die Materialsymbolik des Metalls, das elegant Ausgemagerte, die Entlastung vom staubfangenden Überfluss, die Leichtigkeit und Transportierfähigkeit der Produkte zu Distinktionsmerkmalen moderner Großstadtnomaden werden.
Die hinterbeinlosen Stahlrohrmöbel, die Wagenfeld-Lampe, der Barcelona-Sessel und natürlich auch Le-Corbusier-Liege, Eileen-Gray-Tischchen und die späteren Fortsetzungen bei Herman Miller oder Knoll International entwickelten sich zu einer Klassik der Moderne, die bis heute einem kulturell aufgeschlossenen, wirtschaftlich gut aufgestellten Milieu als Selbstausdruck dient. Zu einem Teil ist die Hoffnung der Gründerväter der Moderne also in Erfüllung gegangen, dass ihre Produktion nicht dem Verfall der Stile anheimfiel, sondern die Stufe der Zeitlosigkeit erklomm. Für Nachschub sorgt die weiterlaufende Produktion, ordnungsgemäß nach Urheberrecht mit erworbenen Lizenzen oder nicht so ordnungsgemäß im Nachbau zu billigeren Preisen. Heutige Reeditionen und Kopien erreichen eine breitere Adressatenschicht als die damaligen Originale, wenn auch die überwältigende Mehrheit der Weltbevölkerung nach wie vor außerhalb ihrer Reichweite bleibt.
Andere Vorstellungen, die sich an den Aufbruch des Bauhauses und vergleichbarer Avantgardeorganisationen knüpften, sind nicht in Erfüllung gegangen. Die – wenn auch differenzierte – Einheitlichkeit kultureller Äußerungen ist nie erreicht worden. Im Gegenteil, niemand hält sie noch für wünschbar. Was die Bauhäusler und ihre gleichgesinnten Kollegen schufen, was ihre Nachfahren reproduzieren, ist ein Angebot

VERSCHIEDENE ARCHITEKTEN, NEUES BAUEN AM HORN, WEIMAR, SEIT 1999

unter vielen geworden, eine Stilofferte unter anderen, die sich bald größerer, bald minderer Publikumsgunst erfreut, aber nie Ausschließlichkeit beanspruchen kann. So sind Bauhausvillen, neu gebaute selbstverständlich, derzeit wieder vermehrt auf dem Immobilienmarkt vertreten, und bei manchen neuen Großobjekten im Stadtbild könnte ein Avantgardist der 1920er-Jahre Wiedersehensfeste feiern. Freilich müsste er auch bereit sein, an der nächsten Straßenecke das ganz und gar Andersartige zu tolerieren, eine Rekonstruktion aus der Plankammer der Retrokultur, den postmodernen Schnee von Gestern, eine abermalige Volte des Dekonstruktivismus, ein Erzeugnis des Ökodesign oder ein weiteres Experiment der Hightech. Die sektionale Dauerhaftigkeit des Bauhausstils ist mit dem Pluralismus konkurrierender Angebote bezahlt. Er existiert noch immer, aber muss viele andere neben sich dulden.
Die Überraschungswirkung eines plötzlichen Auftritts hat das Bauhaus vorgemacht und die schnellen Wandlungen auch: vier, fünf Wendungen innerhalb von vierzehn Jahren. Es waren Auslotungen des Markenprofils Bauhaus innerhalb dessen, was es an Erprobungsspielräumen eben noch erlaubte, ohne die Erkennbarkeit der Marke aufs Spiel zu setzen. Solche schnellen Modellwechsel innerhalb der Identität eines Labels können inzwischen andere auch, haben andere nachvollzogen. Aber zum Erbe des Bauhauses gehört auch diese Tempobeschleunigung in der Erfindung, im Verbrauch von Methoden, Formen und Anmutungen und in ihrer erfolgreichen Globalisierung.

1 Shlomo Bernstein, Chanan Frenkel, Munio Gitai (Weinraub), Edgar Hed (Hecht), Shmuel Mestechkin, Arieh Sharon. Vgl. Irmel Kamp-Bandau und Pe'era Goldmân, *Tel Aviv. Neues Bauen 1930–1939,* Tübingen 1993, S. 38; Myra Wahrhaftig, *Sie legten den Grundstein. Leben und Wirken deutschprachiger jüdischer Architekten in Palästina 1918–1948,* Tübingen und Berlin 1996, S. 127 ff.

2 Regina Bittner u. a. (Hrsg.), *Bauhausstil. Zwischen International Style und Lifestyle,* Dessau und Berlin 2003; vgl.

auch: Philipp Oswalt u. a., *Bauhaus Streit 1919–2009. Kontroversen und Kontrahenten,* Ostfildern 2009.

3 Ernst Kállai, »Zehn Jahre Bauhaus«, in: *Die Weltbühne,* 26, 4, 1930, S. 135 ff.

4 Sigfried Giedion, *Bauen in Frankreich,* Leipzig, o. J. [1928], S. 7.

5 Vgl. z. B. Hermann Muthesius, »Architektonische Zeitbetrachtungen«, in: *Centralblatt der Bauverwaltung,* 20, 21, 1900, S. 125 ff.

6 Walter Gropius, *Die neue Architektur und das Bauhaus* (1935), Mainz 1965, S. 63.

7 Max Bill und Fritz Kuhr, in: »Interviews mit bauhäuslern«, in: *bauhaus,* 2/3, 1928, S. 25 f., 28 f.

8 Hans Maria Wingler, *Das Bauhaus. 1919–1933. Weimar, Dessau, Berlin,* 2. Auflage, Bramsche 1968, S. 551.

9 Charles-Edouard Jeanneret, *Studie über die deutsche Kunstgewerbebewegung* (1912), Weil am Rhein 2008.

10 Otto Bartning an Gustav Friedrich Hartlaub, 13.1.1954, in: Jürgen Bredow und Hartmut Lerch, *Materialien zum Werk des Architekten Otto Bartning,* Darmstadt 1983, S. 39.

11 Hans Maria Wingler (Hrsg.), *Kunstschulreform 1900–1933,* Berlin 1977.

12 Vgl. Patrick Rössler, »Die visuelle Identität des Weimarer Bauhauses«, in: Hellmut Th. Seemann und Thorsten Valk (Hrsg.), *Klassik und Avantgarde. Das Bauhaus in Weimar 1919–1925 (Klassik Stiftung Weimar. Jahrbuch 2009),* Göttingen 2009, S. 367 ff.; Kerstin Eckstein, »Inszenierung einer Utopie«, in: Andreas Haus (Hrsg.), *Bauhaus-Ideen 1919–1994,* Berlin 1994, S. 15 ff.

13 Patrick Rössler, »Flucht in die Öffentlichkeit? Ausstellungen als Instrument zur Selbstpräsentation des Bauhauses«, in: Bauhaus-Archiv Berlin u. a. (Hrsg.), *Modell Bauhaus,* Ausst.-Kat. Martin-Gropius-Bau, Berlin, Ostfildern 2009, S. 337.

14 Grete Dexel, »Warum geht Gropius?« (1928), in: Frank Whitford (Hrsg.), *Das Bauhaus. Selbstzeugnisse von Meistern und Studenten,* Stuttgart 1993, S. 256.

15 Wolfgang Pehnt, *Die Architektur des Expressionismus,* Stuttgart 1973, S. 215.

16 Hans Poelzig an Ernst Jäckh, 16.1.1920, Nachlass Poelzig, ehemals Hamburg; Heinrich de Fries an Syndikus Emil Lange, 31.1.1925, Manuskript im Bauhaus-Archiv Berlin.

17 Vgl. Rössler 2009 (wie Anm. 12).

18 Christina Treutlein, *Ein »Bauhaus« für Frankfurt am Main? Martin Elsaessers Pläne für eine Kunstgewerbeschule 1926/27,* Magisterarbeit, Marburg 2009.

19 Vgl. Justus H. Ulbricht, »Bauhaus und Weimarer Republik.«, in: Jeannine Fiedler und Peter Feierabend (Hrsg.), *Bauhaus,* Köln 1999, S. 26 ff.

20 Erich Mendelsohn an László Moholy-Nagy, 23.3.1935, Manuskript, Bauhaus-Archiv, Berlin.

21 Theo van Doesburg, »Ein Holländer über das Bauhaus«, in: *Allgemeine Thüringische Landeszeitung* vom 25.7.1924.

22 Josef Albers, zit. nach Oswalt u. a. 2009 (wie Anm. 2), S. 6.

23 Walter Gropius, »Der Baugeist der neuen Volksgemeinde«, in: *Die Glocke* vom 5.6.1924, S. 314.

24 Hannes Meyer, »Bauhaus und Gesellschaft«, in: *Bauhaus,* 1, 1929, S. 2.

25 Gespräch Wolfgang Pehnt mit Daniel Libeskind, New York, 31.10.2008.

26 Vgl. Ulrich Conrads u. a. (Hrsg.), *Die Bauhaus-Debatte 1953,* Braunschweig und Wiesbaden 1994; Wolfgang Pehnt, *Rudolf Schwarz. 1897–1961. Architekt einer anderen Moderne,* Ostfildern 1997, S. 137 ff.

27 Wingler 1968 (wie Anm. 8).

28 Simone Hain, »Verhinderte Wiedergeburt. Das Bauhaus und der Stalinismus 1945–1952«, in: Oswalt u. a. 2009 (wie Anm. 2), S. 110 ff.

29 Walter Gropius an Tomas Maldonado, 24.11.1963, in: *Ulm,* 10/11, Mai 1964, S. 67 f.

30 Oskar Schlemmer: »Das Staatliche Bauhaus in Weimar« (1923), in: Wingler 1968 (wie Anm. 8), S. 80.

31 Hans Poelzig, »Festspielhaus in Salzburg«, in: *Das Kunstblatt,* 5, 3, 1921, S. 81.

32 Vgl. Wolfgang Thöner, »Austreibung des Funktionalismus und Ankunft im Stil«, in: Bittner 2003 (wie Anm. 2), S. 108 ff.; Sybil Gordon Kantor, *Alfred H. Barr Jr. and the Intellectual Origins of the Museum of Modern Art,* Cambridge, Mass., und London 2002.

33 Bertolt Brecht, »Nordseekrabben, oder: Die moderne Bauhaus-Wohnung«, in: ders., *Ausgewählte Werke,* Bd. 5, Frankfurt am Main 1997, S. 310.

34 Marcel Breuer, »Metallmöbel und moderne Räumlichkeit«, in: *Das Neue Frankfurt,* 1, 1928, S. 11.

NACH MASS-GABE DES ARCHITEKTEN

ERNST NEUFERTS BAUENTWURFSLEHRE ALS SITTENGESCHICHTE

Früher oder später ereilt es jedes Buch aus der Geschichte der Kulturtechniken: Was zum Zeitpunkt seines Erscheinens als verbindliche Darstellung eines Metiers, einer Epoche, einer Aufgabe, eines Lebenswerkes auftrat, wechselt im Laufe der Jahre seinen Charakter. Es wird datierbar, aufschlussreich nicht mehr wegen der dargebotenen Informationen, sondern wegen der Abhängigkeit von der Epoche, in der es entstand. Nikolaus Pevsners *Pioneers of Modern Design* oder Sigfried Giedions *Time, Space and Architecture* lesen wir nicht mehr, um ihnen Auskünfte über die behandelten Gegenstände zu entnehmen, sondern als zeithistorische Quellen.[1]

Ein Handbuch wie die *Bauentwurfslehre* von Ernst Neufert, das sich jedes ausführlichen Kommentars und fast jeder persönlichen Stellungnahme enthält, scheint gegen diesen Perspektivwechsel in der Wahrnehmung des Lesers gefeit.[2] Falls das Klischee stimmt, dass Architekten keine Bücher lesen: Den Neufert müssen sie nicht lesen, er ist zum Nachschlagen da. Eine halbe Druckseite, unterzeichnet vom Deutschen Normenausschuss, eine ganze Druckseite mit der Einführung des Autors, und schon ist die Lektüre geschafft. Alles andere sind Fakten und Zahlen, die sich den über 2700 Zeichnungen und Tabellen der Erstauflage von 1936 entnehmen lassen. Die Übersetzungen und kontinuierlichen Überarbeitungen – die jüngste mit über 6000 Abbildungen – haben das ihre zum beispiellosen Erfolg beigetragen und das Werk vor der Vergänglichkeit gerettet.[3] Es gilt als das meistgekaufte Architekturbuch der Welt.

Aber auch den Neufert ereilt das Schicksal, vom Standardwerk zum historischen Zeitdokument zu werden. Die *Bauentwurfslehre* ist ein Inventar menschlicher Tätigkeiten, die sich im Raum vollziehen und Räume

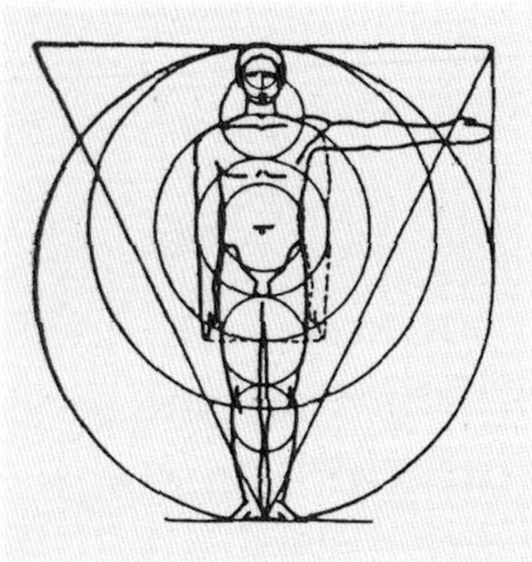

ERNST NEUFERT, DER MENSCH DAS MASS ALLER DINGE, VIGNETTE AUF DER TITELSEITE SEINER *BAUENTWURFSLEHRE*, BERLIN 1936

benötigen. Gerade in ihrer Beschränkung auf quantifizierbare Fakten ist sie transparent für die Vorlieben und Vorurteile der Epoche. Man erkennt auf einen Blick, was als wichtig galt, welcher Rang den einzelnen Tätigkeiten zugewiesen wurde – ausgedrückt in der Ausführlichkeit der Behandlung – und wie die Einschätzungen bei den zahlreichen Überarbeitungen wechselten. Schon heute kann man diese Enzyklopädie der Alltäglichkeit als eine Kultur- und Sittengeschichte der letzten fünfundsiebzig Jahre benutzen und nicht nur als Entwurfshilfe im Architektenatelier.

Es beginnt bei den Zahlen. Auch Zahlen stehen nicht ein für allemal fest. Die Körpergröße des Durchschnittsmanns wird noch in der aktuellen Ausgabe mit 1,75 Meter angenommen. Aber in heutigen Fußballnationalmannschaften gilt ein Spieler diesen Maßes schon als kleinwüchsig. Le Corbusier war in seinem Modulorsystem bereits auf 1,83 Meter gegangen, beeindruckt von den hochgewachsenen Kommissaren britischer Kriminalromane, die sechs Fuß maßen.[4] Oder: In den Flächenangaben von Neuferts Erstauflage spiegelt sich die Wohnungsnot der Weltwirtschaftskrise, als »große Elternschlafzimmer« 9 bis 12 Quadratmeter maßen. Mit den gestiegenen Flächenansprüchen dürfte sich inzwischen auch das Gefühl für soziale Distanz verändert haben. Schreiten heute wirklich noch zwei Personen in einem Korridor von 1,15 Meter Breite nebeneinander aus, wie es eine der köstlichen Zeichnungen suggeriert, ohne sich unbehaglich zu fühlen?

Ja, die Zeichnungen. Zum phänomenalen Erfolg der *Bauentwurfslehre* haben diese drolligen comicartigen Männchen und Weiblein entscheidend beigetragen. In ihrer täppischen Grazie sind sie mit einem humoristischen Blick für charakteristische Körperhaltungen und sozialen Status erfasst. Leider wurden sie in späteren Auflagen durch spitzige, elegant gemeinte Figurinen ersetzt, die den Film- und Frauenzeitschriften der 1950er- und 1960er-Jahre entstiegen sein könnten. Vorbilder für das Urpersonal der *Bauentwurfslehre* hat man in dänischer und englischer Fachliteratur vermutet. Aber der Zeichner konnte sich auch an den Piktogrammen und Isotypen orientieren, die der Grafiker Gerd Arntz und der Wirtschaftswissenschaftler Otto Neurath in den späten 1920er- und frühen 1930er-Jahren für ihr Projekt einer allgemeinverständlichen Bildstatistik schufen. Die Reduktion auf das, was der Einzelne mit allen anderen gemeinsam hat, lag in der Massengesellschaft, in der Zeit der Arbeiterkolonnen und nationalen Großkundgebungen nahe.

Neuferts *Bauentwurfslehre* entstand in den Jahren, als ein anderer Klassiker der Moderne, der Volkswagen, konstruiert wurde; sie hat ihn bereits um Jahrzehnte überlebt. Und um vieles länger die zivile Luftschifffahrt, mit deren Passagierkabinen Neufert sich gleichfalls beschäftigte. Ein Jahr nach der Erstausgabe brannte das Luftschiff »Hindenburg« in

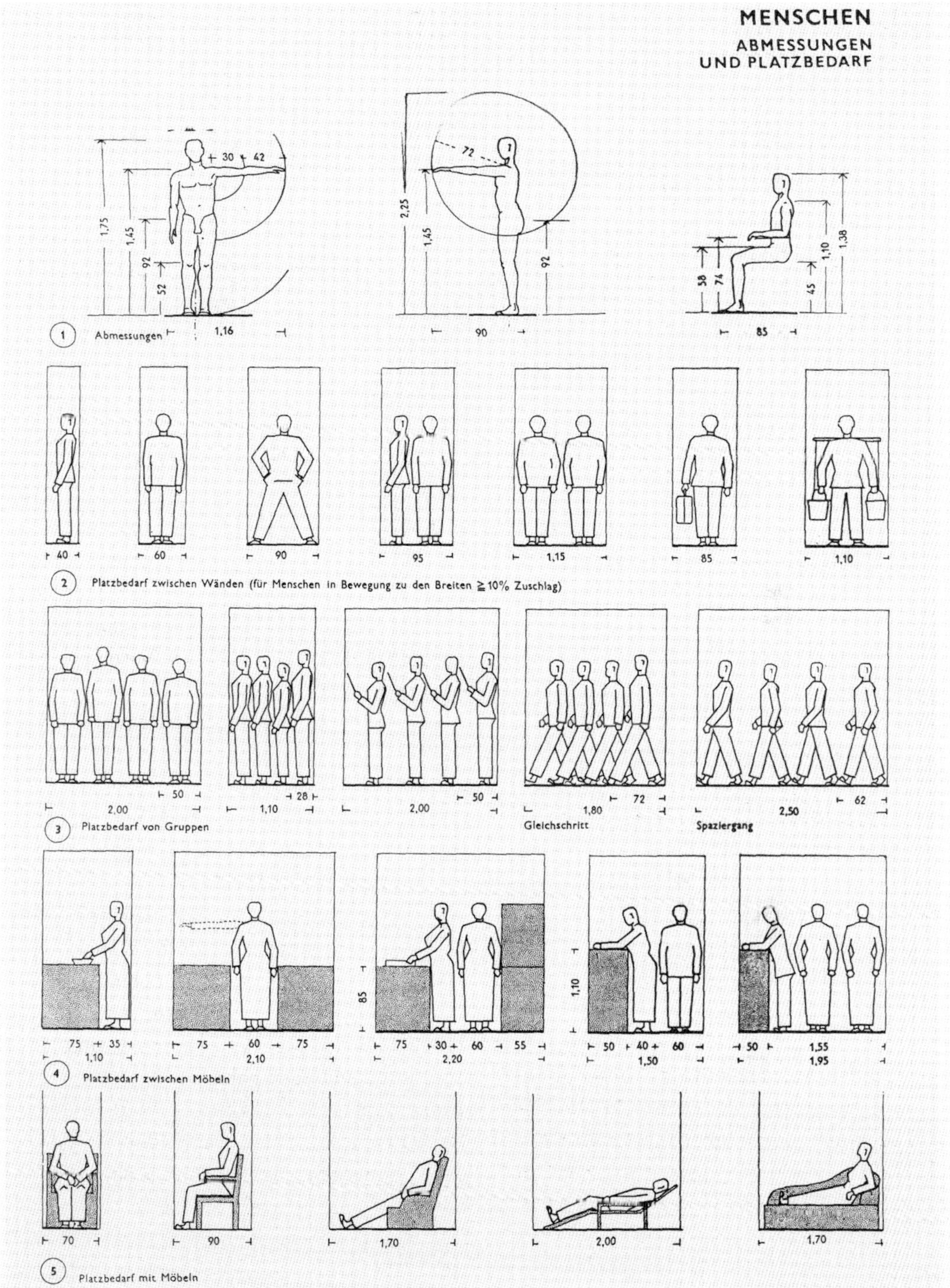

ERNST NEUFERT, MENSCHEN. ABMESSUNGEN UND PLATZBEDARF, 1936 IN DER *BAUENTWURFSLEHRE* PUBLIZIERT

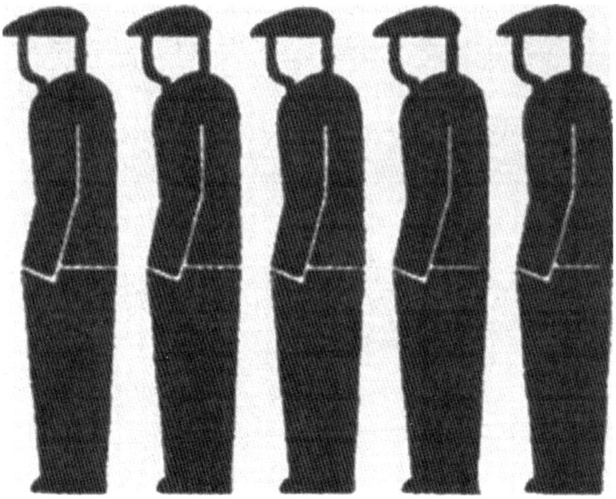

GERD ARNTZ, ARBEITSLOSE, PIKTOGRAMM

Lakehurst aus, was das Aus für den Zeppelin als Verkehrsmittel der Personenbeförderung bedeutete. Das Inventar, das Neufert zusammentrug, registrierte das jeweils Allerneueste.
Zugleich wies es in eine uns heute urväterlich anmutende Vergangenheit zurück. Es enthielt Einweichbottiche und hölzerne Waschkübel, Kartoffelkisten und Obsthorden, Kohlenbadeöfen und Ackerkarren, Hundehütten und Kleintierställe. Nebenerwerb und Selbstversorgung aus dem eigenen Garten waren nach dem Ersten Weltkrieg, während der Weltwirtschaftskrise und auch auf den Kleinsiedlerstellen des NS-Wohnungsbaus erwünscht. Neufert selbst nutzte den Garten um sein eigenes Holzhaus in Gelmeroda zur Aufbesserung von Küche und Vorratskammer. Größenmaße von Peking-Enten, pommerschen Gänsen und belgischen Riesen(kaninchen) haben ihren Weg noch in die derzeit jüngste Ausgabe gefunden. Nur das deutsche Edelschwein von 1936 ging unterwegs verloren.

Urväterlich ist auch das Verhältnis von Mann und Frau beschrieben. Der Neufert fixiert in seinen älteren Ausgaben ein patriarchalisches Gesellschaftsbild, das aus dem tiefsten 19. Jahrhundert zu stammen scheint. Küche und Heim sind das Revier der Frau, Werkstatt, Büro und natürlich das Architektenatelier der Herrschaftsbereich des Mannes. Das Golfspiel ist Männersache, der Abwasch Frauenschicksal. Der Mann reinigt sich in der Wanne, die Frau putzt sie aus. Zum Ausgleich werden der Frau als Gast im Restaurant sieben Zentimeter mehr Abstand zwischen Esstischkante und Stuhllehne gegönnt als dem Mann. Wegen der weiblichen Kleidung oder des weiblichen Körperbaus? Darüber schweigt sich der lakonische Verfasser aus.
Enorm ist die Regelungsdichte in diesem Buch, das schon Walter Gropius – vielleicht deswegen – sehr deutsch fand. Von der Hutschachtel bis zur Rollbahn, vom Emmentaler Käse bis zum Fußballfeld reicht die Wissbegier des datensüchtigen Autors. Handarbeiter haben nach Osten zu schlafen, Kopfarbeiter

ERNST NEUFERT, HAUSBAUMASCHINE, 1943 IN DER *BAUORDNUNGSLEHRE* PUBLIZIERT

nach Südosten, als hätten nicht auch wohlwollende Chronisten des Neuen Bauens den Schematismus der Modernisten kritisiert. Sogar die Zeit, die Einbrecher beim Geldschrankknacken benötigen, wird geschätzt und die Konstruktion der Tresore darauf abgestellt.

Dennoch muss der Autor die Fülle des Trivialen, die es zu erfassen galt, als unbefriedigend empfunden haben. Die Notwendigkeit humanistischer Überhöhung drängte sich auf. So erhielt die *Bauentwurfslehre* drei Buchseiten, in denen der Idealmensch als Maß aller Dinge gefeiert wird und dem nackten Körper des Homo sapiens (eines Mannes natürlich) in guter Renaissancemanier harmonische Proportionen abgelesen werden. Anders als Le Corbusier, der schon 1936 – lange vor der Abfassung seines Maßsystems Modulor – in diesem Zusammenhang von Neufert erwähnt wird, zieht der Autor keine Konsequenzen aus den harmonikalen Verhältnissen und der Progression, die der Goldene Schnitt nahe legt. Ihm reicht das Kontinuum seiner additiven Rasterwelt, ob sie sich in Zehner- oder, seit der *Bauordnungslehre* von 1943, in Oktameterschritten (1/8 m = 12,5 cm – 25 cm – 37,5 cm – 50 cm usw.) entwickelt. Der Raum, der alles und jedes in dieser Welt enthält, ist der eines unendlich teilbaren oder erweiterbaren universalen Gitterwürfels.

Als die *Bauentwurfslehre* erstmals erschien, waren die Nationalsozialisten seit drei Jahren an der Macht. Auf den ersten Blick hat diese Epoche das Buch wenig eingefärbt. Die Erfahrungen, die Neufert gesammelt hatte, gehen auf seine Planer- und Lehrtätigkeit in der Weimarer Republik zurück. Unbeeindruckt bildet er Grundrissbeispiele missliebig gewordener oder ins Exil gedrängter Fachkollegen wie Walter Gropius, Erich Mendelsohn, Ludwig Mies van der Rohe, Hans Poelzig oder Grete Schütte-Lihotzky ab. Dass Luftschutzräume diskutiert werden, passenderweise hinter dem Abschnitt Schießbahnen und vor dem Abschnitt Krankenhäuser, muss nicht mit besonderen Einsichten in die strategischen Ziele des nationalsozialistischen Regimes zusammenhängen. Es können ihn auch Erfahrungen aus dem Ersten Weltkrieg dazu veranlasst haben. Künftige Luftkriege wurden auch von anderen Autoren und in anderen Ländern als unvermeidbar betrachtet. Doch die fordistischen Rationalisierungsmaßnahmen, die Neufert vorschlug, bis hin zu jener fabelhaften, auf Schienen gesetzten Hausbaumaschine aus der *Bauordnungslehre* (1943), einer Art Strangpresse für fünfgeschossigen Wohnungsbau, ließen sich vollkommen in die Aufrüstungs- und Kriegswirtschaft des »Dritten Reichs« integrieren. »Hemmungsloser Arbeitsfluss ohne Rückbewegungen« war nicht nur in den Großküchen von Studentenheimen erwünscht, wie Neufert welche entworfen und beschrieben hat. Er war erst recht in kriegswichtigen Produktionsbetrieben angebracht.

Dass der Generalbauinspektor des Führers und spätere Rüstungsminister Albert Speer den Bauhäusler Neufert zum »Beauftragten für Normierungsfragen im Bauwesen« ernannte und dessen *Bauordnungslehre* mit einem rühmenden Vorwort versah, hatte daher seine Logik: »Der totale Krieg zwingt zur Konzentration aller Kräfte auch im Bauwesen«.[5] Wo es beim Werkshallen-, Kasernen- und Volkswohnungsbau um die Wiederherstellung völkischer Kampfkraft ging, waren Rationalisierung und Industrialisierung des Bauwesens durchaus willkommen – wie sie es auch beim Wiederaufbau von Bundesrepublik und DDR waren. Inzwischen sind die Aufenthaltsorte der Wohlfahrtsgesellschaft wie Wellnessanlagen, Kletterhallen und Multiplexkinos hinzugekommen. Fachkompetenz ist immun gegen politischen Systemwechsel.

Weiß man nach der Lektüre der *Bauentwurfslehre,* wie man Bauten entwirft? Das Buch hat es noch niemanden gelehrt. Das Wesentliche einer solchen Schrift liege darin, nicht Rezepte zu geben, keine »fertige Weisheit in Dosen«, sondern Bausteine, Elemente, verfügbares Praxiswissen, befand der Autor selbst, als er sich gegen den Vorwurf der Pragmatik und Technokratie verteidigte.[6] Man weiß nach der Befragung dieser Arbeitshilfe, welche Minimalstandards Menschen und Dinge einhalten sollten, um sich nicht gegenseitig in die Quere zu kommen. Die *Bauentwurfslehre,* die keine ist, teilt ihren Benutzern das befriedigende Gefühl mit, unsere täglichen raumbezogenen Verrichtungen einer rationalen Welt zuordnen zu können. Ob hier oder an den Antipoden, in ihr ist alles nach Maß-Gabe des großen Koordinators geregelt. Die Planer der Moderne haben diese Rolle stets am liebsten gespielt.

1 Nikolaus Pevsner, *Wegbereiter moderner Formgebung von Morris bis Gropius,* Reinbek 1957; Sigfried Giedion, *Raum, Zeit, Architektur,* Ravensburg o. J. [1965].

2 Ernst Neufert, *Bauentwurfslehre,* Berlin 1936; vgl. Wolfgang Voigt, »Triumph der Gleichform und des ›Zusammenpassens‹. Ernst Neufert und die Normung in der Architektur«, in: Winfried Nerdinger (Hrsg.), *Bauhaus-Moderne im Nationalsozialismus,* München 1993, S. 179 ff.; Walter Prigge (Hrsg.), *Ernst Neufert. Normierte Baukultur im 20. Jahrhundert,* Frankfurt am Main 1999 (besonders aufschlussreich die Aufsätze von Werner Durth, Theo Hilpert, Kerstin Neufert, Wolfgang Voigt, Gernot Weckherlin); Neufert-Stiftung und Johannes Kister (Hrsg.), *70 Jahre Bauentwurfslehre Neufert,* Wiesbaden 2006.

3 Johannes Kister (Hrsg.), *Ernst Neufert. Bauentwurfslehre,* 39. Auflage, Wiesbaden 2009.

4 Le Corbusier, *Der Modulor* (1948), 3. Auflage, Stuttgart 1978, S. 56.

5 Albert Speer, in: Ernst Neufert, *Bauordnungslehre,* Berlin 1943, S. 3.

6 Ernst Neufert, »Ausbildung der schöpferischen Fähigkeiten bei Architekten«, in: ders. (Hrsg.), *Der Architekt am Zerreißpunkt. Internationaler Kongress für Ingenieurausbildung,* Darmstadt 1947, S. 70 ff.

DER MENSCH BRAUCHT EINE ANDERE STADT

DIE 1968ER-JAHRE IN DER ARCHITEKTUR

PARISER STUDENTENREVOLTE, MAI 1968

Für die Revolutionen und die revolutionsähnlichen Umbrüche der letzten Jahrhunderte gab es viele Gründe und viele Auslöser. Architektur war immer dabei. Bei der Französischen Revolution von 1789 gab eine altmodische Festung im Osten von Paris, in der fünf Strafgefangene und zwei Geisteskranke einsaßen, die Bastille, den Anlass zum Sturm. Die miserablen Wohnverhältnisse der Arbeiterschaft spielten im revolutionären Berlin des Novembers 1918 zumindest eine begleitende Rolle; das Recht auf Wohnung fand Eingang in die Verfassung der neuen, der Weimarer Republik. Am plötzlichen Ende der DDR war auch der drohende Verlust der heruntergewirtschafteten alten Städte schuld. So wurde in den ersten Tagen nach dem Mauerfall in der »Heldenstadt Leipzig« eine »Initiative zur Rettung Leipzigs« ins Leben gerufen.[1] Und nicht zufällig bediente sich der berühmteste Revolutionsaufruf der deutschen Literatur architektonischer Bilder. »Friede den Hütten, Krieg den Palästen« steht über der »ersten Botschaft« von Georg Büchners *Hessischem Landboten* aus dem Jahr 1834. Ganz abgesehen davon, dass eine der ersten revolutionären Tätigkeiten fast immer eine bauliche Leistung war: die Errichtung von Barrikaden.

VERSUCHTE VATERMORDE

Auch die Unruhen von 1968 hatten Gründe, die mit Architektur zusammenhingen. Zwar gingen Studenten mit vielen Parolen auf die Straße. Sie protestierten gegen Schahbesuch und Springerpresse, gegen Notstandsgesetze und Ordinarienuniversität, gegen autoritäre Erziehung und sexuelle Unterdrückung, gegen Vietnamkrieg und Nachrüstung, gegen Flughafenerweiterungen und überteuerte Straßenbahnpreise. Aber auch und gerade in der Architekturszene hatte sich Zündstoff angesammelt. Eines der zentralen Motive, die am Ende der 1960er-Jahre den Aufstand der jungen Generation ausgelöst hatten, war die Schweigsamkeit der Älteren über ihre Rolle in der NS-Zeit. Da war auch unter Architekten vieles aufzuklären. Vatermord lag in der Luft.

Denn wie in Politik und Wirtschaft war auch im Planen und Bauen 1945 die Kontinuität nicht unterbrochen worden. Eine »Stunde Null« hatte es auch hier nicht gegeben. Die bewährten Praktiker aus den Baustäben der Waffengattungen, der Deutschen Arbeitsfront, der Organisation Todt und des Generalbauinspektors Albert Speer und des gleichfalls von Speer eingerichteten Arbeitsstabs für den Wiederaufbau kriegszerstörter Städte fanden übergangslos Beschäftigung in den Wiederaufbaubüros. Sie hatten ja auch ihre Erfahrungen bei jenen Tätigkeiten gesammelt, um die es nach dem Krieg ging: Trümmerbeseitigung, Behelfsheimbau, rationalisierter Wohnungsbau, »zukunftsweisende«, da rücksichtslose Stadtplanung.

Die Beamten aus den Reichsministerien fanden sich als Referenten in den neuen Landes- und später Bundesministerien wieder. In manchen Städten konnten Stadtbauräte, Leiter der Stadtplanungsämter oder deren engste Mitarbeiter über den militärischen und politischen Zusammenbruch hinaus für kürzere oder längere Zeit weiter amtieren, manchmal mit Unterbrechung, manchmal ohne. Wo sie die Amtssessel nicht wieder einnahmen, übten sie zumindest als Berater und Gutachter ihren Einfluss nach 1945 weiter aus. Publikationen wie die von Werner Durth, die ihrerseits ohne den Klimawechsel von 1968 nicht entstanden wären, haben diese berufsgeschichtlichen Zusammenhänge aufgeklärt.[2]

In den Nachkriegsjahren sind solche Verflechtungen zu allermeist billigend hingenommen worden. Nur in wenigen Fällen kam es zu offen geäußerten Protesten. Jetzt, zwanzig Jahre nach Kriegsende, erreichte die Generation der erprobten Macher das Lebensalter, in dem sie bald die Amtssessel, die Chefbüros und die Lehrstühle räumen musste, und hinterließ Fragen, die bisher nur selten gestellt worden waren. Jetzt flackerten auch Auseinandersetzungen auf – gegen Personen, doch ebenso gegen Konzepte, Planfiguren und architektonische Haltungen. Stets lag der Faschismus-Vorwurf nahe. Achse, Raster und Symmetrie galten von vornherein als faschistoid (vgl. S. 130 f.) – als hätten nicht auch die organisch schwingenden Stadtlandschaften ihre braune Vergangenheit.

Gleichgültig, ob solche Formen dem historischen Klassizismus, der Moderne oder dem »Dritten Reich« entstammten, sie galten als Transportmittel der jeweils herrschenden Interessen, als ideologische Botschaften, die mehr als nur Botschaften waren: nämlich auch heute noch wirksame Instrumente der Beeinflussung und Disziplinierung, gerichtet gegen die Emanzipation und Souveränität des Individuums, gegen freie Selbstbestimmung. »Kurz: Architektur wurde als ›Knecht der herrschenden Klasse‹ entlarvt.«[3]

KRITIK AM BAUEN

Die aktuell praktizierte, überwiegend kapitalistische Wohnungsproduktion und -politik der Nach-Adenauer-Zeit lieferte der Kritik dort handgreiflichere Argumente, wo es bei der Bewertung und Ablehnung von Formen im Bereich ästhetischer Anmutungen oder Zumutungen geblieben war. Mieterproteste, Bürgerinitiativen gegen überhöhte Mieten, gegen Sanierungsverdrängung gab es allerorten in Europa. Gegen Ende der 1960er-Jahre bestand nach wie vor akute Wohnungsknappheit. Gleichzeitig mit der Liberalisierung des Bodenmarktes trugen in der Bundesrepublik die Wohnungsnot und die Umnutzung der Innenstädte zum Anstieg der Mieten und der Bodenpreise bei. Abgefedert wurde er allenfalls durch Restbestände sozialstaatlicher Regie wie Wohngeld, Aufwendungszuschüsse und Steuernachlass.

Dass Spekulationsgewinne, die durch die Wertsteigerung privater Grundstücke dank der Planungsleistungen der Allgemeinheit und der großen Nachfrage zustande kamen, den Eigentümern zufielen und nicht der Allgemeinheit, hat auch liberale Wohnungspolitiker empört. Sogar die Neue Heimat, der größte Bauträger in der Bundesrepublik, nannte die Umwandlung von Ackerland in Bauland oder von niedrig zoniertem Stadtland in Bauflächen mit höherem Überbauungsgrad einen »nicht leistungsbedingten Gewinn«.[4] Doch auch in der sozialliberalen Koalition unter Willy Brandt und Walter Scheel nahm der sogenannte Planungswertausgleich nicht die parlamentarischen Hürden.

Gegenstand der Auseinandersetzungen waren einerseits die neuen Satellitenstädte, die im Umkreis von zehn, zwanzig Kilometern um die großen Städte entstanden – dort, wo das Land noch billig, aber eine Erschließung mit Massenverkehrsmitteln künftig wirtschaftlich vertretbar schien. In Westdeutschland hießen solche langzeitigen Problemorte Gropiusstadt und Märkisches Viertel in Berlin, Perlach in München, Am Köllnberg und Köln-Chorweiler, Steilshoop in Hamburg. Jahrzehntelang waren sie Baustellen, zunächst mangelhaft mit den notwendigen Folgeeinrichtungen ausgestattet, schlecht erschlossen und mit den sozialen Problemen belastet, die aus der Belegungspolitik der Wohnungsämter entstanden. Erreichten diese Großsiedlungen in der Bundesrepublik fünfzig- oder siebzigtausend Einwohner, so waren Stadtrandsiedlungen in der DDR wie Berlin-Marzahn und -Hellersdorf, Leipzig-Grünau, Rostock-Nordwest, Halle-Neustadt oder das Wohngebiet Fritz Heckert in Chemnitz, der damaligen Karl-Marx-Stadt, auf hunderttausend Einwohner oder mehr ausgelegt.

Andererseits waren kritische Orte jene citynahen Stadtquartiere, die zuvor Wohnzwecken gedient hatten und die nun, oft genug unter skandalösen Umständen, von Büronutzungen erobert wurden. Die Bonner Südstadt, das Frankfurter Westend, die Stuttgarter Weststadt, das Münchner Lehel waren solche Einsickerungszonen, wo expandierende Firmen, gewinnwitternde Immobilienmakler, alteingesessene Bewohner und studentische Protestler aufeinandertrafen. Es kam zu ungewohnten Allianzen. An den Protestmärschen der sich formierenden Bürgerinitiativen und Aktionsgemeinschaften nahmen neben langmähnigen Studenten auch alte Damen

mit onduliertem weißem Haar teil. Einer von ihnen gelang es sogar, in Frankfurt dauerhaft den Bau eines Hochhauses zu verhindern, weil sie nicht in den Verkauf ihres Hauses einwilligte, das den Bauplänen im Weg stand.
Die Studenten besetzten nicht nur Themen, sondern auch Häuser. Die meisten von ihnen wurden im Laufe der Jahre wieder geräumt, doch eine stattliche Zahl – in Westberlin schätzungsweise ein Drittel – auch in permanente Miet- und Eigentumsverhältnisse überführt. In manchen Stadtteilen bildete sich daraus ein Rhizom alternativer Lebenskulturen. Eine Aufmischung der gesellschaftlichen Verhältnisse bedeutete die Studentenrevolte allemal. Die Republik verdankte ihr den Nachwuchs zahlreicher Manager und Politiker – manchmal mit der Ministerurkunde im Tornister. Auf alternativen Versammlungen hatten sie Stimme und Durchsetzungsvermögen trainiert.
Ihren Ausgang hatten die Protestbewegungen von Hochschulen genommen, von Berkeley oder der Sorbonne. So veränderte sich die Situation an den Hochschulen auch am dramatischsten. Es war das Terrain, wo die Studenten die Spielregeln kannten und infolgedessen auch wussten, wie man sie bricht. Die Epoche der besetzten Institute und gesprengten Vorlesungen setzte ein, der Gruppenexamen und Selbstbenotungen. In Berliner oder Frankfurter Seminaren wurde die Praxis der Sit-ins, Go-ins, Teach-ins, Love-ins geübt, die dann in die Konfliktzonen der Städte übergriff. Soziologie und Politologie wurden die Leitwissenschaften. Wer neu berufen werden wollte, musste sich in Kapitalismuskritik und Klassenkampftheorie auskennen.
Zunächst schien die geforderte Demokratisierung der Planungsprozesse eine Verwissenschaftlichung der Methoden nicht auszuschließen. Betroffenen- und Beteiligtenverhältnisse gingen in Diagramme ein, deren Komplikationsgrad Schnittmusterbögen glich. Wettbewerbe wurden mit Hilfe elaborierter Punktsysteme entschieden, die den Subjektivismus allen Urteilens hinter einer Serie scheinbar rationaler Ja-Nein-Entscheidungen kaschierten. Sogar ästhetische Eindrücke glaubte man dank der von Max Bense handhabbar gemachten Informationsästhetik rechnerisch erfassen und quantifizieren zu können. Eine rational-empirische, objektiv-materiale Ästhetik sollte das »allgemeine spekulative Kunstgeschwätz der Kritik beseitigen und den pädagogischen Irrationalismus unserer Akademien zum Verschwinden bringen.«[5]
Die Beurteilung von Gebäuden, ihr Informationsgehalt, ihr Maß an Ordnung oder Unordnung, Stimulation oder Monotonie ließ sich nun auf Zahlenreihen bringen. Das einigermaßen vorhersehbare Ergebnis war, dass befriedigende Wahrnehmungsergebnisse irgendwo zwischen zu geringer und zu hoher Komplexität liegen müssten.
Für das Berufsbild des Architekten bedeuteten diese Quantifizierung von Gestaltkriterien und die Veränderungen im Lehrangebot überhaupt, dass der souveräne Künstlerarchitekt nicht mehr erwünscht war oder für möglich gehalten wurde. Planer galten jetzt als »intellektuelle Lohnarbeiter«, die über ihre Produktionsmittel so wenig verfügten wie die Fabrikarbeiter. Das latent Subversive, das in jeder Kunstleistung steckt, weil sie sich der puren Zweck- und Funktionserfüllung entzieht, wurde nicht mehr gesehen. Bestenfalls konnte der Architekt als Sozialingenieur und Berater unterprivilegierter Bevölkerungsgruppen durchgehen. Ein aufschlussreicher Begriff, der damals eingeführt wurde, lautete

»advocacy planning«, Anwaltsplanung, eine partizipative Strategie, bei der sich der Architekt zum Fürsprecher und Ausführungsorgan der Bewohnerwünsche machte.[6]
Der rüde Umgangston, der die akademischen Demontagen begleitete, widersprach allen bisherigen Rollenmustern im Lehrbetrieb.[7] Den Professoren brachte er Prestigeverluste, Verunsicherungen und Herzinfarkte ein, viele gaben vorzeitig auf. Wer sich mit den zornigen jungen Leuten der Roten Zelle Bauwesen oder der Marxistisch-Leninistischen Hochschulgruppe zu arrangieren suchte, machte es ihnen auch nicht recht: Er wurde der »repressiven Toleranz« bezichtigt. In manchen Biografien kam es zu abrupten Brüchen. Die Karriere Oswald Mathias Ungers', bis 1968 Hochschullehrer und Dekan an der TU Berlin, ist ein Beispiel.[8] Ungers hatte sich durchaus für die Belange der Studenten verwendet und auf Dialog gesetzt. Das bewahrte ihn nicht vor dem Unmut seiner Hörer und Schüler. Die Revolutionäre sprengten einen internationalen Kongress, den Ungers in Berlin 1967 veranstaltete; auf der Schlussveranstaltung entrollten sie ein Transparent mit dem Slogan »Alle Häuser sind schön – hört auf zu bauen«. Die Tagung endete im Tumult. In Flugblättern wurde Ungers mit Hitler und Nietzsche verglichen und als Notschlachter am Kadaver der Gesellschaft beschimpft. Ungers ging in die USA, in Deutschland baute er zehn Jahre lang nicht mehr.
Es gab akademische Lehrer, die den Weg in die mühevolle deutsche Stadtbaupraxis auf sich nahmen. Der Heidelberger Psychosomatiker Alexander Mitscherlich, in den 1960er-Jahren einer der meistgelesenen Kritiker des deutschen Städtebaus, ließ sich in eine Planung seiner Nachbarschaft einbinden, Heidelberg-Emmertsgrund. Mitscherlich arbeitete seit 1968 in

DIAGNOSE ZUM BAUEN IN WEST-BERLIN,
AUSSTELLUNG DER AKTION 507, BERLIN, 1968

einer Gutachterkommission mit. In diesem Modellvorhaben des Wohnungsbauriesen Neue Heimat ist wenig anders als in anderen Satellitenstädten, außer der schönen Lage am Hang des Königsstuhls und einem Fußgängerweg in halber Höhe, mit einigen Ansätzen zu öffentlichen Räumen. Im Übrigen waren die Sachzwänge zu groß, als dass Mitscherlichs moralische Maßstäbe befolgt worden wären. Sechs Jahre nach Planungsbeginn zog Mitscherlich resigniert seinen guten Namen zurück. Die Planer hätten mit dem Kopf genickt, wenn er etwas gesagt habe, seien aus der Baubude gegangen, und dann hätten sie genau das getan, was sie sowieso schon immer taten.[9]
Die Kritik am Bauen, wie es die großen Baugesellschaften ungerührt weiter besorgten,

STEPHAN GOERNER, CHRISTIAN SCHALLER, BUND DEUTSCHER ARCHITEKTEN, »DER DURCHBRUCH ZUR MONOKULTUR IN DER PERSONENAUFZUCHT – ODER DER PRODUKTIONSGERECHTE MENSCH«, TAFEL AUS DER AUSSTELLUNG *PARTIZIPATION*, BONN, 1973

war nicht nur fachintern, sie suchte und fand auch die breite Öffentlichkeit. Im Kulminationsjahr 1968 veranstalteten junge Berliner Architekten eine »Aktion 507«, bei der es um die gesellschaftlichen Grundlagen des Bauens ging, um die Verfügung über Grund und Boden, um die Abschreibungsgeschäfte der Bauträger, um die Vergabe- und Wettbewerbspolitik des Westberliner Senats. In einer kritischen Ausstellung *Diagnose zum Bauen in West-Berlin* geißelten sie den engen Pakt zwischen Spekulanten, Baugesellschaften, Senat und Architekten. Kaum zufällig, dass die ineinander verschränkten Hände ein Hakenkreuz bilden.[10]

Profitopolis war der sprechende Titel einer Ausstellung, die Wend Fischer und Josef Lehmbrock 1971 in München veranstalteten. »Der Mensch braucht eine andere Stadt« lautete die Unterzeile. Die »andere Stadt« sollte vor der Dominanz der Funktionäre gerettet werden, der Wirtschaft, der Verwaltung und des Verkehrs, die Diener sein sollten, sich aber zu Herren aufgeworfen hätten. Die positiv gemeinten Collagen, die Lehmbrock unter Verwertung eigener Bauprojekte beisteuerte, lassen den Betrachter allerdings ratlos. Von den kritisierten Negativbeispielen unterscheiden sie sich nicht wahrnehmbar.

Solchen Auseinandersetzungen konnte sich das Establishment nicht entziehen. Der Veranstaltungsort von *Profitopolis*, Die Neue Sammlung in München, war ein staatliches Museum. In Ehren ergraute Kommunalpolitiker setzten 1971 über die Hauptversammlung des Deutschen Städtetags, gleichfalls in München, den Titel »Rettet die Städte jetzt!«. Der Bund Deutscher Architekten, eine Organisation von Architekten, die sich herkömmlicherweise als Elite betrachtete, ließ seine jungen Mitglieder 1973 eine weitere Ausstellung organisieren, die Partizipation forderte und auch so hieß. Sie machte Front gegen das herrschende Steuersystem, gegen Profitmaximierung, Grundstücksspekulation, Kahlschlagsanierung, Neubaughettos. »Geplante Monotonie, beabsichtigte Isolierung und die Abhängigkeit von der monopolistischen Versorgung durch Supermärkte reduzieren den Menschen produktionsgerecht auf die Funktionen: arbeiten - konsumieren – still sein.«[11]

»Alle Häuser sind schön – hört auf zu bauen«: Das klingt nach Komplettverweigerung. Die Architektur der 1968er sei das Nichtbauen gewesen, meinte Dieter Hoffmann-Axthelm.[12] Als Ausdruck ihrer Totalopposition sollen angestellte Jungarchitekten in bürgerlichen Architektenbüros Maßketten auf den Grundrissen verfälscht haben, eine subversive Schlussfolgerung aus der Forderung, mit dem Bauen »aufzuhören«. Tatsächlich aber sind

in der kritischen Generation auch Konzepte entwickelt oder weiterentwickelt worden, die durchaus zur Regeneration von Architektur und Planung beigetragen haben oder hätten beitragen können.
Denn es gab in dieser Hoch-Zeit der alternativen Kommunikationsformen, der Flugschriften, Demonstrationen, Happenings auch einen Slogan, der ähnlich klingt wie auf dem Transparent der Berliner Studenten im Ungers-Kolloquium, aber etwas anderes meint: »Alles ist Architektur«. Es war der Titel eines Manifests von Hans Hollein, in dem die Architekten aufgefordert wurden, nicht nur in Bauwerken zu denken.[13] Das Interesse und die Neugier und der Gestaltungswille konnten sich jetzt auf das gesamte aktuelle kulturelle Umfeld beziehen, auf Pop-Art und Beat, Kleidung und Transportsysteme, Körpergefühle und Sex, Raumkapseln und Raumanzüge, Medien und Comics. Wenn heute eine so gravitätische Zeitung des Establishments wie die *Frankfurter Allgemeine Zeitung* in ihrem Feuilleton eine geradezu abstruse Vorliebe für Comics pflegt, ist auch das eine Spätfolge der Horizonterweiterung jener Jahre.
Schon Arbeiten, die man als gezeichnete Kritik, als Katastrophenszenarien, als anschauliche Gegenstücke zur verbalen Kritik betrachten konnte, wie die vehemente Berlin-Serie von Engelbert Kremser aus dem Jahr 1969, lebten nicht nur aus der Ablehnung des Bestehenden, sondern machten auch produktive Vorschläge für etwas Neues. Kremser ersetzte auf seinen überarbeiteten Fotos Berliner Stadtansichten vorhandene Banalarchitektur durch wild bewegte skulpturale Gebilde. »Born to be wild«, den Rocktitel von Steppenwolf, auch ein Kind von 1968, könnte man sich als Soundtrack dazu

ENGELBERT KREMSER, *EUROPA-CENTER*, 1969, ÜBERARBEITETE FOTOGRAFIE

vorstellen. Realisierbarkeit war aber mitgedacht. Kremser hatte Stockwerkstafeln im Sinn, die in Erdschalungen mit Beton ausgegossen werden, im Lift-Slab-Verfahren emporgehoben und in tragenden Gebäudekernen verankert werden sollten. In kleinem Maßstab sind solche Gebilde – für die es bei Paolo Soleri in Arizona Vergleichsbeispiele gibt – auch realisiert worden, so als Kinderspielhaus im Märkischen Viertel und als Café auf der Bundesgartenschau von 1985 in Berlin-Britz.

PRIMÄR- UND SEKUNDÄRSTRUKTUREN

Die kremserschen Kleinbauten waren noch mit einem hohen Anteil an individueller Handarbeit zu verwirklichen. Ein Bagger für den An- und Abtransport der Erde und ein Betonmischer waren alles, was benötigt wurde. Aber es gab auch so etwas wie eine subkutane Verbindung, eine geheime Wahlverwandtschaft zu großindustriellen Bauweisen. »Unterindustrialisierung« des Bauens ist beispielsweise in der bei Klaus Wagenbach herausgegebenen Zeitschrift

GÜNTER GÜNSCHEL, AUSSTELLUNGSSTAND FÜR DIE FIRMA MERO-BAU AUF DER INDUSTRIEMESSE BERLIN, 1957

Kursbuch diskutiert worden, der man wahrhaftig keine übergroße Kapitalismusnähe nachsagen kann.[14]
Schon Jahre zuvor waren im Umkreis von Yona Friedman in Frankreich, der Archigramgruppe in England und der Metabolisten in Japan räumliche Tragwerke ersonnen worden, mit denen ganze Landstriche, Meerengen, Eis- und Wüstenregionen und vor allem bestehende Städte überformt werden sollten. Friedman hielt auch in Deutschland Vorträge, seiner Groupe d'études d'architecture mobile (GEAM) gehörten deutsche Jungarchitekten wie Eckhard Schulze-Fielitz, Günter Günschel, Werner Ruhnau und andere an. Technisch gab es Voraussetzungen dafür etwa in dem Merosystem, einem vielseitigen Raumfachwerk aus Rohrstäben und Kugelknoten, das Max Mengeringhausen seit 1940 entwickelt hatte. Mit Mero konnte man nicht nur Konstruktionen aus kubischen oder Tetraeder-Modulen herstellen, sondern auch aus verschiedenartigen Polyedern. Mit solchen Systemen ließen sich Großgerüste und weitgespannte Dächer bilden, die den übervölkerten Metropolen dieser Erde neue Lebensräume eröffnen sollten.
Aber wieso interessierten technologisch avancierte Systeme eine Generation, die sich den großen Bauunternehmen, den Megaplanungen, den Machern und Routiniers im Architekturgewerbe doch verweigerten? Die Reizworte hießen Mobilität, Veränderbarkeit, Bewohnerfreiheit. Unterschieden wurde zwischen stabilen Obersystemen und flexiblen Ausbausystemen. Die primäre Tragstruktur sollte von der sekundären Ausbaustruktur getrennt sein, das starke, dauerhafte Gerüst von seiner ephemeren, wechselhaften »Besiedlung«. Zellen, die sich in den Großgerüsten einnisten sollten, waren austauschbar gedacht. So sollte die Freiheit der Bewohner gesichert werden.
Das Primärgerüst galt als das dauerhafte, Zeit überdauernde Element, während das sekundäre, die Ausbaustruktur, dem schnelleren Verschleiß unterworfen und den Bedürfnissen, dem Spieltrieb und dem Geschmack des Einzelnen überlassen werden sollte; auf seiner künstlichen Parzelle zehn oder dreißig Stockwerke hoch konnte er sich nach Gusto einrichten. Das vorgegebene Große und das austauschbare Kleine, diese Aufgabenteilung erschien als die Lösung eines Dilemmas, das die Moderne bis dahin nicht bewältigt hatte. Schulze-Fielitz, dessen Namensinitialen SF passenderweise auch als Abkürzung für Science Fiction gelesen werden konnten, beschrieb diese Arbeitsteilung: »In einem Stadtbausystem ist die Neutralstruktur das völlig

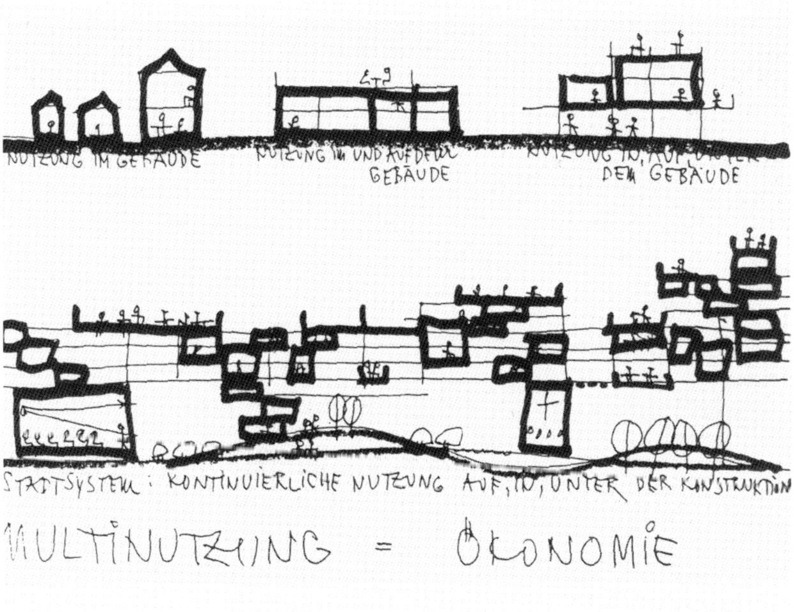

ECKHARD SCHULZE-FIELITZ, STADTSYSTEM, »NUTZUNG IM GEBÄUDE – NUTZUNG IN UND AUF DEM GEBÄUDE – NUTZUNG IN, AUF, UNTER DEM GEBÄUDE – STADTSYSTEM: KONTINUIERLICHE NUTZUNG AUF, IN, UNTER DER KONSTRUKTION«

Regelmäßige, Bekannte, Banale; die Ausfüllung hat jedoch den Spielbereich bis hin zum Originalen.«[15]
Die Philosophie hinter dieser Strategie lässt sich überschaubar in dem schon 1961 veröffentlichen Buch *De Dragers en de Mensen* von Nicolaas John Habraken nachlesen, dem beredten Anwalt einer differenzierten und differenzierenden Industrialisierung.[16] Tragwerk und Ausbaustruktur verglich er mit dem Prinzip des Bücherregals, das in seinen durch Tragwände und Querbretter festgelegten Gefachen die individuellsten Inhalte aufnehmen kann. Die Primärstruktur würde Sache der Großindustrie sein, die Sekundärstruktur konnte dem Handwerk überlassen werden oder – bei entsprechenden Angeboten eines industrialisierten Ausbaumarktes – auch dem Geschick des einzelnen Bewohners. Habraken hielt die recht verstandene Industrialisierung des Bauens für einen Weg, die Architektur wieder in der Gesellschaft zu verankern. Was man mit eigener Hand errichtet und hergestellt hat, steht einem näher als das fertig georderte Haus von der Stange oder die Wohnung im Mietshaus.
So zeichneten auch die von den 1968er-Ideen geprägten Architekten ins Netz der Orthogonalen und Diagonalen oder auf weite Geschossplatten Chaos, wie Architekten es sich vorstellen: als pittoreskes Nebeneinander der verschiedenen Stile, von Barock und Empire, Internationalem Stil und Brutalismus. Le Corbusier hatte schon in den 1930er-Jahren Skizzen mit endlosen Brückenbauten angefertigt, in denen sich das Leben in Gestalt privater Enklaven einnistet.[17] Für ein paar Kollegen-Utopien war in den Gefachen jeweils auch noch Platz. Wer

RICHARD J. DIETRICH, METASTADT-BAUSYSTEM 1970, REALISIERT IN WULFEN, 1974

die Erwartungen ganz hoch steckte, nahm an, solche räumlichen Freizügigkeiten würden das Individuum von seinen Zwängen befreien und in einen »paradiesischen Integralzustand« münden.[18]

Man kann sich wundern, dass die Organisationsbedingungen, unter denen solche Konstruktionen nur denkbar wären, nicht abschreckend auf die 1968er gewirkt haben. Große Bauten verlangen große Investoren und einen Verwaltungsapparat, der diese Gebilde auf Jahrzehnte hin hätte betreuen müssen. Jeder, der nur einen Tiefgaragenplatz in einer Eigentümergesellschaft sein Eigen nennt, weiß, was das an Zeitaufwand und Konflikten produziert. Für den Bau und die Instandhaltung wäre eine rigorose Administration erforderlich, die von der Freiheit der Bewohner nicht viel übrigließe. Aber solche Einschränkungen wurden hingenommen; vielleicht, weil für eine Generation, die bei Karl Marx die Vergesellschaftung der Produktionsmittel und der Produktion studieren konnte, der Gedanke einer von der Allgemeinheit, dem Staat oder einer Großagentur verantworteten Megastruktur nichts Abschreckendes hatte.

Ein zweites Beispiel: Rudolf Doernach, der bei dem amerikanischen Hightech-Guru Richard Buckminster Fuller gearbeitet hatte, entwickelte in den frühen 1960er-Jahren mit Hans-Joachim Lenz und Eckhard Schulze-Fielitz ein industriell zu fertigendes Stadtbausystem als Stahlgerüst mit einmontierbaren Raumzellen aus Kunststoff, so logisch und präzise wie nur irgendeins. Von Wachstum und Regeneration konnte dabei nur im aller metaphorischsten Sinn die Rede sein. Wenig später war Doernach auf dem Wege zu einer »Biotektur«, deren Stoffe aus im wörtlichen Sinn lebendem, gezüchtetem Material bestehen sollten. Das lebende System Mensch sollte im lebenden System Natur hausen – so wie der Mensch seinerseits als Wirtsorganismus zahllosen Organismen zur Wohnung dient. Selbstwachsende, früchtetragende Häuser waren zugleich als Beitrag zur Linderung der Hungersnot in der Dritten Welt gedacht! Es klang wie biologische Fiktion: essbare Städte, schwimmende Pneus, auf denen Kleinorganismen das Skelett der Stadt errichten, informierte organische Materialien, die auf wechselnde Umweltbedingungen reagieren können. »Grass roots« wuchsen nicht nur in den Köpfen, sondern auch auf den Dächern.

Ökologisches Bauen sieht heute anders aus. Dessen Anhänger flechten keine Biolauben mehr aus Weidenruten, wie es in Doernachs Seminaren üblich war. Wo sich damals die Behausungen unter dem grünen Pelz von Grassodendächern duckten, sind heute Solarkollektoren montiert. Die enge Bindung, die emanzipatorisches Bauen in

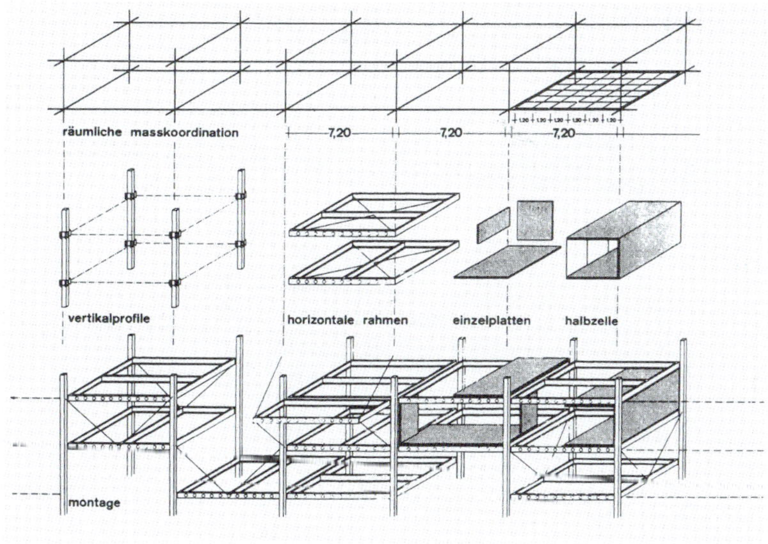

RUDOLF DOERNACH, HANS-JOACHIM LENZ UND ECKHARD SCHULZE-FIELITZ, RAUMBAUTEILE, SBS STADTBAUSYSTEM, 1966

Eigenleistung und nachhaltiges Wirtschaften, Selbst- und Nachbarhilfe eingegangen waren, hat sich aufgelöst. Was heute hoch spezialisierte Experten beschäftigt, das Management von Energie, Wasser, Luft, Abfallbeseitigung und -verwertung, erschien den Aussteigern und Alternativen damals als ein umfassendes Verhaltensethos, das sie von jedermann erwarteten. Aber dass der Akzent überhaupt auf den Umgang mit den begrenzten Ressourcen des »Raumschiffs Erde«[19] wanderte, auch das geht auf die Generation 1968 zurück, nicht auf sie allein, aber auch auf sie.

PARTIZIPATION

Selbsthilfe, Nachbarschaftshilfe, das eigene Tun im bewohnernahen Bauen war eine andere Auswirkung der Alternativszene, so widersprüchlich sie mit den Sympathien für großindustrielle Systeme zusammenzugehen scheint. Partizipation war ein großes Thema. Da das Berufsbild des omnipotenten Künstlerarchitekten vorübergehend außer Kraft gesetzt worden war, taten sich zwei Wege auf. Der Architekt konnte in die Bauindustrie gehen und versuchen, die Apparate von innen aufzubrechen, Industrialisierung und Rationalisierung voranzutreiben und aus der Vorfertigung ein geschmeidiges Instrument zu machen, dessen sich die Bauherren bei ihren individuellen Wünschen bedienen konnten. Dabei war eine wenig flexible Tafelbauweise wie die DDR-Bauserie WBS 70 gewiss nicht das, was sich Planer ersehnten. Die auf dem Markt befindlichen westeuropäischen Systeme waren es ebenso wenig.
Oder die Architekten machten sich zum Helfer der Beteiligten und Betroffenen. Die 1970er-Jahre sahen anrührende Versuche von Architekten, sich in die Rolle des Gehilfen kleiner Menschengruppen einzuarbeiten. Sie nahmen treuhänderisch die Interessen Betroffener wahr – »advocacy planner« –, begleiteten die Reparatur und Umnutzung

RUDOLF DOERNACH, BIOHAUS BONN, AUTONOM UND SELBSTVERSORGEND, UNREALISIERTES PROJEKT, 1978

besetzter Wohnungen oder planten Kolonien und Siedlungen nach anderen Regeln als denen der professionellen Wohnungsbaugesellschaften. Und vielleicht spielte auch die Sehnsucht nach mitmenschlicher Wärme mit: nicht mehr nur die omnipotenten Macher zu sein, sondern Mensch unter Menschen.
»Menschen können nur in kleinen, überschaubaren Gruppen sie selbst sein«, schrieb der britische Ökonom Ernst Friedrich Schumacher, dem die Epoche den Slogan »Small is Beautiful« verdankte. »Wir müssen daher lernen, uns gegliederte Strukturen vorzustellen, innerhalb derer eine Vielzahl kleiner Einheiten ihren Platz behaupten kann.«[20] Eine Alltagskultur sollte glücken, in der die Menschen zu selbstbestimmten Gestaltern ihrer eigenen Lebenswelt würden. Entscheidungen sollten demokratisch bis in die Einzelheiten verlaufen. Bauvorgänge sollten sich als wechselseitige Lernprozesse organisieren, die Ergebnisse den recht verstandenen Bedürfnissen ihrer Benutzer entsprechen und nicht mehr fremdbestimmten Zwecken gehorchen.
Inselhafte, zeitliche und räumliche Experimente fanden in den Wüsten Arizonas oder Colorados statt, wo Drop-outs sich ihre »domes«, ihre von Buckminster Fuller angeregten geodätischen Kuppelbauten errichteten, in der Außenseiterkolonie des 1971 in Kopenhagen ausgerufenen Freistaats Christiania, auf den Hausbooten von Sausaulito, Kalifornien, die ihre Eigner zu fantastischen Gebilden umbauten, an Orten also außerhalb oder am Rande der großstädtischen Zivilisation, wo nicht die enge Regelungsdichte der Städte herrschte. Wenn ihre Bewohner auf Produkte zurückgriffen, taten sie es mit der

Methodik der Bastler. Die lassen sich nicht in Systeme einbinden, sondern klauben sich das jeweils Geeignete aus dem Vorhandenen heraus. Zahlreiche Handbücher wie die *Dome Books* halfen den Kommunarden dabei, mit Anleitungen, wie man Hanf und Tomaten züchtet oder Strom aus dem eigenen Windrad gewinnt. Die Bibel unter diesen Publikationen war der *Whole Earth Catalog.* Ab 1968 erschien er über dreißig Jahre lang in immer neuen Auflagen und führte alle Dinge auf, die für ein selbstbestimmtes Leben nützlich waren. Dieser Vorläufer der Internetsuchmaschinen verzeichnete, wo man die Sachen bekommen konnte und wie man sie benutzte Werkzeuge, Schriften, Produkte, darunter auch Erzeugnisse der Hochtechnologie, von Kettensägen und Töpferscheiben bis zu frühen Synthesizers und PCs.[21]

Dass die architektonische Selbstverwirklichung der Bürger aktuelle Bautechnik nicht ausschließen sollte, war die Überzeugung vieler Architekten, die aus der 1968er-Kultur hervorgegangen waren, Ralph Erskine in Schweden und Großbritannien, Günther Domenig und Eilfried Huth in der Steiermark, Otto Steidle und Peter Hübner in Deutschland. Hübner entwickelte mit Studenten seines Stuttgarter Lehrstuhls eine kleine, fantastische Wohnkolonie namens »Bauhäusle« und mit Schülern, Jugendlichen und Eltern zahlreiche Kindergärten, Schulen, Jugendklubs. Auch bei Hübner gingen solche Arbeiten mit einem aktiven Interesse am elementierten Bauen zusammen, mit energiesparenden Lösungen dank passivem Solarenergiegewinn und mit dem Einsatz neuer Computerprogramme, die er mit Softwareherstellern entwickelte. Kommunikation war wichtiger als Ästhetik, aber aus der Kommunikation entstand Ästhetik – eine andere Ästhetik.

PFAHLBAU- UND HAUSBOOT-SIEDLUNG, SAUSALITO BEI SAN FRANCISCO, 1960ER-JAHRE

Manche Realisierungen leiteten sich von der theoretischen Auseinandersetzung der Generation mit Megastrukturen ab; es waren »kleine Megastrukturen«, Bruchstücke technologischer Utopien. Otto Steidle stellte die Stahlbetonfertigteile seiner experimentellen Reihenhauszeile in München-Schwabing, begonnen 1968, geradezu demonstrativ aus, einschließlich der Stützenkonsolen, auf denen Träger aufliegen oder auch nicht, und der Löcher in den Traversen, die ursprünglich Installationsrohre aufnehmen sollten. Veränderung innerhalb der weitgehend offenen Interieurs war beabsichtigt und wurde im Laufe der Jahre auch oft praktiziert. »Die Formlosigkeit erleichtert den Um- und Ausbau. Nichts wird in seiner Ganzheit zerstört, es wird nur verändert und fortgeschrieben.«[22] Die offene Ästhetik dieser Bauten wirkt wie eine Illustration des merkwürdigen Zusammenhangs zwischen individueller Partizipation und technologischer Großplanung.

International war die Arbeit des belgischen Architekten Lucien Kroll in Frankreich und Belgien ein großflächiger Versuch, unterschiedliche Bewohnerwünsche auszumitteln und in Bauten zu übersetzen, die in ihrer unvollständigen, fast ruinösen Außenform

DORIS UND RALPH THUT, WOHNANLAGE, MÜNCHEN, 1975-1978

den Weiterbau zu provozieren schienen (vgl. S. 131 f.). Kroll sah sich in einer geradezu welthistorischen Traditionslinie: nicht in der einer geometrischen, militärischen Zivilisation, wie sie die Römer vertraten - vorgefasste mechanische Schemata, die alles im Vorhinein regeln. Das war für ihn die »Söldner-Planung« der Legionslager. Er dagegen plädierte für Entscheidungen von Fall zu Fall, sprach von der Rückkehr der Sioux in die taylorisierten Städte, vom Aufstand der Kelten gegen die Römer.
Bei der Planung des Studentenquartiers an der medizinischen Fakultät von Woluwé-Saint-Lambert, einer Vorstadt von Brüssel, Planungsbeginn im Stichjahr 1968, arbeitete Kroll mit einer Gruppe aktiver Studenten zusammen, deren unterschiedliche Wünsche sich in einer Architektur der Brüche und Fragmente äußert. Auch hier spielte der Computer schon eine Rolle, als andere ihn allenfalls benutzten, um ihre Rechnungen damit zu schreiben. Eine lebendige Alltagskultur des Bauens könne auf die Mittel ihrer Zeit nicht verzichten. An die Stelle mechanischer Fließbandfertigung immer derselben Teile wollte Kroll eine variantenreiche Produktion setzen, die ihm eine Vielfalt variabel einsetzbarer Komponenten zur Verfügung stellt.[23]
Ein Problem freilich stellte sich auch und gerade hier: das Problem der zweiten Generation. So flexibel ist keine Architektur, auch die nicht, die sich Veränderbarkeit auf ihre Fahnen geschrieben hat, als dass sie nicht die Wünsche derer festschriebe, die zuerst kamen. Architektur ist ein langsames Medium, und sie ist ein hartes, kein weiches Medium. Wer zuerst kommt, ist im Vorteil; er konnte entscheiden, wie sein Zuhause aussehen sollte. Er durfte mitreden, als gebaut und verändert wurde. Wer nach ihm kommt, muss mit den Entscheidungen der ersten Generation leben. Aber dieser Nachteil besteht nur in der Theorie. Wohnen heißt auch, sich einzulassen auf das, was da ist, akzeptieren, widersprechen. Es ist immer noch besser, findet Kroll, mit den Entscheidungen der Vorbewohner zu leben als mit denen eines Architekten. Übrigens konnte man in Woluwé-Saint-Lambert auch studieren, wie eine Gartenarchitektur der 1968er-Jahre aussehen konnte. Krolls Wege kreuzten sich mit denen des niederländischen Ökologen Louis Le Roy. Die Trümmergärten, die Le Roy anlegte und die sehr bald den Unwillen der Universitätsbürokratie erregten, haben ähnliche gedankliche Voraussetzungen wie die Architekturen Lucien Krolls. Auch für Le Roy ist das Unfertige kein Makel, sondern eine Bedingung des sich entwickelnden

Lebens. Auch Le Roy arbeitet mit dem Material, das er vorfindet, einschließlich des ärmsten, nichtswürdigsten, des Bauschutts und der Betontrümmer. Er nutzt sie, um durch kleinklimatische Differenzierung Artenvielfalt zu erzeugen. Seine Gärten sind Absagen an Ordnungswahn und Systemzwang. Und an jene Monokulturen, mit denen der Mensch die Natur zu schnellstmöglicher Produktivität nötigt. Kleinteiligkeit, Komplexität, Reichtum hängen für Le Roy wie Kroll mit Gelassenheit zusammen. Eintönig ist, was unter Zeitdruck rasch zustande kommen muss, mannigfaltig das, was Zeit zu wachsen hat.

RÜCKKEHR IN DIE STÄDTE

Unter den kritischen Auseinandersetzungen im Vorlauf oder im Gefolge der 68er-Bewegung waren besonders viele, die sich explizit mit den Städten und ihrem Schicksal unter den Auspizien der Radikalmoderne befassten. Als Angriff auf die landläufige Stadtplanung und ihr rücksichtsloses Planungsinstrumentarium wurde das Buch der amerikanischen Fachjournalistin Jane Jacobs gelesen, *The Death and Life of Great American Cities,* 1963 auf Deutsch erschienen. Jacobs klagte Dichte, Mannigfaltigkeit, Farbigkeit und Vitalität ein, die sie in alten, zum Abbruch bestimmten Stadtquartieren fand, aber nicht in den sanierten oder neuen Stadtteilen. Ihr Vertrauen in die Selbstheilungskräfte der Stadtorganismen hatte für europäische Ohren einen befreienden, vielleicht auch naiven Optimismus. Wenn man den Bürgern freie Hand ließe und sie vor der Anmaßung professioneller Planer bewahrte, wüchsen ihnen wunderbare Möglichkeiten des Lernens und Lehrens zu. Sogar den

ATELIER LUCIEN KROLL, STUDENTENWOHNHÄUSER DER KATHOLISCHEN UNIVERSITÄT, WOLUWÉ-SAINT LAMBERT BEI BRÜSSEL, 1969–1977

Hannoveraner Planungsstar Rudolf Hillebrecht veranlasste sie zu der reumütigen Frage: War alles falsch?[24]

Der Berliner Verleger Wolf Jobst Siedler verschärfte den skeptischen Tenor und sprach von der »gemordeten Stadt«. In seiner gleichnamigen Broschüre stellte er Aufnahmen gründerzeitlicher Stiegenhäuser und prächtiger Stuckfassaden trostlosen Vorstadtszenerien gegenüber. Kartuschen, Kapitelle und Karyatiden waren in strahlendem Sonnenschein fotografiert, die Vorortszenen in trübem Novemberwetter. Wirkung tat dieses Essaywerk nicht zuletzt dank der elegant formulierten Elegien seines großbürgerlichen Autors, dem man gewiss keine Sympathien zu den 1968ern nachsagen kann. Aber an der Wiederentdeckung der Qualitäten historischer Städte, auch ihrer gründerzeitlichen Viertel, hat er entscheidend mitgewirkt. Für München übernahm 1978 eine schon zehn Jahre zuvor geplante Publikation von Erwin Schleich diese Rolle, mit womöglich noch effektvolleren Gegenüberstellungen des schönen Alten und unheilvollen Neuen: »Maßlose Straßenschneisen, monströse Verkehrsbauwerke, Flächenabbrüche«.[25] In Dresden war es der stadtgeschichtliche Klassiker Fritz Löfflers, *Das Alte Dresden,* in dem der Autor ganz ohne Polemik stille, beharrliche Erinnerungsarbeit leistete.[26]

Solche Buchtitel, aber vor allem die niederschmetternden Erfahrungen mit den neuen Satellitenstädten lenkten die Blicke auf das, was man noch hatte, aber was von ständiger Verlustgefahr bedroht war. In der alten Stadt mussten keine kostspieligen neuen Infrastrukturen angelegt werden, keine Bahnen, Leitungen, Kanalisation, Kläranlagen. Auch die Sozialeinrichtungen waren noch da: Schulen und Kindergärten, Schwimmbäder und Turnhallen, Konsumgeschäfte, Kultur- und Freizeiteinrichtungen. Und vor allem gab es gewachsene Nachbarschaftsbeziehungen, Identitätsgefühle, Heimatempfindungen. Alte Bautypologien erwiesen unter den gewandelten Verhältnissen ihre Brauchbarkeit. Wenn die Innenhöfe der Blockbebauungen nicht mehr durch schmutzendes, lautes Gewerbe vollgestellt waren, sondern vorsichtig aufgelockert wurden, ergaben sich Wohnqualitäten aus der Dialektik von öffentlichem Straßenraum und halböffentlichen Hofräumen, von Außen und Innen, wie sie der moderne Zeilenbau nicht geboten hatte.

Mag sein, dass die Erfahrungen mit der alten Stadt, die Demonstranten bei ihren Protestmärschen machten, ihnen urbane Qualitäten vor Augen geführt hatten. Jahrzehntelang waren städtische Straßen und Plätze den Konsumenten und den Autos überantwortet gewesen. Jetzt erwiesen sich zumindest vorübergehend diese Schauplätze sozialer Auseinandersetzungen als öffentliche Räume, als brauchbare Bühnen für basisdemokratische Schauspiele. Eine Demonstration im Berliner Märkischen Viertel oder in München-Neuperlach wäre wirkungslos gewesen. Aber der Kurfürstendamm oder der Bonner Hofgarten mitten in den Innenstädten boten Resonanzräume, derer sich auch die Medien dankbar bedienten. Dieses konfliktreiche Erlebnis trug zur Aufwertung der Stadt auch bei jenen bei, die sie nicht als genießende Fußgänger wahrnahmen, sondern als aktive Klassenkämpfer.

Stadterneuerung bedeutete bis dahin großflächiger Abriss und großflächiger Neubau – Kahlschlagsanierung. Jetzt begann sich die Einsicht anzudeuten, dass Modernisierung auch ohne Verdrängung möglich war. Exemplarische Sanierungen wie die in Berlin-Charlottenburg durch Hardt-Waltherr Hämer, aber vereinzelt auch in Ostberlin führten zu Auskernungen und Begrünungen in den Höfen, zur Instandsetzung von Fassaden, zur Installation von Innentoiletten und -bädern. Luxussanierungen waren hier nicht gewollt. Eigentümer und Mieter wurden aktiv beteiligt. Wenn diese Aufwertung der Stadt auch keine ausschließliche Konsequenz von 1968 war, so trug die neu gewonnene kritische Distanz zur offiziellen Baupolitik von Staat, Land und Kommune auf Dauer doch zu Revisionen bei, in der DDR erschwert durch die Abwesenheit privater Bauherren und den Verlust bauhandwerklicher Kenntnisse infolge der Massenproduktion in den großen Baukombinaten. Wo bisher geklotzt worden war, sollte nun Feinarbeit geleistet werden. In den bundesrepublikanischen Großstädten waren es

KLAUS MEYER-ROGGE, BEHUTSAME STADTERNEUERUNG, BERLIN, FRÜHE 1980ER-JAHRE

nicht zuletzt die Hausbesetzer, die Wohnungsbaupolitiker und Bauunternehmen zu einem anderen Umgang mit der noch vorhandenen Substanz zwangen.
Denkmalgerechte Wiederherstellung war angesichts des Zwangs zu sozialverträglichen Mieten, unter hohem Kostendruck also, kein vorrangiges Ziel. Aber die Denkmalpflege – auf den ersten Blick kein naturgegebener Partner der roten Revolutionäre – profitierte von der Rückkehr in die Stadt, und die Bewohner von der Denkmalpflege. Der Denkmalbegriff erweiterte sich. Er bezog Alltags- und Sozialgeschichte ein. Er erstreckte sich nun auch auf Industriedenkmäler und städtebauliche Ensembles, darunter die bis dahin schlecht beleumundeten Wohnquartiere des 19. Jahrhunderts. Nichts gab den Stadtbewohnern so sehr das Gefühl, an einen Ort zu gehören, wie der Anblick dessen, was Eigenart und Unverwechselbarkeit garantiert, was Erinnerungen an sich bindet, kollektive wie individuelle, was Geschichte hat und Kontinuität verspricht. Veränderungen erfassten alle Lebensgebiete in immer schnellerem Tempo. Da war es tröstlich, sich an das halten zu können, was schon lange Bestand hatte.
Das Datum 1968, und was es meint, zog auch in die Denkmalpflege ein und in das Verhältnis der Gesellschaft zu ihr. Sieben Jahre später, 1975, wurde das Jahr des Europäischen Denkmalschutzes zu einem großen publizistischen Erfolg. Die letzten Bundesländer erhielten Denkmalschutzgesetze, ebenso die DDR, wo ein republikweites Gesetz Verordnungen des Ministerrats ablöste. Der katastrophale Zustand, in dem sich viele ostdeutsche Städte bei der Wiedervereinigung befanden, darf nicht vergessen lassen, dass Denkmalpfleger in der DDR trotz ihrer unzureichenden Ausstattung bedeutende Einzelleistungen vollbrachten – vor allem an den Prestigeorten der DDR, am Regierungssitz Berlin-Mitte, in der Klassikerstadt Weimar, in der

Kunststadt Dresden, wo Sanierungsleistungen dem Ausland Handlungsfähigkeit beweisen sollten.

GEWINNE UND VERLUSTE

Die Definition des Bewohners als des eigentlichen Subjektes allen Bauens, die Einsicht in die interessengesteuerte Struktur sämtlicher Baugeschäfte, ein nach wie vor diskussionswürdiges Konzept der Bauindustrialisierung, die Anfänge des ökologischen Denkens, der Beginn einer behutsamen Stadterneuerung, die Einsicht, dass die menschlichen Lebensszenarien vielfältiger sind als Politik es bis dahin wahrhaben wollte und dass Architektur berufen ist, diese Vielfalt auszudrücken: Für eine Bewegung, die zu bauen aufhören wollte, ist die Bilanz gar nicht so schlecht! Nicht alles davon ging ausschließlich auf die verschiedenen Fraktionen der 68er-Bewegung zurück. Vieles begann früher und wurde nur aktualisiert, geschärft, ins Tagesbewusstsein gehoben, wie ja auch die übrigen gesellschaftlichen Emanzipationsprozesse nicht erst mit unserem Stichjahr einsetzten. Trotzdem: Es gab Epochen, die uns ein weniger nützliches Erbe hinterlassen haben als diese.

Manche Erfahrungen und Konzepte scheinen inzwischen wieder verloren gegangen zu sein. Dichtes, ressourcensparendes Wohnen war einmal ein großes Thema; es spielte auch bei den Technikutopien vor und nach 1968 mit. Heute, angesichts der schrumpfenden Städte in den Industrienationen, scheint zersiedeltes Land in den Stadtmitten und an den Stadträndern – das eine bedingt das andere – kein beunruhigendes Problem mehr zu sein. Dass Bewohner sich mit ihren Häusern identifizieren, weil sie an ihnen aktiv mitgewirkt haben, hat in den 1970er-Jahren viele Köpfe bewegt. Heute reicht der Blick in die Prospekte der Baugesellschaften und die Kataloge der Fertighausproduzenten, und was fehlt, liefert bei entsprechendem Budget der Architekturdesigner, der sich als Fachmann »in der Akkumulation von Aufmerksamkeit«[27] versteht. Bürgerbeteiligung besteht weitgehend in der Auslage von Plänen im Technischen Rathaus, Abteilung Bauaufsichtsamt; wer Glück hat, bemerkt es im Kleingedruckten der Lokalzeitung. Die Bodenfrage, auch so ein Thema ohne Mainstream-Reize, war für Reformer und progressive Wohnungspolitiker seit der Mitte des 19. Jahrhunderts und erst recht in den Tagen der Studentenrevolte ein Zentralpunkt des Denkens. Heute regen Spekulationsmargen und unabgeschöpfte Planungsgewinne niemanden mehr auf.

Erledigen sich Probleme, nur weil niemand nach ihnen fragt? Fragen wir weiter nach ihnen. Auch dazu ist Architekturgeschichte da.

1 Am 15.11.1989.

2 Werner Durth, *Deutsche Architekten. Biographische Verflechtungen 1900–1970,* Braunschweig und Wiesbaden 1986.

3 Alexander Tzonis und Liane Lefaivre, »Architektur seit 1968«, in: *Arch+,* 139/140, Dezember 1997/Januar 1998, S. 92.

4 Vgl. Bernd Jansen, »Wohnungspolitik. Leitfaden durch ein kalkuliertes Chaos«, in: *Kursbuch 27. Planen Bauen Wohnen,* Berlin 1972, S. 24 ff.

5 Max Bense, *Einführung in die informationsästhetische Ästhetik,* Hamburg 1959, S. 8.

6 Paul Davidoff, »Advocay and Pluralism in Planning«, in: *Journal of the American Institute of Planners,* 31, 4, 1965, S. 331 ff.

7 Vgl. Jesko Fezer, »Polit-Kybernetik«, in: *Arch+,* 186/187, April 2008.

8 Vgl. Jasper Cepl, *Oswald Mathias Ungers. Eine intellektuelle Biographie,* Köln 2007, S. 223 ff.

9 Theo Wurm, »Mitscherlich lässt seine Musterstadt im Stich«, in: *Frankfurter Allgemeine Zeitung* vom 5.3.1975.

10 *Materialien zur Diskussion. Diagnose zum Bauen in West-Berlin,* Berlin 1968.

11 Bund Deutscher Architekten (Stephan Goerner und Christian Schaller), *Partizipation. Alibi oder Grundlage demokratischer Planung,* Bonn 1973, S. 9.

12 Dieter Hoffmann-Axthelm, zit. nach Werner Sewing, »Die Gesellschaft der Häuser«, in: *Arch+,* 139/140, Dezember 1997/Januar 1998, S. 84

13 Hans Hollein, »Alles ist Architektur«, in: *Bau,* 1/2, Wien 1968, S. 1 ff.

14 Projektgruppe Branchenanalyse des Bauhauptgewerbes TU Berlin, »Industrialisierung des Bauens unter den Bedingungen des westdeutschen Kapitalismus«, in: *Kursbuch 27* (wie Anm. 4), S. 99 ff.

15 Eckhard Schulze-Fielitz, *Stadtsysteme I. Projekt 10,* Stuttgart 1971, S. 58.

16 Nicolaas John Habraken, *Die Träger und die Menschen,* Den Haag 2000.

17 Le Corbusier, Fort l'Empereur, Projet A für Algier, 1931.

18 Richard J. Dietrich, »Metastadt. Ein Versuch zur Theorie und Technik des Mensch-Umwelt-Systems«, in: *Deutsche Bauzeitung,* 103, 1, 1969, S. 15.

19 Richard Buckminster Fuller, *Bedienungsanleitung für das Raumschiff Erde und andere Schriften,* Reinbek 1973.

20 Ernst F. Schumacher, *Die Rückkehr zum menschlichen Maß,* Reinbek 1977, S. 67.

21 Stewart Brand (Hrsg.), *The Whole Earth Catalog,* 1968 ff.

22 Otto Steidle, zit. nach Florian Kossak (Hrsg.), *Otto Steidle. Bewohnbare Bauten,* Zürich und München 1994, S. 57.

23 Lucien Kroll, *Composants. Faut-il industrialiser l'architecture?,* Brüssel o. J.; vgl. Wolfgang Pehnt (Einleitung), *Lucien Kroll. Bauten und Projekte,* Stuttgart 1987.

24 Rudolf Hillebrecht, »Von Ebenezer Howard zu Jane Jacobs – oder: War alles falsch?«, in: *Stadtbauwelt,* 8, 1965, S. 638 ff.

25 Erwin Schleich, *Die zweite Zerstörung Münchens,* Stuttgart 1978, S. 7.

26 Fritz Löffler, *Das Alte Dresden,* Dresden 1982.

27 Gerd de Bruyn u. a., »Pop, Ökonomie, Aufmerksamkeit«, in: *Arch+,* 171, Juni 2004, S. 18.

EINFACH SEIN IST SCHWIERIG

EINE GEGENWÄRTIGE ZEITSTIMMUNG IN DER ARCHITEKTUR

ALDO ROSSI UND GIANNI BRAGHIERI, COLUMBARIUM, FRIEDHOF SAN CATALDO, MODENA, 1971–1980

Wie der Ruf des Muezzin vom Minarett ertönt von Zeit zu Zeit die Forderung nach einer neuen Einfachheit oder gar, ein Stiletikett androhend, nach einer Neuen Einfachheit. Einen »Anfang der Bescheidenheit« wünschte sich der Autor dieses Aufsatzes zu Beginn der 1980er-Jahre.[1] Ein paar Jahre später war die Rückkehr des Einfachen schon Thema von Symposien. Titel der Jahrbücher für Architektur zeigten trotz aller Konkurrenz einträchtig Abbildungen von Bauwerken, die als Signale der Um- und Einkehr zu lesen waren. Der bündige Fassadenausschnitt eines Wohngebäudes von Hans Kollhoff (der am Berliner Alexanderplatz alles andere als bescheiden plante) zierte den Umschlag des Jahrbuchs *Centrum*. Die parallele Publikation des Deutschen Architekturmuseums präsentierte als Blickfang das traditionsgerechte Backsteinmauerwerk des rheinischen Architekten Heinz Bienefeld, das freilich zu einem Haus mit anspruchsvollem Bauprogramm und großem Designaufwand gehört.[2]

Was hinter dem Wunsch nach dem einfachen Architekturleben steckt, ging aus mehreren Plädoyers hervor, die der damalige Direktor des Frankfurter Architekturmuseums Vittorio Magnago Lampugnani hielt, auf dem Magdeburger Architekturforum 1993, im Jahrbuch seines Instituts und im *Spiegel,* der das Thema für publikumswirksam genug erachtete, dem Mahner seine Spalten zu öffnen.[3] Alles sei, so Lampugnani, zu kompliziert geworden. Die Philosophie habe ihre Autorität verloren, die Religion ihre Verbindlichkeit, die Ideologie ihre Anhängerschaft. Die bildende Kunst explodiere, die Nationalstaaten implodierten. So herrsche auch in der Architektur das Chaos der Stile und der Formen. Die Verwerter solcher Beliebigkeiten, die zitatenfrohen Postmodernen und die hurtigen Katastrophendesigner, hätten gleichermaßen abgewirtschaftet. Doch stimmte es den Referenten auch bedenklich, dass gleichzeitig die Architekturmoderne eine Neuauflage erlebe.

Lampugnani führte – nicht als einziger – eine Reihe von Argumenten an, denen man sich nicht verschließen kann. Ja, der optische Lärm des großen und kleinen Designs ist schwer erträglich geworden. Gewiss, der ästhetische Verschleiß steht in keinem Verhältnis zu einer Lebensdauer der Gebäude, die volkswirtschaftlich vernünftig wäre; es bedarf nicht alljährlich einer neuen Architektur. Zugegeben, die Opulenz der gebauten Bilder kontrastiert seltsam mit der Schäbigkeit ihrer Ausführungsdetails. Und sicherlich: Die Wohnungsnot hierzulande und in aller Welt wäre nur mit billigen, auf unnötige Komplikationen verzichtenden Produktionsmethoden zu lindern. Die Kapriolen der architektonischen Trendsetter passen schlecht dazu.

Werden die Vaganten auf dem Jahrmarkt der Eitelkeiten nun von asketischen Bettelmönchen vertrieben? Die härenen Bußgewänder liegen schon bereit. Doch der begleitenden Rhetorik sind auch ungute Töne beigemischt. Da ist der Ausschließlichkeitsanspruch, mit dem der Ruf zur Ordnung erhoben wird. Dem Ernst der Lage sollen Rigorosität, Purismus und Gleichförmigkeit entsprechen. Demokratischer Pluralismus gilt als »ominös«. Die Verbraucher werden angewiesen, wieder einmal, in der – nun allerdings edel gestylten – Monotonie ästhetische Qualitäten zu erblicken.

Abgesichert werden diese Überlegungen mit der Berufung auf Geschichte. Aber war das mittelalterliche Siena, das ob seiner strengen Bauvorschriften als Beispiel wünschenswerten, typologischen Bauens herangezogen wird, waren noch Bruno Tauts mit Recht gerühmte Siedlungen der 1920er-Jahre monoton? Konventionen, die Grund- und Aufriss regelten, lagen der historischen Stadt, lagen noch den Siedlungen der Wohnungsreformer zugrunde, überliefert eher durch altes Wissen als durch Vorschrift und Theorie. Aber in der Ausführung ließ die Typologie Ermessensspielräume, Varianten, Metamorphosen zu. Sie schloss Individualität nicht aus, sondern ermöglichte sie, indem sie ihr Ort und Grenzen zuwies und damit auch die Bandbreite für Eingriffe der Bauherren und Bewohner bestimmte.

Dagegen wurde von manchen zeitgenössischen Architekturproduzenten, vor allem in der italienischen Rekonstruktionstheorie und Baupraxis, der Typus mit der erscheinenden Realität gleichgesetzt. Ungefiltert durch Empirie wurde die Kategorie des Typischen umstandslos auf das Gebäude und auf Teile der Stadt übertragen. Was Aldo Rossi oder Giorgio Grassi bauten, waren Ideen, die ihre Faszination aus dem befremdenden Abstraktionsgrad beziehen, mit dem sie in der Realität auftreten, gemildert oder eigentlich eher verschärft durch die eine oder andere historisierende Applikation. Gegen die Zumutungen, Störungen und

BRUNO TAUT, GARTENSTADT REFORM, MAGDEBURG, 1911–1933

Zufälle der Wirklichkeit schotten sie sich ab. Die Individualität der Nachbarschaft oder gar der Bewohner hat gegen solchen Rigorismus keine Chance. Dagegen konnte und kann dem Baugewerbe Prinzipienstrenge bei Detailarmut nur gelegen kommen: Die rationalen Lösungen erweisen sich als die rationellen Lösungen.
Da waren die Konventionen des alten Bauens, die nun wieder beschworen wurden, sehr viel toleranter. Für alle Zwecke, die sich nicht wiederholten und nicht vom lokalen Bauhandwerk nach dessen eigenen Regeln übernommen wurden, ließen sie ohnehin die Ausnahme zu. Mochten die Statuten Sienas wie die anderer Kommunen auch um der praktischen Brauchbarkeit und der größeren Schönheit willen Fluchtlinien und Fensterformen festlegen,[4] die Stadt war durchsetzt und überformt durch die grandiosen Abweichungen von der Norm, durch die abenteuerliche Lage auf dem steilen Berg, die Straßen und Plätze zu Steigungen und Krümmungen zwang, durch zahlreiche Sonderbauten wie Brunnenhäuser, Stadtloggien, Pfarr- und Bettelordenskirchen und durch den aberwitzig ehrgeizigen Kathedralbau, den schließlich Pest und Finanznot zur Planungsruine machten.
Die Neue Einfachheit unserer Tage hat es nicht mit toskanischen Hügelstädten zu tun, auch nicht mit hugenottischen Planquadraten von acht oder zwölf Baublöcken oder mit Vorortsiedlungen im Grünen, sondern mit den Ausmaßen moderner Stadtregionen. Mit der Akkumulation des Kapitals haben sich Frontlängen und Parzellen um ein Vielfaches vergrößert. Die Investoren, Verwaltungen, Kaufhauskonzerne und Hotelketten, die heute in den Innenstädten bauen, verfügen in aller Regel über Grundstücke nicht von fünf oder sieben Fensterachsen, sondern von vielen dutzenden, wenn nicht hunderten Metern, sofern es nicht gleich ganze Stadtquartiere sind. Man vergleiche die Parzellenzuschnitte auf der berühmten »Lindenrolle«, der panoramaartigen Fassadenabwicklung des Berliner

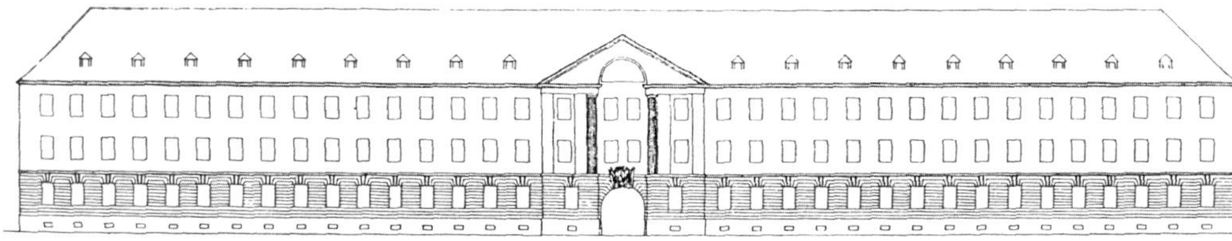

FRIEDRICH OSTENDORF, ENTWURF EINER KASERNE, IN *SECHS BÜCHER VOM BAUEN* PUBLIZIERT, 1922

Boulevards, die um 1820 als Touristenartikel verkauft wurde, mit dem betreffenden Grundbuchauszug von heute.
Unter den zeitgenössischen Umständen nimmt das Einfachheitsgebot einen rigoristischen Zug an. Was im Maßstab des einzelnen Hauses und seiner Addition als wohltuende Ordnung erscheint, kann im Maßstab der Stadt zwanghafte Wirkung erzeugen. Es hilft wenig, wenn das geforderte Heilmittel strikter Geometrie anthropologisch begründet wird. Im Bauen sei die geometrische Ordnung gesucht, die der Körper des Menschen vorgebe, heißt es bei Lampugnani. Aber selbst wenn man die Annahme akzeptierte, das steinerne, gläserne oder metallene Gehäuse müsse sich aus der Gestalt (und nicht aus den Lebensvorgängen) seines Benutzers und Bewohners ableiten, gibt es in der menschlichen Leibesarchitektur und der Anordnung ihrer Organe da nicht doch ein paar systemwidrige, aber lebenswichtige Abweichungen von der geometrischen Regel – Hand aufs links schlagende Herz?
In einer Zeit, die extremen Wohnungsmangel kannte, in den Jahren unmittelbar nach dem Ersten Weltkrieg, dachte die heute so geschmähte Avantgarde noch beides zusammen, die Not und den Reichtum. Den alten Luxus der großen Häuser zu vergessen, weil er zur Utopie geworden sei, und das Notwendige und Wirtschaftliche zu tun, war damals der Rat des Walter Gropius oder Bruno Taut. Aber die Lust an Farben und Formen sei zu ermutigen, weil sie »als freudiger Protest gegen die äußere Sparsamkeit und Armut« wirke. Freilich, die Revolutionäre von damals konnten von genossenschaftlicher Solidarität und wechselseitiger Hilfe der Siedler ausgehen und glaubten an das »urwüchsig heitere Volksgemüt«.[5] Dem Massen- und Medienzeitalter kam beides abhanden.
Die Mitwirkung derer, für die gebaut wird, ist in den letzten Jahrzehnten aus den Schlagzeilen geraten. Partizipation hat keine Presse mehr. Doch erst die Rücksicht auf die wohlverstandenen materiellen, psychischen und mentalen Bedürfnisse, auf die zahlreichen, miteinander in Konflikt liegenden Parameter zwischen Ökonomie und Ökologie, auf die Veränderungen, denen jede fertige Lösung später sowieso unterliegt, macht das Bauen reich. Nicht das von vornherein formulierte Bild, ob es aus dem Kopf oder aus dem Computer kommt, hilft die Architektur zu differenzieren, sondern die Auseinandersetzung mit komplexen und konkreten Bedingungen, die den bewährten Typus auf Ort und Bewohner bezieht.
Solche Prozesse dürfen das Lernen aus der Geschichte nicht ausschließen, und sie müssen nicht in chaotische Bildlosigkeit

einmünden. Aber die Bilder würden nun in aller Regel nicht am Beginn, sondern am Ende der Architektenarbeit stehen. Die Anhänger der Vereinfachung um jeden Preis hielten es umgekehrt. Für den Karlsruher Hochschullehrer Friedrich Ostendorf, dessen *Bücher vom Bauen* eine Fundgrube für heutige Puristen darstellen, war die Reihenfolge klar. Bevor der Baumeister das Vorstellungsbild zu Papier bringt, »schwebt die Erscheinung des Bauwerks dem Baukünstler bereits vor der Seele« – und es war immer die »einfachste Erscheinungsform«.[6] Aber wo die Sachen kompliziert sind, wird die Einfachheit zur Kulisse. Oder sie wird zur Zwangsjacke.

Die neue Reduktionsästhetik war in allererster Linie: eine Ästhetik. Auf die Geschwätzigkeit der Postmoderne folgte eine Architektur der zusammengebissenen Zähne. Oft trennte sie von der Banalität nur eine knappe Zäsur. Auch karge Putzflächen, Wände, die Mauern sein wollen, stehende Fensterformate, Wellblech-, Holz-, Zementplatten- oder Zinkverkleidungen, opake Glasschürzen und kistenförmige Baukörper können als Baukunstwerke befriedigen, wenn sie von Meistern ihres Fachs wie Oswald Mathias Ungers, manchen seiner Schüler, den Baseler Architekten Michael Alder, Roger Diener, Jacques Herzog oder Pierre de Meuron (in ihrer frühen Werkphase) gehandhabt wurden. Manchmal, im besten Fall, erreichte der kühle Realismus ihrer Arbeiten den asketischen Reiz exquisiter Einzeldinge. In ihrer wohlproportionierten Kargheit erinnern sie an die Proletarierhemden, die Bertolt Brecht beim Herrenschneider in Auftrag gegeben haben soll und die stets teurer kamen als die Konfektion.

Eine andere Frage ist, ob sich aus der Nobilitierung der Normalität konstruieren ließe, was ihre Fürsprecher sich erhofften, ein Stil jenseits aller Stile, eine Haltung und nicht ein Formenrepertoire. Alle Erfahrung spricht dagegen. Denn auch die Verweigerung der Novitätensucht dient der Novitätensucht, die alle drei bis fünf Jahre nach einer neuen Formel verlangt. Schon bald nahmen sich die PR-Büros der Neuen Einfachheit an. Ein Hersteller von Sanitärobjekten warb mit dem Slogan in Fachzeitschriften, ohne dass seinen Whirlpools und Urinoirs der geforderte »Paradigmenwechsel« anzusehen wäre. In der gegenwärtigen Szene gibt es architektonische Askeseübungen, die von den Bewohnern solcher frugalen Environments ein hohes Maß an Selbstkasteiung verlangen. Ein Glück, dass es sich meistens um Baulichkeiten handelt, die nur auf befristete Zeit benutzt werden, um Weekend- oder Ferienhäuser.

OSWALD MATHIAS UNGERS, HAUS UNGERS II, GLASHÜTTE, EIFEL, 1968–1988

FELD72, MILLION DONKEY HOTEL, PRATA SANNITA, 2005

Die eigentliche Bewährungsprobe stand der reduktionistischen Architektur bevor, als sie nicht mehr nur in Lückenbebauungen auf die Nachbarschaft reflektieren und vom Kontrast profitieren konnte, sondern als sie aus eigenem Vermögen Stadtteile und Wohnquartiere bestreiten musste. Der Rekurs auf vergangene und vermeintlich intakte Zeiten half da wenig. Spitzdachidylliker wie Paul Schmitthenner oder Paul Schultze-Naumburg waren nicht nur wegen ihres fatalen Paktes mit dem NS-Regime als aktuelle Bezugsfiguren ungeeignet, sondern weil sie längst überholte Maßstäbe der vorindustriellen Welt anlegten. Welche Lehren konnte Schmitthenner den Planern erteilen, die in globalen Strategien denken und den Einzugsbereich ihrer Agglomerationen nach Flug- und Schnellbahnstunden bemessen?

Auch der redliche und verehrungswürdige Heinrich Tessenow, in den 1910er- und 1920er-Jahren einer der Stillen im Lande, wurde von den Kollegen aus dem Süden zelebriert, als sei er hierorts bisher vollkommen unbekannt gewesen und von ihm die Rettung aus gegenwärtiger Not zu erwarten. Dabei hat Tessenow durchaus gewusst, dass Ordnung als Selbstzweck armselig sei und schon vor dem unvermeidlich nächsten Neuen versage. Wiederholung fand er nicht um ihrer selbst willen lobenswert; es komme darauf an, dass »wir ein Wesentlich-Richtiges wiederholen«.[7] So einfach wie möglich zu bauen, ist in den meisten Fällen gut. Einen Stil daraus zu machen, ist es nicht.

In schwierigen Epochen liegt die Sehnsucht nach scheinbar einfacheren Zeiten nahe. Aber niemand wird sich aus dem Geschäft der Kompromisse, die das Bauen wie jedes menschliche Tun darstellt, in das gelobte Land empfehlen können, wo das Selbstverständliche sich von selbst versteht, wo das Einfache das Wahre und das Wahre das Einfache ist. Viel wäre schon gewonnen, wenn die widerstreitenden Bedürfnisse, Empfindungen und Erfahrungen derer, die bauen, und derer, für die gebaut wird, öfter als bisher in die realisierte Architektur eingingen.

HEINRICH TESSENOW, MALWYDA-VON-MEISENBURG-SCHULE, KASSEL, 1927–1930

Wenn Widersprüche und Konflikte nicht hinter postmodern-schwatzhaften, aber auch nicht hinter neu-einfach verschlossenen Fassaden kaschiert würden. Wenn das Imponiergehabe von Großinvestoren auf den Spott mündiger Bürger statt auf die Willenlosigkeit eingeschüchterter Konsumenten stieße. Wenn der Gedanke an die Endlichkeit aller Ressourcen zu einem Urteilskriterium über Architektur würde. Wenn der Streit nicht nur um Formen ginge, sondern um den Gebrauch und die Nutzung der Stadt. Es reicht nicht, einfach einfach zu sein.

1 Wolfgang Pehnt, *Der Anfang der Bescheidenheit,* München 1983, S. 249 ff.

2 *DAM Architektur Jahrbuch,* München 1993; *Centrum Jahrbuch Architektur und Stadt,* Braunschweig und Wiesbaden 1993.

3 Vittorio Magnago Lampugnani, »Die Provokation des Alltäglichen. Für eine neue Konvention des Bauens«, in: *Der Spiegel,* 51, 20.12.1993, S. 142 ff.; ders., »Die Neue Einfachheit. Mutmaßungen über die Architektur der Jahrtausendwende«, in: *DAM Architektur Jahrbuch,* München 1993, S. 9 ff.; ders., *Die Modernität des Dauerhaften,* Berlin 1996. Die Diskussion zusammengefasst in: Gert Kähler (Hrsg.), *Einfach schwierig. Eine deutsche Architekturdebatte. Ausgewählte Beiträge 1993–1995 (Bauwelt Fundamente,* 104), Braunschweig und Wiesbaden 1995.

4 Wolfgang Braunfels, *Mittelalterliche Stadtbaukunst in der Toskana,* 5. Auflage, Berlin 1982, vor allem S. 86 ff.

5 Walter Gropius, »Baukunst im freien Volksstaat«, in: Ernst Drahn und Ernst Friedegg (Hrsg.), *Deutscher Revolutions-Almanach für das Jahr 1919,* Hamburg und Berlin 1919, S. 134 ff.

6 Friedrich Ostendorf, *Sechs Bücher vom Bauen,* Berlin 1913–1920, S. 6, 12.

7 Heinrich Tessenow, *Hausbau und dergleichen,* 2. Auflage, Berlin 1920, S. 26.

ROM HAT MEHR ALS SIEBEN HÜGEL

DER STÄDTEBAU DES ZITIERENS

Es wirkt wie ein großes Verwirrspiel quer durch die Zeiten: Konstantinopel nannte sich das zweite Rom, Moskau das dritte, nach dem es ein viertes Rom nicht geben werde. Im Gegenzug nahm sich Sankt Petersburg Venedig zum Vorbild. Wie die venezianischen Dogen warfen die Zaren den Ring zur Vermählung mit dem Meer in die Fluten, in ihrem Fall in die Bucht der Newa. Kurfürst August der Starke, als polnischer König August II., stand ihnen in der Bewunderung für die Lagunenstadt nicht nach. Er ließ eine Flotte von Gondeln die Elbe befahren und das venezianische Staatsschiff Bucentauro nachformen. Die Kuppel der Dresdner Frauenkirche bildete nicht nur das bürgerliche Gegenstück zur Hofkirche, sondern grüßte über die Alpen hinüber zu Santa Maria della Salute, dem Kuppelbau, der die Mündung des Canal Grande bewacht. Der Nachwelt überliefert wurde die kursächsische Pracht von einem engen Verwandten des berühmten venezianischen Vedutenmalers, Bernardo Bellotto, der sich wie der Oheim Canaletto nannte. Nichts präsentierte in der kostbaren Dresdner Kunstsammlung die Kultur der Lagunenstadt so sehr wie die schlummernde Venus des venezianischsten aller venezianischen Maler, Giorgione.[1]

STÄDTE ALS NACHBILDER VON STÄDTEN

So geht es weiter durch die Stadtbaugeschichte der westlichen Welt – eine Anspielung nach der anderen. Das Kongresshaus in Washington, bauliche Verkörperung republikanischer Tugenden, übertrumpfte das römische Capitol mit dem eigenen Neubau und legte sich denselben Namen zu. Die Regierung schickte 1901 eine Expertenkommission

CARL GOTTHARD LANGHANS, BRANDENBURGER TOR
(WÄHREND EINER RESTAURIERUNG), BERLIN, 2000

über den Atlantik, die sich schnell darauf verständigte, die Probleme ihrer Kapitale »im römischen Sinne zu bearbeiten«. Rom am Potomac, ein neues caput mundi.[2]
Paris, seit dem Grand siècle der Inbegriff von Eleganz und urbanistischer Komposition und selbst anfällig für römisches Pathos, diente seinerseits anderen Städten als Muster.[3] Chicago suchte sich um die vorletzte Jahrhundertwende von der üblen Nachrede des geschäftstüchtigen Pragmatismus zu befreien, indem es sich in ein Paris des Mittleren Westens verwandeln wollte. Berlin nahm ebenfalls den Wettbewerb mit der »Hauptstadt des 19. Jahrhunderts« auf. Man ritt auf dem neu angelegten Kurfürstendamm in den Grunewald wie die Pariser auf der Avenue Foch in den Bois de Boulogne. Historisch handelte die Berliner Senatsbauverwaltung richtig, als sie bei Sanierungsarbeiten das Brandenburger Tor mit Kunststoffplanen verhängte, auf denen Eiffelturm und Triumphbogen abgebildet waren. Paris war ein Kriegs- und Sehnsuchtsziel der Preußen.

Vor allen anderen bildete eine Stadt, die von der Aureole der Heilsgeschichte umgeben war, für viele Stadtgründungen seit dem frühen Mittelalter eine Berufungsinstanz: Jerusalem. Himmlisches und irdisches Stadtwesen überlagerten sich in den Köpfen. Auf vielen frühen Weltkarten ist Jerusalem als Mittelpunkt der Welt eingetragen. Die heiligen Stätten des irdischen Jerusalem wurden überall im Abendland nachgebildet, die Grabeskirche, das Heilige Grab selbst, der Kalvarienberg, auch die Heilige Stiege vor dem Haus des Pilatus. Die an heilige Stationen gebundene Prozessionsliturgie, die sich in Jerusalem bis zu der zehn Kilometer entfernten Geburtsstätte Jesu in Bethlehem erstreckte, setzte sich in vielen anderen Bischofsstädten durch. Reiseberichte beflügelten die Vorstellungen der Bauherren und Baumeister seit der Neuzeit auch mit verwertbaren Angaben. Doch das Himmlische Jerusalem konnte niemand darstellen. Der Künstler konnte es nur in Hoffnung und Glauben vorwegnehmen. Es bot

DAS HEILIGE GRAB IN DER GRABESKIRCHE, JERUSALEM, NACH 4. JAHRHUNDERT

LEON BATTISTA ALBERTI, SAN SEPOLCRO IN DER KIRCHE SAN PANCRAZIO, FLORENZ, 1467

die metaphysische Dimension, die das Bild der heiligen Stadt jeder wörtlichen Nachahmung entrückte.

Den Blick zurück haben zahlreiche Städtebauer geworfen. War Urbanistik schon je ein Spiel mit der Geschichte? Können die Erfinder heutiger retrospektiver Stadtbilder, ob sie nun Poundbury in Dorset, Seaside in Florida oder Brandevoort in Brabant heißen, sich auf eine lange Tradition der Nachbildungen berufen? Doch in den Erinnerungstechniken, Überlieferungschancen und Berufungsverfahren unterscheiden sich die Epochen gründlich voneinander.[4] Visuelle Ähnlichkeit, wo sie herstellbar war, setzte sich erst in neueren Zeiten durch. Die behauptete Wesensgleichheit galt zunächst unendlich viel mehr als das Erscheinungsbild. Reale Präsenz von Spolien und Reliquien sicherte den Vergleich. Wesensgleichheit betraf die Substanz, das Erscheinungsbild den Augenschein. Die eine bediente das mythische Wissen, das andere den touristischen Blick.

Um sich etwa auf jenen Ort zu beziehen, der den Tempel Davids, die Grabstätte Christi und den Felsendom barg oder birgt, genügte es, den Anspruch mithilfe von Stadtmauer und Toren nachzuweisen. Wenn Tore oder Türme die geheiligte Zwölfzahl erreichten, umso besser. Lehrreich ist die Geschichte, wie die Florentiner noch im Quattrocento Sachkundige nach Jerusalem schickten, um das Heilige Grab zu studieren und auszumessen, damit der berühmte Leon Battista Alberti dessen Proportionen nachbilden konnte. Wer heute die Kirche San Pancrazio in Florenz betritt, sieht sich einem schatullenartigen Marmorgehäuse in reiner Florentiner Frührenaissance gegenüber. Hatten die Herren deswegen die beschwerliche Fahrt übers Mittelmeer auf sich genommen? Ihnen genügten einige wenige Kriterien, der Zentralraum, die Maße vor allem, um die Vergleichbarkeit ihrer Schöpfung mit dem heiligen Vorbild herzustellen. Vier Jahrhunderte zuvor war Abt Wino von Helmarshausen im Prinzip ähnlich vorgegangen, als ihn der Bischof von Paderborn nach Jerusalem geschickt hatte.

FREIE HAND BEI DER NACHFOLGE

Mit den neuen Nachbildern Roms verhielt es sich nicht anders. Schon bei der originalen Metropole am Tiber fällt es dem Auge nicht leicht, auf die – abermals heilige – Siebenzahl ihrer Hügel zu kommen, und den Archäologen auch nicht. Gehört der Aventin dazu oder nicht? Und warum wurden die Hügel auf dem westlichen Ufer des Tiber nicht mitgezählt, der Monteverde, der Vatikan, der Gianicolo? In Konstantinopel, Moskau oder gar in Washington wird noch mehr Fantasie verlangt, um sieben Hügel zu identifizieren, damit die Parallelität mit dem Vorbild nachvollziehbar bleibt.

Aber diese weite, für heutige Augen geradezu unfassbare Distanz zwischen dem historischen Modell und der nachfolgenden Ausführung war für die Entwicklung der Städte entscheidend. Sie gab den planenden Herrschern oder Bürgern die Freiheit, die profane Realität nach ihren eigenen Gesetzen auszubilden. So konnten sie den topografischen Voraussetzungen folgen, den Verteidigungsnotwendigkeiten, den kulturellen Vorstellungen und der Wohlfahrt der Bewohner oder der technischen Realisierbarkeit der Baumaßnahmen. Die Diskrepanz zwischen Vor- und Nachbild gewährte den Spielraum, der für jede schöpferische Leistung unerlässlich ist.

So waren die vermeintlichen Abbilder symbolgestützte Neuschöpfungen. Sie enthielten nicht mehr, aber auch nicht weniger als Verweise, tauglich für den jeweiligen Ort, weil adaptierbar, interpretierbar, unbestimmt innerhalb eines weiten Rahmens. Die überkuppelten Türme süddeutscher Kirchen mögen sich Erinnerungen von Pilgern im Heiligen Land oder zumindest der Lektüre illustrierter Reisebeschreibungen wie der von Bernhard von Breydenbach verdanken – seit der Münchner Frauenkirche wurden sie zu vielseitig einsetzbaren Emblemen, die völlig in den Bildervorrat der Region eingemeindet wurden. Ein solcher Gebrauch von Vorbildern bot einen offenen Horizont für die jeweilige Gegenwart mit ihren aktuellen Wünschen und Erfordernissen.

Das sieht bei den heutigen Remakes anders aus. Wenn die Frankfurter Altstadtfreunde ihre Kampagnen führen, so wollen sie die Altstadt, wie sie gewesen ist, in alter Fachwerkseligkeit, aber möglichst nach Passivhausstandard gedämmt. Wenn die Dresdner ihren Neumarkt wiederhaben wollen, so mit barocken Putzspiegeln und Gauben, wenn auch mit ein paar tausend Quadratmetern Nutzfläche zusätzlich. Remakes sind selbstreferenziell. Sie zielen – auch wenn die Treffsicherheit zu wünschen übrig lässt – auf das, was war, so wie es war, statt aus der Erinnerung an die Vergangenheit einen Ort der Gegenwart zu erschaffen.

VENETIAN RESORT, LAS VEGAS, 1999

Eine britische Thames Town in Schanghai, die Präsidentenköpfe vom Mount Rushmore in Shenzhen, die Moskauer Basilius-Kathedrale in der türkischen Freizeitanlage! Am absurden Ende der gleitenden Skala zwischen verständlicher Nachbildung am einstigen Ort und groteskem Imitat irgendwo anders, zwischen Rückkehrsehnsüchten und Architainment, stehen die Zitate von Zitaten. Das Spielkasino-Paradies im früher portugiesischen, heute chinesischen Macao imitiert nach dem Vorbild von Las Vegas detailliert Venedigs bestes Stück, den Dogenpalast nebst Campanile, Piazzetta und Markuslöwe, als Kopie der Kopie.[5] Weder Peter der Große in Sankt Petersburg noch August der Starke in Dresden wären so weit gegangen. Sie hielten sich an das Prinzip Venedig und nur ausnahmsweise an dessen Details. Damit bewahrten sie sich die Freiheit des Planens. Noch im Zeitalter der Kopisten, im 19. Jahrhundert, hätte niemand im »nordischen Venedig«, in Dresden, Gottfried Sempers Zwingerforum in der Planung von 1842 mit der wirklichen Piazzetta verwechseln können, auch wenn Semper in Richtung Elbe freistehende Säulen wie in Venedig aufstellen wollte – freilich ohne Markuslöwen.[6]

Heutige Gründe für eine Nachahmung des Gewesenen sind viel ungefährer als die weit auslegbaren Symbole von einst. Bei der zeitgenössischen Neuerfindung des Vergangenen geht es nicht um die Idee einer Stadt, heilsversprechend wie Jerusalem, weltbeherrschend wie Rom oder glanzvoll wie das

FRANÇOIS SPOERRY, PORT GRIMAUD BEI SAINT-TROPEZ, VAR, 1966–1983

barockklassizistische Paris. Es geht auch kaum um den didaktischen Versuch, den Zeitgenossen den einstigen historischen Zustand ihrer Stadtgemeinde vor Augen zu rufen. »Es sind moderne Rückprojektionen in eine Vergangenheit, von der wir, wenn wir ehrlich sind, gar nicht so viel wissen wollen«.[7] Es geht um irgendetwas wie Behaglichkeit, Wiedererkennung, Intimität und Entlastung von den Zumutungen der Moderne, Handhabbarkeit des im Originalzustand anstrengenden Erbes, zeitliche und räumliche Exotik, aber anstrengungslos. Manchmal gelang das gut, wie im mediterranen Port Grimaud, einer der Ferienkolonien schon aus den 1960er-Jahren. Meist ist der nostalgische Märchenton unüberhörbar, wie im Berliner Nikolaiviertel, mit dem sich die DDR kurz vor ihrem Ende auch einmal ein Stück bürgerlicher Postkartenidylle leisten wollte.

Globalisierung heißt die drohende Furie, vor der die urbanistischen Traditionshüter ihre Stadttore schließen möchten. Was weder die allgegenwärtige Trivialarchitektur der Bürotürme und Wohnblocks vermitteln kann noch das Hochleistungsdesign allgegenwärtiger internationaler Architekturstars, nämlich die Unverwechselbarkeit des Ortes, soll die Kopie des Vergangenen bewirken. Doch auch der Versuch, lokale Identität über das Zitat wieder herbei zu zaubern, führt zu seinem Gegenteil, der Vertauschbarkeit von allem und jedem (vgl. S. 221 f.). Denn sie gleichen einander sehr, die simulierten Altstadtquartiere zwischen Helmond und Potsdam-Kirchsteigfeld, Elbing und Vilnius, und künftig: Frankfurter Hühnermarkt oder Berliner Petriplatz. Es sind nicht Details oder Haustypen, die sie ähnlich machen, sondern die Künstlichkeit ihrer Entstehung, die Willkür in der Verwendung von Motiven und die Imitation historischer, wenn auch unterschiedlicher Vorbilder. Die Gleichzeitigkeit, mit der die Wieder-Holungen solcher Quartiere auftreten, erlaubt keine zeitliche Schichtung und keine daraus folgende Nutzungsvielfalt. Wo alles neu ist, sieht auch das etwa noch erhaltene Alte neu aus.

VON DER ALTEN STADT LERNEN – ABER NICHT NUR IHR VOKABULAR

Entsprechende Konzepte werden seit dem Ende des vergangenen Jahrhunderts in jener Bewegung durchgespielt, die sich New Urbanism nennt.[8] Orte wie Seaside und

Celebration in Florida oder Kentlands bei Washington waren Versuche, die Tugenden der amerikanischen Kleinstadt zu neuem Leben zu erwecken. Diese pittoresken Orte gehen auf Masterpläne zurück, verpflichten die (vorherrschend weißen) Bauherren auf Gestaltungsregeln, bieten Komfort für Wohlhabende, sind fußgängerfreundlich geplant, aber autofreundlich auch, und setzen größere Dichte gegen den Flächenfraß der üblichen Vorortsiedlungen. Gleichzeitig beschwören sie eine heile, nach außen abgeschirmte Welt des American Dream, als feierten Pionierstädte des 18. Jahrhunderts wie Savannah oder Williamsburg Auferstehung. Nicht selten fühlt man sich an die pittoresken, aus Stuck und Leinwand produzierten »Dörfer« älterer Weltausstellungen erinnert, an Vieux Paris, Alt-Berlin oder Pueblo Español, deren Hauptzweck der illusionäre Spaß am Vergangenen war.
Bildproduktion macht die eigentliche Anziehung der neuen Kleinstädte aus. Darin wetteifern traditionalistische Stadtbeschwörungen auf dem alten Kontinent mit ihnen. Wo keine Altstadt mehr ist, wird eine erfunden; das Bild genügt. Auch hier gäbe es anderes von der alten Stadt zu lernen als nur ihr Formenrepertoire: zeitbeständige Strukturen statt historisch bedingter Einzelheiten. Straße und Platz, Hof und Block, Boulevard und Allee, Promenade und Arkade sind Motive, die sich nicht nur für die Epochen eignen, in denen sie einst entwickelt wurden.
Zwar sind die ursprünglichen Funktionen solcher Stadtbühnen - handwerkliche Produktion, Ausstellung der Waren, Tausch und Verkauf, Gerichtsbarkeit, Prozessionen, Feste - erloschen. In den westlichen Ländern finden Revolutionen nur noch selten auf den Straßen statt, und wenn, dann bedürfen sie

ROB KRIER UND CHRISTOPH KOHL, BRANDEVOORT BEI HELMOND, NIEDERLANDE, 1998–2010

der Vervielfältigung durch die Medien, um Wirkung zu tun. Doch komplexe Vielfalt, Differenzen und Überlagerungen, dichter Kontext der baulichen Gestaltung und ein vernünftiges Maß an Inszenierung, die ohne Replik auskommt, sind auch für die zeitgenössische Konsum- und Freizeitgesellschaft brauchbar.
Städtebauliche Denkmalpflege stellt eine ebenso sensible Aufgabe dar wie der Umgang mit dem einzelnen Bauwerk. Auch hier tritt fiktionale Rekonstruktion gleichzeitig mit der Zerstörung dessen auf, was real noch überliefert ist. Auch hier gälte es zu erhalten, was zu erhalten ist, und die authentische Aussage des Stadtgrundrisses und seiner erhaltenen sichtbaren Reste

SZENENBILD AUS *DIE TRUMAN SHOW* VON PETER WEIR (PARAMOUNT PICTURES), 1998

nicht durch die vermeintlich eindrucksvollere Rhetorik der totalen Retrospektive zu ersetzen. Auch hier sollten derzeit ungeliebte Epochen Anspruch auf Pflege haben: das Gewerbeviertel mit seinen Fabrikgebäuden und Werkhallen, die Atriumsiedlung im Vorortgürtel oder, wenn ihre Qualität es rechtfertigt, auch die Großsiedlung am Metropolenrand. Zur Diversität der Stadt, die wir brauchen, gehören auch jene Zeitschichten, die sich gegenwärtig nicht des allgemeinen Wohlwollens erfreuen.

1998 kam in die Kinos ein Film, der gelegentlich heute noch zu sehen ist, Peter Weirs *Die Truman Show*. Ein junger Mann, Truman genannt, in dessen Namen das Adjektiv »true« gleich »wahr« steckt, lebt in einer Retrowelt, einer Kleinstadt im neoviktorianischen Stil. Tatsächlich wurde der Film in einem Paradebeispiel des New Urbanism gedreht, in Seaside, Florida. Ohne es zu wissen, ist dieser Truman der Protagonist einer Fernsehsendung, die schon sein gesamtes Leben lang in Realzeit spielte. Seaside – im Film Seahaven – ist ein einziges Fernsehstudio, ein riesengroßer Set. Allmählich schöpft Truman Verdacht, dass sein Leben nicht das wahre sein könne. Er will ausbrechen, endlich gelingt es ihm, er stößt an das Ende seiner medialen Trugwelt. In der begrenzenden Rückwand, mit einer Himmelskulisse bemalt, befindet sich eine Tür, die in das reale Leben führt. Wird er sie öffnen?

Truman öffnet sie. Wie er mit der Welt jenseits der Kulissen von Seahaven klarkommt, erfährt der Zuschauer nicht mehr. Ihm jedenfalls schien sie das Wagnis wert.

1 *Mythos Dresden,* Ausst.-Kat. Deutsches Hygiene-Museum Dresden, Wien u. a. 2006.

2 John Reps, *Monumental Washington. The Planning and Development of the Capital Center,* Princeton, N. J., 1967.

3 Dietrich Erben, *Paris und Rom. Die staatlich gelenkten Kunstbeziehungen unter Ludwig XIV.,* Berlin 2004.

4 Arnold Esch, *Wiederverwendung von Antike im Mittelalter,* Berlin und New York 2005.

5 Auch die Kopie der Kopie der Kopie gab es bereits: Ein Architekt namens Bryan Berg baute das Venetian Macao Resort Hotel aus 218 000 Spielkarten nach.

6 Winfried Nerdinger, »Der Architekt Gottfried Semper«, in: ders. und Werner Oechslin (Hrsg.), *Gottfried Semper 1803–1879,* München und Zürich 2003, S. 19.

7 Hans-Werner Goetz, »Aktuelles Mittelalter. Mittelalterforschung zwischen Vorstellung und Wirklichkeit«, Referat auf der Freiburger Tagung »Mittelalter zwischen Vorstellung und Wirklichkeit«, Pädagogische Hochschule Freiburg, 24.–26.9.2009.

8 Harald Bodenschatz und Barbara Schönig, *Smart Growth – New Urbanism – Liveable Communities. Programm und Praxis der Anti-Sprawl-Bewegung in den USA,* Wuppertal 2004.

SEHNSUCHT NACH GESCHICHTE

NEU UND ALT IN ARCHITEKTUR UND STÄDTEBAU

Man möchte glauben, wir lebten in Zeiten, die von leidenschaftlicher Neigung zur Geschichte erfüllt wären. Von »Altgier« statt »Neugier« hat Friedrich Nietzsche gesprochen.[1] Verdiente Historiker werden von den Verlagen bestürmt, sich auf populäre, auflagenträchtige Darstellungen einzulassen. In der Vereinsszene haben sich neben Schützengesellschaften oder Freiwilliger Feuerwehr Gruppen herausgebildet, die Wikinger, Kreuzritter oder Indianerstämme nachspielen und sich – wo ein höherer Grad an historischer Treue erstrebt ist – »re-enactors« nennen, Wiederaufführer. Einem Zeitungsbericht ist zu entnehmen, dass bei ihnen Authentizität als hohes Gut gilt, sie aber wegen der schwierigen Aussprache kurz das »A-Wort« genannt wird.[2] Und kaum vergeht ein Fernsehabend, ohne dass Dokumentationen über die jüngst vermutete Lage von Troja unterrichteten oder über pazifische Seeschlachten zwischen Amerikanern und Japanern im letzten Weltkrieg.

»Man sammelt wieder Altes und nur Altes, statt der neuen Mode mit neuen Gegenständen kam die neueste mit alten Gegenständen«, schrieb Adalbert Stifter 1857 im *Nachsommer.*[3] Aber das ist nicht unsere Situation, sondern es war die des Historismus im 19. Jahrhundert. Im gegenwärtigen Meinungspluralismus herrscht die »neue Mode mit neuen Gegenständen« (das wären die spektakulären Erfindungen der Stararchitekten, die sogenannten »iconic buildings«, die dem Bedürfnis nach Markenbranding Genüge tun), und es herrscht gleichzeitig die »Mode mit alten Gegenständen«. Dazwischen liegt natürlich die unermesslich große Menge des banal Alltäglichen, das weder durch Novität noch durch Erinnerungsversuche noch durch Qualität auf sich aufmerksam macht. Die Frage ist, ob und wie die »Mode mit neuen

JUSTUS HERRENBERGER U. A., REKONSTRUKTION ALTE WAAGE, BRAUNSCHWEIG, (1534) 1991–1994

Gegenständen« und die »Mode mit alten Gegenständen« zusammenhängen. In der Argumentation der Rekonstruktionsfreunde spielt bei architektonischen wie bei städtebaulichen Themen jedenfalls immer der Hinweis mit, die Moderne habe ihre Chance reichlich erhalten, habe sie auch noch in weiten Bereichen der Städte. Nun sei der Augenblick gekommen, der Historie wenigstens in den ehemals alten Innenstädten ihre Rechte einzuräumen.

DER KOGNITIVE WERT

Welche guten Gründe kann es für die »reenactors«, die Wiederaufführer geben? Ein Grund wäre die lehrhafte Veranschaulichung dessen, wie es gewesen ist. Im großen Maßstab ist diese Praxis mit ihren illustrativen oder pädagogischen Zwecken seit den Weltausstellungen des 19. Jahrhunderts angewendet worden. Diese zukunftsträchtigen Musterschauen besaßen immer ein historisierendes Anhängsel (vgl. S. 57 f.). Nach der Besichtigung der aktuellsten Sensationen spazierte man durch temporäre Nachbildungen von Bauten, deren Originale nicht mehr oder gerade eben noch existierten. Ein Zusammenhang zwischen radikaler Modernisierung und nostalgischer Reproduktion existierte schon damals.
Höheren Ansprüchen an archäologischer Zuverlässigkeit genügten und genügen die rekonstruierten Wehranlagen am Limes, die Pfahlbausiedlungen am Bodensee oder die römische Legionärsstadt in Xanten. Manche Rekonstruktionen der 1970er-, 80er- und 1990er-Jahre gehören zu diesen anspruchsvolleren Nachbildungen – das Knochenhaueramtshaus in Hildesheim, errichtet in herkömmlicher Zimmermannstechnik, die Alte Waage in Braunschweig (aber gewiss nicht das Braunschweiger Schloss), die Frauenkirche in Dresden. Anders als bei vielen Wiederaufbauten der ersten Nachkriegsjahre, die den Denkmälerbestand interpretierten statt ihn wörtlich zu wiederholen, war bei diesen Beispielen der zweiten Rekonstruktionswelle Treue zum vormaligen Raum- und Erscheinungsbild das Ziel. Ob das Berliner und das Potsdamer Schloss in diese Kategorie fallen werden, bleibt zu bezweifeln. Was hier zählt, ist die Vedute, der sofort einleuchtende Augeneindruck, die Fassade, nicht der im Durchschreiten zu erlebende Bauorganismus.
Auch der kognitive Wert, die anschauliche Illustration dessen, wie es gewesen ist, dürfte kein zentrales Motiv des Rekonstruktionswesens bilden. Sonst würde man vom Berliner Schloss nicht oder nicht nur

LANDSCHAFTSVERBAND RHEINLAND, REKONSTRUKTION DES HAFENTEMPELS ALS RUINE, COLONIA ULPIA TRAIANA (UM 100 N.CHR.–4. JAHRHUNDERT), XANTEN, ARCHÄOLOGISCHER PARK, SEIT 1977 IM BAU

die glanzvollen Barockfronten wieder herbeizaubern wollen, sondern auch die historisch viel aufschlussreichere Ostseite an der Spree mit ihren spätmittelalterlichen und Renaissance-Teilen. Auch sie, der Kapellenturm, der Grüne Hut, der Herzoginbau, der Apothekenflügel, standen schwer beschädigt noch bis zu Walter Ulbrichts Vandalentat, der Sprengung des Schlosses im Jahr 1950. Über das schwierige Verhältnis von Stadt und Stadtherrschaft hätten sie mehr zu sagen als die drei so viel repräsentativeren, barocken Seiten. Aber es sind nur wenige Stimmen zu hören, die auch sie zurückholen wollen.

Nie darf man vergessen, dass der posthum produzierte Schein nur ein blasses Abziehbild der historischen Realität ist. Schon über die anderen sinnlichen Qualitäten dieser vergangenen Welten erfahren wir nichts: von welchen Geräuschen sie widerhallten, wie es in ihnen gerochen oder viel öfter wohl gestunken hat, mit welchen Ereignissen die Straßen, Plätze und Räume gefüllt waren, wie sie benutzt, bewohnt, belebt wurden, in welchen zeitlichen Rhythmen – Tag, Monat, Jahr, Festtage, Katastrophenzeiten – diese Welt jeweils erwachte und wieder in Ruhe versank. Alles, was nachträglich geliefert werden kann, ist eine Abstraktion ausschließlich für die Sehnerven, eine blasse Teilwahrheit, ein Abziehbild.

KRITIK AN DER MODERNE

Eher als der historische Erkenntniswert scheinen drei andere Motive zugunsten dieser Retrowelt wirksam: der Wunsch nach malerischer Schönheit, das Verlangen nach

FUGE ZWISCHEN DAVID CHIPPERFIELDS GALERIEHAUS AM KUPFERGRABEN (BERLIN, 2007) UND ANGRENZENDER ALTBEBAUUNG

Identität und der Verdruss über die lebensweltlichen Zumutungen der Moderne, die immer auch eine Moderne der gravierenden Verluste gewesen ist. Als Architekturmoderne wird sie deshalb für alles Ungenügen der Gesamtmoderne verantwortlich gemacht. Die Vielgestaltigkeit und Kleinteiligkeit der alten Stadt, ihr pittoresker Reiz, aber gelegentlich auch der Ausbruch in die autoritative Gebärde der Machtinstanzen, der Stadt- und der Landesöffentlichkeit, der Kirchen, Schlösser, Rathäuser, Tuchhallen, Speichergebäude, Torhäuser – das können die zeitgenössische Architektur und der zeitgenössische Städtebau schon deshalb nicht bieten, weil die gesellschaftlichen Verhältnisse in ganz andere und abstraktere Größenordnungen hineingewachsen sind. Im 18. Jahrhundert genügte in Berlin noch ein einziges Behördenhaus, das Collegiengebäude in der Lindenstraße – allerdings auch, weil viele Verwaltungsstellen noch im Stadtschloss untergebracht waren. Alles drängt heute aufs große Maß. Jeder von uns, der Massenhaftigkeit und Globalismus beklagt, produziert sie zugleich in seiner Eigenschaft als Konsument, als Verkehrsteilnehmer, als verwalteter Staatsbürger, als Tourist oder als Auftraggeber oder Bauherr, der nicht bereit ist, den Zoll für verloren gegangene Schönheit zu zahlen – nämlich mit einem individuellen, anspruchsvollen Entwurf, mit dem Engagement, das Schönheit auch vom Bauherren verlangt, und mit den zusätzlichen Kosten, die sie möglicherweise erfordert.

Das Verlangen nach Identität, nach Unverwechselbarkeit, nach Selbstsein liegt tief in jedem Einzelnen, in jedem als Ich und in jedem als Teilhaber seiner Lebenswelt. Aber Unverwechselbarkeit bieten die Groß- und Megastädte dieser Erde nicht mehr, abgesehen von den Restbeständen ihrer historischen Kerne, die nur noch einen winzigen Prozentsatz jeder städtischen Agglomeration ausmachen. Metropolen der »Dritten Welt« kennen auch diese imagebildenden Reste des Alten oft nicht mehr. Die dichtgedrängten Hochhausscheiben vor der Grundstücksbrache – stehen sie in Schanghai, Hongkong oder São Paolo? Der Kosmopolitismus der Moderne, der ja einst ihr Programm war, ist für viele außer dem Jetset zum Horror geworden. Und selbst die flottierenden Wanderarbeiter des Kapitals treibt ein Drang zum charakteristischen Ort, wenn sie ihren Ferien- oder Alterssitz zu wählen haben. Alltags Manhattan, feiertags Cape Cod, werktags die Frankfurter Börse, nach

BERLINER STADTSCHLOSS, OSTFASSADE, BERLIN, 15.–17. JAHRHUNDERT

der Pensionierung Miltenberg oder Büdingen.
Die Verunsicherungen durch den Veränderungsdruck, dem wir allenthalben ausgesetzt sind, stellen einen weiteren Grund für die Flucht in die Geschichte dar. Von globalen Entwicklungen sind wir abhängig, ohne sie über unsere politischen Vertretungen steuern zu können. Konjunkturen wandern, wie sie wollen. Arbeitslöhne, Warenkosten und Energiepreise entwickeln sich aufgrund von Faktoren, die anderswo auftreten. Umweltveränderungen lassen sich mit lokaler, regionaler oder auch nationaler Politik allenfalls beeinflussen, nicht aber grundlegend ändern. In immer kürzeren Abständen muss das eigene Verhalten justiert werden. Gegen solche Überforderungen werden die Altbestände organisiert. Nur: Hier ist rückwärtsgewandte Architektur erst recht überfordert. Die historisierenden Kulissen am Wegrand, diese hilflosen Geborgenheitsversprechen und anrührenden »Verortungsgesten« – wie ein Kollege sie genannt hat – erlösen nicht von den Zumutungen der Zeit, sie verstellen sie allenfalls. Danach treten die kurzfristig verdrängten Überforderungen umso unerbittlicher wieder hervor.
Aus diesen verschiedenen, untereinander zusammenhängenden Gründen erklärt sich der Rückgriff auf die alten Bau- und Stadtpläne. Doch fast immer gelingt dieser Versuch nur dann, und auch nur partiell, sofern er sich am realen, noch vorhandenen Denkmälerbestand abarbeitet. Schon heute sehen sich die blank geputzten, rekonstruierten

RÖMERBERG, FRANKFURT AM MAIN, REKONSTRUKTION OSTSEITE, 1981–1984

Alt- und Neumärkte verzweifelt ähnlich. Wenn die emsigen Vereine fürs historische Stadtbild und Gesellschaften pro Altstadt ihren Willen allerorts durchgesetzt haben, werden sie es erst recht tun.

Das liegt nicht daran, dass die Retrokünstler niedersächsisches von fränkischem Fachwerk nicht zu unterscheiden wüssten oder sächsische von bayerischen Putzfassaden, sondern es liegt an den Bedingungen des Second Life. Alle diese wieder herbeibeschworenen Quartiere entstehen zur gleichen Zeit. Sie alle werden mit demselben Anspruch auf Makellosigkeit hergestellt. Bei keinem von ihnen findet sich eine Spur der vergangenen Zeit, eine Verletzung, ein Riss, der einen Blick auf die Realitäten des Einst zuließe. Keines von ihnen ist noch mit dem Leben erfüllt, für das die Originale gebaut worden waren – und das war immer ein gemischtes, turbulentes, keineswegs funktional geordnetes Leben. Heute präsentiert sich in prosperierenden Städten alles, was als alt notiert ist, neu wie am ersten Tage. Daher schlussfolgern Bürger und Tourist paradoxerweise: Nur das, was makellos erscheint, ist alt, sonst wäre es ja renoviert worden.

So fällt auf alles, auch auf die tatsächlich überlieferten, noch erhaltenen Geschichtszeugnisse das Zwielicht des Zweifels. In dieser Retrowelt ist nichts mehr, was es scheint. »Mitten unter die ehrliche Wirklichkeit Masken und Gespenster sich mischen zu sehen, erfüllt mit Grauen«, meinte Georg Dehio,[4] den ein Bürger des 21. Jahrhunderts natürlich nicht zitieren darf, ohne als hoffnungslos rückständig zu gelten. Otto Bartning – darf man ihn wenigstens noch zitieren? – pointierte: Je echter die Rekonstruktionen wirkten, desto schlimmer. Er meinte damit: Von der Neuerfindung nicht mehr vorhandener Denkmäler geht eine latente Gefahr für noch vorhandene Denkmäler aus. Unter Masken wird auch der, der sich nicht verkleidet, zur Maske. In unseren Tagen dagegen halten manche Bauhistoriker die Gefahr, das Original mit seinem »historischen Bild« zu verwechseln, keineswegs mehr für ein Unglück.[5]

EIN MORALISCHES PROBLEM

Rekonstruiert worden ist auch in den ersten Jahrzehnten nach Kriegsende, und nicht zu knapp. Die alte rigide Position der Denkmalpflege aus dem frühen 20. Jahrhundert, aus den Zeiten Georg Dehios, Alois Riegls oder Paul Clemens', »Konservieren ja, restaurieren nein«, war schon damals nicht zu halten, auch wenn die Denkmalpfleger sie sinngemäß noch 1964 in die internationale Charta von Venedig aufgenommen haben. Die Generation dieser engagierten Kunsthistoriker forderte vor den Zerstörungen der großen Kriege, die überlieferten Bauten der Geschichte in ihrem gegebenen Zustand zu bewahren, sie aber nicht zu ergänzen, geschweige denn auf einen fiktiven Idealzustand hin zu restaurieren; das Wort »restaurieren« wurde damals so gebraucht, wie wir heute »rekonstruieren« sagen.
Dieses Reinheitsgebot war nach den gewaltigen Verlusten durch Bodenkriege und Luftangriffe nicht mehr zu halten, wenn nicht auf jegliche gebaute Erinnerungen, auf die gewordene Identität der Städte verzichtet werden sollte. Dehio und Riegl hatten gut predigen in ihren Zeiten, als das Land zwar auch seine Modernisierungsverluste zu tragen hatte, aber die historischen Bestände unvergleichlich reicher waren als nach den Verwüstungen des Zweiten Weltkriegs und den folgenden Totalsanierungen und hypertrophen Verkehrsplanungen. Ohne Rekonstruktion im Sinne von Wiederaufbau gäbe es kein Stuttgarter und kein Charlottenburger Schloss, keine Nürnberger Burg und keine Kölner Stiftskirchen, keinen Berliner Gendarmenmarkt und kein Forum Fridericianum, kein Goethehaus und kein Buddenbrookhaus, keinen Dresdner Zwinger und, natürlich, auch keine Dresdner Frauenkirche.
Trotzdem war für diese Generation Rekonstruktion ein moralisches Problem. Der berühmte Aufruf von Werkbundmitgliedern aus dem Jahre 1947, *An alle, die guten Willens sind,* formulierte kategorisch: »Das zerstörte Erbe darf nicht historisch rekonstruiert werden, es kann nur für neue Aufgaben in neuer Form erstehen.«[6] Wo in den ersten Jahrzehnten nach Kriegsende dennoch rekonstruiert wurde, galten Regeln, die auch heute einen verantwortungsvollen Umgang mit den Zeugnissen der Vergangenheit garantieren könnten. Rekonstruiert wurde zumeist dann, wenn vier Bedingungen erfüllt waren:
– wenn die Denkmäler in Teilen noch materiell erhalten geblieben waren und die erhaltenen Relikte gewissermaßen den Echtheitsausweis, das DNA-Zertifikat erteilen konnten,
– wenn ihr Standort nicht neu durch andere Zwecke und Nutzungen besetzt war, also die Geschichte nicht über den Ort hinweggegangen war,
– wenn die Dokumente, das Plan- und Bildmaterial, die Bauaufnahmen und die Erinnerungen Beteiligter zuverlässige Auskunft über den gewesenen Zustand erteilten,
– wenn die künftige Nutzung mit dem Bild des alten Baus vereinbar war.
Erklärtes Ziel war auch bei diesen Auseinandersetzungen mit dem geschmälerten Bestand, »zum Sprechen [zu] bringen, was an

HANS MAIER, ALTE BRÜCKE, HEIDELBERG, 1786-1788, 1947 VON RUDOLF STEINBACH RESTAURIERT

HEIDELBERGER SCHLOSSGARTEN IM HEUTIGEN ZUSTAND

Spuren- und Nachrichtenfülle, bis hinein in die Zeugnisse handwerklicher Baukultur, die Persönlichkeit des Altbaues« ausmachte.[7]
Mit welchen Skrupeln die Urheber an die Wiedergewinnung des Verlorenen gingen, zeigt der Wiederaufbau der alten Heidelberger Brücke. Heidelberg gehörte zu den wenigen westdeutschen Städten von überragendem kunst- und kulturgeschichtlichem Wert, die unzerstört aus dem Krieg hervorgingen. Aber die Brücke über den Neckar, ein Meisterwerk des späten 18. Jahrhunderts, hatte das Kriegsschicksal ereilt. Drei ihrer neun Bögen waren im Frühjahr 1945 von den abrückenden deutschen Truppen gesprengt worden. Mit ihrer an- und absteigenden Bogenkette, den diagonal vorstoßenden Eisbrechern und dem doppeltürmigen Torhaus gehört das Bauwerk untrennbar zum Stadtbild. Johann Wofgang von Goethe, Friedrich Hölderlin, die Romantiker haben es im Seelenhaushalt der Deutschen verewigt. Hätte es überhaupt einen Grund geben können, die Brücke nicht in der alten Form wiederaufzubauen?
Rudolf Steinbach, ein gewissenhafter Baumeister und von seinen späteren Aachener Studenten verehrter Lehrer, wollte Rekonstruktion nur erlauben, wenn alle äußeren Bedingungen wie funktionale Notwendigkeit und genaueste Kenntnis des Baukunstwerkes gegeben seien, wenn die alte handwerkliche Technik aufs Sorgfältigste angewendet werde und wesentlich originale Teile des Bauwerkes erhalten seien. »Nur was vom Bestande durchseelt werden kann, gewinnt den Geist und das Gesicht seiner Zeit.«[8]
Die Brücke wurde im Juli 1947 eingeweiht. Damals stand die Rekonstruktionswelle erst bevor. Der skrupulöse Steinbach bangte, mit diesem Bau ein bedenkliches Beispiel gegeben zu haben; er müsse Sonderfall bleiben. Doch nun drohe auch der Wiederaufbau des Frankfurter Goethehauses, des Stuttgarter Königsbaus und des Münchner Hofbräuhauses!
Was Steinbach geahnt, ja gefürchtet hatte, wurde in allen drei Städten Wirklichkeit – und niemand würde heute einen Einwand erheben. Materielle Relikte, unangetasteter Bauplatz, einwandfreie Planungsunterlagen und verträgliche künftige Nutzung, diese vier Voraussetzungen wurden vom Goethehaus wie vom Königsbau wie auch vom Hofbräuhaus erfüllt, und sie waren beim Wiederaufbau der Dresdner Frauenkirche gegeben. Immerhin existierten noch die Kellergewölbe, zwei mächtig aufragende

JACQUES FOUQUIÈRES, *SCHLOSSGARTEN (HORTUS PALATINUS)*, HEIDELBERG, UM 1620

Wandstücke und eine große Zahl verwendbarer, sorgfältig kartierter Steine, die den Bestand »durchseelen« konnten. Dagegen treffen diese vier Kriterien nicht auf viele jener Rekapitulationen zu, um die es zurzeit geht.

DAS A-WORT

Das Paradoxe ist: Während die Gesellschaft die Laterna magica ihrer Reproduktionen aufpoliert, verkommen andernorts die real überlieferten Architekturdokumente. Die Innenstädte werden von Bauzeugnissen der 1950er- bis 1970er-Jahre gereinigt. Für die Rettung alter Stadtkerne wie Quedlinburg ist guter Rat noch immer teuer. In Brandenburg und Mecklenburg-Vorpommern verfallen Dutzende gefährdeter Dorfkirchen. In der gesamten Bundesrepublik sind hunderte und aberhunderte Sakralbauten beider Amtskirchen aus dem 19. und 20. Jahrhundert in Gefahr – darunter solche von den großen Architekten der Epoche (vgl. S. 252 ff.). Die Mittel sind begrenzt, heute mehr denn je. Was in die rekonstruierende Imageproduktion geht, kann nicht in legitime Rettungsaktionen gehen, auch wenn die jeweiligen Subventionstöpfe andere sind. Letzten Endes sind es immer wir Steuerzahler, die zahlen.

Und eine andere Gefahr geht vom derzeit praktizierten Replikenwesen aus. Das eine, die Rekonstruktion, ist die Kehrseite eines anderen, der Dekonstruktion. Was dem Altern und der Vergänglichkeit enthoben ist, steht jenseits der Zeit, ist gespeichert, kann abgerufen werden. Was kommt es also auf sein physisches Ende an? Reißt es ab, es ist ja wiederholbar. Die Produkte der Vergangenheit werden als ein Vorrat jederzeit wieder aktualisierbarer Bilder betrachtet, der unumkehrbaren Realzeit enthoben, auf den digitalen Halden und in den Archiven gespeichert und unserer freien Verfügung übergeben, im Abräumen wie im Wiedererrichten.

Reale, am Ort erhaltene Zeugnisse der Geschichte dagegen vermitteln eine Erfahrung, die man existenziell nennen darf. Diese geschichteten oder gewölbten Steine, diese dem Verfall entkommenen Fachwerkgerüste, zählen, wo sie sind und wie sie sind, mehr Jahre als wir. Sie haben mehr gesehen als unsere eigenen Augen. Sie konfrontieren uns mit dem, was älter ist als wir selbst. Sie geben uns ein Gefühl von Dauer, das keine neu erfundene Geschichtskulisse liefern kann. Sie vermitteln den Trost, dass es Dinge gibt, die länger bleiben, als es uns vergönnt ist – oder die Einsicht in die Hinfälligkeit des eigenen Lebens, eine metaphysische Erfahrung.

Trost spenden sie nur so lange, wie ihre authentische Substanz nicht durch die grassierende Faksimilekultur entwertet worden ist – nur so lange, wie die Unwiederholbarkeit von geschichtlich Gewordenem noch eine Erfahrung ist, nur so lange, wie das »A-Wort« Authentizität noch gilt. Gegen die architektonische Reproduktionstechnik sprechen nicht die Probleme, die ein irritierter Kunsthistoriker mit der Datierung von Objekten haben mag - 17. oder 21. Jahrhundert? -, sondern die Sorge, es könne uns ein Maßstab und vielleicht auch ein Halt des menschlichen Daseins abhanden kommen.

Historisierende Fiktionalisierung nimmt nicht die Moderne zurück. Sie ist selbst Ausdruck der Modernisierung, in der Willkür ihrer Wahlakte und Vorlieben, in dem Herrengestus, mit dem beliebige Bauzeugen über Jahrzehnte und Jahrhunderte hinweg zurückkommandiert werden, in der Machbarkeit von allem und jedem. Ein Blick in die schönen alten Stichwerke, in Braun-Hogenberg oder Matthäus Merian, und die Begehrlichkeiten sind geweckt. Der pfalzgräfliche Heidelberger Schlossgarten in seiner malerischen, nachbarocken Gestalt, hat die deutsche Romantik inspiriert, hat Hölderlin und Goethe gesehen. Aber was hilft diese Erinnerung, wenn ein reicher Mäzen – vergleichbar dem Mäzen des Potsdamer Schlosses – eine Abbildung des Hortus Palatinus aus dem frühen 17. Jahrhundert entdeckt und dessen Neuherstellung wünscht?

Und wenn schon das Berliner Schloss, warum nicht auch den riesigen Münzturm, nur etwas besser fundamentiert als bei Andreas Schlüter, unter dessen Händen er im Schlick der Spree versank, oder Schlüters anmutiges Landhaus Kamecke? Es sollte schon einmal, noch in DDR-Zeiten, an anderer Stelle, an der Friedrichstraße rekonstruiert werden, als Empfangspavillon für einen Hotelneubau. An demselben Ort wie einst müssen diese Wiedergänger ja nicht mehr stehen, das haben wir uns längst abgewöhnt.

Gern wird von Rekonstruktionsfreunden das Argument benutzt, in der Architektur sei nicht der physische Körper des Bauwerkes das Original, sondern sein Plan, wie die Partitur in der Musik. So könne man auch Bauwerke neu aufführen wie ein Konzertstück und sie beiseite legen bis zur nächsten Aufführung, oder gar das seinerzeit nie Realisierte nachträglich realisieren. Aber man täusche sich nicht: Es kehren nur die Bilder wieder, nicht die Sachen selbst. Es sind Reproduktionen ohne durchlebte Existenz. Wenn die Gesellschaft diese Fiktionalisierung wirklich will, sollte sie zumindest deutlich sagen, wo die Grenzen gezogen sein sollen, bis zu denen sie in der Entmaterialisierung der Geschichtsbelege gehen will.

BRUCH MIT DER GESCHICHTE?

Zweifellos würde sich bei entsprechender Fragestellung eine große Mehrheit der Bevölkerung für fast jede Wieder-Holung des Vergangenen aussprechen. Diese Ausflüge ins Vergangenheitsland muss man ernst nehmen. Die Mehrheit muss nicht recht haben, nur weil sie die Mehrheit ist; Kunstfragen sind nicht abstimmungsfähig. Aber gewiss gibt es Gründe, auch in der Architektur nicht alles zu wollen, was eine fachkundige Minderheit der Mehrheit empfiehlt. Darüber darf das Gespräch nicht abbrechen. Was hat das gegenwärtige Bauen verweigert, das einer Vielzahl von Menschen unentbehrlich scheint, und wie kann die zeitgenössische Architektur deren Ansprüche erfüllen, ohne ihre eigenen Qualitätskriterien in Frage zu stellen?

Von Fall zu Fall war die Moderne sehr wohl in der Lage, die Erwartungen an ein die Sinne befriedigendes, erinnerungsfähiges Bauen zu erfüllen. Über demselben

JØRN UTZON, OPERNHAUS, SYDNEY, 1959–1973

Parlament, das sich für die Rückkehr des Hohenzollernschlosses entschieden hat, wölbt sich die neue Kuppel Norman Fosters, die nach wie vor täglich Hundertschaften von Besuchern anzieht. Jørn Utzons Oper in Sydney hat es zum Nationalsymbol eines ganzen Kontinents geschafft. Günter Behnischs und Frei Ottos Zelte im Münchner Olympiapark haben sich so sehr dem kollektiven Bewusstsein eingeprägt, dass sie bisher jedem Attentatsversuch durch Developer, Stadtrat und sogar durch die eigenen Architekten widerstanden haben. Solche Beispiele haben durchaus allgemein akzeptierte Zeichen gesetzt. Sie haben Typologien weitergeführt – etwa die der Kuppel –, vorhandene Ortslagen akzentuiert wie das Brachland eines ehemaligen Straßenbahndepots am Hafen von Sydney oder neue geschaffen wie die aus Trümmern modellierte Stadtlandschaft am Münchner Oberwiesenfeld.

Nicht minder wichtig sind die vielen gelungenen Interventionen, die das Vorhandene aufnehmen, ohne das Neue zu verleugnen, in wechselnden Graden der Selbstbehauptung oder Einordnung: Kleine Eingriffe, mit großem Takt vorgenommen. Häuser, die Beziehungen aufspüren oder neue begründen. Bauten, in denen die Nachbarschaft historischer Architektur verarbeitet wird. Gebäude, die mit der Erinnerung ans Vergangene ein dialektisches Spiel treiben.

In den meisten Epochen der Baugeschichte suchten die Künstler Tradition und Neuerung miteinander zu vermitteln, bei wechselnden Anteilen beider Pole. Viele bedeutende Künstler haben sich für ein funktionierendes Verhältnis zwischen Innovation und Tradition ausgesprochen. Was der britische Architekt und Theoretiker William R. Lethaby am Ende des 19. Jahrhunderts vermutete und mit einem Zitat des Malers Joshua Reynolds belegte, war die Überzeugung vieler: »Erfindung ist genau genommen wenig mehr als die neue Kombination jener Bilder, die zuvor im Gedächtnis gespeichert worden sind: Nichts kann von nichts kommen.«[9] Totale Brüche in der Geschichte sind selten.

Hat die heroische Moderne den radikalen Bruch mit der Geschichte bedeutet, von dem ihre Protagonisten manchmal und ihre Gegner immer sprachen? Gewiss war der Historismus des 19. Jahrhunderts ein Feindbild der Modernen. Aber Vorbilder aus der Geschichte haben auch sie herangezogen. Meist waren sie nicht aus den jüngeren Phasen historisch überschaubarer Baukunst genommen, sondern aus älteren oder damals exotisch wirkenden Kulturen, die den Europäern alternative Lernerfahrungen versprachen wie die Lehmarchitektur Schwarzafrikas oder der Pueblo-Indianer, die wohlorganisierten Labyrinthe islamischer Kasbahs, die Terrassenarchitektur der Azteken. Wo Meister ihres Fachs am Werk

LUDWIG MIES VAN DER ROHE, NEUE NATIONALGALERIE, BERLIN, 1965–1968

waren, ging es um Verarbeitung, Umfomung, Neubildung, nicht um Zitate des einstmals Gewesenen.
Vorträge, wie sie Le Corbusier, Ludwig Mies van der Rohe oder Erich Mendelsohn gehalten haben, stecken voller Entdeckungen aus Vergangenheit und Vorvergangenheit, die diese Architekten für die Gegenwart nutzten. Mies hat sich für germanische Haufendörfer interessiert. Hannes Meyer, der radikale Funktionalist, stellte sämtliche Grundrisse Palladios auf dreißig Normenblättern in einheitlichem Maßstab dar.[10]
Hans Poelzig, der in manchen Lebensphasen als Avantgardist galt, bekannte, er hasse die Historie, soweit sie ihn einzwängen wolle, aber er liebe die Vergangenheit, soweit sie künstlerische Instinkte in ihm wecke.[11]
Oft waren Gewöhnungsprozesse zu absolvieren, bis man auch in einem Bau Mies van der Rohes ein verwandeltes Urbild, das des antiken Tempels, erkannte – plus der zusätzlichen Komplexität, die neue Materialien und Konstruktionsweisen beitrugen.
Die Qualitätsmoderne hat sehr wohl gewusst, was sie an der Geschichte hatte. Nur die Spekulantenmoderne hat sich für nichts als den kommerziellen Profit interessiert.
Warum sollte die Geschichte nicht auch weiterhin als Lehrmeister dienen, als Anstoß zur Bildung wiedererkennbarer Orte? Freilich nicht als Asservatenkammer, aus der man sich von Fall zu Fall bedient – wie es die Postmoderne zu tun liebte und auf ihre Weise die Fraktion der Rekonstrukteure. Es werden Prozesse mit offenem Ausgang sein müssen, bei denen die Ansprüche jeweils neu verhandelt werden: einerseits der Ausdruck gegenwärtigen Lebensgefühls, aktueller Bauprogramme, zeitgenössischer Techniken, Konzepten der Nachhaltigkeit; andererseits die Verträglichkeit mit dem, was da ist, an Baubestand, an erinnerter Vergangenheit, wie sie im kollektiven Gedächtnis und, konkreter, im Muster des Stadtplans niedergelegt sind. Der Stadtplan ist in der Regel ein guter Begleiter aus dem Einst ins

Demnächst. Er enthält die zuverlässigsten Informationen über das, was war, und erlaubt Freiheiten in der Überbauung.
Kompromiss darf nicht das Ergebnis der Verhandlungen sein. In manchen Situationen bedarf es der neuen Zeichen, auch wenn sie Bruch mit dem Vorhandenen bedeuten. Denn Identität knüpft sich nicht nur an taktvolles Weiterspinnen des Gegebenen, sondern auch an neu gewagten Einsatz. Nicht nur die grandiose Grand Opéra des Charles Garnier mit ihrer barocken Allüre trug zum unverlierbaren Stadtbild von Paris bei, sondern ebenso die damals unerhörte Verletzung aller städtebaulichen Traditionen, der Eiffelturm. Auch für Utzons aufeinander geschichtete Schalen gab es in Sydney nichts, was auf sie vorbereitet hätte. Sie gehorchten keiner Tradition, sondern begründeten eine neue.
Der dosierte Einsatz des Nie-zuvor-Gesehenen gehört zu den Regeln des Spiels, ebenso wie die überlegte Fortführung des Vorhandenen, seine variierende Weiterbildung, die etwas anderes ist als blinde Kopie. Darüber lohnt es sich zu streiten.[12] Nietzsche, noch einmal, hielt die Frage, bis zu welchem Grad das Leben den Dienst der Geschichte brauche, für »eine der höchsten Fragen und Sorgen in Betreff der Gesundheit eines Menschen, eines Volkes, einer Cultur.«[13]

1 Friedrich Nietzsche, *Unzeitgemäße Betrachtungen. Vom Nutzen und Nachtheil der Historie für das Leben* (1874). *Kritische Studienausgabe,* Bd. 1, 2. Auflage, Berlin 1988, S. 268.

2 Sebastian Glubrecht, »Uaaaaaaaaaaaaah!«, in: *Magazin der Süddeutschen Zeitung,* 20, 2008, S. 22.

3 Adalbert Stifter, *Der Nachsommer* (1857), München 1977, S. 258.

4 Georg Dehio, zit. nach ders. und Alois Riegl, *Konservieren, nicht restaurieren (Bauwelt Fundamente,* 80), Braunschweig und Wiesbaden 1988, S. 97.

5 Jürgen Paul, zit. nach Arnold Bartetzky, »Gebaute Geschichtsfiktionen«, in: Paul Sigel und Bruno Klein (Hrsg.), *Konstruktionen urbaner Identität,* Berlin 2006, S. 82.

6 »Ein Aufruf«, in: *Hefte für Baukunst und Werkform,* 1, 1947, S. 29.

7 August Gebeßler, zit. nach Norbert Huse, *Unbequeme Baudenkmale. Entsorgen? Schützen? Pflegen?,* München 1997, S. 102.

8 Rudolf Steinbach, »Die Alte Brücke in Heidelberg und die Problematik des Wiederaufbaus«, in: *Hefte für Baukunst und Werkform,* 2, 1948, S. 35.

9 William Richard Lethaby, *Architecture, Mysticism and Myth,* London 1974, S. 1.

10 Vgl. Ludwig Mies van der Rohe, in: Fritz Neumeyer, *Mies van der Rohe. Das kunstlose Wort,* Berlin 1986, S. 313; Hannes Meyer, »Wie ich arbeite«, in: Lena Meyer-Bergner (Hrsg.), *Hannes Meyer. Bauen und Gesellschaft,* Dresden 1980, S. 103.

11 Hans Poelzig, »Festspielhaus in Salzburg«, in: *Das Kunstblatt,* 5, 3, 1921, S. 81.

12 Die Auseinandersetzungen sind in Breite und Heftigkeit weitergeführt worden. Vgl. Ingrid Scheurmann (Hrsg.), *ZeitSchichten, Erkennen und Erhalten. Denkmalpflege in Deutschland,* München und Berlin 2005; Ute Hassler und Winfried Nerdinger (Hrsg.), *Das Prinzip Rekonstruktion,* Zürich 2010; Winfried Nerdinger (Hrsg.), *Geschichte der Rekonstruktion, Konstruktion der Geschichte,* München 2010; Adrian von Buttlar u. a. (Hrsg.), *Denkmalpflege statt Attrappenkult. Gegen die Rekonstruktion von Baudenkmälern (Bauwelt Fundamente,* 146), Gütersloh u. a. 2011.

13 Nietzsche 1988 (wie Anm. 1), S. 257.

EIN ENDE DER WUNDPFLEGE?

VERÄNDERTER UMGANG MIT ALTER BAUSUBSTANZ

»Man reißt das Haus nicht ein / das Väter fest gebaut / Doch richtet man sich's ein / wie man's am liebsten schaut«. So steht es auf einer Terrakottatafel am Eingang eines Gutshauses auf Rügen, abgebildet in einer der vielen Publikationen, die in den letzten Jahrzehnten über den Umgang mit alter Bausubstanz erschienen sind.[1] Wie man es denn nun »am liebsten schaut«, teilt uns der Urheber der Inschrift nicht mit. Vermutlich war er der Ansicht, jeder tue es auf seine Weise, und es gebe da so viele Wege, dass man sie nicht auf einen Nenner bringen kann, schon gar nicht in einem Vierzeiler. Ebenso wenig lässt er uns wissen, wie zu handeln sei, wenn es sich nicht um die Neueinrichtung des vorhandenen Vaterhauses handelt, sondern um eine Erweiterung, einen Anbau, eine neue Intervention im alten Bestand, wie sie zu den wichtigsten Aufgaben im heutigen Baugeschäft geworden sind.

FORMALE STRATEGIEN

Die letzten Jahre und Jahrzehnte haben in der Tat eine Vielzahl formaler Strategien hervorgebracht, mit dem Neuen auf das Alte zu reagieren – so viele, dass manche Autoren sich an eine erste Katalogisierung gewagt haben.[2]
Die häufigste Form der Aneignung ist die restaurierende Bearbeitung des Vorhandenen und seine Anpassung an geänderte Zwecke bei weitgehender Bewahrung der Außenform. Nach außen wird der Eingriff gern durch kleinere Hinweise, etwa an den Öffnungen, Fenstern, Eingängen, Dächern angezeigt, aber durch mehr nicht. So findet sich in Eichstätt an der Altmühl, in den 1970er- bis 1990er-Jahren das Exkursionsziel

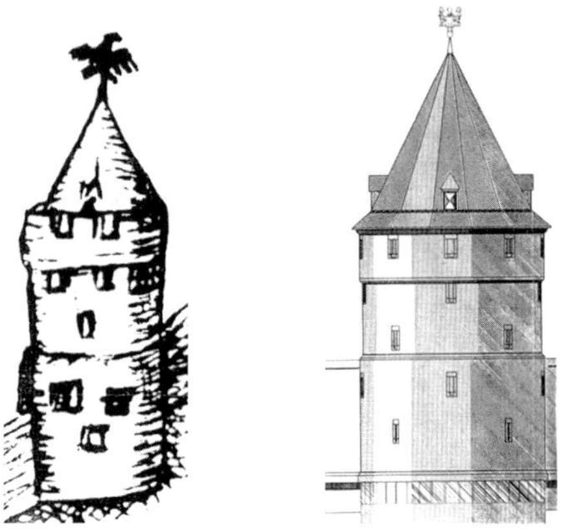

REKONSTRUKTION DES ADLERTURMS
(13. JAHRHUNDERT), DORTMUND, 1987-1992

aller in Deutschland einschlägig Befassten, am mittelalterlichen Kornhaus heute eine barocke Uhr in einem gläsernen Erkerchen eingekästelt, barock, jedoch elektrisch betrieben. Altmeister Karljosef Schattner, langjähriger Diözesanbaumeister von Eichstätt, zeigte damit gewissenhaft an: Denkt bloß nicht, Ihr findet hier noch Getreide vor, das Kornhaus dient jetzt als Diözesanmuseum. Mit der Uhr stellt es schon ein erstes Exponat seiner vielen kultur- und liturgiegeschichtlich bemerkenswerten Gegenstände aus.
Innen konnte es auch bei äußerer Zurückhaltung zu umfangreichen Veränderungen kommen. Sie reichen von der taktvollen Einpassung des Neuen bis zum völligen Ausweiden und Auskernen des Volumens. Bei Erich Mendelsohns Kino Universum in Berlin, das für die Zwecke der Schaubühne, also eines Theaterbetriebs, umgerüstet wurde, blieb nicht nur innen kein Stein auf dem anderen. Auch die Fassaden mussten schließlich daran glauben. Sie wurden niedergelegt und anschließend wieder aufgerichtet, anders wäre die Bühnenmaschinerie nicht zu installieren gewesen. Die Beibehaltung der Außenform erforderte als Preis eine Unterbrechung der Kontinuität des Bauwerks.
Der methodische Unterschied zu den umstrittenen Totalrekonstruktionen, wie sie die Schlösser in Berlin, Potsdam, Braunschweig sind oder werden, ist nicht gar so groß; auch das Universum-Kino ist eine Totalrekonstruktion. Nur der kürzere oder längere zeitliche Abstand zwischen Altzustand und Neuzustand unterscheidet die eine Praxis von der anderen, und damit natürlich auch der bessere oder schlechtere Informationsstand. Wo man das Original bis eben noch vor Augen hatte, arbeitete man auf sichererem Terrain. Beim Mendelsohn-Kino folgte die Wiedererrichtung der Niederlegung auf dem Fuße. Dagegen können bei Rekonstruktionen à la Berlin, Potsdam, Braunschweig Jahrzehnte zwischen Verlust und Rückgewinnung liegen, manchmal Jahrhunderte - wie im Fall des mittelalterlichen Dortmunder Adlerturmes, der nach der zwei Zentimeter großen Darstellung in einem Holzschnitt aus dem 17. Jahrhundert reaktiviert wurde!
Eine ebenfalls nahe liegende Methode ist, zweitens, die Anfügung eines neuen Bauteils, in wechselnden Graden der Beziehung zwischen den Baukörpern, von Unterordnung und Anpassung über Gleichrangigkeit bis zur Dominanz des Neuen. So haben es Schweger Associated Architects gehalten, als sie für das Karlsruher ZKM | Zentrum für Kunst und Medientechnologie einen Glaskubus vor den jetzt museal genutzten Bau einer ehemaligen Munitionsfabrik setzten. Der neue Vorbau dient medialen Veranstaltungen und wirkt nicht zuletzt als Signal der Modernität, auf das die Sammlungen des ZKM besonders angewiesen sind.

Eine andere Handschrift beim selben Thema Anfügung schrieben die Schweizer Herzog & de Meuron in den Jahren, als sie noch nicht die ganz großen Stars waren. Die Küppersmühle in Duisburg, eine ehemalige Getreidemühle, arbeiteten sie zu einem funktionstüchtigen Galeriebau um, indem sie ihm unter anderem ein neues Treppenhaus hinzufügten. Dessen rot eingefärbte Betonflächen kontrastieren nicht als sofort sichtbarer Eingriff, sondern gleichen sich dem alten Backsteinmauerwerk an, greifen den Farbton auf und mit dem Pultdach des Treppenhauses auch den Neigungswinkel des Hauptgiebels.[3] Relative Angleichung: Das ist ein Thema, das bei Architekten und ihren Auftraggebern zunehmend an Interesse gewinnt.

Ein drittes Verfahren besteht in der Implantation eines materiell vom Altbau geschiedenen Volumens oder mehrerer Raumvolumen. Eine solche Einhausung der neuen Funktion hat lange Tradition. Manchmal waren es die heiligen Gräber, die als Kleinbauten in vorhandene Kircheninterieurs eingestellt wurden, oder die Baldachine über den Hauptaltaren nach dem Vorbild von St. Peter in Rom, kleine Bauwerke, die in größeren Bauwerken stecken wie die Puppe in der Puppe. Im Frankfurter Deutschen Architekturmuseum von Oswald Mathias Ungers ist es ein innerer Turmbau, ein Haus im Haus, das der spätwilhelminischen Villa am Mainufer eingepflanzt wurde, ursprünglich sogar aus dem Dach herauslugen sollte. Im märkischen Müncheberg, einem Zisterzienserbau, sind neue Bibliothek und Veranstaltungsräume dem gotischen Mauerwerk von St. Marien eingepasst. Der holzverkleidete bauchige Container liegt wie ein riesiges Weinfass, wie ein halbierter Bootsrumpf im Kirchenschiff. In solchen Fällen werden die neuen Büros, Ausstellungskabinette oder was auch immer in den aufgegebenen Sakralbauten oder Industriehallen untergebracht werden soll, räumlich, statisch und klimatisch getrennt von ihren Wirtsorganismen eingesetzt, wie im ehemaligen Dieselkraftwerk Cottbus, das zu einem Kunstmuseum umgebaut wurde.

Das Gegenstück zum Einnisten stellt, viertens, das Umhüllen dar. Dann legt sich die neue Nutzung wie ein Mantel um das vorhandene Gebäude und macht es zum Kerngehäuse. Entsprechend ging schon Andrea Palladio in Vicenza vor, als er den mittelalterlichen Palazzo della Ragione, die Basilika, mit zweistöckigen Renaissanceloggien umkleidete. Im Verfahren ähnlich, wenn auch auf bescheidenerem Anspruchsniveau, wurde nach dem letzten Krieg das historistische Gehäuse des Museum August Kestner in Hannover in eine perforierte Kiste verpackt, die dem Haus zu neuen, peripheren Ausstellungsflächen verhalf. Sie ziehen sich als Galerien um den alten Kernbau und verschaffen ihm zusätzlichen Raum.

Eine fünfte Kategorie bildet das Unterfangen des vorhandenen Gebäudes. Hunderte und aberhunderte von Malen wurde es bei Unterkellerungen für Tiefgaragen, Depots oder andere Zwecke angewendet, aber auch für anspruchsvollere Aufgaben eingesetzt, wenn das oberirdische Erstgeborene entlastet und ihm gleichzeitig Respekt erwiesen werden soll. Im schwer zerstörten Schweinfurt ist die Zehntscheuer des Ebracher Hofes eines der ehrwürdigsten und ältesten Gebäude der heutigen Stadt. Es stand lange leer, und da Nichtnutzung für ein Bauwerk die größte Gefahr bedeutet, sollte die Stadtbibliothek einziehen. Eine unterirdische Erweiterung unter dem Vorplatz verhalf zu den notwendigen Flächen. Auch die Erweiterung der Villa

BEWAHRTE AUSSENFORM:
JÜRGEN SAWADE, UMBAU DES UNIVERSUM-KINOS (ERICH MENDELSOHN, 1926–1928) ZUR SCHAUBÜHNE, BERLIN, 1981

ANFÜGUNG:
SCHWEGER ASSOCIATED ARCHITECTS, UMBAU MUNITIONSFABRIK ZUM ZENTRUM FÜR KUNST UND MEDIENTECHNOLOGIE, KARLSRUHE, 1992–1997

UMHÜLLUNG:
WERNER DIERSCHKE, ERWEITERUNG MUSEUM AUGUST KESTNER (WILHELM MANCHOT, 1889), HANNOVER, 1961

UNTERFANGUNG:
PETER KULKA, ERWEITERUNG BOSCH-STIFTUNG HAUS HEIDEHOF (CARL HEIM, JACOB FRÜH, VILLA BOSCH, 1909/10), STUTTGART, 2000–2005

Bosch in Stuttgart, Sitz der Robert-Bosch-Stiftung, konkurriert nicht auf gleichem Höhenniveau mit der Pseudo-Palladio-Villa des Industriepatriarchen, sondern hat sich mit einem größeren Teil ihrer Büros scheinbar in den Hang eingegraben. Es ist keine eigentliche Unterfangung des Altbaus, aber ein respektvoller Fußfall, der zudem eine Blickachse auf die höher gelegene Villa öffnet.
Auch hier gibt es, sechstens, ein diametral entgegengesetztes Vorgehen, die Aufstockung und Überfangung des Bauwerkes, sofern seine Statik es zulässt oder es entsprechend aufgerüstet werden kann. Die Baugeschichte kennt zahllose Belege, die zeitgenössische Architektur auch: So hat Friedrich Spengelin in den 1960er-Jahren in Hannover einem Hochschulgebäude der TU, früher eine Druckerei, Atelierbauten für die Architekturfakultät aufgesetzt. So toppte der Kunstsammler Christian Boros, der den »Reichsbahnhochbunker Typ M 1200« in Berlin-Mitte erwarb und zu einem spannungsreichen Kunstambiente umgestalten ließ, das finstere Kriegsrelikt mit einem

EINHAUSUNG:
KLAUS BLOCK,
UMBAU ZISTERZIENSERKIRCHE
(13. JAHRHUNDERT)
ZU STADTBIBLIOTHEK UND
VERANSTALTUNGSHAUS,
MÜNCHEBERG, 1995–1998

AUFSTOCKUNG:
JACQUES HERZOG UND
PIERRE DE MEURON,
AUFSTOCKUNG KAISPEICHER
(WERNER KALLMORGEN,
1962–1966) ALS ELBPHILHARMONIE,
HAMBURG, SEIT 2007 IM BAU

DURCHKREUZUNG:
GÜNTHER DOMENIG, EINBAU
NS-DOKUMENTATIONSZENTRUM
IN KONGRESSHALLE (LUDWIG
UND FRANZ RUFF, 1934–1941),
NÜRNBERG, 1998-2001

komfortablen Bungalow, lichte Penthousemoderne über dem Betonverlies. So hieven Herzog & de Meuron in der Hamburger Hafencity einen Philharmoniesaal nebst einem Sortiment weiterer Nutzungen auf ein vorhandenes Speichergebäude.
Dass es sich bei der Hamburger Philharmonie um eine Maßnahme im Dienste wirkungsvoller Bildregie handelt, zeigte der Baufortschritt. Denn aus Werner Kallmorgens Speichergebäude wurden sämtliche Innereien entfernt. Die vorhandene Tragstruktur wurde durch eine komplett neue ersetzt, die Fassaden wurden während der Baumaßnahmen abgestützt und gerettet. Von Kopf bis Fuß handelt es sich um einen Neubau, der nur so tut, als habe er sich sublimierend auf seinem Sockelbau niedergelassen, den ehemals profanen Nutzbau kulturvoll überkrönend.
Ein siebtes und radikales Handlungsmuster besteht im gebauten Protest gegen das Vorhandene, in seiner Durchkreuzung. Es ist ein Verfahren, dessen sich die sogenannten Dekonstruktivisten mit leidenschaftlicher Inbrunst bedient haben. Sehr oft handelt es sich bei diesen Lösungen um politische Statements. Man distanziert sich auf diese Weise wirkungsvoll von den früheren Nutzungen und Nutzern, etwa von den Machthabern des NS-Regimes. Was könnte eine stärkere Geste der Distanzierung sein als die Durchkreuzung, ein gebauter Protest gegen die alte, ungute Ordnung? Als der Grazer Architekt Günther Domenig in der Nürnberger Kongresshalle, einem mächtigen, unvollendeten Teil des NS-Parteitagsgeländes, ein Dokumentationszentrum einzurichten hatte, durchbohrte er den nördlichen Kopfbau mit einer Art Pfahl, einem hundertdreißig Meter langen verglasten Korridor. Er dringt an der einen Seite des Nazikolosseums hinein und fährt an der anderen Seite wieder heraus.

KARLJOSEF SCHATTNER, DIÖZESANARCHIV, EICHSTÄTT, 1989–1992

CARLO SCARPA, UMBAU CASTELVECCHIO ZUM MUSEUM, VERONA, 1964

Bei Daniel Libeskind sind solche Durchbohrungen und Karambolagen ins Repertoire eingegangen. Anfangs inszenierte er sie bei Bauten mit einem entsprechendem Auftrag wie dem Felix-Nussbaum-Museum in Osnabrück, dem Gedenkort für einen jüdischen Maler, der in Auschwitz umgekommen ist. Die einzelnen Flügel der Anlage umzucken wie Blitze den Altbau, einen Kleinpalast für die städtische Kulturhistorie, in der Nussbaum keine Heimat gefunden hatte. Oder sie rammen scheinbar eine benachbarte Villa, in der die NSDAP-Leitung von Osnabrück gesessen hatte. Inzwischen hat diese Katastrophenästhetik weite Verbreitung gefunden.
Durchbohrt und karamboliert wurde auch bei durchaus friedlichen Zwecken so ausgiebig, dass diese Schreibart zeitgenössischer Architektur schon wieder ein bisschen aus der Mode gekommen scheint. Libeskind selbst wendet sie aber ein weiteres Mal in Dresden an, wo er den neobarocken Altbau des Militärhistorischen Museums mit einem Keil durchbohrt. Wie immer bei Libeskind ist dieser Akt mehrfach kodiert. Als Geste der Negation sagt der Keil Nein zu jeder militanten Vergangenheit, soll aber auch an Formation und Flugrichtung der alliierten Bomberverbände erinnern, die 1945 Dresden zerstörten.
Derartige Designstrategien, von denen die erwähnten sieben besonders auffällig scheinen, lassen Interpretationen auf einer Skala zu, die von schroffer Distanzierung bis zu glättender Vereinheitlichung reicht. Es lässt

sich also gewissermaßen ein Koordinatennetz bilden. Auf der x-Achse stehen die physischen Alternativen im Umgang mit dem Altbau: Aneignung, Anfügung, Einhausung, Umhüllung, Unterfangung, Überfangung, Durchkreuzung; es wird noch andere geben. Auf der y-Achse wären die emotionalen Werte, die psychischen Haltungen, die Anmutungen einzutragen: aggressive Zerstörungsgesten, distanzierte Hochachtung, selbstverständliche Einvernahme, die wie eine Fortsetzung aus gleichem Geist und Stoff erscheint. Eine Komplikation ergibt sich daraus, dass manche Verfahren (auf der x-Achse) eine größere Verwandtschaft zu bestimmten Haltungen haben als andere, also zu den Entscheidungen auf der y-Achse. Wer vor einem bestehenden Bauwerk in den Untergrund geht statt selbstbewusst seinen Platz neben oder gar auf ihm einzunehmen, wird in aller Regel eher zu pietätvoller Bescheidenheit neigen. Wer es durchschneidet und durchkreuzt, führt eine gewaltsame Geste der Annullierung aus. Dazwischen existieren viele Nuancen, Varianten, Schattierungen.

DIE KUNST DER FUGE

Die unterschiedlichen Haltungen, die solchen Interventionen zugrunde liegen, der Subtext solcher Maßnahmen also, scheinen jedoch in einem Wandel begriffen zu sein. Ein Paradigmenwechsel deutet sich an, ein anderer Umgang mit Denkmälern.[4] Wenn es in der älteren Moderne eine Übereinstimmung im Verhalten dem Altüberlieferten gegenüber gab, dann war es die, die der Tübinger Kunsthistoriker Konrad Lange schon 1906 ausgedrückt hatte: »Jedes restaurierte Stück soll auch ohne Jahreszahl und Inschrift dem Beschauer sagen: Dort ist das Alte, hier ist das Neue.«[5] Das Neue war das Hinzugekommene, das auf Abstand zu achten hatte. Distanz galt als Frage der Sauberkeit, der Ehrlichkeit, der Höflichkeit, mithin der Moral. Der große Streit in der Denkmalpflege, der sich an der beabsichtigten Rekonstruktion - in jener Zeit sagte man »Restauration« - des Ottheinrichbaus im Heidelberger Schloss entzündete, ging um diese Frage und beschäftigte die Zeitgenossen vor dem Ersten Weltkrieg.

Man hatte sich nicht gemein zu machen mit der Vergangenheit. Sollen wir »Denkmäler erhalten, an die wir selbst nicht glauben? etwas wie eine unechte Ahnengalerie?«, grollte Georg Dehio.[6] Das Distanzierungsbedürfnis hatte viele Gründe. Es konnte entstehen aus dem Überdruss am Historisieren, der nach der Wende vom 19. zum 20. Jahrhundert, auf dem Wege zu Reform und Neuem Bauen zunahm. Es konnte auch im Gegenteil getragen sein vom Respekt vor dem Alten, dem unerreichbar hohen handwerklichen Können der Vorgänger, ihrer originalen Prägekraft, die nicht der blinden Nachahmung ausgeliefert werden durfte. Es konnte motiviert sein von dem Wunsch, den Urkundenwert des Überlieferten nicht zu verfälschen und die Quellen rein zu halten. Es konnte zu tun haben mit dem Selbstbewusstsein der Gegenwart, die ihr Recht auf eigenen Ausdruck beanspruchte.

Es konnte schließlich auch entsprungen sein aus einer Skepsis gegenüber allem ganzheitlich Übergreifenden, das Diverses zur Einheit zusammenzwingen möchte. Ganzheiten, wie sie die traditionelle Metaphysik erträumt habe, hätten stets den autoritären Herrschaftssystemen als Maske und Legitimation gedient, kann man bei einem italienischen Zeitgenossen lesen,

STEFAN FORSTER, UMBAU VON PLATTENBAUTEN ZU STADTVILLEN, LEINEFELDE, 1996–2007

Gianni Vattimo.[7] Ist es ein Zufall, dass in der gleichzeitigen Philosophie immer wieder Begriffe wie Distanz und Differenz auftraten, wenn auch meist in anderen Zusammenhängen, so bei Michel Foucault, Gilles Deleuze oder Jacques Derrida, den auch in Deutschland viel gelesenen französischen Autoren?[8]

In der Architektur gab es für diese Haltung eine charakteristische Form, die wieder und wieder angewendet wurde. Das ist die Fuge. Bauen im historischen Kontext wurde zu einer Kunst der Fuge. Das Neue schloss nicht selbstverständlich an das Alte an. Es zeigte Berührungsängste, näherte sich nur vorsichtig dem Platzhalter. Es folgt nicht einfach Putzfläche auf Natursteinfassade oder Backstein auf Sichtbeton. Die Baumeister der Distanzierung legten Schnitte zwischen das eine und das andere. Die Fuge bildeten sie nicht nur als eine Grenze zwischen Formen und Materialien aus, sondern verliehen ihr eine positiv eigene Gestalt. Sie unterschieden sie nicht nur vom Bestand, sondern auch von der jüngeren Zutat, gaben ihr eine eigene Ausdrucksform.

Bei Peter Kulkas Sächsischem Landtag beispielsweise ist der Einschnitt zu einer Wand geworden (vgl. S. 298). Den älteren Bauteil, der schon Parteistellen der NSDAP wie der SED aufgenommen hatte, deckt sie ab und tritt in der Eingangsansicht als schmale energische Vertikale auf. Vorzugsweise wurde die Fuge aber als schwereloses Gelenkstück ausgebildet. Es zeigte dünne Metallsprossen, war filigran, transparent und gläsern. Fast immer trat das Zwischenstück in der Fluchtlinie zurück, ließ links dem Alten und rechts dem Neuen den Vortritt oder umgekehrt. Funktionell diente es als Eingangsachse, als Treppenhaus, als wettergeschützte Passage, ästhetisch als Transformator zwischen den Bereichen, ikonografisch als Botschaft: Achtung, jetzt beginnt etwas anderes, eine andere Aufgabe, eine andere Epoche. Es gilt, »den Dingen durch eine ungewohnte, neue Kombination eine Erscheinung zu geben, die mit den

Sehgewohnheiten nicht übereinstimmt.«[9] In Karljosef Schattners Eichstätt kann man einen ganzen Katalog gestalteter Fugen zusammenstellen, wie beim Priesterseminar oder beim Diözesanarchiv. »Trennendes Verbinden« wäre der angemessene Ausdruck für solche distanzierten Kontaktaufnahmen.[10]

Schattner war es auch, der auf eine Quelle dieser Fugenkunst hinwies, den venezianischen Maestro Carlo Scarpa. In den 1970er-, 80er-, 90er-Jahren standen Studienreisen nach Verona, Venedig und nicht zuletzt zum Dorffriedhof von San Vito d'Altivole in Venetien, dem Rätsellabyrinth des Altmeisters, in deutschen Hochschulen auf der Tagesordnung. Schattner sprach vom »Sezieren«, von Scarpas Arbeit mit dem Skalpell. Er beobachtete, wie bei Scarpa »Schichten freigelegt werden, notwendig neue Konstruktionen von der alten Substanz optisch getrennt werden. Dieses Analysieren, ähnlich wie an einem anatomischen Präparat, wird über die Dachkonstruktion bis in die Dachdeckung fortgesetzt. Die Flächen werden aufgeschnitten, und in Verbindung mit einem Wechsel der Betonschalung wird dem Dach etwas Leichtes, Bretthaftes gegeben«.[11]

Im Castelvecchio in Verona, wo Schattner die Intervention des Kollegen Scarpa mit diesen Worten beschreibt, wurden bei solchen Vivisektionen am Baukörper die Eingriffe, Wunden und Beschädigungen herauspräpariert, die das Bauwerk im Laufe seiner Geschichte erfahren hat. Womöglich wurden ihm bei diesen Eingriffen auch neue Narben hinzugefügt. Mit solchen Distanzierungsversuchen, mit Fragmentierungen, Abstandhaltern, Schattenfugen, Materialwechseln und Freilegungen der unterschiedlichsten Altersschichten, gewinnt das Bauwerk bei Scarpa den Charakter eines hochromantischen Ruinenensembles – ganz im Gegensatz zu der aufklärerischen Absicht, die der sezierenden Analyse doch anfangs zugrunde lag.

Die Fuge blieb auch bis in unsere unmittelbare Gegenwart ein oft angewendetes Ausdrucksmittel, wenn es um die Kombination eines vorhandenen historischen Gebäudes und eines neu hinzugefügten Traktes ging, wie beim Bachhaus in Eisenach. Die Qualität der Verknüpfung ist natürlich unterschiedlich hoch. Man kann ja auch Bachs *Kunst der Fuge* schlechter oder besser spielen, nicht jeder ist ein Glenn Gould. Nach wie vor findet sich der inszenierte Zusammenstoß des ruinösen Alten mit dem radikal Zeitgenössischen, wie bei der Staatlichen Pinakothek in São Paolo. Das Rohbaumauerwerk eines seinerzeit nicht fertig gestellten und zwischendurch ausgebrannten Museumsgebäudes konfrontierte der brasilianische Architekt Mendes da Rocha mit Stahl und Glas, eine Kontrastregie, die den Gang durchs Haus zu einem dramatischen Parcours macht.

HOLISTIC TURN

Doch konkurrenzlos ist ein solcher Konfrontationskurs nicht mehr. In der zeitgenössischen Architektur und ihrer literarischen Szene melden sich vermehrt Stimmen, die einem unmittelbaren Weiterbauen das Wort führen. Verschmelzung, Weiterführung, Homogenität werden von ihnen höher eingeschätzt als Unterbrechung, Widerspruch, Gegenrede, Disparität. Bestand wird so überformt, dass die Trennlinie, die Baunaht nicht mehr erkennbar bleibt, geschweige denn inszeniert würde wie bei den Fugenkünstlern. Es gehe darum, »sensibel auf das, was da ist,

EDUARDO SOUTO DE MOURA, UMBAU KLOSTER SANTA MARIA DO BOURO (12., 16., 18. JAHRHUNDERT) ZUM HOTEL, BEI BRAGA, PORTUGAL, 1989–1997

KARLJOSEF SCHATTNER, UMBAU SCHLOSS HIRSCHBERG, TREPPE IN DER HALLE, BEILNGRIES, 1987–1992

zu reagieren, die gestalterische Qualität zu unterstützen und womöglich zu steigern. Diese Haltung ist Zurückhaltung und bedeutet nicht, dem Originalbestand den eigenen Gestaltungswillen aufzuoktroyieren«, schreibt der Münsteraner Architekt Herbert Pfeiffer.[12] »Atmosphärische Angleichung« werde gewollt, heißt es im Münchner Büro Hild und K.[13] »Immer dieser Ansatz des Zeigens«, seufzt der Frankfurter Stefan Forster. Er persönlich finde es aufdringlich, wenn Architekten fortwährend den Zeigefinger höben und sagten: Da musst du schauen, da habe ich mir was gedacht, wie all die Dinge gefügt sind und Alt und Neu zusammenkommen. »Im Grunde interessiert mich das überhaupt nicht mehr.«[14]

In Lissabon ging die Stadt ähnlich vor, als das niedergebrannte Altstadtviertel Chiado, vier Häuserblöcke insgesamt, wiederaufzubauen war. Wiederherstellung und Neubau würden sich ergänzen, statt jeweils »als Spezialität autonom behandelt zu werden«, formulierte Álvaro Siza, der als Planer mit dem Wiederaufbau beauftragt wurde.[15] Erhaltene Teile und neu hinzugefügte Häuser wurden nicht auseinander differenziert. Die Selbstverständlichkeit des Quartiers wurde gewahrt. Normalität war das Planungsziel, nicht Originalität. Siza öffnete Wege, Treppen und Durchgänge, reduzierte die Wohnungstiefen, gewann Innenhöfe, kümmerte sich um das, was in den alten Plänen und in der Erinnerung der Menschen noch vorhanden war. »Nicht Erfindungen sind notwendig, nur das Forschen.«[16] Wer heute durch den Chiado wandert, geht durch ein vertrautes Stück Stadt, das weder durch Innovationen um jeden Preis auffällt noch durch dramatische Schnitte zwischen Alt und Neu noch durch aufwendige Rekonstruktionen.

Dabei wird niemand Siza für einen konservativen Architekten halten, der nicht die Register der Moderne beherrschte – ebenso wenig wie seinen jüngeren portugiesischen Kollegen Eduardo Souto de Moura. Doch wenn Souto de Moura ein Kloster restauriert, damit es danach als staatlich geführtes Hotel, als Pousada, genutzt werden kann, gibt es keine spektakulären Eingriffe. Acht Jahre hat der Ausbau von Santa Maria do Bouro gedauert. Ruinierte Partien wurden nur gesichert, Höfe mit lichter Vegetation – Orangenbäumen – bepflanzt, Details auf hohem Niveau gelöst, aber ohne Hinguckereffekte. Ein von der Funktion her unvermeidlicher, vorgeschobener Anbau ist in solidem Mauerwerk errichtet, aus alten Steinen. Nötige Verbindungselemente ergänzt Souto so, dass sie sich nicht grundsätzlich vom alten Bauwerk absetzen. Man erinnere sich, wie Schattner solche Treppeneinbauten entworfen hat – etwa in Schloss Hirschberg bei Eichstätt. Schattner wechselte das Material (von Stahlbeton zu Stahl) wie das Formenrepertoire (von massiv zu filigran) in nahezu manierierter Demonstration. Distanz und Differenz statt Nähe und Kontinuität wie bei Souto de Moura.

Diesen Übergang vom Kontrastbau zum Kontinuitätsbau muss man sich nicht als einen plötzlichen Austausch der Leitbilder vorstellen. Auch heute werden Neu und Alt mit präzise ausgearbeiteten Fugen aneinandergeschlossen. Andererseits: Auch früher entstanden um- und weitergebaute Architekturen in allmählichen Übergängen wie beim Rathaus in Bensberg, das Gottfried Böhm in den 1960er-Jahren errichtete. Schwer zu sagen, wo das alte Mauerwerk der Burg endet und neues aufgesetzt wurde; wo die Turmhelme noch die alten Verdachungen tragen und wo nicht. Nur das extreme Ende auf der Skala zwischen Altauthentisch und Neuerfunden ist klar, nämlich dort, wo der schiere Formenrausch mit dem Architekten durchging, bei der expressiven Bekrönung des Treppenturmes.

Der Neubau von Bensberg ist ein halbes Jahrhundert her. Vor mehr als hundert Jahren, im 19. Jahrhundert, herrschte noch eine ganz andere Unbedenklichkeit im Umgang mit dem lädierten historischen Bestand. Zwischen Neu und Alt wurde nicht geschieden. Schlösser, Kathedralen, Kaiserpfalzen, Burgen und Römerkastelle wurden im historischen Stil weitergeführt. Die Dome von Köln, Meissen, Regensburg, Ulm erhielten erst dann ihre gotischen Türme, damals die Wolkenkratzer des Jahrhunderts, heute integrale Bestandteile der Stadtbilder, die ohne sie nicht zu denken sind. Erst die Skepsis gegenüber den – fugenlosen – Unbedenklichkeiten des Historismus hat das moderne Distanzierungsverlangen hervorgerufen, hat die Grundsatzdebatten verursacht, in deren Verlauf die Denkmalpflege ihre Werkzeuge schärfte.

Aber eine freiere Bearbeitung und Fortführung des Vorhandenen setzte sich auch bei Architekten der Reformbewegung fort, also bei Künstlern, die der Moderne zusteuerten. Das Rathaus im schlesischen Löwenberg, das Hans Poelzig 1903 bis 1905 umbaute und

GOTTFRIED BÖHM, KAPELLE IN DEN RUINEN VON ST. KOLUMBA, KÖLN, 1947–1957

erweiterte, bildet ein inspiriertes Ganzes aus Alt und Neu; es fällt schwer zu sagen, wo hört die Gotik auf, wo fängt Poelzig an. Und wer ahnte, wenn er vor Joseph Maria Olbrichs Ausstellungsgebäude auf der Darmstädter Mathildenhöhe steht, dass darunter ein unerhört eindrucksvolles Ingenieurbauwerk steckt, nämlich ein Hochreservoir für die Trinkwasserversorgung der Stadt? Wir haben es also keineswegs mit einer zielstrebigen Entwicklungsrichtung zu tun, die ein für allemal zu einer sauberen Scheidung der Epochen und Techniken geführt hätte. Es handelt sich vielmehr um Pendelbewegungen, bei denen Werte wie das geschlossene Gesamtbild, die Einheitlichkeit der Wirkung plötzlich wieder im Kurs steigen, nach vielen Jahren, in denen die Sezierer und Analytiker das Sagen hatten.
Wie nennen wir diese abermalige Wendung? Ein englischsprachiger Begriff muss bekanntlich her, wenn die Sache ernst genommen werden soll, und am besten sollte das Wörtchen »turn« darin enthalten sein, wie in Iconic Turn oder Linguistic Turn. So empfiehlt sich eine Prägung, die es in der alternativen Medizin schon gibt: Holistic Turn, die Wende zur ganzheitlichen Betrachtung und Erscheinung.

EIN BILD DER EINHEIT

Besonders deutlich geworden ist die gegenwärtige Wendung an einem Kölner Gebäude, dem Diözesanmuseum von Peter Zumthor, jetzt Museum Kolumba genannt.[17] Wo sich heute Zumthors mächtiger Bau erhebt, war für Kölner lange Zeit, vom Kriegsende bis zur letzten Jahrhundert- und Jahrtausendwende, tabuisiertes Gelände. Es beherbergte die Ruinen von St. Kolumba und darunter, wie überall in Köln, karolingische, merowingische, römische Reste. Die Kirche war keine der berühmten Stiftskirchen, die den Ruhm des romanischen Köln ausmachen, aber die ehemals reichste Pfarrgemeinde in der größten mittelalterlichen Stadt Deutschlands,

PETER ZUMTHOR, KOLUMBA, KUNSTMUSEUM DES ERZBISTUMS KÖLN, KÖLN, 1997–2007

die parochia primaria. In die Umfassungsmauern der zerstörten fünfschiffigen Emporenbasilika hatte Gottfried Böhm nach dem Krieg eine kleine Kapelle genestelt, die eine spätgotische Madonna birgt. Eingemauert hatte sie die Bombenangriffe überstanden. Den Kölnern galt sie wenn nicht als ein Wunder, so doch als ein Symbol des weitergehenden Lebens.
Das kleine Oktogon von St. Kolumba mit dem winzigen, davor gespannten Schiff und die ein paar Jahre später angebaute Beicht- und Sakramentskapelle waren für die Kölner immer ein besonderer Ort. Wer auf der nahen turbulenten Hohen Straße seine Einkäufe erledigt hatte, suchte ihn gerne auf, sei es für ein Gebet, sei es für ein paar Minuten der Stille. Ein kleiner Platz davor setzte die Zäsur zum geschäftigen Leben. Von ihm aus schlüpfte man durch eine seitliche Pforte in die mit Sakralkunst fast überladene Kapelle. Ringsum Brandwände, unvollständige Bebauung, darüber der Dachreiter der Minoritenkirche und die Domtürme. In Köln gab es kaum einen anderen Ort, an dem das Leid des Krieges und die tapfere Improvisation der Nachkriegszeit noch nachvollziehbar waren. Wenn irgendwo das Wort von der Wundpflege Berechtigung hatte, dann hier: Es war eine Wunde im Fleisch der Stadt, wenn auch eine gepflegte Wunde.
Davon ist im Stadtbild nichts mehr übrig geblieben. Zumthors Überbau hat sich Böhms Miniaturkapelle einverleibt wie der Walfisch den Jonas, übrigens ohne sie materiell anzutasten. Auch Jonas kam ja heil davon. Der Neubau mit seinen turmartigen Eckausbildungen hat alles aufgezehrt, den Vorplatz, das Ausgrabungsgelände zwischen den Seitenschiffsmauern von St. Kolumba, das von der Lochstickerei des sogenannten Filtermauerwerkes spärlich erhellt wird, die böhmschen Kapellen. Von der früheren Bebauung blieben in der Außenansicht nur als grafische Einträge an den Längsseiten die vermauerten spitzbogigen Fenster der Pfarrkirche und an der Westfassade ein Teil des alten Turmportals. Broschen auf der Außenhaut, hat es der Gründungsdirektor des Diözesanmuseums Joachim M. Plotzek genannt.
Innen ist die Kapelle vom gleichfalls ummantelten und überdeckelten Grabungsterrain umgeben, über der einen wie dem anderen liegt das Hauptgeschoss des Museums. Der kleine böhmsche Sakralbau ist zwar noch immer unabhängig vom Museum zugänglich. Doch nur um Mauerbreite und Deckenhöhe getrennt, umwandeln ihn jetzt Besucher,

Touristen, Schaulustige. Wenn Messe gelesen wird, erblickt man vom Gräberfeld aus die Silhouette des Priesters durch die Glaswände des Oktogons. In Umkehrung der bisherigen Lichtverhältnisse ist das Innere der Kapelle vom Tageslicht jetzt so gut wie abgeschnitten. Stattdessen glüht in der dunklen Ausgrabungshalle das nun künstlich belichtete Kapelleninterieur wie ein großer Lampion. Mit und in der Kapelle ist der Zufluchtsuchende wider Willen zur Figur einer Inszenierung, einer Performance, zu einem Ausstellungsexponat geworden. Das verändert die Art und Weise seines Aufenthaltes in der Kapelle entscheidend.

Wie das Preisgericht 1997 bei der Vergabe des ersten Preises an Zumthor mit der Wettbewerbsforderung klargekommen ist, der Kapellenbau dürfe »in seiner äußeren Schlichtheit und in der reizvollen inneren Lichtwirkung« nicht beeinträchtigt werden, bleibt sein Geheimnis. Die »äußere Schlichtheit« ist nicht nur »beeinträchtigt«, sie ist von außen her überhaupt nicht mehr wahrnehmbar! Beeindruckt von den sonstigen, auratischen Qualitäten des Zumthor-Projektes sprachen die Juroren von einer »selbstbewussten Besetzung des Ortes«.[18] So freundlich drückt man sich aus, wenn man das Projekt eines bedeutenden Baumeisters partout durchsetzen will. Auch der zweite Preis, ebenfalls von Schweizer Architekten, Annette Gigon und Mike Guyer, hauste die Kapelle ein, wenn er auch offenen Himmel über dem Oktogon ließ. Dagegen stellten bezeichnenderweise die Kölner Wettbewerbsteilnehmer mit Türmen, Würfeln, Spangen, Klammern und L-förmigen Trakten das böhmsche Ortsheiligtum und das Ruinengelände frei, hielten die alten Wunden offen.

Zumthor aber verkündete das Ende der Wundpflege. »Die architektonische Sprache der bewusst zugespitzten Gegenüberstellung von Alt und Neu wird nicht gesprochen.«[19] Die Wunde soll zuheilen, endlich. Keine Risse mehr, keine Fehlstellen. Allem Fragmentarischen, das den Bauplatz und seine Umgebung bestimmte, hält er ein harmonisierendes Bild der Einheit und des Zusammenhaltes entgegen, fast triumphal. Kein Chaos mehr, keine Brüche, nichts Heterogenes, keine nach außen getragenen Konflikte. Der Krieg ging vor mehr als sechzig Jahren zu Ende, vergessen wir ihn. In Köln verwies der Architekt in einer der vielen Veranstaltungen, die der Realisation vorausgingen, auf seinen Wollpullover: So möchte er weiterstricken. Wo seine eigens für diesen Auftrag gebrannten schmalen, lichtgrauen Ziegelsteine auf die geschwärzten alten Hausteine treffen, da tun sie das ohne Aufhebens, ohne rahmendes Profil oder auch nur Rücksprung oder Schattenfuge.

Um an die diversen Kompositionstechniken zu erinnern, an die x-Achse des Koordinatensystems: Zumthors Kolumba-Museum wäre mit dem Blick auf die einverleibte Kapelle und das Grabungsgelände ein Fall von Einhausung und Überfangung zugleich. Auf der y-Achse stünde es an jenem Punkt der Skala, der Verschmelzung, Weiterführung, Homogenität, Einvernahme anzeigt. Zur Bauzeit des Museums wurde auch in großer Öffentlichkeit der »Kult der offenen Wunde« verurteilt: im Deutschen Bundestag anno 2002 bei der Diskussion um den rekonstruierenden Wiederaufbau des Berliner Schlosses.[20] Zufall?

Die Nähe zu suchen statt auf Distanz zu gehen. Homogenität und Kohärenz zu wollen statt Differenz und Alterität. Die Einheit des Ganzen anzustreben und den Verlust an Lesbarkeit der Teile in Kauf zu nehmen. Auf Anpassung, Einvernahme und Analogie zu setzen statt auf Kontrast. Die Synthese anzusteuern statt die Antithese auszuspielen. Wenn das ein sich andeutender Programmwechsel ist, wie ist er zu erklären und zu bewerten? Einmal mag es der natürliche Wandel der Sehgewohnheiten sein, der auch Stile nach einer gewissen Dauer altern lässt und schließlich zu Fall bringt. Dass Ziele und Techniken der Denkmalpflege der Veränderung unterworfen sind wie Kunst und Baukunst auch, ist eine Feststellung, die Denkmalhüter nicht mehr kränken muss.

Könnte es aber auch sein, dass eine gewisse Unlust an der analytischen Anstrengung, am dialektischen Spiel, an der permanenten Reflexion beteiligt ist, zumal diese Anstrengung, dieses Spiel und diese Reflexion ja immer nur von einigen wenigen aufgebracht wurden, nicht aber von der großen Zahl der Bürger? Könnte es sein, dass ein größeres Maß an Normalität gewünscht wird, weil das Leben Selbstverständlichkeit und nicht einen Ausnahmezustand nach dem anderen benötigt?

Walter Benjamin hielt das »beiläufige Bemerken« statt des »angespannten Aufmerkens« für die kanonische Wahrnehmungsart von Architektur.[21] Das Zitat wird, wenn nicht alles täuscht, heute öfter angeführt als noch vor ein paar Jahren. Die Menge dessen, was zu bearbeiten, in der Energiebilanz zu verbessern und zu modernisieren ist, hat sich entscheidend vergrößert, und nicht jedes bescheidene Eigenheim aus den 1950er-Jahren, nicht jede triviale Bürohausscheibe aus den 1960ern verdient, mit dem ästhetischen Operationsbesteck auseinander genommen und wieder zusammengesetzt zu werden.

Andererseits: Könnte dieser Wunsch, im Alltag aufgehoben zu sein, auch mit Geschichtsmüdigkeit zu tun haben? Mit dem Wunsch, nicht von den Gedanken an überstandene Katastrophen, an Krieg, an Verluste belästigt zu werden? In derselben Stadt, in der Zumthor die »selbstbewusste Besetzung« des Kolumba-Grundstücks vorgenommen hat, ist fast gleichzeitig am Dom ein seit Ende 1943 bestehendes Provisorium entfernt worden. Im Luftkrieg, den die Kathedrale besser denn befürchtet überstanden hatte, war der Außenpfeiler des Nordturms beschädigt und mit einer Ziegelsteinplombe geflickt worden. Daran hatte sich die Heldensage vom Kommandeur eines Pionierbataillons geknüpft, der gegen ausdrückliche Weisung der Partei seine Männer zur Rettung des Baudenkmals abkommandiert habe. Die Legende vom aktiven Widerständler erwies sich als – Legende.[22] Der sichtbare Schaden, bis dahin Monument der Dankbarkeit und Mahnmal des Krieges, wurde nun als Störung im gotischen Ensemble empfunden.

Heute ist die Flickstelle wieder mit einer gotischen Fassadenstruktur aus Obernkirchener Sandstein überzogen, als sei da nie etwas anderes gewesen; auch das eine Wiederherstellung des Ganzen auf Kosten der widerspenstigen Teile und der Geschichte, die sich mit ihnen verband. Der Dom sei auf Vollkommenheit angelegt, argumentierte Dombaumeister Arnold Wolff. Darf, was auf Perfektion angelegt ist, kein irdisches Schicksal gehabt haben?

»Die Menschen haben ein gewisses Recht, so zu sein, wie sie sind.«[23] Wenn manche von ihnen als Architekten, Bauherren oder Bürger heute der Kohärenz und Kontinuität einen höheren Stellenwert einräumen als der Differenz und Diskontinuität, wer wollte ihnen davon abraten? Es handelt sich ja nicht um Täuschungsmanöver wie bei dem grassierenden Replikenwesen unserer Tage,

ÁLVARO SIZA, WIEDERAUFBAU DES CHIADO, LISSABON, 1988-1997

das in jeder ungeliebten City eine heile Altstadt simulieren möchte. Es handelt sich vielmehr um einen anderen, ebenfalls legitimen Umgang mit der Überlieferung. Das aufgenommene und aufgehobene Vorhandene wirkt auch hier weiter, wenn auch nicht als ablösbare Schicht oder gar als freigestelltes Element. Zumthor beispielsweise, der Gegner jeder Wundpflege, hat - das immerhin doch - in der Baumasse seines Museums den Grundriss der Kolumba-Kirche aufgenommen, bis hin zu dem ästhetisch unbefriedigenden Knick an der südlichen Längsfassade. Das gebändigte Alte gibt, sozusagen grollend aus dem Inneren, Kräfte ab, die zu anderen Lösungen geführt haben als sie bei einem unabhängigen Neubau gefunden worden wären.
Wo es auch in der pluralistischen Gesellschaft kein vorherrschendes Modell für Lebensentwürfe gibt, wird es auch bei den Umgangsformen in Sachen Historie mehr als ein Modell geben dürfen und müssen. Der bedeutende Solitärbau wird eine andere Praxis erfordern als das Alltagsgebäude, bei dem die Textur und die Einfügung in die Nachbarschaft wichtiger sind als die brillante Einzellösung, wie Sizas Lissaboner Chiado-Quartier zeigt. Jedes Bauindividuum erfordert eine neue Auseinandersetzung, die jeweils vor Ort entschieden werden muss. Die statistische Angabe, dass heute sechzig Prozent des Bauvolumens auf Umbau, Einbau, Ausbau und Weiterbau entfallen, interessiert ja nicht nur das Fach der Architekten und Denkmalpfleger für die Einschätzung ihrer künftigen Berufschancen. Sie enthält auch für uns alle die Hoffnung, dass das Zeitalter der pauschalen Lösungen zumindest in unseren europäischen Breiten - nein, nicht vorüber ist. Aber vielleicht doch ein wenig an brutaler Durchschlagskraft verlieren könnte. Und dem Dialog zwischen den Zeiten Spielraum gibt, wie immer er geführt wird.

1 Deutsches Nationalkomitee für Denkmalschutz (Hrsg.), *Kursbuch Denkmalschutz,* Bonn o. J., S. 37.

2 Vgl. Johann Jessen und Jochem Schneider, »Umnutzung im Bestand«; Arthur Mandler, »Umnutzung alter Bausubstanz als architektonische Aufgabe«, in: Wüstenrot Stiftung (Hrsg.), *Umnutzungen im Bestand. Neue Zwecke für alte Gebäude,* Stuttgart und Zürich 2000, S. 14 ff., vor allem 33 ff., 130 ff.; Johann Jessen, »Umbau und Umnutzungen im Bestand«, in: Wüstenrot Stiftung (Hrsg.), *Umbau im Bestand,* Stuttgart und Zürich 2008, S. 38 ff., vor allem 60 ff.; dort andere Kategorien.

3 Die nächste Erweiterung der Küppersmühle haben Herzog & de Meuron weniger zurückhaltend geplant. Auf ein anschließendes Silogebäude setzen sie einen großformatigen Container.

4 Vgl. Jessen und Schneider 2000 (wie Anm. 2).

5 Konrad Lange, »Die Grundsätze der modernen Denkmalpflege« (1906), in: Norbert Huse (Hrsg.), *Denkmalpflege. Deutsche Texte aus drei Jahrhunderten,* München 1984, S. 122.

6 Georg Dehio, zit nach ders. und Alois Riegl, *Konservieren, nicht restaurieren (Bauwelt Fundamente,* 80), Braunschweig und Wiesbaden 1988, S. 97.

7 Gianni Vattimo, *Jenseits vom Subjekt,* Graz und Wien 1986, S. 34.

8 Vgl. Wolfgang Welsch, *Unsere postmoderne Moderne,* Weinheim 1987, vor allem S. 135 ff.

9 Karljosef Schattner, »Scarpa als Vorbild und Anregung«, in: *Baumeister,* 78, 10, 1981, S. 990.

10 Vgl. Wolfgang Pehnt, *Karljosef Schattner. Ein Architekt aus Eichstätt,* Stuttgart 1988; Frank Dengler, *Bauen in historischer Umgebung. Die Architekten Dieter Oesterlen, Gottfried Böhm und Karljosef Schattner,* Hildesheim 2003, vor allem S. 374 ff.

11 Schattner 1981 (wie Anm. 9); vgl. auch Andreas Denk, »Respekt vor dem Anderen. Zeitgenössische Strategien des Bauens im Kontext«, in: *Der Architekt,* 1, 2008, S. 26; Jessen und Schneider 2000 (wie Anm.2), S. 33; Jessen 2008 (wie Anm. 2), S. 63 f.

12 Herbert Pfeiffer, »Zurückhaltung«, in: *Der Architekt* 2008 (wie Anm. 11), S. 35.

13 Hild und K Architekten, »Sanierung Schloss Hohenkammer«, in: *Bauwelt,* 99, 19, 2008, S. 3.

14 Stefan Forster, »Ein Bekenntnis zur Stadt. Ein Gespräch mit Stefan Forster«, in: *Der Architekt* 2008 (wie Anm. 11), S. 50 ff.

15 Álvaro Siza, »Costruzione e recupero«, in: Antonio Angelillo (Hrsg.), *Álvaro Siza. Scritti di architettura,* Mailand 1997, S. 39 f.

16 Brigitte Fleck, *Álvaro Siza,* Basel 1992, S. 116 ff.

17 Vgl. Wolfgang Pehnt, »Ein Haus für Sinn und Sinne«, in: *Baumeister,* 104, 11, 2007, S. 48 ff.

18 »Beurteilung des Preisgerichts«, in: Erzbischöfliches Diözesanmuseum (Hrsg.), *Ein Architekturwettbewerb in Köln 1997,* Köln 1997, S. 116.

19 Peter Zumthor, ebd., S. 126.

20 Antje Vollmer am 4.7.2002, zit. nach Förderverein Berliner Stadtschloss (Hrsg.), *Das Berliner Schloss wird gebaut,* Berlin 2003, o. S.

21 Walter Benjamin, *Das Kunstwerk im Zeitalter seiner technischen Reproduzierbarkeit* (1936), Frankfurt am Main 1963, S. 47.

22 Längere Diskussion in der lokalen und überregionalen Presse, vgl. u. a. *Kölner Stadt-Anzeiger* vom 20./21.1.1996, 20.2.1996, 26.3.1996, 10.2.2004; *Die Zeit* vom 9.2.1996.

23 Herbert Gans, *Die Levittowner. Soziographie einer ›Schlafstadt‹ (Bauwelt Fundamente,* 26), Gütersloh und Berlin 1969, S. 15 ff.

MÖGLICHKEITSORTE

KIRCHE ALS VERDICHTETE STADT [1]

Seit es Städte gibt, gibt es sakrale Orte in den Städten. Stadt als Zusammenballung so vieler Menschen bedeutete eine Provokation, bedeutete vermehrte Lebenschancen und vermehrte Lebensrisiken. Jede Stadt hat etwas von Babylon an sich. So viele Tätigkeiten, so viel gebaute Substanz auf so kleinen Flächen zusammengeballt – das waren hybride Herausforderungen, die auf die Gunst außermenschlicher Instanzen angewiesen waren. Keine Stadt der Vergangenheit ohne Kultstätten, Tempel, Synagogen, Kirchen und Moscheen, ohne Schutzgötter und Stadtpatrone.

Zu der Arbeitsteilung, die ein Prinzip der Städte ist, gehörte daher auch die Versorgung durch die religiösen Dienste, durch Fachleute, die in besonderen Baulichkeiten die Verbindung zu den metaphysischen Institutionen hielten. Sie verstanden sich auf die Sprache der Orakel, garantierten das Wohlwollen der Götter, verwalteten das göttliche Gnadenpotenzial, spendeten Trost im Leid und Absolution von der Schuld. Solche Orte haben die Städte durch und durch geprägt, solange sie noch begrenzte Siedlungseinheiten waren, also in der Regel bis ins 18. oder frühe 19. Jahrhundert hinein. Wir leben noch heute mit ihnen auch in den inzwischen unendlich gewachsenen städtischen Verdichtungen. Reduziert durch Säkularisierung, Kriege und Modernisierung gehören die sakralen Baudokumente zu den kostbaren Hinterlassenschaften der Vergangenheit. Sie setzen Gestalt und sichern Identität.

Was die historischen Städte zu jeweils individuellen Gebilden machte und zugleich die Gemeinsamkeit ihrer Teile sicherte, waren gewiss nicht nur ihre Kultorte. Stadtbestimmend waren natürlich auch die Sitze der Stadtherrschaft, die Burg oder das Schloss.

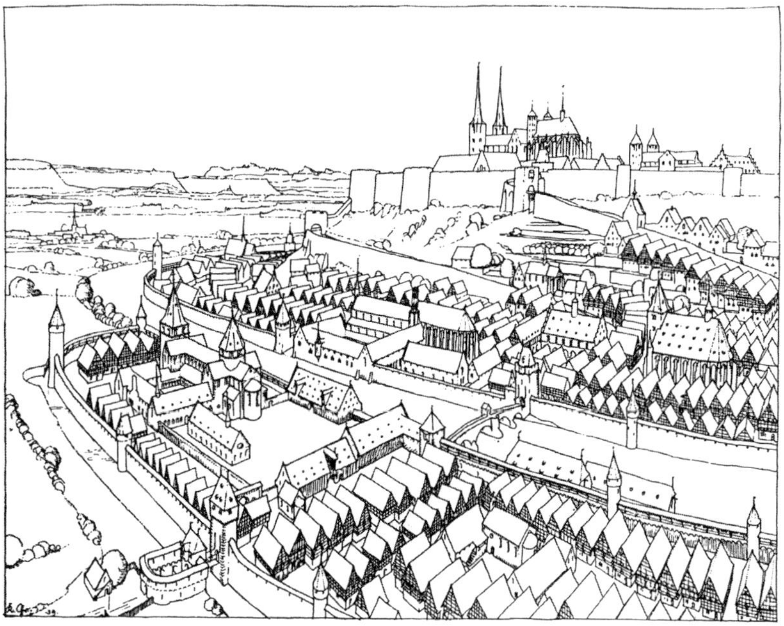

KARL GRUBER, IDEALBILD EINER MITTELALTERLICHEN BISCHOFSSTADT, 1952

Mit der Emanzipation der Bürgerschaft übernahmen kommunale Bauten wie Rathäuser, Tuchhallen, Gildenhäuser, Spitäler diese Rolle. Den Verteidigungsbauwerken wie Stadtmauern, Festungswällen, Torbauten galt der Stolz der Bürger; sie bekundeten Sicherheit, Reichtum, Abgrenzung gegenüber dem rechtsunsicheren offenen Land. Ein metaphysischer Aspekt war auch hier im Spiel: die Erinnerung an Jerusalem, das reale im Heiligen Land wie das Himmlische Jerusalem (vgl. S. 204 ff.).
Aber was wären alle diese architektonischen Manifestationen gewesen ohne ihre vertikale Überhöhung, ohne die Türme, Kuppeln, Westwerke, Steildächer, Dachreiter und Hochchöre der Dome, Münster, Stifts- und Pfarrkirchen, viele von ihnen zu ganzen Kirchenfamilien gruppiert! »Damit die Erde hafte am Himmel / Schlugen die Menschen Kirchtürme in ihn«, schrieb der Lyriker Reiner Kunze. Kirchen haben Städte wie Landschaften geprägt, als weithin sichtbare Landmarken, als Bestätigungen städtischer Identität, und stets als Schöpfungen, deren materielle Substanz über sich hinauswies.
Selbst in Städten, die ihre Wachstumsdynamik nicht dem Mittelalter verdanken und als Horte der nüchternen Aufklärung galten wie Berlin, beherrschten die schlanken Türme der Stadtkirchen die Silhouette und wirkten als Orientierungszeichen weit in das Land hinein. Wie der Kirchbau als ganzer war auch sein prominenter Teil, der Turm, mehrfach determiniert, sakral wie profan. Türme markierten die Lokalisierung der Heilsgemeinschaft. Aber sie enthielten auch Rückzugsräume im Verteidigungsfall, waren Beobachtungsposten für sich anbahnende

Katastrophen, die Annäherung von Feinden oder den Ausbruch von Feuer und, als besonders stabile Bauwerke, Orte für Schatzkammern oder Archive.
Für die gewaltigen Bauorganismen der alten Sakralbauten galt ein anderer Maßstab als für die bürgerlichen Bauten der alltäglichen Zwecke. Fast nie waren sie aus der dichten Nachbarschaft der Wohnhäuser und Krambuden zu überblicken und als Ganzes zu erleben. »So steigt [...] der Sakralbau als das unerhört Andere in stärkstem Kontrast aus der bescheidenen Umwelt des ihn umgebenden Alltags«.[2] Der Sakralbau zielt in die Ferne, als Orientierung und Zeichen auf viele Kilometer hin oder gar, in Küstenstädten wie Venedig oder Palma de Mallorca, über Hafen und Meer hinweg. Wo es gelang, solche Bauwerke auf Anhöhen oder Bergen zu errichten, kam es zu unvergleichlichen Stadtbildern wie Lâon, Urbino, Prag, Siena, das turmreiche Erfurt, Erfordia turrita, Meissen, zu schweigen von einer Vielzahl kleiner Orte. Im islamischen Bereich bietet Istanbul ein solches unvergessliches Bild mit der hangwärts gezogenen Kette der Kuppelkirchen, jede von einem der Sultane hinterlassen, von jeweils vier Minaretts flankiert und einmal auch – bei der Blauen Moschee – von sechs dieser schlanken Stifte. Wie Zeitgenossen dieses Stadtbild empfanden, zeigt ein Stich aus dem 18. Jahrhundert mit seiner fast schon grotesken Vertikalisierung. Die von den filigranen Senkrechten der Minaretts begleitete Kuppel, der Himmel auf Erden, war für die Ostkirche und für den Islam, was der Turm oder die Turmgruppe für die Westkirche bedeutete.
Die alten Kirchen im Stadtbild sind Zeugnisse der Leistungskraft örtlicher Entscheidungsgremien und des Bauhandwerks, aber immer auch und in erster Linie das irdische Spiegelbild einer jenseitigen Ordnung. Vor allem auf Jerusalem in seiner metaphysischen wie realen Doppelgestalt zielten im Abendland die turmreichen Baugruppen der mittelalterlichen Kirchen: »Urbem beatam Iherusalem [...] per manufactam et materialem basilicam representat«, heißt es in einer Äußerung des 14. Jahrhunderts; die selige Stadt Jerusalem wird durch die gebaute und materielle Kirche dargestellt.[3] Wobei es für unseren Zusammenhang zu notieren gilt: Als sei er selbst eine Stadt, wird der Einzelbau Kirche wie selbstverständlich mit einer Stadt, mit Jerusalem, gleichgesetzt, einem zugleich auch religiösen Symbol ersten Ranges freilich.
Schon die westöstliche Orientierung der Kirchen bezeugt den weltlich-jenseitigen Doppelbezug. Den Stadtbildern geben die hohen Dachfirste eine straffe, gerichtete Struktur. Gerichtet ist diese Heerschar der Dächer nach Osten, dem idealen Ziel aller Heilserwartung – so lange jedenfalls, wie diese Heilserwartung noch bestand. In der Großstadt des 19. Jahrhunderts war diese Regel nicht mehr bindend. Die Platzierung wurde durch die nur noch ästhetische Wirkung als Prospekt einer Straßenachse oder Markierung einer Kreuzung bestimmt oder hatte sich, wenn die Kirche der jeweiligen religiösen Minderheit zugehörte, mit einem Grundstück in der Fluchtlinie der Straße oder einem Hof zu begnügen.
Wie sehr sich in der alten Stadt Profanes und Sakrales mischten, ist unseren depravierten Stadtbildern nur noch in Spuren abzulesen. Die Kölner behaupteten, sie hätten an jedem Tag des Jahres, 365 mal also, eine andere Kirche aufsuchen können. Jedenfalls gab es im Weichbild der Altstadt viermal so viele Sakralbauten wie heute. Die meisten dieser Gotteshäuser – um die

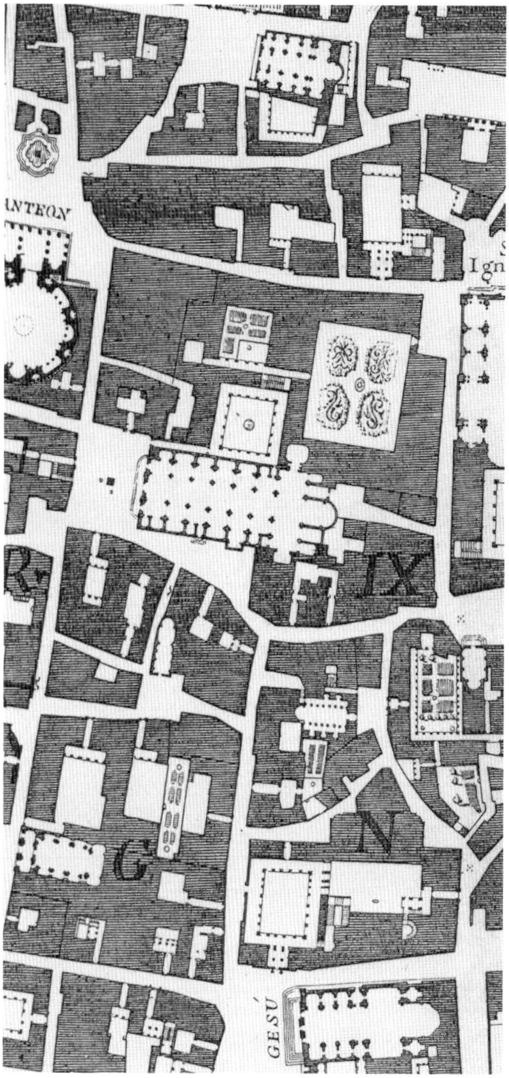

GIOVANNI BATTISTA NOLLI, LA PIANTA GRANDE DI ROMA, 1748, AUSSCHNITT

einhundert – verlor die Stadt nicht erst durch den Zweiten Weltkrieg, sondern durch die Säkularisierung zu Anfang des 19. Jahrhunderts.[4] Für Rom zeigt der berühmte Stadtplan aus dem Jahre 1748, den Giovanni Battista Nolli in einer Folge von zwölf Kupferstichen gezeichnet hatte, die schier unglaublich feinkörnige Durchdringung der alten Stadt mit religiösen Bauten: eine oder mehrere Kirchen, Kapellen oder Oratorien in jedem Straßengeviert.

Nolli macht den Benutzern seiner *Pianta Grande di Roma,* die noch weit ins 20. Jahrhundert hinein von der römischen Stadtverwaltung als Planungsunterlage genutzt wurde,[5] noch etwas anderes deutlich. In seinen Augen waren diese sakralen Gebäude Räume der Öffentlichkeit. Er kennzeichnet sie ebenso wie die öffentlich zugänglichen Straßen, Gassen und Plätze und sogar die Höfe und Gärten der Palazzi, nämlich als weiß belassene Flächen, die dem Publikum zur Verfügung standen. Ob Il Gesù, die Mutterkirche der Jesuiten, das als Kirche genutzte Pantheon oder S. Ignazio, eine weitere Jesuitenkirche, die eingedeckten Kirchensäle werden gleichbehandelt mit den Freiräumen unter offenem Himmel und bilden mit ihnen ein fein gewobenes Netz mehr oder weniger zugänglicher Stadträume. Alles andere, die private, nicht öffentliche Baumasse des urbanen Rom, wird bei Nolli grau schraffiert: off limits.

Nollis Analyse bestätigt sich im tatsächlichen Gebrauch historischer Kirchenräume. Kirchen waren auch in Zeiten ihrer unangetasteten sakralen Nutzung öffentliche Orte für viele Zwecke.[6] Dass sie als Wehrkirchen der Verteidigung im Notfall dienten, vertrug sich ohne weiteres mit der Idee der Himmelsburg, der arx caelestis, der den vorromanischen und romanischen Kirchen zugrunde lag.[7] Das romanische Westwerk war gegen die Mächte des Bösen gewendet, und damit waren nicht nur irdische Feinde gemeint. Dass in den Kirchenschiffen nicht nur musikalische, sondern auch theatralische Aufführungen stattfanden, verwundert ebenso wenig. Solche kirchlichen Schauspiele gingen aus der Liturgie der

Ostertage, dann der Weihnachtstage oder des Drei-Königs-Festes hervor. In den Narrenfesten, den »fêtes des fous«, den »feasts of fools« nahmen sie groteske Ausmaße an und widerstreiten in ihren Gottesdienstparodien flagrant unseren heutigen Vorstellungen von sakraler Würde.
Kirchen dienten als Tresor für Archive und Urkunden, waren Schauplätze von Rechtshandlungen – nicht zuletzt, weil man der Überzeugung war, die Nähe der Heilstümer werde die Wahrheitsfindung erleichtern. Beim Abschluss von Verträgen oder der Abgabe von Zeugenaussagen konnte man wirkungsvoller auf die Hostie schwören, wenn sie wenige Schritte entfernt im Tabernakel lag. Der Lettner, also die Abschrankung des Priester- und Mönchraums vom Laienraum, war ein Ort der Gesetzes- und Urteilsverkündung, auch weltlicher Urteile. Von dort wurde beispielsweise im Frankfurter Dom 1474 eine Steuerordnung verkündet.[8] In der Lübecker Marienkirche wird noch heute eine Kapelle die Briefkapelle genannt, weil in ihr Notare Urkunden verbrieften. In einer anderen ihrer Kapellen wurde der Ratsschatz aufbewahrt.[9] Von Freiburg im Breisgau weiß man, dass im Chor des Munsters – also nicht einmal im Laienbereich – Eigentumssachen verhandelt und ebenfalls im Münster Versteigerungen nach Schuldfällen verkündet wurden.[10]
Dass staatliche Handlungen wie die Wahl und die Krönung von Königen und Kaisern in Kathedralen stattfanden, verstand sich von selbst, da sich in solchen Zeremonien die säkularen und die sakralen Funktionen überschnitten. Auch Ratsversammlungen und andere politische Gremiensitzungen fanden in ihnen statt, vor allem solange Städte über keine geeigneten kommunalen Versammlungsstätten verfügten.[11] Der elliptische Rundbau der Frankfurter Paulskirche, den der evangelische Gemeindevorstand 1848 dem Vorparlament und der ersten Deutschen Nationalversammlung als Tagungsort vorübergehend zur Verfügung stellte, ist ein relativ spätes Beispiel.
Streitgespräche und wissenschaftliche Dispute hatten seit jeher in Kirchen ihren Ort; im Langhaus des Kölner Doms, das bis ins 19. Jahrhundert nicht endgültig fertig gestellt war, wurden mehrmals provisorische Aulen für juristische Promotionen aufgebaut.[12] Manche Universitäten wie die Kölner und die Heidelberger gingen aus der Arbeit geistlicher Orden wie der Dominikaner und Jesuiten hervor; dann dienten die Kirchen und die angeschlossenen Kollegiumsgebäude als frühe Universitätsbauten. Die hochberühmte Bibliotheca Palatina, die kurfürstlich-pfälzische Bibliothek, war bis zum Dreißigjährigen Krieg, als sie als Kriegsbeute der Katholischen Liga in den Vatikan abtransportiert wurde, auf den Emporen der Heidelberger Heilig-Geist-Kirche untergebracht.
Kirchen wirkten auf eine besondere Weise ins gesellschaftliche Leben hinein, die heute unvorstellbar, weil amtlich weitgehend untersagt ist; nämlich über ihre Glocken. Als »hörbare Uhren«[13] erinnerten sie machtvoll an Gebetszeiten, an die Lebensstationen des Erlösers Geburt, Tod und Auferstehung. Sie läuteten bei Taufe und Tod, aber auch beim Empfang von Herrschern, bei der Hinrichtung von Verbrechern, bei Krieg und Frieden, beim Ausbruch von Feuer, zur Erinnerung an den Sieg über die Türken (das sogenannte Türkenläuten). Glocken läuteten die nächtliche Wachpflicht der Bürger ein, den Beginn des Geleitrechtes für Kaufleute bei Marktveranstaltungen, die Zinsglocke mahnte fällige Abgaben an.[14] Gebetsrufe der

JOB A. BERCKHEYDE, *DAS INNERE DER ST. BAVO-KIRCHE IN HAARLEM,* 1668

Muezzin von den Minaretts der islamischen Welt, fünfmal am Tag, können heute noch eine Vorstellung von dieser akustischen Gegenwärtigkeit des Sakralen geben – auch dann und leider erst recht, wenn sie durch Tonbänder ersetzt worden sind.
Aus der karitativen Tätigkeit der Priester und geistlichen Stiftungen ergab sich, dass Kirchen auch als Orte der Armenfürsorge wirkten, Tagungsstätten von Bruderschaften darstellten, als Pilgerherberge dienten, Schutz und Asyl für Verfolgte boten. Die Kirche war Freistatt, war es noch in den letzten Tagen der DDR. Asyl und Pilgerherberge: Das bedeutete auch, dass in Kirchen geschlafen, gegessen, ja auch gezecht und getanzt wurde. Noch in der Regierungszeit von Elisabeth I. wurde in der Kathedrale St. Paul's Ball gespielt. Auch Feste, Bankette und repräsentative Veranstaltungen der Bürgergemeinden wurden in Kirchen begangen. Schließlich boten sie vor der Errichtung der großen Stadthallen die geräumigsten Säle am Platze.
Kircheninterieurs auf den Gemälden holländischer Maler aus dem Goldenen Zeitalter wie Pieter Saenredam und Emanuel de Witte zeigen, dass Kirchenräume auch als Freizeitterrains fungierten. Grüppchen stutzerhaft gekleideter Menschen promenieren in den niederländischen Architekturveduten unter weiten, hochragenden Gewölben, lassen die Kinder spielen und haben oft auch ein drollig frisiertes Hündchen mitgenommen.

»Das ganze Ding«, empörte sich ein Londoner Kommentator noch im Jahre 1841 über das Leben und Treiben in St. Paul's, »gleicht mehr der Promenade in einem Ballsaal als einer Zusammenkunft im Hause Gottes.«[15]

Sogar Markt konnte in Kirchen abgehalten werden. Aus Chartres wissen wir, dass bei Jahrmärkten das Markttreiben sich bis in die Kathedrale hineinzog. Als im 17. Jahrhundert in Paris diskutiert wurde, ob man Handel und Verhandlungen aus den Tuileriengärten ausschließen sollte, war ein Hauptargument dagegen, »dass sich dann alle Bürger zu ihren Geschäften in den Kirchen verabreden würden«.[16] Und weil die Kirchenschiffe so verschwenderisch viel Raum boten, nicht zuletzt in den gewaltigen Dachstühlen, dienten sie auch der Vorratshaltung, wurden Getreide, Wein, Wolle und andere Naturalien dort gestapelt. Nicht nur im Mittelalter, sondern bis weit in die Neuzeit hinein war das Kirchengebäude ein Vielzweckbau. Die gewaltige Größe der Hauptkirchen, oft außer jedem Verhältnis zur Einwohnerzahl der Städte, erklärt sich nicht nur aus dem Maß an Gottesverehrung, sondern auch aus den vielen Funktionen, die sie über ihre liturgischen Aufgaben hinaus zu erfüllen hatten.

»Ein Kirchenbau ist nie nur, was er ist«, lesen wir bei dem Hamburger Theologen Fulbert Steffensky. Liberalität im Gebrauch von sakralem Raum war möglich, weil Immanenz und Transzendenz, die irdische Welt und das jenseitige Reich, noch ineinander verwoben waren. Heute herrscht vielerorts die Politik der geschlossenen Tür. Erst kürzlich lehnte der Generalvikar einer deutschen Erzdiözese Autorenlesungen in einer Kirche mit der Begründung ab, »der kirchliche Sakralraum in seiner speziellen Sinngebung« sei nicht der richtige Ort für Diskussionen, Dichterlesungen und Konzerte und die Gemeinde habe sich den pastoralen Weisungen zu fügen, die von der zuständigen Autorität erlassen würden.[17]

Trotzdem: Bis heute, wenn auch in abnehmender Linie, verkörperten, ja verdichteten Kirchen das Alltags- wie das Feiertagsleben der Städte, förderten Identifikation und Identität der Gemeinden. Mit allen ihren Nebengebäuden, Kapellen, Zweitkirchen, Hospizen, Hospitälern, bei Dom- und Stiftskirchen und Klöstern auch ihren eigens ummauerten Immunitäten, waren sie noch einmal Stadt, Stadt in ihrer konzentriertesten Erscheinungsweise. Ihre herausgehobene Form, in der sich der höchste Anspruch der Zeit und der Region niederschlug, trug dazu ebenso bei wie ihre Verwobenheit in die Lebensvorgänge des Ortes.

Als Konzentrat der Stadt fungieren die alten Sakralbauten noch heute wie Symbole der Kommunen, in denen sie stehen, modernen Markenzeichen nicht unähnlich. Die Türme der Münchner Frauenkirche, die ungewöhnlicherweise welsche Hauben aufgesetzt bekamen, oder die Doppelturmfassade des Kölner Doms bieten Signets, wie sie kein Hochhausarchitekt unserer Tage je hervorgebracht hat; möglich nur, weil sich an ihnen ein ganzer Horizont von Bedeutungen festgemacht hat, die sich in der Geschichte angesammelt haben. Ihre grafischen Abbreviaturen, einst auf Münzen, Stadtsiegeln oder Wappen dargestellt, eignen sich noch heute für alle möglichen Formen der Werbung, vom Fremdenverkehr bis zu Konsumgütern. Die Silhouette der Stadt der sieben Türme, Lübeck, findet sich auf Spielzeugschachteln wie auf Marzipanpackungen wie auf Marmeladengläsern – Verwendbarkeit der Sakralbauten für PR als ferner Abglanz der Bedeutung, die sie als Inkarnation der Stadt besaßen.

Bei der zunehmenden Säkularisierung der Gesellschaft seit der frühen Neuzeit sind die einst engen Symbiosen von Sakralbau und Stadtorganismus nicht mehr zu erwarten. Doch für die Vorstädte und Stadtrandsiedlungen, die Ende des 19. und im 20. Jahrhundert entstanden, hatten und haben Kirchen nach wie vor eine das Quartier prägende Rolle. Mit ihnen sind die individuellen Biografien der Bewohner verknüpft, und zwar in ihren existenziellen Augenblicken: bei Taufe und Firmung oder Konfirmation, bei Hochzeit und Tod. Und nach wie vor leisten die Kirchen nicht nur geistliche, sondern auch soziale Dienste, kümmern sich um Kinder und Mütter, um Jugendliche und Alte, um Menschen, die aus der bürgerlichen Konvention gefallen sind. Sie bieten Treffpunkte, Versammlungsorte, Stätten der Begegnung, Pfarrbüchereien, Konzerte und Ausstellungen. Und sie erfüllen diese Aufgabe, diese Kulturarbeit, mit gestalterischem Anspruch. Oft sind sie in den trostlosen Satellitenstädten am Großstadtrand die einzigen Orte, in denen wahrnehmbare Anstrengungen gemacht wurden, stadträumliche und architektonische Qualitäten zu bieten.
In den Formulierungen der Nachkriegsliteratur zum Thema Kirchenbau greift dieser Anspruch auch theoretisch noch ganz hoch. Kirchliche Zentren seien in freier Harmonie einander zuzuordnen, zur größeren Ehre Gottes und als Zeugnis einer kommenden Ordnung, heißt es im *Handbuch für den Kirchenbau* von 1959. Mit Kirche, Kindergarten und Kinderhort, Krankenstationen, Alters- und Jugendheimen sollen sie Mittelpunkte des kommunalen Lebens bilden, ganzheitliche Bildung vermitteln, für karitative Betreuung sorgen. Diese »Orte der Wegweisung«, zentral platziert, aber vom Verkehr nicht belästigt, also in Bindung und Distanz zugleich, haben deutlich zu machen, dass es in ihnen »um die unveränderlichen, übernatürlichen Fragen« geht.[18]
Die 1950er-Jahre haben für dieses Programm ein überaus reichhaltiges Repertoire an Bauformen entwickelt, Zeltbauten, Schalenkonstruktionen, Hängedächer, Karawansereien, kaum eine ohne Campanile. Die 1960er-Jahre griffen gern zu triumphalistischen Gebärden: Gottesburgen, sichtbare Verteidigungen des Glaubens. Der formbare Sichtbeton hatte einen nicht geringen Anteil an diesen Sakralfestungen, solange die Schalungskosten noch bezahlbar waren und die Luftschadstoffe dem Beton und seiner Stahlarmierung nicht zugesetzt hatten. Die 1970er-Jahre setzten eher auf variabel nutzbare, vielzellige Gebilde, bis die Konjunktur des Kirchenbaus ein jähes Ende nahm. Bis dahin, in den dreißig Jahren nach 1945, sind angeblich mehr Kirchen gebaut worden als in der ganzen vorangehenden Geschichte der Christenheit.
Dieses Erbe, in Deutschland insgesamt etwa 24 500 Gotteshäuser der katholischen Kirche und etwa 21 000 der evangelischen Landeskirchen, ist einer Generation überantwortet, die vor völlig neuen Problemen steht. Beide großen Amtskirchen sehen sich Entwicklungen gegenüber, die sie in der Substanz treffen. Vor etwa einem halben Jahrhundert, 1950, teilte sich die deutsche Bevölkerung nach ihrer Religionszugehörigkeit paritätisch in Katholiken und Protestanten, fünfzig zu fünfzig Prozent. Heute sind knapp ein Drittel Katholiken, knapp ein Drittel Protestanten, aber mehr als ein Drittel Angehörige anderer Bekenntnisse – vor allem Muslime – oder Religionslose. Von den Kirchenangehörigen besucht an gewöhnlichen Sonntagen nicht mehr die

Hälfte die Gottesdienste wie noch 1950, sondern nur noch ein Bruchteil dessen – in den evangelischen Kirchen vier Prozent.[19] Austritte aus den Kirchen (in beiden Konfessionen jeweils an die 100 000 pro Jahr, im Jahr 2008 allein in der katholischen Kirche mehr als 121 000 Menschen), demografische Entwicklungen, Zuwanderung nichtchristlicher Bevölkerungsgruppen, die immer noch hohe Arbeitslosigkeit und Veränderungen im allgemeinen Steueraufkommen ließen die Einkünfte aus Kirchensteuern dramatisch zurückgehen. Aus allen diesen Gründen ist die Haushaltslage der meisten Diözesen und Landeskirchen besorgniserregend bis desolat.

Betroffen ist davon selbstverständlich der Baubestand, sind die Bereitschaft und die finanziellen Möglichkeiten, ihn zu erhalten. Es gibt weniger Menschen, es gibt weniger aktive Christen und es gibt weniger Geistliche. Diese Verluste sind nicht nur eine Sache der Statistik. Schon ist zu lesen, es gebe nicht mehr die Volkskirche, sondern allenfalls eine »Kirche im Volk«. Der Begriff der Volkskirche droht ins Wanken zu geraten, ähnlich wie der Begriff der Volkspartei. In den Zivilgesellschaften der westlichen Welt hat die Kirche ihren Alleinvertretungsanspruch als einzig sinngebende Instanz verloren, wie er sich so eindrucksvoll in den alten Städtebildern niederschlug. Man wird nicht mehr wie selbstverständlich in eine religiöse Schicksalsgemeinschaft mit ihren Sinnangeboten und trostreichen Ritualen hineingeboren, der man von der Taufe bis zu den Exequien angehörte.

Öffentliche Diskussionen haben ihre eigene, unvorhersehbare Dynamik. Etwas wird zum Thema, beansprucht das allgemeine Interesse, dann wird die allgemeine Aufmerksamkeit es müde, über dasselbe

ABRISS-BAUSTELLE ST. JOHANNES CAPISTRAN, BERLIN

Thema weiter nachzudenken, es gibt so viele andere konkurrierende Themen, die auf Erörterung warten. Es wird abgehakt und abgelegt, ohne dass sich etwas Entscheidendes geändert hätte. Das Schicksal der überflüssig gewordenen Kirchbauten wandert seit sechs, sieben Jahren durch die Medien. Aber Kirchen werden seit Jahrzehnten umgewidmet, veräußert oder gar niedergelegt. Einer Statistik zufolge wurden zwischen 1990 und 2004 etwa fünfzig katholische Kirchen in Deutschland verkauft und knapp vierzig abgerissen, ohne dass es damals das breite Publikum sonderlich irritiert oder auch nur bemerkt hätte.[20] Der Europarat hatte schon 1986 eine Kommission zum Problem der »redundant religious buildings« eingesetzt, in deren Bericht von tausenden leer stehender, umgewidmeter oder veräußerter Kirchen in Europa die Rede war.[21]

In Gefahr sind nicht die geschichtsmächtigen Kathedralen und Stiftskirchen, die unsere historischen Städte geprägt haben. Was den Eingang in *Dehios Handbuch der deutschen Kunstdenkmäler* gefunden hat, ist in der Regel auf der sicheren Seite. Da kann der Denkmalschutz auch in Übereinstimmung mit der vorherrschenden Meinung der

Öffentlichkeit agieren. In Gefahr sind aber die unscheinbaren Dorfkirchen, bis zu einem gewissen Grade die historisierenden Kirchen aus dem späteren 19. Jahrhundert und vor allem die Bauten aus den 1920er- und frühen 1930er-Jahren und dann der Nachkriegszeit.

Für ihre begrenztere Nachbarschaft, für den Stadtteil, den Vorort, sind solche Bauten im kleineren Maßstab von ähnlicher Bedeutung wie Dom und Münster für die alte Stadt. Auch sie sind Träger von Erinnerungen, Erinnerungen der eigenen Biografie wie der Gemeinde, sind Orte, die daran gemahnen, dass es andere Werte und andere Zugänge zum Lebenssinn gibt als die innerweltlichen, die auf persönliches Wohlergehen, Komfort und Besitz gerichtet sind. Im modernen Suburbia sind Kirchen und Gemeindebauten oft das einzige, was so etwas wie Ortskerne bildet. Denn das Rathaus ist längst der Gemeindereform zum Opfer gefallen, die lokale Schule ist im entfernten Schulzentrum aufgegangen, die kleinen Läden hat das Einkaufszentrum zehn Kilometer weiter um ihre Existenzgrundlage gebracht, und das örtliche Kino wurde zugunsten des Multiplex zwanzig Kilometer weiter geschlossen.

Man kann sich nicht des Eindrucks erwehren, dass bei der Auflassung von Kirchen eine Aversion gegen die Moderne und möglicherweise eine Aversion gegen die Modernisierungsbestrebungen innerhalb der Konfessionen im Spiel sind. Das Bistum Essen, das eine besonders freimütige Öffentlichkeitspolitik betrieben und damit viel Kritik auf sich gezogen hat, glaubt fast ein Drittel seiner Kirchbauten nicht mehr halten zu können. Von den fraglichen 96 Kirchen, die in den Verlautbarungen der Diözese euphemistisch »weitere Kirchen« genannt werden, sind 73, also drei Viertel, nach dem Zweiten Weltkrieg entstanden. So viel, wie damals gebaut worden ist, sind es sicherlich nicht nur kunsthistorisch und städtebaulich unentbehrliche Architekturen. Aber darunter befinden sich auch künstlerisch und liturgiegeschichtlich bedeutungsvolle Bauten von Meistern wie Karl Band, Dominikus und Gottfried Böhm, Gisberth Hülsmann, Josef Lehmbrock, Fritz Schaller oder Rudolf Schwarz.

Anders als die vielteiligen neoromanischen oder neogotischen Bauten des 19. Jahrhunderts boten die großen, auf den Altar zentrierten Einheitsräume zeitgenössischer Kirchen der privaten Innerlichkeit keine Fluchträume. Diese Einheitlichkeit – »ein Gott, eine Gemeinde, ein Raum«[22] –, die zur Konzentration zwingenden, von Ornament und Bauzier befreiten Wände und natürlich in vielen Fällen der ungeliebte Sichtbeton mögen Gründe sein, die zu einer verbreiteten Ablehnung dieser Gotteshäuser geführt haben. Jedenfalls haben Proteste gegen ihren Verlust sich entweder auf die betroffenen Gemeinden oder die Kenner und Fachleute beschränkt und kaum die allgemeine Öffentlichkeit erfasst, auch wenn es zumindest im Bundesland Nordrhein-Westfalen schon einmal eine Landtagsdiskussion über dieses Thema gegeben hat.

Wo Äußerungen zu dem Schicksal der christlichen Kirchen laut wurden, war der Ton der Klage vorherrschend. Aber wie wäre es, wenn man in diesen oftmals großartigen Räumen nicht die drohende Gefährdung sähe, sondern die Chancen? Wenn man sie in erster Linie nicht als bedrohte Kultstätten betrachtete, die es zu verteidigen gilt, sondern als Möglichkeitsorte, als Aufforderungen zu Kreativität, als Einladung, über neue Formen urbaner Ingebrauchnahme nachzudenken? Als Angebot,

ST. MARIEN, NEUBRANDENBURG, PEKKA SALMINEN ARCHITECTS, UMBAU ZUM KONZERTSAAL, 2001

in einer von Funktion und Nutzen bestimmten Welt Reservate des ganz Anderen zu bewahren?

In den Zeiten, in denen die Kirchen noch als Kirchen dienten, waren sie gleichzeitig mit dem kirchlichen Gebrauch Theater- und Konzertstätten, Bibliotheken, Zufluchtstätten, Versammlungshallen und sogar Geschäftslokale gewesen. Danach kamen die Zweckentfremdungen, die säkularisierten Bauten widerfuhren: Sie wurden umgebaut zu Kasernen, Krankenhäusern, Schulen, Manufakturen, Gefängnissen, Getreidespeichern, Viehställen. So zweifelhaft diese profanen Nutzungen waren, halfen sie immerhin, die Bausubstanz zu retten. Auch im Kölner Dom, der in Revolutionszeiten zu einem Fouragemagazin entweiht wurde, standen Napoleons Pferde. Verloren ist erst jener Bau, der zu gar nichts mehr nutze ist, nicht einmal zu einem Pferdestall.

Im Umgang mit aufgelassenen Kirchen hat sich in Deutschland eine Hierarchie von Maßnahmen eingespielt. Als wünschenswert gelten, nach den kirchlichen Sondernutzungen wie Citykirche, Jugendkirche oder Begräbniskirche und Kolumbarium, die Umnutzung für gemeindenahe, mit der früheren sakralen Bestimmung verträgliche Aufgaben. Wenn Grundstücke aus Kirchenbesitz aufgegeben werden, ist es allemal besser, für soziale oder karitative Aktivitäten Räume innerhalb der bestehenden Kirchengebäude zu schaffen, als auf Gotteshäuser zu verzichten und die Nebengebäude zu erhalten. In der Oberhausener Kirche Zur Heiligen Familie, einem Bau von Rudolf Schwarz, werden heute – ohne dass der Altar entfernt werden musste – Arme von einer Vereinigung verköstigt, die sich Oberhausener Tafel nennt. Da ist der Gedanke mitmenschlicher Fürsorge ganz nahe, der stets zur alten Kirche gehörte.

Muss verkauft werden, so gilt die Übereignung an andere, christliche Religionsgemeinschaften als der drittbeste Fall. Geduldet wurde und wird die Übergabe an Glaubensgemeinschaften wie die griechisch-orthodoxen, koptischen oder armenischen. Eine Übereignung an nichtchristliche Glaubensgemeinschaften, gar an muslimische, wird in den Handreichungen beider großer Amtskirchen ausgeschlossen. Wegen der Symbolwirkung nach außen seien solche Maßnahmen nicht möglich, formulieren die entsprechenden Papiere ziemlich gleichlautend.[23] Man wird den Eindruck nicht los, dem gekränkten Stolz einer zweitausendjährigen Institution würden ihre eigenen Kulturdenkmäler geopfert. Eher wird ein Bau preisgegeben als einer anderen Religion überlassen. Wären frühere Jahrhunderte ähnlich verfahren und hätten die Gotteshäuser beim Wechsel zu einer anderen Religionsgemeinschaft zerstört statt sie zu übernehmen und ihren Bedürfnissen anzugleichen, hätten weder die Reste von Parthenon und Erechtheion noch die Hagia Sophia in Istanbul noch der größte Teil der Moschee von Córdoba überdauert.

Neben karitativen und sozialen Aufgaben der Gemeinden scheint vor allem in kulturellen Bestimmungen die Rettung zu liegen. Schon nach dem Zweiten Weltkrieg sind Kirchen in Citylagen, wo Wohnbezirke von Büro- und Geschäftsflächen verdrängt wurden, zu Museen oder Konzerthäusern gemacht worden. Aus dem Kontrast zwischen den ehrwürdigen alten Gehäusen und den neuen Einbauten ergaben sich überaus reizvolle Lösungen: Bibliothek und Veranstaltungsräume im märkischen Müncheberg, als großer sich wölbender Behälter dem gotischen Gehäuse von St. Marien eingefügt (vgl. S. 229 ff.). Oder der Konzertsaal in Neubrandenburg, wo Parkett und Tribüne berührungsfrei in die Schale der ehemals dreischiffigen gotischen Halle eingelassen sind. Vor Ort kommt die Fantasie auf unvorhersehbare Einfälle. In die Berliner Eliaskirche zog ein Kindermuseum ein, in die Gemeindekirche von Federow an der Müritz eine sogenannte Hörspielkirche.

Aber so viele Kultureinrichtungen werden nicht gebraucht und können nicht unterhalten werden, wie es überzählige Kirchbauten gibt. Man muss sich dankbar bescheiden, wenn auch weniger gediegene Nutzungen in die nicht mehr benötigten Gebäude einziehen. In der ehrwürdigen Trierer Reichsabteikirche St. Maximin wird seit einem Dutzend Jahren Korbball gespielt und geturnt; benachbarte Schulen verwenden sie als Sporthalle. In niederländischen Kirchen werden Babybedarf oder Einbauküchen verkauft, Diskotheken eingerichtet, fahren Lokalsender ihr Hörprogramm, richten sich Supermärkte, Sparkassen, Arztpraxen, Kneipen und Esoterikanbieter zwischen Altar und Taufstein ein.

Im nordwestlichen Ausland ist man offenkundig weniger heikel als bei uns. Dass man in einer Kirche beispielsweise gediegen speisen kann, ist hierzulande noch eine Ausnahme. Soll man solche Profanierungen als Rettung der Bausubstanz begrüßen oder ist bereits die Grenze ins Unzumutbare überschritten? Der Bauhistoriker, der seine

ST. MAXIMIN, TRIER, 4. JAHRHUNDERT FF., 1680–1684, DIETER G. BAUMEWERD, GOTTFRIED BÖHM, ALOIS PEITZ, UMBAU ZUR TURNHALLE, 1986-1995

Beispiele kennt, wo Munitionsdepots und Proviantlager geholfen haben, historisches Bauwerk vor der Zerstörung zu retten, versagt sich jeden Hochmut.[24]
Wenn Kirchen seit je auch als öffentliche Räume wahrgenommen und genutzt worden sind, warum sollten wir diese Lehre der Geschichte nicht akzeptieren? Gewiss gilt für unsere Gegenwart seit langem nicht mehr, dass – wie Johan Huizinga es formuliert hat – jede Tat umringt war von geprägten und ausdrucksvollen Formen, eingestellt war auf die Erhabenheit eines strengen, festen Lebensstils und die großen Ereignisse des Lebens, Geburt, Heirat, Sterben, im Glanz des göttlichen Mysteriums standen.[25] Brauchen wir deshalb weniger die Präsenz von Bauwerken, die mehr erlebt haben als wir selbst in unserer Lebenszeit? In denen sich die Hoffnungen und Erinnerungen von Generationen eingeschrieben haben? Kirchen bildeten und bilden Orte, die der schnellen Verfügbarkeit entzogen sind, wo nicht alles nach Nutzen und Gewinn geht. Die großen Firmen-Headquarters ziehen mit der Fluktuation des Kapitals weiter. Die Kirchen bleiben – blieben.
Es ist ein Gedanke, der innerhalb des Deutschen Werkbundes aufgebracht worden ist, aufgegebene Kirchenräume als öffentliche Räume zu erhalten. Roland Günter stellte sich vor, sie als überdachte Piazza in Gebrauch zu nehmen.[26] In Zeiten, in denen der öffentliche Raum immer mehr

PROTEST GEGEN ABRISS DER KIRCHE ST. MATTHÄUS IN FRANKFURT AM MAIN, 2005

aus Einkaufsgalerien besteht, wo das Hausrecht des Betreibers gilt, wären das frei zugängliche Schutzzonen ohne Konsumzwang, die an das alte Asylrecht in Kirchenräumen erinnern. In ihnen könnten sich Aktivitäten, geplant oder ungeplant, einlagern. Sie könnten auch als exterritoriales Terrain frei von Nutzung bleiben, in schierem Raumüberfluss. Und wer weiß, vielleicht wird sich auch die frei schweifende, vagabundierende Religiosität, die sich anderenorts, bei Kirchentagen, Weltjugendtagen oder Papstwahlen, so überwältigend Bahn bricht, wieder feste Orte suchen. Der einstige sakrale Gebrauch ist den aufgelassenen Kirchen sowieso als Würdespur eingeschrieben, er begleitet sie unverlierbar auch in ihrem weiteren profanen Schicksal. Eine solche Politik des Offenhaltens muss man allerdings wollen und politisch mit ganzer Kraft betreiben. Denn die amtlichen Hürden in Gestalt von Stellplatzverordnung, Brandschutz, Versammlungsstättenverordnung, Verkehrssicherungspflicht, Gewerbeaufsicht, Gebäudeversicherung und sofort liegen hoch.

Friedrich Nietzsche hat den Wunsch artikuliert: »Es bedarf einmal und wahrscheinlich bald einmal der Einsicht, was vor Allem unseren großen Städten fehlt: stille und weite, weitgedehnte Orte zum Nachdenken, [...] Bauwerke und Anlagen, welche als Ganzes die Erhabenheit des Sich-Besinnens und Bei-Seite-Gehens ausdrücken.«[27] Aber diese »Bauwerke und Anlagen« sind schon da, und es sind oftmals großartige Raumschöpfungen. Nutzen wir sie.

1 Anregungen und Hinweise von Albert Gerhards und Monika Schmelzer, Bonn.

2 Karl Gruber, *Die Gestalt der deutschen Stadt,* 4. Auflage, München 1983.

3 Adolf Reinle, *Zeichensprache der Architektur,* Zürich und München 1976, S. 187.

4 Hugo Borger, »Aus dem Lebenslauf des Kölner Domes«, in: ders. (Hrsg.), *Der Kölner Dom im Jahrhundert seiner Vollendung,* Bd. 2, Köln, 1980, S. 14.

5 Andreas Denk, »Ketten und Milieus. Elemente einer Stadt der Räume«, in: *Der Architekt,* 3, 2008, S. 32.

6 John Gordon Davies, *The Secular Use of Church Buildings,* London 1968; Dieter Kimpel und Robert Suckale, *Die gotische Architektur in Frankreich 1130–1270,* München 1985, S. 256 ff.

7 Hans Sedlmayr, *Die Entstehung der Kathedrale,* Freiburg u. a. 1993, S. 120 ff.

8 Monika Schmelzer, *Der mittelalterliche Lettner im deutschsprachigen Raum,* Diss. Petersberg 2004, S. 146 f.

9 Wolfgang Braunfels, *Die Kunst im Heiligen Römischen Reich,* Bd. 3, München 1981, S. 263.

10 Konrad Kunze, *Himmel in Stein. Das Freiburger Münster,* 9. Auflage, Freiburg 1995, S. 109.

11 Wolfgang Braunfels, *Mittelalterliche Stadtbaukunst in der Toskana,* 5. Auflage, Berlin 1982, S. 156, 191; Reinle 1976 (wie Anm. 3), S. 61; Kimpel und Suckale 1985 (wie Anm. 6), S. 256 ff.

12 Renate Kloos, »Liturgische Quellen zum Kölner Domchor«, in: *Kölner Domblatt,* 44/45, 1979/80, S. 138.

13 Kunze 1995 (wie Anm. 10), S. 108.

14 Ebd.

15 Davies 1968 (wie Anm. 6), S. 153.

16 Kimpel und Suckale 1985 (wie Anm. 6), S. 260.

17 Dominik Schwaderlapp, »Literatur in St. Agnes ... Contra«, in: *Pfarrbrief [der Gemeinde] St. Agnes,* 2, 2008, S. 5.

18 Fritz Schaller und Heinrich O. Vogel, »Kirche und Städtebau«, in: Willy Weyres und Otto Bartning (Hrsg.), *Kirchen. Handbuch für den Kirchenbau,* München 1959, S. 435 ff.

19 Thomas Sternberg, »Glockenläuten und Muezzinruf. Gotteshäuser und kulturelle Identität«, in: *Der Architekt,* 1, 2007, S. 39.

20 Andreas Poschmann, »Die Kirche im Dorf lassen«, in: *Bauwelt,* 97, 5, 2006, S. 28.

21 Pino Rauti, *Redundant Religious Buildings. Report of the Committee on Culture and Education and Related Documents,* Straßburg 1989.

22 Dominikus Böhm, zit. nach Johannes van Acken, *Christozentrische Kirchenkunst,* 2. Auflage, Gladbeck 1923, S. 50.

23 Sekretariat der Deutschen Bischofskonferenz (Hrsg.), *Umnutzung von Kirchen (Arbeitshilfe, 175),* Bonn 2003; Vereinigte Evangelisch-Lutherische Kirche Deutschlands (Hrsg.), *Texte aus der Vereinigten Evangelisch-Lutherischen Kirche Deutschlands,* Nr. 122, 2003.

24 Ministerium für Bauen und Verkehr des Landes Nordrhein-Westfalen (Hrsg.), *Modellvorhaben Kirchenumnutzungen. Ideen, Konzepte, Verfahren. Sechzehn nordrhein-westfälische Beispiele,* Düsseldorf 2010.

25 Johan Huizinga, *Herbst des Mittelalters,* 10. Auflage, Stuttgart 1969, S. 1.

26 Roland und Janne Günter, »Umnutzung von Kirchen ... Eine städtebauliche Perspektive: neue Piazzen«, in: Deutscher Werkbund NW, *100 Jahre Deutscher Werkbund NW 1907 bis 2007,* Essen 2007, S. 300 f.

27 Friedrich Nietzsche, *Architektur der Erkennenden. Die Fröhliche Wissenschaft* (1882). *Kritische Studienausgabe,* 2. Auflage, Bd. 3, München 1988, S. 524 f.

SEIN WIE ANDERE AUCH

WIE BERLIN WIEDER DEUTSCHE HAUPTSTADT WURDE

Das Glück ist zeitlos, das Unglück datierbar. Es fällt leicht, in der Geschichte der Städte und Staaten die Katastrophen aufzuzählen, die sie heimgesucht haben. Fortuna dagegen hat in der Geschichte der Kollektive wenige Daten hinterlassen. Wo sich die jeweiligen Zeitgenossen euphorischen Zuständen überließen, folgte in aller Regel das Verhängnis auf dem Fuße. Die Seltenheit kollektiver Glückserfahrung hat den damals Regierenden Bürgermeister Berlins Walter Momper vor dem Vorwurf der Banalität bewahrt, als er bei der Wiedervereinigung der Stadt erklärte, die Deutschen seien jetzt das glücklichste Volk auf der Welt. Der 9. November 1989, als die Schlagbäume vor den ungläubigen Menschenmengen aufgingen, und auch der 3. Oktober des folgenden Jahres, als die DDR dem »Geltungsbereich des Grundgesetzes« beitrat und das Freudenfeuerwerk am Reichstagsgebäude in die Luft stieg, waren jedenfalls Momente des allgemeinen Glücks.

GERETTETE HAUPTSTADTWÜRDE

Was auf die Feste zur wiedergewonnenen Deutschen Einheit folgte, brachte der Stadt Berlin gewiss nicht die Erfüllung aller Hoffnungen. Aber es wurde auch nicht, aller Hauptstadtschelte zum Trotz, die permanente Katastrophe. Es wurde eine Mischung von manchmal Geglücktem, oft Misslungenem und vielem, was dazwischen lag: selten begeisternd, aber auch nicht gänzlich danebengeraten. Dass wenige Jahre nach den Glückstagen eine heftige Polemik aufkam, die angesichts der Wiederkehr von Naturstein und Kranzgesims das Schreckbild von Albert Speers NS-Kapitale Germania an den Horizont malte, lässt sich nur aus übergroßen Erwartungen und deren Fehlschlag erklären. »Bloß nicht diese Hauptstadt!«[1] Doch das Totschlagargument von der Rückkehr faschistoiden Bauens traf die Lage nicht. Nicht die Machtallüren des »Dritten Reichs« kehrten wieder, sondern die Usancen kapitalistischen Städtebaus bemächtigten sich der vielen verlockenden innerstädtischen Immobilien. Nur dass die Bauherren steinerne Fassadenvorhänge vor die Stahlbetongerüste der Neubauten und ihre Wärmedämmung hängten statt, wie bisher üblich, gläserne. Mehr als ein paar Zentimeter stark waren weder die einen noch die anderen.

Der Hauptstadtstatus, den alle westdeutschen Wiedervereinigungspolitiker jahrzehntelang beschworen hatten, wurde der wiederhergestellten Gesamtstadt zugesprochen. Das schien selbstverständlich, war es aber nicht. Nicht nur das Abstimmungsergebnis im Deutschen Bundestag am 20. Juni 1991, sondern vor allem die Argumente der Berlin-Gegner belegen, wie knapp das für Berlin erfreuliche Resultat erzielt wurde. Da mochte man unzählige Male den »Hort der Freiheit« und das »Schaufenster des Westens« gerühmt und die einschlägigen Sprüche von Ernst Reuter bis John F. Kennedy zitiert haben. Doch als es zum Schwur kam, fand sich nur eine knappe Mehrheit, die für Berlin als Kapitale des vereinigten Deutschland stimmte.

Für die Spreemetropole war es die Rettung. Längst hatte die einstmals größte deutsche Industriestadt ihre Bedeutung als wichtigster Produktionsort des Reichs verloren. Maschinenbau und Elektroindustrie, Textilfabrikation und Chemie wurden im Westteil Berlins nur noch dank hoher Subventionen weitergeführt. Halbfertigprodukte wurden aus der Bundesrepublik nach Westberlin transportiert, um hier zusammenmontiert, umetikettiert und unter Mitnahme der Berlin-Fördergelder wieder zu den Endverbrauchern in der Bundesrepublik geschafft zu werden. So reagiert man in Ausnahmezuständen, wie sie die Teilung der Stadt darstellte, aber nicht auf Dauer in Normalzeiten. Im Ostteil brach die Industrie mit der Einführung der D-Mark zusammen. Mit dem teuren Westgeld gingen die osteuropäischen Märkte verloren. Dem Berliner Bären drohten die alimentierten Honigtöpfe abhanden zu kommen.

Optimisten glaubten nach der Wende kurzfristig an eine Weltstadt mit einer Einwohnerzahl von fünf bis sechs Millionen Einwohnern.[2] Davon ist die Stadt weiter entfernt denn je. Auch die Hauptstadtwürde hat Berlin längst nicht so viele Arbeitsplätze gebracht wie erhofft. Doch wie hätte sich die Metropole ohne den erneuerten politischen Auftrag neu definieren sollen? Einer funktionslos gewordenen Millionenstadt sechzig Kilometer vor der östlichen Staatsgrenze wären sämtliche Privilegien beider deutscher Staaten aus den Zeiten der Trennung entzogen worden. Auch die Zentralität, die wenigstens der Ostteil als Hauptstadt der DDR genossen hatte, wäre bei einer Entscheidung zugunsten Bonns kassiert worden.

Der Osten Berlins gewann bei der Wiedervereinigung den Zugang zur Wissens- und Bildungslandschaft in Dahlem, zu den Villen- und Erholungsgebieten am Wannsee und im Grunewald, den arkadischen Seen in ernsten Kiefernwäldern, für die der Landschaftsmaler Walter Leistikow einst eine unvergessliche Bildformel gefunden hatte.

Eine ungeschriebene Regel will es, dass in fast allen größeren westeuropäischen Städten der Westen den sozialtopografisch

WILHELM LIEBENOW, STADTPLAN BERLIN-MITTE, 1867 (AUSSCHNITT)

begünstigten Teil der Stadt bildet. Hier ist bei vorherrschenden Westwinden die Luft besser, finden sich Wälder und Parks, wohnen die Begüterten. Charlottenburg, westlich des Tiergartens gelegen, war vor der Eingemeindung nach Gesamtberlin im Jahr 1920 die Stadt mit dem höchsten Steueraufkommen Deutschlands.

Aber umgekehrt gewann der Westen bei der Vereinigung doch mehr dazu: das historische Zentrum, so ramponiert es war, mit den wenigen Zeugnissen mittelalterlicher Geschichte in Berlin und den zahlreichen Spuren kurfürstlicher, königlich-preußischer und kaiserzeitlicher Repräsentanz, mit der »Freistätte für Kunst und Wissenschaft«,[3] der unvergleichlichen Museumsinsel in der Spree, mit den ausbaufähigen Technikstandorten in Buch und Adlershof. Zur Mitgift gehörten allerdings auch die sanierungsreifen Plattenbausiedlungen, auf deren Probleme der Westen trotz seiner eigenen Erfahrungen mit Märkischem Viertel und Gropiusstadt ungenügend vorbereitet war.

ALLES DOPPELT

Große Metropolen neigen zur Ausbildung von Doppelkernen: City und Westminster in London, Downtown und Midtown Manhattan in New York, Loop und North Michigan Avenue in Chicago. Wenn die alte Mitte nicht mehr die zunehmenden Aktivitäten fasst, überspringt die Entwicklung Zwischenfelder und gründet neue Zentren jenseits einer Grauzone, statt kontinuierlich und radial zu expandieren. Auch in Berlin war es im späten 19. Jahrhundert zu einer zweiten, westlichen Citybildung um Tauentzien, Gedächtniskirche und Kurfürstendamm gekommen. Wo bis dahin nur eine Versammlung von Dörfern gewesen war, wuchsen Kaufhäuser, Boulevardtheater, Premierenkinos und gutbürgerliche Wohnquartiere empor. Der Berliner Westen war das verwegenere Alter Ego der historischen Mitte, moderner, kosmopolitischer, veränderungswilliger und weitgehend frei von den repräsentativen Zentralen der alten Institutionen.

In den Zeiten der Trennung benutzte die westliche Stadtpropaganda diesen zweiten Cityansatz, um daraus ein Gegenbild zum DDR-beherrschten Zentrum zu konstruieren. Alles gab es nun doppelt: Museumsinsel und Kulturforum, Nationalgalerie alt und Nationalgalerie neu, Oper Unter den Linden und Deutsche Oper, Staatsbibliothek Ost und West, Palast der Republik und Congress Centrum, Humboldt-Universität und Freie Universität, Zoo in Friedrichsfelde und am Tiergartenrand, Fernsehturm am Alexanderplatz und Funkturm am Messegelände. Nicht viel hätte gefehlt, und es wären sogar einzelne Gebäude in ihrer unverwechselbaren Gestalt zweifach wiedererstanden wie das barocke Ephraim-Palais. Dessen Fassadenteile waren in Westberlin ausgelagert, während der originale Standort am Ostberliner Mühlendamm lag. Rekonstruktionspläne gab es auf beiden Seiten, im Westen am falschen Ort.

Nach dem Fall der Mauer wurde jedem deutlich, dass es die westliche City an historischer Dignität und identitätsbildender Zeichenkraft mit Alt-Berlin, Schlossinsel und Friedrichstadt nicht aufnehmen konnte. Mit den Adressen Unter den Linden, Gendarmenmarkt oder Pariser Platz können Tauentzien, Kurfürstendamm oder Steinplatz nicht konkurrieren. Im Vergleich zum Brandenburger Tor, dieser Berlin-Ikone von unschlagbarem Wiedererkennungswert, bot die inszenierte Kriegsruine der Westberliner Gedächtniskirche nur ein Ersatzsymbol.

Kurios mutet es im Rückblick an, dass noch in den 1980er-Jahren der Westberliner Senat ein Planungsverfahren einleitete, das für das Glacis entlang des mittleren Mauerabschnitts den Begriff eines »zentralen Bereichs West« einführte, ein zentraler Bereich ohne Zentrum.[4] Zwar war der Streifen westlich der alten Zoll- und Akzisemauer seit Karl Friedrich Schinkel und Peter Joseph Lenné der Wunschort staatlicher oder kultureller Repräsentanz gewesen, von Friedrich Wilhelm IV. bis Adolf Hitler. Aber bis heute hat der Rand der historischen City zum Tiergarten hin nicht seinen Vorplatzcharakter verloren. Wer von der Innenstadt kommend das Brandenburger Tor durchschreitet oder sich vom Potsdamer Platz in Richtung Kulturforum bewegt, tritt »vor« die Stadt, steht »draußen« – auch wenn Berlin sich vor ihm noch zwanzig Kilometer weit erstreckt.

In ihrem geteilten Zustand hatte die Stadt viele Sympathien mobilisieren können, wie man sie Invaliden entgegenbringt, die Schweres mitgemacht haben. Die freigelegten Brandmauern an wüsten Grundstücken, unbebaut seit Kriegsende, der Risikoschauder, der sich mit der Mauer verband, dem »antifaschistischen Schutzwall« (Jargon Ost) und der »Schandmauer« (Jargon West), die irrsinnige Trassenführung des Verkehrs, bei der viele Straßen vor Sperranlagen endeten, oder die westliche S-Bahn, die ohne Halt die Ostberliner City unterfuhr; das alles hatte eine Mixtur aus Grauen und Faszination erzeugt. Mit solchen Sonderbarkeiten war es nun vorbei. Normalität kehrte ein und überwältigte die Stadt mit ihrer ganzen trivialen Kraft. Für die mitleidigen Engel in Wim Wenders' Berlin-Film,[5] die Trümmerfelder und Investitionsruinen umkreisten, gab es keine Einflugschneisen mehr.

Weitsichtige Planungsideen, die sich am Ausnahmecharakter der zerteilten Stadt entzündet hatten, wichen bald dem Selbstlauf kapitalistischer Stadtentwicklung.

Wie die innerstädtische Mauer hatte auch der äußere Sperrgürtel um die Weststadt Lebenslinien zertrennt. Aber hatte er nicht zugleich diese Stadt – wenigstens diese Stadt! – vor dem Ausufern ihrer Masse bewahrt, vor diesen gnadenlos mit Möbelzentren, Tankstellen, Einkaufszentralen, Gewerbehallen und bestenfalls Einfamilienhausplantagen zugemüllten Stadträndern, und stattdessen einen grünen Ring um die Stadt gelegt? Ein Planungsmodell der ersten Jahre nach 1989 sah »dezentrale Konzentration« vor, die Anlage eines Netzes von Erweiterungsstädten weit draußen im Brandenburgischen, von Neuruppin bis Jüterbog, mit der Zentrale durch schnellen Schienenverkehr verbunden. Wo die Stadt bisher von der Mauer umschlossen war, bot sich ein grüner Gürtel an, ein Parkring, wie er in London oder Paris nie geglückt war.

Als formuliertes Ziel hielt sich der Gedanke der dezentralen Konzentration noch lange, während die Realität sich das Land vor der Stadt eroberte und es besetzte: eben mit Möbelzentren, Tankstellen, Einkaufszentralen, Gewerbehallen und bestenfalls Einfamilienhausplantagen. Speckgürtel statt Grünring. Das Land Berlin verlor darüber potente Steuerzahler und musste die Vergrößerung seiner ohnehin katastrophalen Finanzprobleme hinnehmen. Weder ließen sich abwanderungswillige Familien in unattraktive Reihenhaussiedlungen innerhalb der Berliner Landesgrenzen umlenken noch Investoren davon abhalten, ihre Supermärkte auf billigem brandenburgischem Bauland aufzuschlagen. Der neuerdings oft verkündete Trend zum innerstädtischen Wohnen

GMP ARCHITEKTEN, BAUARBEITEN AM HAUPTBAHNHOF, BERLIN, 1999

schlägt sich in der Statistik nur als verminderte, nicht aber als verhinderte Wanderungsverluste im Verhältnis zwischen Stadt und Umland nieder. Für die weitere Zukunft rechnet das wahrscheinlichste Szenario mit einer nur unwesentlichen Zunahme der Bevölkerung.[6] Vielleicht hätte ein Zusammenschluss der Bundesländer Berlin und Brandenburg den Planern wirksamere Steuerungsinstrumente in die Hand gegeben. Doch die Wähler wollten es anders. Im Volksentscheid von 1996 lehnten sie ein gemeinsames Bundesland ab. Ein Ja wäre eine ähnlich weitsichtige Entscheidung gewesen wie das Gesetz über die Entstehung Großberlins im Jahr 1920.

Dezentrale Konzentration lautete eine Wunschvorstellung auch für das Stadtgebiet selbst. Die föderale Verteilung der Nutzungen statt ihrer Zusammenballung in der Mitte hätte eine andere Führung der Bahnlinien verlangt, als sie dann entschieden wurde. Statt des einzigen, zentralen Verkehrskreuzes im neuen Hauptbahnhof, dem früheren Lehrter Bahnhof, hätten mehrere größere Umsteigebahnhöfe entlang des S-Bahnrings den Schienenverkehr aufgenommen und verteilt. Freilich war in der Vereinigungseuphorie ein Wachstum der Stadt erwartet worden, das man über die Stadtfläche verteilen zu müssen glaubte, und das dann nie eintrat.

Lange reichten die Nutzungen nicht aus, um auch nur den neuen Zentralbahnhof mit seinen brillanten, vom damaligen Bahnchef Hartmut Mehdorn kurzsichtig gekürzten Stahl-Glas-Hallen in die Stadtstruktur einzuhausen. Wer aus den ICE-Zügen in Berlins vermeintlicher Stadtmitte stieg, betrat sandiges, gerade eben begrüntes Ödland, wie es so viele Berliner Baustellen kennzeichnet. Nur ein Lichtlein im fernen, aber sichtbaren Kanzleramt mochte den nachts angekommenen Besucher trösten. Einer wacht - oder eine, falls es sich um die Bundeskanzlerin handeln sollte, die noch nicht ihre Wohnung am Kupfergraben aufgesucht hat.

GMP ARCHITEKTEN, HAUPTBAHNHOF, BERLIN, 1996–2006

VIEL ZU LANG UND BREIT

Was diese Stadt seit ihrer Erweiterung in kurfürstlichen und königlich-preußischen Zeiten charakterisierte, war die Unabsehbarkeit der räumlichen Ziele, die endlose Erstreckung der Wege. Schon die Achsen vom Stadtschloss zum Charlottenburger Schloss, die Wegefächer vor den Torplätzen, erst recht die Verbindung von Berlin nach Potsdam verloren sich im Irgendwo. Den letzten Versuch, die Stadtentwicklung mit einem Promenadenring zu begrenzen, unternahm Peter Joseph Lenné, Preußens oberster Gartenkünstler, in der Mitte des 19. Jahrhunderts mit seinen »Schmuck- und Grenzzügen«. Danach haben alle Planer die radialen oder tangentialen Unendlichkeitslinien weiter gezogen, die kaiserzeitlichen Stadtbauräte, Hitlers Generalbauinspektor Albert Speer, die Stadtlandschafter der Nachkriegszeit. Dank der pauschalen Enteignungsgesetze der DDR, seinerzeit von vielen westlichen Planern neidvoll betrachtet, gingen die Herren im Osten noch ungenierter vor als die im Westen.
Immer blieben die Leerflächen, die Plätze hießen, zu groß, bliesen die Stürme den märkischen Sand die breiten Straßenschneisen entlang. Weiträumigkeit und Endlosigkeit galten als ein Charakteristikum der Stadt, ihrer Modernität, ihrer Planungsgläubigkeit, ihrer Besessenheit von Mobilität, Dynamik, Tempo. Die »amerikanistische Art der Stadtanlage« ging mit der »nüchtern parademäßigen Gleichförmigkeit der Fürstenstadt« zusammen. Chicago in Europa. »In all den neuen Stadtplänen dominiert darum die breite gerade Straße, die man in allen Kolonialstädten findet,« schrieb Karl Scheffler, der Berlin für ein Produkt der Ostkolonisation ohne Stadtkultur hielt.[7] Erst gegen Ende der Weimarer Republik versöhnte er sich mit der ungeliebten Metropole und konzedierte ihr *Wandlungen einer Stadt*.[8]

Offenheit nach allen Seiten ist je nach vorherrschender Denkungsart als Tugend oder Drohung angesehen worden. Mit den 1980er-Jahren brachen kleingläubigere Zeiten an. Ein ängstigendes Gefühl des Ausgesetztseins muss sich der Berliner bemächtigt und sie gezwungen haben, ihre viel zu großen Plätze und Grünflächen mit Zivilisationsschrott vollzustellen. Sie postieren lebensgroße Kunststoffbären vor ihre Etablissements, zwängen Weihnachtsmärkte zwischen ihre ansehnlichsten Bauwerke, missbrauchen den zweitschönsten Stadtraum der Stadt, den Pariser Platz (der schönste ist der Gendarmenmarkt), als Bühne für Politikevents und Showbusiness. Für die Dauer der Fußballweltmeisterschaft im Jahr 2006 schlugen sie gar vor dem Reichstag ein Unding auf, das einen Miniaturreichstag darstellen sollte. Wäre Vergleichbares vor dem Kapitol in Washington, dem Parliament Building in London oder der Assemblée Nationale in Paris denkbar?
Einen Versuch, gegen die Endlosigkeit der Berliner Achsen und die zerstörerische Wirkung moderner Eingriffe anzugehen, unternahm die Westberliner Planung, als sie sich der »kritischen Rekonstruktion« verschrieb. Den Begriff hatte der Großarchitekt Josef Paul Kleihues durchgesetzt: »Die Rekonstruktion der Stadt meint nicht die Wiederherstellung des Status quo ante, sondern die kritische und liebevolle Prüfung der historischen Zustände.«[9] Es sollte repariert und rekonstruiert werden, aber nicht in blinder Restaurierung des Vergangenen.
Die alten Fluchtlinien der Stadt wieder nachzuzeichnen, den Häuserblock mit seiner öffentlichen Seite nach außen und seiner geschützten Intimität nach innen wiedereinzuführen, das war nicht nur eine postmoderne Verbeugung vor der Historie. Es war auch eine Reaktion gegen die Aufweitung und Auflösung der Stadt, wie sie die moderne Verkehrsplanung in beiden Teilen der Stadt betrieben hatte. Das Planwerk Innenstadt, vom Senat nach der Wiedervereinigung bei vier Planern in Auftrag gegeben, führte diese Strategie weiter und suchte den Stadtplan zu überarbeiten, nachzuverdichten und neu zu konturieren.[10] Wenn es einen mächtigen Impuls gab, der seit den 1990er-Jahren in dieser Stadt vorherrschte, dann war es der Drang, endlich wieder Normalität anzustreben. Kein Laboratorium der Avantgarde mehr darzustellen. Nicht die Krisen der Welt exemplarisch zu bestehen. Endlich so zu sein wie andere auch.
In ihrem antimodernistischen Affekt musste die »kritische Rekonstruktion« einen Widerspruch hinnehmen, der sich aus ihren Grundsätzen ergab. So geschichtsbewusst sich die nachgezogenen Fluchtlinien auf zweidimensionalen Plänen ausnahmen, die dreidimensionale Überbauung des barocken oder nachbarocken Stadtmusters konnte nicht auf die Bauvolumen seiner Entstehungszeit reduziert werden. Linien und Flächen des Stadtplans wurden wiederhergestellt, die vormodernen Stadträume nicht. An Straßenzügen, die im 18. und frühen 19. Jahrhundert mit zweistöckigen Randzeilen gefasst waren, stehen spätestens seit der vorletzten Jahrhundertwende fünf- oder sechsgeschossige Geschäftshäuser, und unsere Gegenwart packte noch ein paar obendrauf.
Auch wo keine Bausubstanz mehr da war, existierte nach wie vor Baurecht. Die chronisch finanzschwache Stadtverwaltung konnte und wollte es nicht ablösen. Sogar die baumbestandenen Miniaturplätze an der Friedrichstraße südlich des Bahnhofs

Friedrichstraße und an der Kreuzung mit den Linden, wohltuende Zäsuren aus DDR-Tagen, mussten daran glauben. Angeblich ließ die Kassenlage der Stadt keine Ablösung des Baurechtes zu.[11] Der Hinweis auf den historischen Stadtplan, in dem es diese Plätze auch nicht gegeben hatte, bot da eine willkommene Ausrede.

In der neu bebauten, engen Friedrichstraße erreichen die Häuserblocks heute zwölf Stockwerke. Vier stecken als Garagen und Lagerräume in der Erde, sechs erreichen die zugelassene Berliner Traufhöhe von 22 Metern, zwei sind ebenfalls erlaubte, zurückgestaffelte Dachgeschosse. Da sie alle gleichzeitig hochgezogen wurden, alle Bauherren vom Höchstmaß der zugelassenen Nutzung profitieren wollten und die einstmals schmalen Parzellen von den Investoren zu Blöcken in einheitlichem Besitz zusammengekauft wurden, ging der in langen Jahren gewachsene Charme der alten Mannigfaltigkeit, der unterschiedlichen Bauhöhen, der verschiedenartigen Handschriften, der diversen Nutzungen verloren. Wohnungen wurden zwar zu zwanzig Prozent der Geschossflächen vorgeschrieben, aber zu Preisen verkauft, die sie nur den auswartigen Firmenchefs als pied-à-terre bei ihren Berlinbesuchen zugänglich machten - oder den Hausmeistern. Von solcher Bewohnerschaft ist keine Quartiersbelebung zu erhoffen. Alles neu, alles gleich. Ödstrecken wie die schnurgerade Friedrichstraße legt man am besten nicht zu Fuß zurück, sondern mit der U-Bahn, Linie 6. Das soll die Straße gewesen sein, die einmal mehr Lokale als Hausnummern hatte?

In den Auseinandersetzungen um Neuteutonia und den Neuberliner Baustil[12] wurde der Stadtplanung und ihrem langjährigen Senatsbaudirektor und Planungsstaatssekretär Hans Stimmann nicht zuletzt die städtebauliche Figur vorgeworfen, auf die sie Berlin-Mitte festlegten. Vor den beiden historischen Torplätzen, dem Potsdamer und Leipziger Platz im Westen der City und dem Alexanderplatz im Osten, gestatteten sie je ein Konzentrat von Hochhäusern. Dazwischen war die Innenstadt als flache Schüssel aufgefasst, die Türme, Kuppeln und ein paar sonstige Regelverstöße zur Wirkung kommen ließ. Aber war das eine unkluge Entscheidung? Sie gibt dem Stadtbild Spannung, markiert die Grenzen der historischen Stadt und sichert ein Terrain ab, auf dem nicht alles erlaubt ist, was Investoren durch den Kopf geht.

Wie dieses urbanistische Grundmuster im Einzelnen ausgefüllt wurde und wird, steht auf einem anderen Blatt. Dass nicht nur die Vollstrecker der Doktrin vom Steinernen Berlin, das sogenannte »Berliner Kartell«, zu Wort kamen, dafür sorgte die Präsenz zahlreicher ausländischer Architekten. Die großen Bauwettbewerbe nach der deutsch-deutschen Vereinigung wurden auch dort international ausgeschrieben, wo es die Dienstleistungsrichtlinie der Europäischen Union nicht vorgeschrieben hätte. Mit den diplomatischen Vertretungen, die am Tiergartenrand, am Pariser Platz und sonstwo neu errichtet wurden, kamen Baumeister ins Land, die sich die preußisch-genügsamen Gestaltungsvorstellungen der Baubehörde nicht zu eigen machten oder sie ironisch unterliefen. Berlins Architektur sei kleinbürgerlich, altmodisch, reaktionär, unrealistisch, banal, provinziell und vor allem dilettantisch, hatte der niederländische Architektenstar Rem Koolhaas im Preisgericht für den Potsdamer Platz gewettert und wollte keinen Fuß mehr auf Berliner Boden setzen. Ein paar Jahre später war er

RENZO PIANO UND CHRISTOPH KOHLBECKER, GESAMTPLANUNG
POTSDAMER PLATZ (DAIMLER-BENZ GRUNDSTÜCK), BERLIN, 1992–1998

doch wieder da und errichtete das ingeniös vertrackte Botschaftsgebäude seines Heimatlandes.

Im Quartier südwestlich des Potsdamer Platzes, von dem Genueser Stadtplaner und Baukünstler Renzo Piano nach dem Leitbild »europäische Stadt« überbaut, kam immerhin so etwas wie eine urbane Anmutung zustande. Nördlich der Potsdamer Straße entstand hinter den abweisenden Fassaden des Sony Centers eine wenn auch sensationell überkuppelte Halle, durch die der Wind pfeift, halb Innenraum, halb Außenraum, jedenfalls kein einladender städtischer Aufenthaltsraum. Am anderen Ende der City, am Alexanderplatz, schlug Hans Kollhoff vor, Hochhäuser aus den Wänden von Häuserblocks herauswachsen zu lassen. Ob diese fixe Idee mehr ist als ein manierierter Einfall, wird sich erweisen, wenn das Kapital endlich bereit ist, sich auf diesen proletarischen Ort einzulassen. Berlin wirkt am »Alex« östlicher als anderswo. Seit dem frühen 19. Jahrhundert sind alle Versuche gescheitert, diesen Platz, das Ausfalltor in Richtung Osten, ästhetisch zu domestizieren.

DAS BAND DES BUNDES

Als die bundesrepublikanischen Politiker das Terrain inspizierten, von dem aus sie das vereinte Land regieren sollten, und die Bundesbauverwaltung ihnen die vorhandenen und verfügbaren Nutzflächen ausrechnete,[13] herrschten noch Berührungsängste vor. Entweder waren die erhaltenen Bauten durch die NS-Zeit kontaminiert oder durch das SED-Regime oder gar durch beides, wie das heutige Außenministerium (einst Reichsbank, dann SED-Zentralkomitee) und das heutige Finanzministerium (einst Reichsluftfahrtministerium, dann Haus der Ministerien).

MURPHY JAHN ARCHITECTS (HELMUT JAHN), SONY CENTER AM POTSDAMER PLATZ, TRAGWERKSPLANUNG WERNER SOBEK INGENIEURE, BERLIN, 1996–2000

Es bedurfte realistischer Kostenschätzungen und eines Wechsels im Bauministerium (von Irmgard Schwaetzer/FDP zu Klaus Töpfer/CDU), damit sich die Einsicht durchsetzte, alltäglicher Gebrauch sei auch eine wirkungsvolle Art der Enttabuisierung.
Für zwei Hauptorte der deutschen Demokratie, Parlamentserweiterung und Kanzleramt, war Neubau angesagt. Für einen dritten, Paul Wallots imperiales Reichstagsgebäude als künftiger Sitz des Bundestags, lief es auf Fast-Neubau hinaus. Hier schlug die Stunde der Wahrheit: Wie hält es die Architektur mit der Demokratie? In den Anfängen der Bonner Republik 1949 hatte Hans Schwippert, der Architekt des Bundeshauses am Rhein, auf die Frage, wo denn in seinem Entwurf erhabene Feierlichkeit bleibe, geantwortet: »Wir werden sie erbauen, wenn die Politik einmal wieder erhabene Erfolge haben wird!«[14] Auch in der Folgezeit hatte die Kritik den Bonner Bauten einen »Grad von Bescheidung, der ans Kleinmütige grenzt« angekreidet,[15] als sei dieser Gestus dem immer wieder beschworenen Provisorium der alten Bundesrepublik nicht angemessen. Jetzt mochte man die internationale Konsolidierung der Bundesrepublik und die Vereinigung beider deutscher Staaten als »erhabene Erfolge« im Sinne Schwipperts verbuchen. Jedenfalls setzte sich bei den Planungen für die Berliner Gehäuse der wichtigsten Staatsorgane eine Haltung durch, die nicht mehr den alles in allem zurückhaltenden Auftritt der Bonner Republik übernahm.
Der städtebauliche Ideenwettbewerb für die neuen Bundesbauten im Berliner Spreebogen und die Ausschreibung des Reichstagsumbaus wurden zeitgleich veranstaltet, so eilig war es auf einmal mit dem Umzug nach Berlin. Im Spreebogen hieß der Sieger Axel Schultes. Der Wortkünstler Schultes befand, in Bonn hätten die Staatsgebäude »lässig wie die Kühe auf der Weide« gelegen. Nun komme es darauf an, Staat zu machen und Staat zu zeigen.[16] Sein städtebauliches »grand projet« war im Planungswettbewerb das allerstrengste, lapidar, kompakt. Ein hundert Meter breites Band, das »Band des Bundes«, sollte Kanzlerwohnung, Kanzleramt, das bis heute ungebaute Bürgerforum, Abgeordnetenhaus und manches andere aufnehmen. Dreimal sollte es zwischen ehemaligem Ost- und ehemaligem Westteil der Stadt die Spree überspringen; es blieb dann bei zwei Querungen.
Der unterlegte Symboltext ist leicht zu entziffern. Der Bund war in diesem »Band des Bundes« wörtlich genommen, die Vereinigung

AXEL SCHULTES ARCHITEKTEN (AXEL SCHULTES UND CHARLOTTE FRANK), KANZLERAMT IM »BAND DES BUNDES«, BERLIN, 1994–2001

der Stadthälften auch. Den verschiedenen Instanzen wurde solidarisches Verhalten vorgeschrieben. Sie waren in den Zug der Parallelen eingebunden, konnten nicht bei allfälligen Erweiterungen ausscheren oder sich seitwärts aussäen. Schwerer als bei der Grundrissfigur taten sich die Architekten, Schultes und seine Partnerin Charlotte Frank, beim Bau des Kanzleramtes, der ihnen wunderbarerweise in einem zweiten Wettbewerb ebenfalls zufiel. Öffnung sollte sein, aber nicht übertrieben werden; dafür sorgten die Sicherheitsvorschriften des Bundeskriminalamtes. Repräsentanz und mediale Wirksamkeit waren erwünscht, aber keineswegs die Gesten der Macht.

Die Arbeit an den Fassaden zeigte die Mühen der Formfindung. Was schließlich entstand, ist eine Art zweistöckiger Villa, in der in Wirklichkeit elf Stockwerke stecken. Irgendwie ist die Anmutung exotisch, ein wenig persisch, ein wenig ägyptisch, ein wenig an Kaiser Hadrians sogenannte Villa in Tivoli erinnernd, keineswegs preußisch-klassizistisch. Aber haben nicht auch Preußenkönige ihre Träume von üppigem Süden und exotischer Ferne im kargen Norden geträumt, von der utopischen Republik Siam etwa, wie Friedrich Wilhelm IV.? Da war er freilich noch Kronprinz gewesen und hatte noch nicht auf die Revolutionäre von 1848 schießen lassen.

Eines der Argumente, die für das ostwestliche Parallelband der Bundesbauten angeführt wurden, lautete: Mit ihm werde die nordsüdliche Triumphachse der NS-Planung, Adolf Hitlers Große Straße, durchkreuzt – die Achse der Demokratie gegen die (freilich ungebaut gebliebene) Achse der Diktatur. Dieser städtebauliche Abwehrzauber gehört zu den Paradoxien Berliner Planungsdenkens. Denn die braune Zeremonialstraße folgte ihrerseits einem Planungsgedanken der Weimarer Republik, den der in den 1920er-Jahren vieldiskutierte Theoretiker Martin Mächler formuliert hatte.[17]

STEPHAN BRAUNFELS, PARLAMENTSBAUTEN (PAUL-LÖBE-HAUS UND MARIE-ELISABETH-LÜDERS-HAUS)
IM »BAND DES BUNDES«, BERLIN, 1994–2003

Damals war diese Verbindung, die den Platz der Republik vor dem Reichstag mit den nördlichen und südlichen Stadtteilen, mit dem Wedding und mit Tempelhof verknüpfte und rechtwinklig den Straßenzug Unter den Linden/Charlottenburger Chaussee (heute Straße des 17. Juni) querte, ganz anders konnotiert, nämlich als Gegengestus gegen die Allee der Monarchen. Sie hatte die Schlösser der Hohenzollern miteinander verbunden. Auf ihr waren die Prinzen, Könige und Kaiser zu Kriegen aufgebrochen und von Siegen oder Niederlagen zurückgekehrt, hatten ihre Bräute heimgeführt, waren schließlich in Trauerkonvikten zur letzten Ruhe getragen worden. Man sieht förmlich Klio, die Muse der Geschichte, im Laufe der Jahrhunderte gelassen mit ihrem Griffel einen Strich nach dem anderen ziehen, bis der Stadtplan vollends zum Palimpsest geworden ist.

Für Axel Schultes war der wichtigste Teil seines Bundesbandes das Forum, das den Bürgern zwischen Kanzleramt und Bundestagserweiterung eingeräumt werden sollte. Ausgerechnet dieser Ort, an dem Regierende und Regierte wenigstens der Möglichkeit nach zusammenfinden sollten, blieb bislang ungebaut. Teilweise Kompensation bietet jene Stelle, an der die Spree die von Stephan Braunfels entworfene Fortsetzung des Bandes durchbricht. Beide Ufer bilden einen zumindest virtuellen Platz. Realiter gelangt man nur umständlich über eine doppelstöckige Fußgängerbrücke von der einen auf die andere Seite. Aber wie die großen Freitreppen zum Flussufer hinabsteigen, Säle, Parlamentsbibliothek und Wissenschaftlicher Dienst heiter-übertriebene Kreisformen, Zylinder und Flugdächer vorweisen und Spreedampfer mit Touristen mitten durchs gebaute Ensemble kurven, das hat etwas von einer mediterranen Stadtinszenierung an sich, wie sie im neuen Berlin kaum irgendwo sonst gelang.

Sogar Wallots Reichstagsgebäude, ein gewichtiger Mitspieler in diesem Ensemble,

PAUL WALLOT, REICHSTAGSGEBÄUDE, BERLIN, 1884–1894, UMGESTALTUNG NORMAN FOSTER UND PARTNER, 1992–1999

verliert von seiner ponderosen Würde. Daran lag natürlich auch dem Umbauarchitekten, als der Englands Hightechspezialist Norman Foster zu seinem eigenen Erstaunen agieren durfte (vgl. S. 299). Die tambourlose, einem halbierten Ei vergleichbare Glaskuppel, die Foster auf Wunsch der Parlamentsmehrheit dem schweren Repräsentationsbau aufsetzte, ist mit ihren gegenläufigen Rampen und ihrer Aussicht auf Stadt, Fluss und Tiergarten ein immenser Publikumserfolg. Auf der symbolischen Ebene funktioniert sie weniger einleuchtend. Während das Volk ihnen auf den Kopf steigt, sitzen seine Vertreter tief unten in der Grube. Sichtkontakt findet nicht statt. Ein Riesenschnorchel, der aus der Kuppel herunterragt, scheint die Abgeordneten zu bespitzeln, sorgt jedoch für Umlenkung des Tageslichtes und für Entlüftung mit integrierter Wärmerückgewinnung. Wenn Besucher sich auf den Rampen der Kuppel bewegen, zeichnen sie sich als bewegliche Rechteckornamente am Glaskegel ab. Die Bürger als Lieferanten einer kinetischen Dekoration - ist das eine überzeugende Veranschaulichung demokratischer Verhältnisse?

SALTO RETOUR

Dass diese Stadt von einzigartiger Veränderungswut und unvergleichlichem Erneuerungsdrang erfüllt sei, gehört zu ihren hartnäckig vertretenen Mythen. Berlin galt als ein Vorort bedenkenloser Modernität, eine Stadt, die sich fortwährend neu erfindet. Von Mme de Staël bis Lady D'Abernon, von Karl Scheffler bis Werner Hegemann, von Ernst Bloch bis Wolf Jobst Siedler haben die Chronisten der Stadt beklagt, dass die Zeugnisse der Vergangenheit von den jeweiligen Modernisierern rücksichtslos vernichtet worden seien. Nirgendwo sei der Frevel am überkommenen Stadtbild größer gewesen als in Berlin. »Uns schien,«

urteilte der Kulturhistoriker Wilhelm Hausenstein gegen Ende der Weimarer Republik, »es gebe in Berlin, über Berlin, unter Berlin eine verhängnisvolle Kraft, die alles immer wieder zu annullieren vermöge.«[18]
Doch auf besondere Professionalität in Sachen gewaltsamer Stadtzerstörung kann Berlin sich nicht berufen. Was an der Spree geschah, passierte überall, wo der Modernisierungsdruck des Industriezeitalters und dann der Nachkriegsjahre auf den großen Städten lastete. Die größten innerstädtischen Baustellen während Kaiserreich und Republik lagen nicht in Berlin, sondern in Hamburg, wo »Alt-Amsterdam« erst dem Zollhafen und dann dem Messbergviertel weichen musste. Zwar haben Verkehrsplaner und Flächensanierer und in Ostberlin auch die Planer neuer Aufmarschachsen für »Fließ- und Stand-Demonstrationen« in den 1950er- bis 1970er-Jahren gehaust, als sei es noch nicht genug der Kriegsverwüstungen gewesen. Aber das taten sie auch in Dresden oder Frankfurt am Main, in Dessau oder in Kassel. Berlin war ein ganz gewöhnlicher Fall von Stadtvandalismus. Nur war die Stadt größer. So waren es auch die Abrisse und Durchbrüche, die Magistralen und Stadtautobahnen, die Verkehrskreisel und Fly-overs.
Schon vor der Wiedervereinigung führten die tatsächlich begangenen Vergehen an der Stadtstruktur und die vermeintliche Einzigartigkeit Berliner Modernisierungsverluste auch im Hochbau zu Gegenreaktionen, im Westen wie im Osten. Die Fassaden am Gendarmenmarkt waren noch in DDR-Tagen ein schüchternes Experiment, den Typus des wilhelminischen Geschäftshauses aufzugreifen und mit einer Art von Plattenbau-Jugendstil zu dekorieren. Im Nikolaiviertel, der Urzelle Alt-Berlins, versuchten

VEB BMK INGENIEURHOCHBAU (GÜNTER STAHN), NIKOLAIVIERTEL, BERLIN, 1979–1987

Planungskollektive, was die Westkollegen am Römerberg zu Frankfurt am Main und am Markt zu Hildesheim ebenfalls probierten, die Wiederbelebung einer Altstadtidylle im Maßstab 1:1. Wie in einer denkmalpflegerischen Versuchsanstalt wurden alle denkbaren Strategien durchgespielt, Wiederherstellung, Restaurierung, Rekonstruktion, Translozierung, freie Paraphrase. Die Glöckchen vom Weihnachtsmarkt scheinen hier das ganze Jahr über zu klingeln.
Aber der wahre Furor des Faksimilierens hat die Stadt erst nach der Vereinigung ihrer Hälften erfasst. Als müsse mit der Realisierung der staatlichen Einheit auch die historische Gemeinsamkeit in anschaulichen Bildern beschworen und die Vielzahl neuer

THOMAS VAN DEN VALENTYN, WIEDERAUFBAU KOMMANDANTUR, BERLIN, 2001–2004

moderner Bauten kompensiert werden, übten viele den Salto rückwärts. Das Attribut »kritisch« verschwand aus der Formel von der »kritischen Rekonstruktion«. Waren die Nachempfindungen der 1980er-Jahre, die Paraphrase von Schinkels Feilnerhaus an der Kreuzberger Ritterstraße oder die beiden anämisch-klassizistischen Palais zu Seiten des Brandenburger Tors noch Produkte eines intellektuell-analytischen Spiels, die niemand mit den historischen Vorbildern verwechseln konnte, so wird jetzt historisiert, was das Zeug hält.[19] Jeder Vorbehalt gegenüber dem retrospektiven Geschäft ist entfallen (vgl. S. 213 ff.).

In Sorgfalt und Sachkenntnis sind die jüngsten Nachbildungen von unterschiedlicher Qualität. Allesamt jedoch suchen sie zu suggerieren, es sei so, wie es früher einmal gewesen war: das grobe Pasticcio des Hotel Adlon am Pariser Platz wie die feinsinnigen Villen im Grunewald, die sich ungeachtet ihres Baujahrs 2000 mit Palladiofenstern, Säulenkapitellen und Zahnschnittfriesen schmücken. Das replizierte Kommandantenhaus mit der attraktiven Adresse Unter den Linden 1 dient nach drei Jahrzehnten seiner Abwesenheit nun als Zentrale eines Medienkonzerns, vorne Palazzo Strozzi, hinten gläserne Moderne.[20] Auf dem Bauplatz von Schinkels Bauakademie, die in der DDR ebenfalls dem inzwischen bereits wieder verschwundenen Außenministerium gewichen war, wehen bereits die Kunststoffplanen mit den abgebildeten Gebäudefronten. Es ist, als schnippte der Weltgeist mit den Fingern, und schon läuft die Zeitmaschine rückwärts.

So ist der sanierungsbedürftige Palast der Republik, den Erich Honecker auf einem Teilgrundstück des Stadtschlosses errichten ließ, auch deshalb so schnell abgerissen worden, damit der wankelmütige Souverän, das Volk, sich nicht doch noch gegen die vom Parlament abgesegnete Auferstehung der barocken Schlossfassaden und des kleinen Innenhofs

ABBRUCH DES PALASTES DER REPUBLIK, BERLIN, 2008

wenden könnte. Stadt und Staat nehmen es lieber hin, jahrzehntelang mit einem begrünten Loch zu leben, als dass sie einen fantasievollen Zwischengebrauch der piranesihaften Sanierungsruine zugelassen hätten. Zu groß scheint die Sorge der Gesellschaft Historisches Berlin e.V. und aller ihrer Anhänger gewesen zu sein, am Ende hätte sich vielleicht doch noch eine sinnvolle Verwendung für Honeckers Volkspalast finden lassen. Oder eine andere Lösung als die Schieberei feudaler Baukulissen auf dem Schlossgelände. Sie wurde im Jahr 2002 vom Deutschen Bundestag abgesegnet und führte schließlich zur Beauftragung des italienischen Architekten Franco Stella, des ersten Preisträgers im Wettbewerb von 2008.

Wenn die windungsreiche Geschichte des Schlossareals nicht doch noch eine andere Wendung nimmt, wird Stella hinter den drei barocken Fassaden einen martialischen Gerüstbau im Stil des italienischen Rationalismus errichten, in dem ein mehrteiliges Programm mit Forum, völkerkundlichen Sammlungen, Universitätskollektion und einem kleinen Teil der Landesbibliothek unterkommen soll. Der Name »Humboldt-Forum« ist das rhetorisch geschickt gewählte Etikett für ein wenig überzeugendes Mischangebot im barock-neuklassizistischen Komplex. Ein intelligenterer Umgang mit der historischen Erinnerung, wie ihn Kuehn Malvezzi im Wettbewerb vorschlugen, hatte trotz oder wegen eines Sonderpreises keine Chance.

Im Quid pro quo ihrer Bauten wird die Stadt zu einer Bühne, deren Kulissen von Aufführung zu Aufführung ausgetauscht werden. Wenn schon Andreas Schlüters und Eosander von Göthes Schlossfassaden aus dem Nichts zurückgewonnen werden sollen, warum nicht auch das Schlösschen Monbijou, das einst dem S-Bahnbau geopfert wurde? Oder das reizende Pomeranzenhaus, das ehedem im Lustgarten stand? Dass die einstigen Standorte inzwischen anderweitig

SIMULATION DES GESPRENGTEN SCHLOSSES (FASSADENREPRODUKTION CATHÉRINE FEFF), BERLIN, 1994

vergeben sind, dürfte einen beherzten Redesigner nicht schrecken. Dann kommen die Nachbildungen eben woandershin. Die Simulanten und ihr Publikum machen sich zu Herren des imaginären Geschichtsbestandes, nicht der Geschichte selbst. Denn die Aufhebung der Zeit in der Reproduktion des Gewesenen bedeutet das Ende bewusst erlebbarer Geschichte. Schon ertönt der Ruf nach einer Renaissance der Berliner Altstadt, die über eine »Reurbanisierung« der alten Straßenstrukturen hinausgeht und eine wörtliche Rekonstruktion ansteuert.[21]

Herbeizitiert wird, was gefällt. So geht eine Generation, die es gewöhnt ist, ihre Informationen und ihre Unterhaltung auf digitalen Tastendruck abzurufen, mit jenem Genre um, das einmal als die materiell dauerhafteste und geistig traditionsfähigste der Künste galt, der Architektur. Ins Belieben der Gegenwart wird gestellt zu entscheiden, von welchem Zeugnis ihrer Vergangenheit sie sich endgültig verabschiedet und welches sie sich aufs neue besorgen will. Darüber verkommen angesichts der schwindenden Mittel der Denkmalpflege vorhandene, gefährdete, eben noch zu rettende Geschichtsdokumente. Ihnen wäre mit einem Bruchteil jener Mittel zu helfen, die spektakuläre Reinkarnationen erfordern.

Der Wunsch zu sein wie andere auch, scheint auch hier übermächtig. Eine Stadt ist es müde geworden, sich als Metropole des Neuen, Unerprobten, Offenen, Ungewissen darzustellen. Was die häufigen Umbrüche ihr zugemutet haben, es ist ihr viel zu viel geworden. Zumindest in ihrem Kern möchte sie wenn schon nicht das Alte selbst, so doch den legitimierenden Schein des Alten vorweisen können wie die anderen europäischen Hauptstädte auch: Rom, Paris, London, Stockholm. Als Normalität gilt ihr nun, was die permanenten Veränderungen zu verbergen hilft; oder wenigstens diejenigen, die am meisten ins Auge fallen. Doch die Veränderungen gehen weiter, wie sichtbar oder unsichtbar auch immer. Was wäre da normaler als: zu erhalten und pfleglich zu nutzen, was man besitzt, aber sich der eigenen Zeit zuzuwenden, wenn Neues ansteht?

1 »Bloß nicht diese Hauptstadt! Heinrich Klotz im Gespräch mit Nikolaus Kuhnert und Angelika Schnell«, in: *Arch+*, 122, Juni 1994, S. 23 ff.

2 Mechthild Küpper, »Das Schrumpfen und das Einkaufen planen«, in: *Frankfurter Allgemeine Zeitung* vom 16.8.2003.

3 König Friedrich Wilhelm IV. am 8.3.1841, zit. nach Wilhelm Waetzoldt, »Die Staatlichen Museen zu Berlin«, in: *Jahrbuch der Preußischen Kunstsammlungen*, 51, 1930, S. 199.

4 Helge Pitz u. a., *Berlin-W. Geschichte und Schicksal einer Stadtmitte*, Berlin 1984.

5 Wim Wenders (Regie), *Der Himmel über Berlin*, 1987.

6 In der »Basis-Variante« wird für das Jahr 2030 ein Maximum von 3,476 Millionen Einwohnern gegenüber 3,416 im Jahr 2007 prognostiziert, s. Senatsverwaltung für Stadtentwicklung, *Bevölkerungsprognose für Berlin 2007-2030*, Berlin 2009.

7 Karl Scheffler, *Berlin. Ein Stadtschicksal*, 3. Auflage, Berlin 1910, S. 180.

8 Ders., *Berlin. Wandlungen einer Stadt*, Berlin 1931.

9 Josef Paul Kleihues, »Die Anfänge der Bauausstellung«, in: Internationale Bauausstellung 1987 (Hrsg.), *Idee Prozeß Ergebnis. Die Reparatur und Rekonstruktion der Stadt*, Berlin 1984, S. 203.

10 Senatsverwaltung für Stadtentwicklung, Planwerk Innenstadt. Erster Entwurf 1996, abgeänderter Entwurf als Grundlage für die Weiterentwicklung 1999 vom Senat beschlossen.

11 Hans Stimmann, »Das Gedächtnis der Stadt«, in: *Frankfurter Allgemeine Zeitung* vom 7.9.1999.

12 *Arch+ (Von Berlin nach Neuteutonia)*, 122, Juni 1994; »Heimatkunde für Neuteutonia. Senatsbaudirektor Hans Stimmann und Kunsthistoriker Heinrich Klotz über die Berliner Stadtarchitektur«, in: *Der Spiegel*, 42, 1994, S. 48 ff.; Gert Kähler (Hrsg.), *Einfach schwierig. Eine deutsche Architekturdebatte. Ausgewählte Beiträge 1993-1995 (Bauwelt Fundamente*, 104), Braunschweig und Wiesbaden 1995.

13 Bundesbauverwaltung, *Unterbringungsmöglichkeiten der Bundesregierung in Berlin*, Berlin und Bonn 1991.

14 Hans Schwippert, »Das Bonner Bundeshaus«, in: *Neue Bauwelt*, 6, 17, 1951, S. 70.

15 Heinrich Klotz, »Architektur als Staatsrepräsentation der Bundesrepublik Deutschland«, in: *Merkur*, 451/452, 1986, S. 762.

16 Axel Schultes auf dem Kolloquium zu den Wettbewerbsergebnissen, 12.3.1993, in: ders. u. a., *Kanzleramt Berlin*, Stuttgart 2002, S. 55 f.

17 Vgl. Christian Welzbacher, *Die Staatsarchitektur der Weimarer Republik*, Berlin 2006, S. 119 ff.

18 Wilhelm Hausenstein, »Berliner Eindrücke«, in: Herbert Günther (Hrsg.), *Hier schreibt Berlin*, München 1963, S. 182.

19 Architekt des neu entworfenen Feilner-Hauses: Rob Krier, der Häuser seitlich des Brandenburger Tors: Josef Paul Kleihues.

20 Architekt: Thomas Van den Valentyn.

21 Vgl. Hans Stimmann, *Berliner Altstadt. Von der DDR-Staatsmitte zur Stadtmitte*, Berlin 2009.

DAS RAUSCHEN DES BLUTES UND DAS BETRIEBSGERÄUSCH DES PC

DEUTSCHE ARCHITEKTUR IN GLOBALEN ZEITEN

Unter den vielen Kriterien, die der Kunst angelegt werden, ist die Frage nach ihrer regionalen oder nationalen Herkunft eine der am häufigsten gestellten. Wer von italienischer Malerei, französischer Skulptur oder skandinavischer Baukunst spricht, muss natürlich Rede und Antwort stehen, ob er solche nationalen Ordnungskriterien lediglich als Herkunftsbezeichnung benutzt oder ob er mit ihnen wiederkehrende, also die Zeiten überdauernde Eigenschaften meint. Soll also »deutsche Architektur« nur heißen, dass es sich um Bauwerke handelt, die innerhalb der deutschen Staatsgrenzen entstanden oder von deutschen Architekten auch außerhalb des Landes entworfen wurden, oder haftet ihnen etwas spezifisch Deutsches an, das sich von etwas spezifisch Französischem oder Italienischem unterscheidet?

»ETWAS GLEICHMÄSSIG-DURCHGEHENDES«?

Und wenn dem so wäre: Was wäre das Substrat, die Trägersubstanz solcher wiederkehrender Nationaleigenschaften? Ist es das »Volk«? Dessen kollektive Erinnerung, die Mythen, die verzaubert im Kyffhäuser des gemeinsamen Gedächtnisses schlummern (vgl. S. 79 ff.), wo »die alten Raben / Noch fliegen immerdar«? Sind es gewusste und immer wieder befolgte Vorbilder? Traditionszusammenhänge, die sich über Lehrer- und Schülerverhältnisse vermitteln? Oder ist es so etwas wie eine nationale Erbsubstanz, ein genetisches Programm, das alle individuellen Ausformulierungen eines Gemeinsamen trägt? Da wären wir nicht mehr weit entfernt vom nebulösen Begriff der Rasse, den das »Dritte Reich« anwendete und auch die damals tätigen Kunsthistoriker eilfertig übernahmen.

Das Vertrackte an diesem Thema ist, dass es mit den Biografien derer zusammenhängt, die es aufgreifen. Wer bei Lehrern gelernt hat, die eine Kunstgeschichte der Stämme und Landschaften betrieben, wird weniger leicht auf eine deutsche Nationalkomponente verzichten. So wie der große Heinrich Wölfflin waren viele Autoren der kunsthistorischen Urgroßvätergeneration der Meinung, innerhalb der verschiedenen Stilentwicklungen verbinde das nationale Element eines Volkes – also das geografische Moment – stärker, als die Stilcharaktere – also das zeitliche Moment – zu trennen vermöchten. »In der Reihe der Stilepochen hat jede ihre besondere Physiognomie, die nationale Individualität aber ist bis zu einem gewissen Grade etwas Gleichmäßig-Durchgehendes, das in allem Wechsel beharrt«.[1]
Und wie das so bei nachfolgenden Generationen ist: Die Skepsis gegenüber solchen Wesensbekundungen der Väter ist groß. Sie ist in diesem Land besonders groß, weil »Deutschtum« in der Kunst immer wieder politisch oder gar rassistisch instrumentalisiert wurde.
Bei Fritz Schumacher, dem einflussreichen Baukünstler und Städtebauer in der ersten Hälfte des 20. Jahrhunderts, der viel und oft auch Gutes geschrieben hat, ist zu lesen: Was immer auch die Moderne an neuen Konstruktionsarten hervorgebracht habe, die Art und Weise, wie wir, die Deutschen, uns des Stahlbetons bedienten, das unterscheide sich grundlegend von der Art, wie es die Franzosen täten, und ebenso die Art und Weise, wie wir mit dem Stahl umgingen, von der Art, wie es die Amerikaner täten. Das Interessante an dieser Argumentation ist, dass Schumacher bereits die Faktoren einbezieht, die als Baukonstruktion, als Technik, als Tragwerkslehre allen Ländern gemeinsam zur Verfügung stehen, also globalisierend wirken müssten. Bei ihm werden sie aber noch auf ein spezifisch nationales Verhalten bezogen.
Denn im Modus ihres Gebrauchs meint Schumacher den Nationalcharakter zu erkennen: »Das Wesen eines Volkes macht nicht halt vor irgendeinem neuen Material und seinen Konstruktionsgedanken, weil bei allen Werken, die wert sind, dass von ihnen geredet wird, der Formgedanke mächtiger ist, als der Konstruktionsgedanke, der diesem Ausdruck gibt.«[2] Schumacher wird an Bauten gedacht haben wie die Jahrhunderthalle in Breslau oder die Festhalle in Frankfurt am Main, weitgespannte Kuppeln, die in der Tat die Möglichkeiten der damaligen Technologie ausreizten und damit große Gemeinschaftsbauten ermöglichten.
Und nun fängt es an zu wallen, zu sieden, zu brausen und zu zischen. Denn, so selbst der vernünftige Schumacher: »Der Formgedanke […] entspringt nicht dem Verstande, sondern der irrationalen Macht, die liegt in jenem Rauschen des Blutes, das wir Phantasie nennen.« Bei seinem Fach- und Altersgenossen Hans Poelzig wird man belehrt, die Deutschen fänden jeweils in der Spätkunst aller Stile, in Spätromanik, Spätgotik, Spätbarock, zu ihrer eigenen, urtümlichen Art: »Wo ist das Volk in Europa, das dem Zwinger in Dresden, dem süddeutschen oder österreichischen Barock etwas Wesensgleiches entgegenstellen könnte? In diesen Bauten lebt die vielgestaltige, mystisch tiefe, groteske und liebliche Seele der Deutschen wieder auf.«[3]
Darauf haben sich viele Autoren verständigt: Deutsch sei »die Freude am Spiel der Verschlingungen, am wilden Baumgeäst, Wurzelwerk und Faltenbruch« (aber ist das »Spiel der Verschlingungen« nicht auch keltisch, islamisch, indisch?). Deutsch sei

FRIEDRICH VON THIERSCH, FESTHALLE,
FRANKFURT AM MAIN, 1907–1909

»das Verhaltene und Übersteigerte, [...] und nicht die mühelose ›mesure‹ französischer Klassizität, so wie uns das Geheimnis näher steht als die Klarheit«. Deutsch sei die »äußerste Vielfalt«, die »einzige dämonisch-metaphysische Ergänzung der Mittelmeerwelt«. Mit leichter Bedeutungsverschiebung wird aus der produktiven Wirrnis Sinntiefe und symbolgesättigter Gehalt. Der Seele der Deutschen eigne »etwas Tiefstes und Irrationales, was sie dem Gefühl und Urteil anderer, flacherer [natürlich: flacherer!] Völker störend, beunruhigend, fremd, ja widerwärtig und wild erscheinen läßt« – Zitate der Kunsthistoriker Heinrich Wölfflin und Wilhelm Worringer und der Dichter Gottfried Benn und Thomas Mann.[4]

Ausdruckskunst, gesteigertes Leben, überbordender Reichtum im Detail, »furor geometricus«, immerwährender Expressionismus, der Drang zum Metaphysischen, zum pandämonischen Welttheater, Zweifel an sich selbst und Kompensation durch Pathos, Solipsismus und universalen Erlösungsanspruch, das sind die Behauptungen, denen man immer wieder begegnet. Und wer so

LEO VON KLENZE, WALHALLA, BEI REGENSBURG, 1815–1842

weit nicht gehen wollte, erklärte wie Georg Simmel zumindest eine »aggressive Formlosigkeit« für eine deutsche Eigenschaft, da in der deutschen und germanischen Kunst die Lebenstotalität, die »Quellschicht des individuellen Lebens«, jede allgemeine Form sprenge.[5]

Entsprechen solchen Kategorien Eigenschaften, die in den Sachen selbst aufzufinden sind? Zunächst hängen die Interpretationen von den Gegenständen ab, die man der Interpretation zuführt. Wer sich auf den Hexenmaler Hans Baldung Grien, den surrealen Fantasten Max Klinger, die Ausdrucksfanatiker der Künstlervereinigung Die Brücke oder die apokalyptischen Mythologien Anselm Kiefers kapriziert, wird zu einem anderen Charakterkatalog kommen als derjenige, der auch den großen Realisten Hans Holbein einbezieht, den Maler paradiesischer Stille Hans von Marées oder Oskar Schlemmer, der das Dionysische zum Apollinischen läutern wollte.

Natürlich gibt es Schulzusammenhänge, die sich aber in der Regel regional, nicht national definieren: in der Malerei etwa die Donauschule, in der Architektur die hanseatische Backsteingotik oder die oberschwäbischen Wandpfeilerkirchen. Man übernimmt, was der Nachbar hat, was sich unter ähnlichen klimatischen, praktischen, bautechnischen Umständen bewährt hat. Man pflegt, was man weiß, was man kann, was einem in seiner Zeichenhaftigkeit vertraut und also lesbar ist, was Zusammengehörigkeit signalisiert. Sozial ähnlich situierte Auftraggeber trafen ähnliche Entscheidungen bis hin zur Übernahme derselben Architekten, so wie es der Wiener Kaiserhof und der ihm nahe stehende Amtsadel, etwa die Schönborns, im 18. Jahrhundert taten. Das ergibt Hofkunst, aber noch keine nationaldeutsche Kunst; künstlerische Traditionen, aber keine ethnischen Besonderheiten.

Der politische Missbrauch des Begriffs liegt nahe. Die Versuche politischer Inanspruchnahme eines »Gleichmäßig-Durchgehenden« zeigen die Fragwürdigkeit der nationalen Kategorien. Gotik beispielsweise ist immer wieder als die deutsche Baukunst schlechthin beansprucht worden, als »maniera tedesca« auch von Giorgio Vasari, erst recht von unserem späteren Weltbürger und Weimaraner. Der junge Goethe pries den »Riesengeist unser älteren Brüder«, »würkend aus starker, rauher, deutscher Seele«, und verstieg sich vor dem Straßburger Münster zu dem Ausruf: »Das ist deutsche Baukunst, unsre Baukunst, da der Italiener sich keiner eignen rühmen darf, viel weniger der Franzos.«[6] So spricht Begeisterung, aber nicht Sachkenntnis.

Denn spätestens seit der Mitte des 19. Jahrhunderts konnte niemand mehr die Gotik für die deutsche Nation reklamieren, nachdem ihre Herkunft aus der Normandie und den französischen Kronlanden nicht mehr zu bestreiten war. So machten die Patrioten unter den deutschen Kunsthistorikern wenigstens den Versuch, die Verarbeitung der Gotik für das »Wesen des Volkes« zu beanspruchen, also die Vorliebe für Hallen, geräumige Weite, nicht abtastbare Raumgrenzen. »Deutsche Sondergotik« hieß das.[7]

Eine Eingemeindung in die Walhalla der Nation war auch mit Klassizisten zu schaffen, mit Karl Friedrich Schinkel oder seinem Lehrer Friedrich Gilly. In der NS-Zeit galt Schinkel, und zwar der antikisierende Teil seines Werkes, als »edelster Ausdruck preußisch-deutscher Art«. Das Genie habe »die innere Kraft zu seinem tektonischen Schaffen« aus dem »geläuterten Volkstum« empfangen.[8]

Stilwahl im 19. Jahrhundert wurde nach der inhaltlichen Verwendbarkeit der Vorbilder getätigt. Was als besonders deutsch erscheinen konnte, erschien besonders geeignet. Aber der Interpretationsspielraum war groß. Es konnte die ottonisch-salisch-staufische Romanik des Heiligen Römischen Reiches Deutscher Nation ebenso sein wie die Gotik mit ihrem Höhenstolz und ihrer Bauhüttengemeinschaft, die Renaissance aus der dürerzeitlichen Blüte deutscher Städte, das Barock der großen Reichsfürsten wie, aus der Zeit der deutschen Erhebung gegen Napoleon, der heroische Klassizismus, dem sogar ein bayerischer Monarch huldigte, Ludwig I. Das alles war Material, das sich der Nationalrhetorik zuführen ließ. Ein in dieser Hinsicht besonders interessantes Kapitel bildete der Versuch, für den Denkmalskult des wilhelminischen Zeitalters, für die vielen hundert Kaiser-Wilhelm- und Bismarck-Denkmäler von der Nordsee bis zu den Alpen so etwas wie einen deutschen Nationalstil zu entwickeln. Die Matadoren dieses Zyklopenstils hießen Bruno Schmitz und Wilhelm Kreis. Hauptmonumente waren das Deutsche Eck in Koblenz, der Kyffhäuser, das Völkerschlachtdenkmal bei Leipzig (vgl. S. 65 ff.).

Die Kraftmeierei dieser chauvinistisch aufgeladenen Architekturen hatte ferne Vorbilder wie römische Mausoleen oder die florentinischen Adelspaläste mit ihrem Rustika-Mauerwerk. Trotzdem war es der Versuch, einen originalen, so nur auf deutschem Boden entstandenen Baustil zu erfinden, pathetisch, schwergewichtig, für die Dauer aller Zeiten errichtet. »Kraus« und »vielgestaltig« war er nicht zu nennen, sondern bot »klare, einfache Linienführung« und »landbeherrschende Fernansicht«.[9] Oft wurden diese kolossalen »Felsensäulen« aus Granit errichtet, der als unzerstörbar und als nordisches Urmaterial galt. Ein Schuss Barbarentum ist der deutschen Identität oft zugeschrieben und von der nationalistischen Kunstgeschichtsschreibung als positive Eigenschaft von Stärke und Unbeirrbarkeit gewertet worden. Das öffentliche Echo war auch bei den Zeitgenossen schon geteilt.

HEROISCHER SINN ZUM NEUEN

Wie absurd die Deutschtumsdiskussion verlaufen kann, erwies sich am Übergang der ersten deutschen Moderne zur NS-Ideologie. Die klassische Moderne der 1920er-Jahre, wie sie die Berliner Architektenvereinigung Der Ring und das Dessauer Bauhaus, Erich Mendelsohn, Walter Gropius oder Ludwig Mies van der Rohe, das Neue Frankfurt und das Neue Berlin vertraten, war weltoffen wie nur je eine Epoche der Architektur. Man reiste viel und weit, vorzugsweise ins Land des technologischen und produktionstechnischen Fortschritts, in die USA, oder in das des vermeintlich sozialistischen Fortschritts, in die Sowjetunion. Man traf sich zu internationalen Wettbewerben und Konferenzen, unter denen die CIAM, die Congrès internationaux d'architecture moderne, besonders hervorstachen. Man baute übernational beschickte experimentelle Wohnsiedlungen, publizierte gemeinsam, stellte gemeinsam aus. »Das Vaterland verfällt. Wir lernen Esperanto. Wir werden Weltbürger«, frohlockte Hannes Meyer, der zweite Bauhausdirektor.[10] Wenn die Kunst modern werden wollte, so konnte sie es nicht auf nationale Weise werden, meinte Hans Belting.[11]

Diese kosmopolitische Avantgarde oder doch gar nicht so wenige ihrer Vertreter beeilten sich 1933, den neuen Machthabern die neue Architektur als die wesensgemäß deutsche darzustellen. Walter Gropius und die Seinen ließen nichts unversucht, das Prinzip der Sachlichkeit, das sie in ihrem Bauen verfochten hatten, zum urdeutschen Anliegen zu erklären und sich als die besseren Deutschen darzustellen. Theodor Fischer, eine verehrenswürdige Figur der deutschen Reformarchitektur, erklärte 1933, die neue Architektur sei der einzige Stil, den die Deutschen selbst erschaffen hätten. Die Welt habe das Land darum beneidet. »Heroisch ist der Sinn zum Neuen – und deutsch dazu.«[12] Noch 1934 erschien ein Buch, dessen Autor Hans Weigert den neuen Stil in seinem sachlichen Ernst zum deutschen Stil erklärte.[13] Hugo Häring, Sekretär der progressiven Architektenvereinigung Der Ring, verfasste eine Schrift *Zur Wiedererweckung einer deutschen Baukunst* und erklärte darin die ganze deutsche Reformbewegung seit Werkbund und Ring zum urdeutschen Phänomen. Gropius fand die Schrift ausgezeichnet und spielte sie dem Reichspropagandaministerium zu.[14]

Diese Argumentation wurde nicht nur aus Opportunismus formuliert, um die Moderne ins »Dritte Reich« zu retten und sich die Aufträge zu bewahren. Sie entsprach auch Überzeugungen. Innerhalb der Moderne sah beispielsweise Häring ein nordisches Prinzip am Wirken, das dem Leben zur organisch-dynamischen Form verhalf. Handlung und Vorgang bestimmten die Gestalt; daher auch die substantivierte Verbalform als Titel dieser deutschen Variante der Moderne: Neues Bauen. Die »mittelmeerische« oder »lateinische Partei« der »architettura razionale«, für Häring durch Le Corbusier verkörpert, präsentierte sich demgemäß im Italien Benito Mussolinis als die Reinkarnation wahren Römertums, mithin ebenfalls als eine eigentlich nationale, nur eben italienisch-nationale Formgesinnung. Was bisher als völkerumspannende, allenfalls von Land zu Land modifizierte Internationale gegolten hatte, bereit, den Neuen Menschen vorzubereiten, wo immer er Wohnung nahm, bot seine Dienste nun mit unterschiedlichen Selbstempfehlungen den nationalistischen Diktaturen an.

Und was taten die Machthaber des »Dritten Reichs«? Den Architekten der Jugendherbergen und Jugendburgen trugen sie Landschaftsromantik auf, Fachwerk und Reetdach in Norddeutschland, weiß gekälkte Wände und feldsteinbeschwerte Dächer im Alpenvorland. Der Kreis um Heinrich Himmlers SS ging seinem – vom übrigen Führungspersonal belächelten – Germanenkult nach und wollte die westfälische Wewelsburg zu einer

ROGER EXPERT, PAUL MAÎTRE UND ADOLPHE THIERS, BASSINS UND FONTÄNEN AM PALAIS DE CHAILLOT MIT DEM DEUTSCHEN HAUS (ALBERT SPEER) UND DEM FUSS DES EIFFELTURMES, WELTAUSSTELLUNG, PARIS, 1937

germanischen Gralsburg umbauen. Doch die Staats- und Parteibauten, die Gauforen und Aufmarschachsen wurden zur großen Enttäuschung der Heimatschützer und Deutschtümler in einem säulen- und pfeilerstarrem Monumentalismus entworfen, der mit mehr oder weniger martialischen Varianten von Washington bis Helsinki, von Rom bis Moskau herrschte.

Albert Speer, der Chefarchitekt Adolf Hitlers, antwortete nach seiner Haftentlassung aus Spandau auf die Frage, ob der Blick über die Grenzen oder der Besuch etwa der Pariser Weltausstellung von 1937 mit ihrer Inflation neuklassizistischer Bauten nicht irritierend gewesen sei für das imperiale Geltungsbedürfnis und den Einzigartigkeitsanspruch des Regimes. Kolonnaden, Portici, Kranzgesimse, Hoheitssymbole allenthalben! Nein, meinte Speer, man habe sich eher bestätigt gefühlt, dass die anderen ähnlich bauten. Aus der Nähe betrachtet, habe es doch auch Unterschiede gegeben, abgesehen von den absoluten Maßen, mit denen die einen die anderen zu übertrumpfen suchten.[15] Als Berufungsinstanz galt die Antike. Diese Rechtfertigung war sehr weit, aber wirklich sehr weit hergeholt. Denn was die alten Griechen und die neuen Germanen angeblich verband, sei die rassische Verwandtschaft im letzten. Waren es nicht alles Indogermanen?

Die windige Geschichte nationaler Reklamation mag die Skepsis gegenüber jeder Bemühung erklären, aus der geografischen Herkunftsbezeichnung »deutsch« einen stets

FACHWERKHÄUSER, HOMBERG-EFZE

gültigen Wesensbegriff zu filtern. Architektur als im Wesentlichen nicht abbildende Kunst setzt der völkischen Inanspruchnahme auch per se Widerstände entgegen. Anders als andere Künste ist die Baukunst der handfesten Praxis zumindest auch verpflichtet. »Firmitas«, Standfestigkeit, und »utilitas«, Zweckmäßigkeit, sind ihr seit Vitruv, dem einflussreichsten Architekturschriftsteller aller Zeiten, neben »venustas«, der Schönheit, als Primärtugenden verordnet worden. Da bleibt für den schwer fassbaren Hof von Bedeutungen, der sich um das Wort »deutsch« gelagert hat, wenig Platz. Für das altmeisterliche Nürnbergertum, die Kombination von Realismus und Fantastik, die grenzenlose Bewegung, das richtungslos Flutende, die Erotik des Untergangs, die Hysterie der Selbstaufgabe, die man als durchgehende Stränge einer nationalen Kunstgeschichte ausmachen wollte, sind die Mittel der Architektur weniger geeignet als die Musik oder die bildenden Künste, die Grafik, das Bühnenbild, der Film.

Architektur findet hier und jetzt, im konkreten Gegenüber statt. Auch lineare Expressivität und das »Spiel der Verschlingungen«, wie man sie an Holzschnitt und Metallstich von der Dürerzeit bis zum Expressionismus ablas, hatten im dreidimensionalen Medium der Architektur einen schweren Stand. Architektur ist eine Kunst der Massen- und Raumbildung. Auf Linienkunst lässt sie sich allenfalls im Gebrauch von Ornament ein. Doch auf der Fläche, die Architektur als Wand und Fassade zur Verfügung stellt, erscheint das Ornament leicht als etwas Hinzugetanes, Sekundäres. Und der behaupteten Innerlichkeit deutscher bildender Kunst kam Baukunst auch nicht entgegen. Architektur ist Äußerlichkeit an sich, geprägt durch harte wirtschaftliche und konstruktive Bedingungen, nach außen gewendet, dem Stadtraum ebenso (oder noch mehr) verpflichtet wie dem Innenraum.

Richtig ist allerdings, dass die – im Wesentlichen – ortsfeste Architektur mehr als die anderen Künste an den Ort gebunden war, an dem sie entstand. Allein schon das Baumaterial hat in der Vergangenheit noch jeder Bauherr und jeder Baumeister, der bei Sinnen war, aus der Nähe bezogen, wo es am leichtesten und am billigsten zu gewinnen war. Haustein dort, wo Steinbrüche waren; Ziegel dort, wo Lehm verfügbar war, aber kein Bruchstein; Fachwerk dort, wo es Holz gab. Material stellt Bedingungen, die in die Architektur eingehen, es gibt den Bauten Textur, Farbe und Verwendungsweise vor: roter Sandstein an Rhein und Main, der weißgraue, fast abstrakte Kalkstein der Île-de-France und der Champagne, auch so ungewöhnliche wie der grünliche Sandstein in Soest, der ein paar Kilometer entfernt gebrochen wurde.

Aus solchen Bedingungen – dem »Ingenium des Lokalen«, wie Jacob Burckhardt es genannt hat – formt sich zwar regionale Architektur, aber keine nationale. Es sei denn, es handelt sich um sehr kleine Länder, zwischen deren Grenzen gleiche Voraussetzungen herrschen. Schumacher hat zwar gemeint, vielleicht gebe es »keine Kunstleistung, in der sich das deutsche Wesen so klar, so groß und so selbstständig geäußert« habe wie im Backsteinbau.[16] Aber ist der Speyrer Dom weniger deutsch, weil er aus Pfälzer Werkstein, der Kölner Dom, weil er aus Trachyt, die Dresdner Frauenkirche, weil sie aus Elbsandstein gemauert ist?
Mit den transnationalen Veränderungen in Produktion und Transporttechnologie entfielen auch die einschränkenden und bedingenden Faktoren, die sich aus den lokalen Materialvorkommen ergaben. Renzo Pianos Fondation Beyeler bei Basel, die aussieht als sei sie aus Elsässer Rotsandstein errichtet, bezog ihr Verkleidungsmaterial aus Patagonien. Der Travertin, mit dem die Kunstakropole der Getty-Stiftung bei Los Angeles brilliert, stammt nicht aus den Rocky Mountains, sondern aus der Toskana. Der Granit, mit dem Alvar Aaltos Essener Opernhaus verkleidet ist, kommt aus Sardinien. Transportkosten spielen im Vergleich zu Arbeitskosten kaum noch eine Rolle. Alles wird überall verfügbar. Stahl und Stahlbeton sind sowieso überallhin lieferbar.
Also keine Chance mehr fürs »Durchgehend-Gleichmäßige, das in allem Wechsel beharrt« (Wölfflin)? Aber bietet, als Gegenprobe, die jüngstvergangene und gegenwärtige deutsche Architekturszene nicht doch Sonderbarkeiten, »Alleinstellungsmerkmale«, wie das neudeutsche Wort lautet? Eine Reihe von Szenarien bietet sich an. Es könnten natürlich auch mehr sein. Oder weniger.

ST. PATROKLI IM STADTBILD VON SOEST, ENDE 12. JAHRHUNDERT BIS 1300

DAS GÜLTIG-EINFACHE

Die erste Geschichte handelt von Einfachheit und Bescheidenheit. Unmittelbar nach dem letzten Krieg waren Genügsamkeit und Improvisation natürlich Gebote der Stunde. Es gab den ehrlichen Willen, auf Luxus zu verzichten (der ohnehin nicht verfügbar war) und ohne das Überflüssige auszukommen, das sich einem sowieso entzog. In einem Manifest von 1947 sprachen sich deutsche Architekten zugunsten des »Gültig-Einfachen« anstelle der Überspezialisierung aus: »Denn nur das Gültig-Einfache ist vielfältig brauchbar.«[17] Verbrauchte Materialien, zum Beispiele Ziegelsteine zerstörter Gebäude, wurden wieder benutzt, um die Essenz des Alten zu bewahren und in etwas Neues zu verwandeln. Das Leben sollte sich

EMIL STEFFANN, ST. LAURENTIUS, MÜNCHEN-GERN, 1955/56

aus den Überresten der Vergangenheit entwickeln. Es war eine ganz und gar moralistische Haltung und zugleich glücklicherweise eine sehr ökonomische. Vor allem im Kirchenbau gelang es einer Reihe von Architekten, unprätentiöse, aber monumentale Formen zu finden, von denen zuweilen eine römische oder romanische Kraft ausging.
Wie alles, hat auch diese asketische Haltung ihre Vorbilder. In den 1910er- und 1920er-Jahren waren es Architekten wie Heinrich Tessenow, die aus einfachen Siedlungshäusern mit wenigen Eingriffen, einer Schwelle, einer Laube, einer Bank, karge Poesie herausholten. Seine Bücher mit reinlich-säuberlichen Zeichnungen, in denen er diese sympathische Wohlanständigkeit darstellte, wirkten wie Fibeln, aus denen man das Alphabet des Bauens lernte. Dahinter standen die unprätentiösen Häuserwürfel des Biedermeier, nicht zu vergessen Goethes Gartenhaus in Weimar (vgl. S. 135 ff.). In der damals zeitgenössischen Literatur wurde es immer wieder als Inbegriff bürgerlichen Behagens, als Inkarnation von Gediegenheit und Anstand beschworen, als deutsches Haus schlechthin. Es galt als Bauen im Zustand der Unschuld, vor dem Sündenfall des Anspruchsdenkens. »Übermütig sieht's nicht aus / Hohes Dach und niedres Haus / Allen, die daselbst verkehrt / Ward ein froher Mut beschert«, hatte der Klassiker gereimt.[18]
Als Deutschland nach 1950 zu einer Wohlstandsgesellschaft wurde, stand das Schlichte und Einfache nicht mehr in hohem Ansehen. Aber es blieb überall dort eine Möglichkeit, wo Bauherren oder die Öffentlichkeit die Tricks leid wurden, die viel Geld einem bietet (vgl. S. 195 ff.). In Berlin wurde nach der Wiedervereinigung die Neue Einfachheit zu einer Parole, verteidigt vom langjährigen Senatsbaudirektor der Stadt Hans Stimmann. Diejenigen Architekten wurden protegiert, die ruhige Steinfurniere verwendeten, Fluchtlinien,

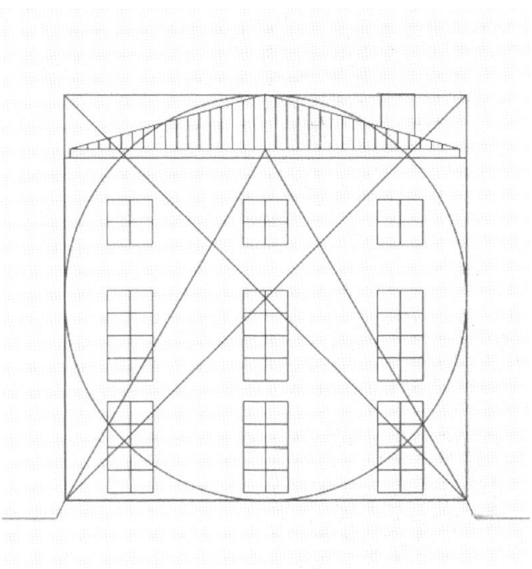

OSWALD MATHIAS UNGERS, PROPORTIONSSTUDIE FÜR GEBÄUDEFASSADE

Dimensionen und Traufhöhen respektierten, stehende Fensterformate den liegenden vorzogen. Die wertkonservative Haltung, die dahinter stand, erzeugte heftigen Widerspruch, aber auch die Gleichform im großen Maßstab und nicht zuletzt die Protektion, die bestimmten Architekten auf Kosten anderer zuteil wurde. Es schien fast wie ein Kartell, das sich da die lukrativen Aufträge zuspielte.
Oft erfordern einfache Lösungen bei ihrer Realisierung einen hohen Grad an Genauigkeit und Qualität im Detail. Der einflussreichste Architekt einer höchst anspruchsvollen Einfachheit war Oswald Mathias Ungers, der eine geradezu fundamentalistische Haltung entwickelt hat, ein Fanatiker der Geometrie – wie es Tessenow nie gewesen ist. Kubus und Quadrat und das Vielfache davon sind die immer wiederkehrenden Entwurfselemente. Grundrisse und Fassaden wurden mit Maß- und Liniensystemen entwickelt. Seine eigenen Wohnhäuser, von denen er drei an der Zahl bewohnte, zwei in Köln, eins in der Eifel, sind mehr und mehr zu prinzipiellen Aussagen geworden. Es sind Ordnungsrufe in unordentlicher Zeit, fast schon eher Ideen als Materialisationen von Häusern. Ungers hat Schüler, die sich seine Unerbittlichkeit zu eigen gemacht haben.

NEIGUNG ZUM EXPRESSIVEN

Diese Haltung – man scheut sich, sie eine Tendenz oder gar einen nationalen Charakterzug zu nennen – widerspricht geradezu einer anderen, die von den gängigen Stereotypen übers Deutsche eher erfasst scheint, eine Neigung zum Expressiven, ja Expressionistischen – die zweite Geschichte (vgl. S. 93 ff.). Sie handelt von Rathäusern, die wie mittelalterliche Festungen ihre Bürger zu verteidigen scheinen; von Kirchen in unwahrscheinlichen Formen, aufmerksamkeitsheischend wie nur je ein Projekt aus den frühen 1920er-Jahren, als der originale Expressionismus herrschte; sogar von Kindergärten oder Altersheimen, die wie das fantastische Bühnenbild zu einem Vampirfilm jener Jahre aussehen, als die Filme *Golem* oder *Nosferatu* hießen. Man weiß, dass prominente Kollegen des Architekten Hans Scharoun in Heiterkeit ausbrachen, als sie zum ersten Mal seinen Entwurf für die Berliner Philharmonie zur Kenntnis nahmen. Das zentral plazierte Orchester, das von den ansteigenden »Weinbergen« der Zuschauerränge umgeben ist, bestimmt auch die äußere Gestalt des Baus. Foyer, Probesale, Verwaltungsflügel und andere Anbauten greifen aus wie die Glieder eines Körpers.
Die Wiederentdeckung des Expressionismus in den 1960er-Jahren hat mit biografischen

HANS SCHAROUN, PHILHARMONIE, BERLIN, 1960–1963

Bindungen zu tun (vgl. S. 99 ff.). Der Vorgänger Scharouns war Scharoun selbst. Er begann seine Karriere unmittelbar nach dem Ersten Weltkrieg. Die Inszenierung der Wege und des Lichtes, die Baumasse, die wie ein großes unbekanntes Tier lauert, die Vision einer miteinander kommunizierenden, durch Kunst geeinten Gemeinschaft sind ein Erbe seiner expressionistischen Anfänge. Bei Gottfried Böhm, dem bisher einzigen deutschen Pritzker-Preisträger, lassen sich die expressiven Momente seiner Arbeit zum Teil aus dem Verhältnis zu seinem Vater erklären. Dominikus Böhm war ein hoch angesehener katholischer Kirchenbaumeister, der in enger Verbindung zur Liturgischen Bewegung der 1920er-Jahre stand. In enger Symbiose der Generationen entwickelte Gottfried Böhm Elemente, die auch seinem Vater wichtig gewesen waren. Seine spektakulärsten Bauten waren skulpturale Stahlbetonarchitekturen, die komplizierte Schalungsarbeiten für den Guss des Betons erforderten. Auf Dauer erwiesen sie sich als zu kostspielig und überforderten die Fähigkeiten des heutigen Bauhandwerkes. Böhm suchte die Unruhe und Vitalität dieser Gebilde in Skelettbauten zu übernehmen, die sich manchmal mit der international angesagten Katastrophenarchitektur messen können.

Zwischen dem authentischen Expressionismus und seinem Comeback gibt es einen großen Unterschied. Was um 1920 der Glaube an die erlösende Kraft der Vision war, an das schöpferische Potenzial des künstlerischen Handwerkes und des Volkes schlechthin, erscheint heute als der selbstgenügsame Ehrgeiz individueller Architektenkünstler und ihrer Kunden – wenn alles gut geht. Wenn es nicht gut geht, ist das Ergebnis interessante Dekoration. Keine Frage, dass wir heute mehr Fantasie denn je nötig haben. Aber vielleicht haben wir sie eher für Systeme nötig, die unsere Existenz in dieser vielfach gefährdeten – durch uns selbst gefährdeten – Welt sichern helfen, als für isolierte Bauwerke, die ein Individuum für das andere errichtet.

NÄHE ZUR NATUR

Eine dritte Story gilt dem Umgang mit der Natur. Den Deutschen soll sie besonders am Herzen liegen, wie das Volkslied bezeugt, wo es »lieblich schallt / durch Busch und Wald«, oder das Lehnwort Waldsterben, das in anderen Sprachen Karriere als Beleg für deutsche Bedenkenträgerei gemacht hat. In einem der jüngsten Bücher über das Deutsche in der deutschen Kunst, von Volker Gebhardt, ist ein ganzes Kapitel dem Mythos vom deutschen Wald gewidmet, der für diesen Autor zum »cantus firmus« der nationalen Kunst seit den schauerlichen Waldbeschreibungen des Tacitus gehört und sich unter anderem in der Gewölbevielfalt der Spätgotik spiegelt.[19]
Für ein ökologisches, ressourcensparendes, energiebewusstes, nachhaltiges Bauen spricht alles. Vielleicht ist es in der Tat im letzten Jahrhundert hierzulande eher und intensiver geübt worden als anderswo. Nach dem Ersten Weltkrieg forderte der Gartenarchitekt Leberecht Migge, der grüne Helfer vieler deutscher Modernisten, das »Neue

ARCHITEKTURBÜRO BÖHM (GOTTFRIED BÖHM MIT ELISABETH UND PETER BÖHM), WDR-ARKADEN, KÖLN, 1991–1996

Siedeln [...] als neue natürliche Lebensweise auf, mit und von dem Lande«, in intensiv genutzten Fruchtlandschaften.[20] Es gab sogar den Versuch, selbstwachsende Architekturen zu züchten. Arthur Wiechula, ein Landschaftsgärtner aus Königsberg, der sich als »Naturbau-Ingenieur« bezeichnete, wollte »wachsende Häuser aus lebenden Bäumen« formen. Dank der »Verwachsungskraft der Pflanze« sollten geschlossene, lebende Holzflächen entstehen, aus denen man Räume, Brücken, Stallungen und Scheunen machen konnte. Gelegentlich findet man auch heute Stadtlauben, Bio-Archen, Stege, Pavillons, die organisch aus wachsendem Holz gebildet sind.[21]

FORSCHUNGSGRUPPE BAUBOTANIK-LEBENDARCHITEKTUR (FERDINAND LUDWIG, HANNES SCHWERTFEGER UND OLIVER STORZ), STEG MIT EINEM TRAGWERK AUS WEIDEN-BÜNDELN, WALD-RUHESTETTEN, HOHENZOLLERN, 2005

Doch in der Moderne hieß Naturnähe zu allermeist, Häuser dem Licht, der Luft und dem Grün zu öffnen. »Licht Luft Öffnung« steht viele Male auf dem Umschlag einer Broschüre, die 1929 für *Befreites Wohnen* warb.[22] Als die Einsicht um sich griff, dass Energieeinsparung, Wärmeerhaltung, Flächenbegrünung und Wasserrecycling erstrebenswerte Ziele seien, gaben sich die Häuser aus der Frühzeit der ökologischen Bewegung wie kleine, in die Erde geduckte Festungen, die Dächer wie Pelze übergestülpt, eine autonome Welt für intime Menschengruppen. Selbsthilfe und Nachbarschaftshilfe waren gefordert. Die Verständigung, Selbsterforschung und Konfliktbewältigung, die da angesagt waren, ließen sich mit dem normalen Zeitbudget eines mitteleuropäischen Arbeitnehmers nicht bewältigen. Unfertig sahen diese Häuser aus, weil sie auf ständige Veränderung angelegt waren. Wille zum Chaos war immer dabei.

Das hat sich geändert. Man lernte bald, dass Wärmeverlustflächen auch Wärmegewinnflächen sein können, wenn sie durch ausreichende Speichervolumen ergänzt würden. Hatten die professionellen Architekten zunächst gefürchtet, dass die mühsam erkämpften Vorzüge eines naturoffenen, transparenten Bauens wieder verloren gehen könnten, so könnten die Entwicklung im Umweltmanagement der Bauwerke, in der Regelungstechnik, und die erstaunlichen Fortschritte in der Technologie wärmedämmenden Isolierglases diese Sorgen gegenstandslos machen. Der Prozess der Befreiung von materieller Schwere könnte weitergehen. Könnte – wenn nicht die Verpackungsorgien durch Wärmeverbundsysteme, angeregt von der jeweils gültigen Energieeinsparverordnung, weitergingen. Die Verfettung der Häuser durch Wärmedämmung scheint die bequemste Technik, Energieverlusten vorzubeugen.

Demonstrationsbauten wie Rolf Dischs Freiburger Solarhaus, das dem jeweiligen Sonnenstand nachgeführt wird, und zunehmend auch Großbauten wenden dagegen ein ganzes Arsenal von Maßnahmen an: Erdwärmetauscher, Sonnenkollektoren, Fotovoltaik, Rückgewinn von Abwärme. In der Bundesrepublik ist Wärmeschutz mit allen seinen Folgetechniken inzwischen zu einer eigenen Wissenschaft geworden. Sie wird durch einen Katalog gesetzlicher und steuerlicher Maßnahmen gestützt, die zwischen Niedrigenergie-, Nullenergie- und Plusenergiehäusern unterscheiden. Der Preis dafür ist, dass solcherart hoch differenzierter Umweltschutz sein eigenes Spezialistentum hervorgerufen hat. Die Steuerungsexperten dieser effizienten Wohnsysteme haben den alternativen Kommunen, die einen selbstbestimmten, selbstverantworteten Lebensstil im Sinn hatten, das Ruder aus der Hand genommen. Mit dem eigenen Schraubenschlüssel kann man nicht mehr an Wartung oder Reparatur dieser Produkte einer hochgezüchteten

ROLF DISCH, SOLARHAUS HELIOTROP,
FREIBURG, 1993/94

Ökotechnologie gehen. Ihre Sachverständigen folgen ihren eigenen, für unsereinen undurchschaubaren Regeln und begehen vermutlich ihre eigenen Spezialistenfehler.

TECHNOLOGISCHER HOCHLEISTUNGSSPORT

Auf die Art und Weise, wie sich die Deutschen der Betontechnologie bedienten, hat sich schon Fritz Schumacher in der zitierten Äußerung bezogen und dabei auf die in der Tat singularen Kuppel- und Tonnenbauten der 1910er- und 1920er-Jahre angespielt. Dünne Schalenkonstruktionen, wie sie die großen deutschen Betonbaufirmen entwickelten, ermöglichten bei Wandstärken von nur wenigen Zentimetern dank ihrer Formkrümmung weite Raumüberspannungen. Mit diesem technologischen Hochleistungssport trat eine neue Formenfamilie in die Geschichte der Architektur ein. Bis in die 1970er- und 1980er-Jahre war der Schalenbau eine in Deutschland gepflegte, wenn auch natürlich nicht exklusiv gepflegte Sonderbauart, geeignet für große Sport-, Fest- oder Fabrikationshallen. Sogar die DDR hatte in dem Bauingenieur Ulrich Müther einen Fachmann im Schalenbau, dessen Exporterlöse der defizitären Handelsbilanz der Volksrepublik aufhalfen (Abb. S. 31). Die hohen Lohnkosten, die für die Schalungsarbeiten anfallen, drohen dieser Spezies den Garaus zu machen.
Zu einem Hauptort der Bautechnologie ist die Technische Hochschule, heute Universität Stuttgart geworden. Hier saß Fritz Leonhardt, der »Betonpapst« genannt, von dem seit Kriegsende mehrere hundert Brücken stammen – nicht nur solche aus Beton. Seine Nachfolger haben den Ruf der deutschen Tragwerksplanung befestigt. Von Schlaich & Bergermann stammen Brücken, die sich krümmen oder zusammenfalten können und in ihrer Veränderbarkeit ein erzählerisches, humoristisches Moment enthalten.
Wo immer ihre Bauherren ein überzeugendes Bild von der Zuverlässigkeit ihrer Erzeugnisse zu vermitteln suchen, die sie der Welt verkaufen wollen – Maschinen, Elektronik oder auch monetäre Dienstleistungen und sonstiges Know-how –, greifen sie zu Demonstrationen technischer Kompetenz. Wer hierzulande ein Gebäude betritt, das den Glanz der Internationalität und die Perfektion der Leistung vermittelt, seien es Flughäfen, Bahnhöfe oder Messebauten, kann sicher sein, dass ihn keine postmodernen Verkleidungskünste erwarten, sondern

FRANZ DISCHINGER UND HUBERT RITTER, GROSSMARKTHALLE, LEIPZIG, 1927–1929

solide Produkte deutscher Technologie, sehr direkt, manchmal cool und ein bisschen unfreundlich, in entschlossener Funktionalität – und oft in Stahl.

Eine spielerisch-poetische Qualität des Bauens erreichte Frei Otto, der erfindungsreiche Architekt und Berater, nach dem Zweiten Weltkrieg der international wahrscheinlich bekannteste Name der deutschen Bauszene. Es ist eine These Ottos, dass es einen sicheren Hinweis auf eine perfekte technische Lösung gibt: das spontane Gefühl für ihre Schönheit, das sie im Betrachter hervorruft. Das ist Otto und seinem Institut für leichte Flächentragwerke, auch sie in Stuttgart, viele Male gelungen, mit zugbeanspruchten Konstruktionen, Membranen, veränderbaren Zeltdächern, Schalen, Holzscheren-Kuppeln, pneumatischen, luftgetragenen Hüllstrukturen, die keine Masten oder Kabel benötigen. Auf internationalen Veranstaltungen wie der Weltausstellung in Montreal 1967 oder der Olympiade in München 1972 haben die künstlichen Berg- und Tallandschaften auch Prestige für ihre Heimat eingefahren. Technisches Bauen ist international. Frei Otto arbeitete oft mit Freunden in den USA, in Großbritannien, Russland und Polen zusammen. So finden sich elegante sattelförmige Zeltkonstruktionen nicht nur auf deutschen Gartenbauausstellungen oder über Freiluftbühnen, sondern vielerorts zwischen Denver und Mekka.

Ein anderer Gedanke Ottos war es, baumartige, lasttragende Stützen zu verwenden. Dieser Vorschlag ist von dem Team von Gerkan, Marg und Partner für den Flughafen in Stuttgart verwendet worden. Das Pultdach des Abfertigungsgebäudes wird an zahlreichen Punkten von einer verzweigten Konstruktion aus Komponenten getragen, mit denen die auf Biegung beanspruchten Strecken verkürzt werden. Vielleicht vermittelt dieser künstliche Wald aus Stahlgliedern nicht das angemessene Bild des Abenteuers vom Fliegen (sofern Fliegen noch ein Abenteuer ist). Stattdessen spielten die Architekten auf die nächste Umgebung des Flughafens an, einen Wald südlich von Stuttgart. Offensichtlich übt der deutsche Wald Faszination auch auf Konstrukteure aus, wie es schon die Schlinggewölbe und Luftrippen der deutschen Spätgotik taten.

GMP ARCHITEKTEN, NEUE MESSE, LEIPZIG, 1992–1995

ZWEITE ODER DRITTE MODERNE

Pluralität ist ein Signum der Epoche; wie sollte es in Zeiten, in denen eine Pluralität der Lebensentwürfe herrscht, in der Architektur anders sein? Mit der Postmoderne drang in den späten 1970er- und 1980er-Jahren auch in Deutschland ein guter Teil an Fiktionalität, Ambivalenz und Dekoration ein. Aber als eine von mehreren Möglichkeiten ist auch das moderne Idiom, die zweite oder, je nach Zählung, dritte Moderne, eine legitime Sprache geblieben. Dass die Moderne, ihr ungebrochenes Verhältnis zur Technologie, ihr unverstelltes Bekenntnis zur jeweils eigenen Zeit, sich in Deutschland gut gehalten hat, hängt mit ihrer Geschichte in diesem Land zusammen. In den 1920er-Jahren wurde sie auch im Ausland als eine Leistung dieses Landes betrachtet. Theodor Fischer hatte so unrecht nicht mit seiner Behauptung, die neue Architektur sei der einzige Stil, den die Deutschen selbst erschaffen hätten.[23] In Auslandsauftritten wie der Weltausstellung in Barcelona 1929 oder bei der Werkbundausstellung 1930 in Paris war es die schlanke, umstandslose Sachlichkeit, mit der sich der Staat darstellte. Und nach 1945 war es der Rückgriff auf diese als demokratisch konnotierte Stilform, mit der sich die Deutschen als bekehrte Weltbürger Vertrauen zu erwerben hofften.

So ist auch das einzige neue Landesparlament, das in den ersten Jahren nach der Wiedervereinigung gebaut wurde, das sächsische in Dresden, von seinem Architekten Peter Kulka demonstrativ in gläserner Transparenz gehalten. Es bildet die demokratische Fortsetzung der Feudalbauten am Dresdner Elbufer. Seine moderne Offenheit spielt es neben einem kalksteinverkleideten Gebäude aus, das zum Landtagskomplex gehört und aus den frühesten 1930er-Jahren stammt. In der DDR-Zeit saß die SED-Bezirksleitung darin. Der Neubau treibt sein anspruchsvolles Spiel mit großen überstehenden Dach- und Wandflächen und sich überschneidenden Rampen. Der lange zeremonielle Anweg der Besucher zur Publikumsgalerie erinnert an barocke Raumfluchten, eine Enfilade, auf der sich der Souverän Volk seiner Vertretung im kreisrunden Plenarsaal nähert.

PETER KULKA, SÄCHSISCHER LANDTAG, DRESDEN, 1991–1994

Spielerischer und oft mit dem sogenannten Dekonstruktivismus flirtend gehen Günter Behnisch und sein Büro vor. Sein Bundestagsgebäude in Bonn war eine lässige Einladung ans Parlament, sich quasi unter freiem Himmel, wenn auch unter einem Glasdach einzufinden. Davon hat der Bundestag nur wenige Jahre Gebrauch gemacht. Ein politisches Gebäude hat Behnisch jedoch auch für den Pariser Platz in Berlin entworfen, die Akademie der Künste. Hier, wo mit dem Brandenburger Tor ein preußisch-deutsches Nationalsymbol, ein Wiedervereinigungssymbol auch, den Platz beherrscht, werden alle Rituale der Geschichte in Erinnerung gerufen, von Napoleons Einmarsch und der Rückkehr der geraubten Quadriga 1814 über den Aufbruch und die Rückkehr von Siegern und Besiegten, den Fackelzug der Nazis und die Auffahrt der sowjetischen Panzer am 17. Juni 1953 bis zum Mauerfall 1989.
Im Haus der Akademie verdichtet sich die deutsche Geschichte noch einmal. In ihren Sälen hat Hitler Albert Speers Modelle für die Hauptstadt Germania bewundert, waren die Grenzposten der Volkspolizei stationiert. Behnisch setzte gegen das Baustatut des Berliner Bausenators und gegen die Nachbarschaft eine gläserne Fassade durch, die – zumindest abends bei künstlichem Licht – das innere Leben enthüllt. Die Platzfläche flutet hinein. Ein Durchgang, für alle Bürger offen, leitet hindurch zum Erinnerungsmal für die ermordeten Juden. Der Bau selbst ist durch Rampen und Treppenläufe aufgebrochen, die jeder vorbestimmten Ordnung widerstreiten. Die Regeln des Zusammenlebens müssen in diesem Haus immer aufs Neue definiert werden. Es ist eine reflektierte Moderne geworden, die aus ihrer eigenen Geschichte gelernt hat, dass Freiheit niemandem in den Schoß fällt. Und damit leben muss, dass ihre Entscheidungen anderen als Willkür und Bizarrerie erscheinen können.

BEHNISCH & PARTNER MIT WERNER DURTH,
AKADEMIE DER KÜNSTE, BERLIN, 1993–2005

GÄSTE IM LAND

Von Norman Foster, dem britischen Architekten des nahen Reichstagsumbaus, stammt die Bemerkung, er könne sich nicht vorstellen, dass seine eigenen Landsleute einem anderen als einem Briten das Parlament des United Kingdom anvertraut hätten. Das Wort war als Kompliment für die Offenheit der Deutschen in den letzten Jahrzehnten gedacht. In der Tat haben zahlreiche Architekten anderer Nationalität in den Städten der Bundesrepublik ihre Spuren hinterlassen, vor allem dort, wo es um repräsentative Kulturbauten ging. Dazu gehören auch Bauwerke, an denen sich nationale Identität festmacht – Gedenkorte unterschiedlichster Vorzeichen wie das Erinnerungsmal für die Varusschlacht am Teutoburger Wald oder das Denkmal für die ermordeten Juden Europas oder politische Institutionen wie die Gehäuse der Bundesorgane in Berlin. Den ersten Wettbewerb für das Deutsche Historische Museum gewann ein Italiener, Aldo Rossi, den Umbau und die Erweiterung des Zeughauses für diesen zentralen Ort deutscher Selbstdarstellung übernahm ein Amerikaner, Ieoh Ming Pei. Die Gastfreundschaft ausländischen Architekten gegenüber steht in einem bemerkenswerten Kontrast zum Verhalten gegenüber weniger prominenten Fremden, sprich Zuwanderern.

Internationale Kontakte sind in der Baugeschichte nichts Neues. Im Heiligen Römischen Reich Deutscher Nation waren bei den Großbauten sowieso Meister und Gesellen unterschiedlicher Nationalität als Gastarbeiter europaweit auf Tour, die Steinmetzen und Bauhandwerker aus der Lombardei und dem Tessin, die im 11. und 12. Jahrhundert den Rhein entlang nach Norden bis ins schwedische Lund wanderten, oder, in der Hochgotik, die Fachleute aus den Baubetrieben der großen französischen Kathedralen. Im Barock entstand kaum ein prominentes Bauwerk, ein Residenzschloss etwa, für das nicht Gutachten aus anderen, befreundeten Nationen eingeholt wurden. Süddeutschland und Österreich waren Provinzen der herrschenden italienischen Baukultur, gegen die sich deutsche Baumeister nicht leicht durchsetzen konnten. Irgendein Kurier mit einer Mappe von Gegenentwürfen, Zeichnungen und Stichen, war immer unterwegs. Insofern stellt die heutige Liberalität Zustände wieder her, die vor den Zeiten des Nationalismus als selbstverständlich gegolten hatten.

Nach 1945 gehörte es zur Politik der Wiedereingliederung, Kontakte zum Ausland aufzunehmen. Die Besatzungsmächte schickten deutsche Planer aus ihren Zonen in die eigenen Länder, damit sie sich mit dem neuesten Stand der Dinge vertraut machen konnten. Ein regelrechter Fachtourismus setzte ein.

ANNETTE GIGON UND MIKE GUYER, MUSEUM, KALKRIESE ZUR ERINNERUNG AN DIE VARUSSCHLACHT, BEI OSNABRÜCK, 1999–2002

Planergruppen reisten nach Großbritannien, um sich mit den rechtlichen und planerischen Maßnahmen unter der Labour-Regierung vertraut zu machen, mit industrialisiertem Schulbau und den neuen Stadtgründungen, den New Towns. In Frankreich war Le Corbusiers Atelier eine viel besuchte Attraktion. Dort entstanden die riesigen Wohnhausscheiben, die Unités d'habitation, wurde mit einem neuen Maßsystem gearbeitet, dem Modulor. Schließlich kündigte sich mit der heiß umstrittenen Wallfahrtskapelle in Ronchamp eine bisher unbekannte Freiheit des Entwurfes an. Die USA boten den American Way of Life an, mit Selbstbedienungsmärkten, Tiefkühlschränken und Fernsehen, und hatten allen Europäern die Erfahrung mit Wolkenkratzern voraus.

Aus der DDR wurde eine Planergruppe in die Sowjetunion abgeordnet und brachte aus dem Bruderland des Sozialismus die *Sechzehn Grundsätze des Städtebaus* mit und das, was dann »NatiTradi« hieß und ein knappes Jahrzehnt den Osten Deutschlands beherrschte, so lange Stalin lebte und noch ein paar Jahre darüber hinaus: sozialistischer Inhalt und nationale Tradition.

Wenn damals, in den 1950er- und 1960er-Jahren, in der Bundesrepublik ausländische Architekten an deutschen Bauaufgaben beteiligt wurden, gingen die Einladungen meist in die Schweiz, in die Niederlande oder nach Skandinavien. Nach Kopenhagen oder Delft war es nicht weit, die Baukommissionen konnten sich leicht informieren, die Reisespesen blieben im Rahmen. Der Däne Arne Jacobsen mit seiner internationalen Handschrift und der Finne Alvar Aalto mit seinen naturnahen, organisch wirkenden Formen hatten so etwas wie Dauerabonnements für eingeladene Wettbewerbe.

Diese Öffnung nach draußen wurde in den großen Bauausstellungen institutionalisiert, auch einer deutschen Spezialität: die Interbau 1957, die IBA Berlin 1984/87, die IBA Emscherpark in den 1990er-Jahren. Gegenwärtig laufen allein drei solcher Unternehmungen; weitere sind geplant. Das war die Ouvertüre zu einer Dauerbeschäftigung ausländischer Prominenter. Manche von ihnen begannen ihre internationale Karriere mit Bauten, die ihnen in Deutschland ermöglicht wurden: Hans Hollein, Daniel Libeskind, Zaha Hadid. Auch Frank O. Gehry entwarf seinen ersten europäischen Bau für einen deutschen Bauherren, die Möbelfabrik Vitra im kleinen Weil am Rhein.

Bis auf ein gelegentliches leichtes Grummeln im Untergrund haben die deutschen Fachkollegen diesen massierten Auftritt der internationalen Konkurrenz gelassen hingenommen. Allenfalls haben sie beklagt, dass die planerische Außenhandelsbilanz ungleich gewichtet war und ihnen nicht umgekehrt vergleichbare Chancen im Ausland eingeräumt wurden. Die deutsche Bauszene verdankt dieser Lernbereitschaft und diesem Wissenstransfer fraglos inspirierende Anregungen. Es sähe grauer aus in deutschen Landen ohne die bunten Federn, die fremde Paradiesvögel hinterlassen haben. Die Ansprüche ans Design stiegen, bei manchen Bauherren, bei einem Teil des Publikums und auch bei den einheimischen Architekten selbst. Vorherrschend war das Gefühl, Offenheit und Teilnahme am internationalen Gespräch entsprächen dem wohlverstandenen Interesse der deutschen Bauszene besser als Protektionismus und Isolationismus. Auf der Kehrseite der Medaille steht, dass damit auch in Deutschland die Erwartungen an Originalität, Effekt und Sensation empor geschraubt wurden. Internationalität bedeutet auch, sich dem Wettstreit der Bilder und Anmutungen stellen zu müssen.

Inzwischen haben sich die Chancen deutscher Architekten im Ausland verbessert. Das europäische Dienstleistungsrecht wurde viel geschmäht, aber es verpflichtet auch die anderen, nicht nur die deutschen Bauherren, zur europaweiten Ausschreibung größerer Projekte der Öffentlichen Hand. In Australien und den USA, im Nahen und Fernen Osten, in China vor allem, gehen vermehrt auch deutsche Architekten das Risiko unvorstellbarer Größenordnungen ein, eines abenteuerlichen Planungstempos, einer andersartigen Zahlungsmoral und eines gewöhnungsbedürftigen Umgangs mit geistigem Eigentum. Geworben wird, wie im deutschen Beitrag zur Architekturbiennale in São Paulo 2007

PETER EISENMAN, DENKMAL FÜR DIE ERMORDETEN JUDEN EUROPAS, BERLIN, 1997–2004

und danach in Frankfurt zu sehen, mit einem Tugendkatalog, der mit historischen Erfahrungen wenig, aber mit dem alten Klischee Made in Germany viel zu tun hat. Diszipliniert seien die Deutschen, zuverlässig, pünktlich, ehrlich, ordentlich, gewissenhaft, pflichtbewusst, gründlich und innovativ.

DOCH KEINE ALLEINSTELLUNGSMERKMALE?

Auch Versuche, zentrale, manchmal auch widersprüchliche Eigenarten gegenwärtigen Bauens in Deutschland zu benennen, führen nicht zu nationalen Alleinstellungsmerkmalen. Einfaches Bauen, erstens, stützt sich auf ein Verständnis für Maßverhältnisse, an dem die Baumeister und Architekturtheoretiker vieler Nationen gearbeitet haben. Zweitens,

KMD ARCHITECTS, WERTHEIM VILLAGE, BEI WERTHEIM, TAUBERTAL, 2003

Architektur als Expression: Da sind die Beiträge deutscher Architekten aufgenommen und geradezu überholt worden von der Konkurrenz profilversessener Exhibitionisten in aller Welt. Drittens: Die Erfahrungen naturbewussten, umweltschonenden Bauens anderen vorzuenthalten, wäre geradezu fahrlässig und schlüge in der Bilanz auf uns selbst in unserer Eigenschaft als Bewohner dieses Globus zurück. Technologische Kompetenz, viertens, ist als solipsistische Leistung nicht denkbar; Ingenieure und Tragwerksplaner gehören als solche einer international besonders dicht vernetzten Berufsgruppe an. Auch die Moderne fortzusetzen, ist, fünftens, Arbeit an der Zusammenarbeit. Denn die Moderne war ein über alle Grenzen reichendes Projekt. Im angelsächsischen Sprachraum lautet nicht zufällig eine ihrer Stilbezeichnungen The International Style. Sechstens: Zusammenarbeit mit ausländischen Kollegen als Korrektur eines bornierten Nationalismus ist von der Definition her weltoffen.

»Aus der allgemeinen Kunstgeschichte diejenige eines einzelnen Volkes herauszuheben, ist ein Unternehmen, das sich aus dem Wesen der Kunst nicht begründen lässt«, fand schon Georg Dehio, der sonst manch kräftiges patriotisches Wörtlein gesprochen hat.[24] Es lässt sich nicht aus dem »Wesen der Kunst« begründen: Weil für Dehio der Austausch, die Anregung von draußen, das Gespräch mit den Zeiten und unter den Völkern wesentlich zur Kunst gehörte.

Die Globalisierung aller Handels- und Produktionsverhältnisse und die Pluralität aller Lebensformen werden etwa noch vorhandene Sonderformen auch in der Architektur weiterhin abschleifen. »Abschleifen« ist vielleicht nicht das richtige Wort: sondern durch so viele andere, konkurrierende Sonderformen ergänzen, dass eine nationale Zuordnung der einzelnen zeitgenössischen Phänomene nicht mehr möglich ist. In Torsionen gewundene, gespaltene, der Schwerkraft spottende Baumassen können von einer in London lebenden Irakerin stammen oder von einem in Kalifornien ansässigen gebürtigen Kanadier. Aber die großen deutschsprachigen Designerbüros in Wien oder Stuttgart beherrschen solche Balanceakte auf dem Hochseil auch.

Es sei denn, wir ersetzten die zeitgenössischen Äußerungen durch Fiktionen, wozu wir ja bereits auf dem besten Weg sind (vgl. S. 207 ff., 213 ff.). Wir erfinden fachwerkselige Altstadtquartiere, mittelalterlicher denn je, um nur ja den Zumutungen der Moderne nicht überall ausgesetzt zu sein. Verlorene

Barockschlösser, noch ein bisschen pathetischer, makelloser, strahlender, als sie jemals waren, sollen Inhalte aufnehmen, für die sie niemals gedacht waren. Auf der grünen Wiese, verkehrsgünstig an der nächsten Autobahnausfahrt, spielen Outlet-Center die jeweilige Nachbarschaft nach, effektvoller als es die echte Realität je vermag, wie bei Wertheim im Taubertal. Deutsch sein, heißt dann – ja, was denn? Nachzuahmen, was wir für deutsch halten. Da »rauscht« kein Blut mehr, wenn es denn je gerauscht hat, sondern da ist allenfalls das Betriebsgeräusch der PCs zu hören, auf denen pfiffige Werbestrategen ihre Marketingkampagnen formulieren und alerte Designer die Fotografien der historischen Messbildanstalten in dreidimensionale Stadtbühnen umsetzen.
Dagegen die realen Qualitäten realer Architektur zu verteidigen, die Sicherheit, die sie uns zu geben vermag, die sinnliche Eindrucksfülle, die sie in ihren geglückten Beispielen vermittelt, die sinnvolle Organisation des Lebens, die sie leisten kann, das ist wichtiger, als nationalen Fantasmen nachzugehen.

1 Akademierede 1914, zit. nach Fritz Schumacher, *Strömungen in deutscher Baukunst seit 1900*, 2. Auflage, Köln 1955, S. 179.
2 Ebd.
3 Hans Poelzig, »Festspielhaus in Salzburg« (1921), zit. nach Julius Posener (Hrsg.), *Hans Poelzig*, Berlin 1970, S. 144.
4 Heinrich Wölfflin, *Italien und das deutsche Formgefühl*, München 1931; Wilhelm Worringer, zit. nach Walter Zimmermann, »Wem gehört die Gotik?«, in: Hannes Böhringer und Beate Söntgen (Hrsg.), *Wilhelm Worringers Kunstgeschichte*, München 2002, S. 226; Gottfried Benn (1934) und Thomas Mann (1914), zit. nach Werner Hofmann, *Wie deutsch ist die deutsche Kunst?*, Leipzig 1999, S. 33, 43. Zur Stereotypenbildung beim Thema »deutsch« vgl. auch Hans Belting, *Identität und Zweifel. Ansichten der deutschen Kunst*, Köln 1999.
5 Georg Simmel, »Germanischer und klassisch-romanischer Stil in Brücke und Tor« (1918), in: *Georg Simmel Gesamtausgabe*, Bd. 13, Frankfurt am Main 2000, S. 313 ff.
6 Johann Wolfgang Goethe, »Von deutscher Baukunst« (1772), in: *Goethe Werke*, Hamburger Ausgabe, Bd. 12, München 1998, S. 11 f.
7 Kurt Gerstenberg, *Deutsche Sondergotik*, München 1913.
8 Josef Schmid, *Karl Friedrich Schinkel. Der Vorläufer neuer deutscher Baugesinnung*, Leipzig 1943, o. S.
9 Hubert Schrade, *Das Deutsche Nationaldenkmal*, München 1934, S. 93.
10 Hannes Meyer, »Die neue Welt« (1926), in: Claude Schnaidt (Hrsg.), *Hannes Meyer. Bauten, Projekte und Schriften*, Stuttgart 1965, S. 90.
11 Belting 1999 (wie Anm. 4), S. 123.
12 Theodor Fischer, »Gedanken zur neuen künstlerischen Form«, in: *Baumeister*, 32, 1934, Beilage Heft 1, S. B1 ff.
13 Hans Weigert, *Die Kunst von heute als Spiegel der Zeit*, Leipzig 1934.
14 Walter Gropius an Hugo Häring, 20.1.1934, Typoskript, Bauhaus-Archiv Berlin.
15 Albert Speer im Gespräch mit Wolfgang Pehnt, Heidelberg, 6.4.1977, in: Wolfgang Pehnt, *Die Erfindung der Geschichte*, München 1989, S. 128 ff.
16 Fritz Schumacher, *Das Wesen des neuzeitlichen Backsteinbaues*, München o. J. [1917], S. 5.
17 »Ein Aufruf: Grundsätzliche Forderungen«, in: *Hefte für Baukunst und Werkform*, 1, 1, 1947, S. 29.
18 Johann Wolfgang Goethe, 1828, handschriftliche Zeile unter einer Radierung nach Otto Wagner, *Goethes Werke*, Weimarer Ausgabe, I, 4, Weimar 1887-1919, S. 142.
19 Volker Gebhardt, *Das Deutsche in der deutschen Kunst*, Köln 2004, S. 338 ff.
20 Leberecht Migge, »Das grüne Manifest« (1918), in: ders., *Der soziale Garten*, Berlin 1999, S. 15.
21 Seit 2005 arbeitet in Stuttgart eine Forschungsgruppe »Baubotanik-Lebendarchitektur«.
22 Sigfried Giedion, *Befreites Wohnen*, Zürich und Leipzig 1929.
23 Fischer 1934 (wie Anm. 12).
24 Georg Dehio, *Geschichte der deutschen Kunst*, Bd. 1, 4. Auflage, Berlin 1930, S. 7.

ANHANG

LITERATURVERZEICHNIS WOLFGANG PEHNT (AUSWAHL)

BÜCHER

Neue deutsche Architektur, Bd. 3, Stuttgart 1970; *New German Architecture*, London und New York 1970.

Die Architektur des Expressionismus, Stuttgart 1973 (2. Auflage 1981; 3., erweiterte Auflage, Ostfildern 1998); *Expressionist Architecture*, London und New York 1973 (2. Auflage 1979); *La arquitectura expresionista*, Barcelona 1975; Tokio 1988; *Architecture expressioniste*, Paris 1998.

Das Ende der Zuversicht. Architektur in diesem Jahrhundert. Ideen, Bauten, Dokumente, Berlin 1983.

Der Anfang der Bescheidenheit. Kritische Aufsätze zur Architektur des 20. Jahrhunderts, München 1983.

Architekturzeichnungen des Expressionismus, Stuttgart 1985; *Expressionist Architecture in Drawings*, London und New York 1985.

Hans Hollein. Museum in Mönchengladbach. Architektur als Collage (Fischer Kunststück), Frankfurt am Main 1986 (2. Auflage 1989).

Karljosef Schattner. Ein Architekt aus Eichstätt, Stuttgart 1988 (erweiterte Auflage Ostfildern 1999).

Die Erfindung der Geschichte. Aufsätze und Gespräche zur Architektur unseres Jahrhunderts, München 1989.

Rudolf Steiner. Goetheanum, Dornach (Opus 1), Berlin 1991.

So etwas wie Heimat. Berichte über deutsche Orte, Regensburg 1997.

Rudolf Schwarz. 1897–1961. Architekt einer anderen Moderne, Werkverzeichnis von Hilde Strohl, Ostfildern 1997; *Rudolf Schwarz. 1897–1961;* Mailand 2000.

Gottfried Böhm, Basel u. a. 1999.

Deutsche Architektur seit 1900, Ludwigsburg und München 2005 (2. Auflage 2006).

Peter Kulka. Bosch Haus, Heidehof, Stuttgart, Stuttgart und London 2005.

Die Plangestalt des Ganzen. Rudolf Schwarz und seine Zeitgenossen, Köln 2011.

BÜCHER (KOAUTOR, HERAUSGEBER, REDAKTEUR UND MITARBEITER)

Knaurs Lexikon der modernen Architektur, München und Zürich 1963 (2. Auflage 1966); *Encyclopedia of Modern Architecture*, London 1963; New York 1964; Tokio 1965; *Enciclopedia dell'architettura moderna*, Mailand 1967.

Die Stadt in der Bundesrepublik Deutschland. Lebensbedingungen, Aufgaben, Planung, Stuttgart 1974.

»Architektur«, in: Giulio Claudio Argan, *Die Kunst des 20. Jahrhunderts. 1880–1940. Propyläen-Kunstgeschichte*, Bd. 12, Berlin 1977 (2. Auflage 1984), S. 331 ff.

»Architektur«, in: Erich Steingräber u. a., *Deutsche Kunst der 20er und 30er Jahre*, München 1979, S. 13 ff.

Werner Krüger und W. P., *Documenta Documente. Künstler im Gespräch*, Köln 1984.

W. P. und Matthias Schirren (Hrsg.), *Hans Poelzig. Architekt, Lehrer, Künstler*, München 2007.

BEITRÄGE IN BÜCHERN UND KATALOGEN

»Paul Scheerbart. Ein Dichter der Architekten«, in: Paul Scheerbart, *Glasarchitektur*, München 1971, S. 139 ff.

»Zwischen Babylon und Gralsburg«, in: Uwe Schultz (Hrsg.), *Umwelt aus Beton oder Unsere unmenschlichen Städte*, Reinbek 1971, S. 10 ff.

»Der Orient und die Architektur des 19. und 20. Jahrhunderts«, in: Siegfried Wichmann (Hrsg.), *Weltkulturen und moderne Kunst*, Ausst.-Kat. Haus der Kunst, München, München 1972, S. 47 ff.

»Hermann Finsterlin, ein Maler der Architekten«, in: Marina Schneede-Sczesny (Hrsg.). *Hermann Finsterlin*, Ausst.-Kat. Württembergischer Kunstverein Stuttgart, Stuttgart 1973, S. 5 ff.

»Das architektonische Werk von Bernhard Hoetger«, in: *Bernhard Hoetger. 1874–1949*, Bremen 1974, S. 119 ff.

»Mete lontane, grandi esperanzi. Il Deutscher Werkbund. 1918–1924«, in: Lucius Burckhardt (Hrsg.), *Werkbund Germania Austria Svizzera*, Venedig 1977, S. 72 ff.; Dt.: »Ferne Ziele, große Hoffnung. Der Deutsche Werkbund. 1918–1924«, in: Lucius Burckhardt (Hrsg.), *Der Werkbund in Deutschland, Österreich und der Schweiz*, Stuttgart 1978, S. 72 ff.

»L'architecture et l'expressionisme allemande«, in: *Paris – Berlin. 1900–1933*, Ausst.-Kat. Centre Georges Pompidou, Paris, Paris 1978, S. 350 ff.; Dt.: »Die Architektur und der deutsche Expressionismus«, in: *Paris – Berlin. 1900–1933*, München 1979, S. 350 ff.

(Verschiedene Beiträge) in: Vittorio Magnago Lampugnani (Hrsg.), *Hatje-Lexikon der Architektur des 20. Jahrhunderts*, Stuttgart 1983 (2. Auflage 1998).

»Nachwort«, in: Nikolaus Pevsner, *Wegbereiter moderner Formgebung von Morris bis Gropius*, Köln 1983, S. 240 ff.

»Verwerfungen im Untergrund. Zur Psychopathologie von Wagners Architektur – eine Spekulation«, in: Gustav Peichl (Hrsg.), *Die Kunst des Otto Wagner,* Wien 1984, S. 46 ff.

»Feuer und Eis. Anmerkungen zu Coop Himmelb(l)au«, in: *Coop Himmelb(l)au. Offene Architektur,* Ausst.-Kat. Galerie Aedes West, Berlin, Berlin 1984, o. S.

»Selbstbewußte Nachbarschaft. Gottfried Böhms Architektur in ihrer Zeit«, in: Ulrich Weisner (Hrsg.), *Zusammenhänge. Der Architekt Gottfried Böhm,* Ausst.-Kat. Kunsthalle Bielefeld, Bielefeld 1984, o. S.

»IBAporien«, in: Vittorio Magnago Lampugnani (Hrsg.), *Modelle für eine Stadt. Internationale Bauausstellung Berlin 1984. Die Neubaugebiete,* Bd. 1, Berlin 1984, S. 59 ff.

»Verstummte Tonkunst. Musik und Architektur in der neueren Architekturgeschichte«, in: Karin von Maur (Hrsg.), *Vom Klang der Bilder. Die Musik in der Kunst des 20. Jahrhunderts,* Ausst.-Kat. Staatsgalerie Stuttgart, München 1985, S. 394 ff.

»Die Dienstbarkeit der Kunst. Zum Verhältnis von Architektur und Plastik in den 20er und 30er Jahren«, in: Magdalena Bushart u. a. (Hrsg.), *Entmachtung der Kunst,* Berlin 1985, S. 55 ff.

(Verschiedene Beiträge) in: Mathias Schreiber (Hrsg.), *40 Jahre Moderne in der Bundesrepublik. Deutsche Architektur nach 1945,* Stuttgart 1986.

»Automobilmachung. Das Kraftfahrzeug und die Architektur«, in: Reimar Zeller (Hrsg.), *Das Automobil in der Kunst. 1886–1986,* Ausst.-Kat. Haus der Kunst, München, München 1986, S. 298 ff.

»Einführung«, in: Gerald R. Blomeyer (Hrsg.), *Engelbert Kremser. Baukunst 1967–1987,* Berlin 1986, S. 8 ff.

»Wir Künstler. Hans Poelzig als Zeichner«, in: *Hans Poelzig. Ein großes Theater und ein kleines Haus,* Ausst.-Kat. Galerie Aedes West. Berlin, Berlin 1986; »Nous, artistes«, in: *Centre de Création Industrielle. Journal de l'exposition,* Paris 1986, S. 2 f.

»Reden, aber über was? Die Architektur auf der Suche nach einer verlorenen Eigenschaft«, in: *Jahrbuch für Architektur 1985/1986,* Braunschweig 1986, S. 9 ff.

(Berater, Beiträge) »Ferdinand Kramer«, »Otto Steidle«, in: Ann Lee Morgan und Colin Naylor (Hrsg.), *Contemporary Architects,* 2. Auflage, Chicago und London 1987.

»Die große und die kleine Utopie«, in: Kristin Feireiss (Hrsg.), *Berlin – Denkmal oder Denkmodell? Architektonische Entwürfe für den Aufbruch in das 21. Jahrhundert,* Ausst.-Kat. Staatliche Kunsthalle Berlin, Berlin 1988, S. 18 ff.; auch in: Klaus Kinold (Hrsg.), *25 Jahre KS Neues,* München 1994, S. 159 ff.

»Die Rückkehr der Sioux« (Einleitung), in: Lucien Kroll, *Bauten und Projekte. Buildings and Projects,* Stuttgart u. a. 1987, S. 7 ff.

»Mies van der Rohe oder Die Zweckform als Kunstform«, in: Peter Wapnewski (Hrsg.), *Die unerhörten Künste. Repräsentanten deutscher Kunst aus neun Dekaden,* Hamburg 1989, S. 63 ff.

»Ein Kerl wie Poelzig. Skizze eines Architektenlebens«, in: Matthias Schirren (Hrsg.), *Hans Poelzig,* Ausst.-Kat. Museum für Verkehr und Technik, Berlin, Berlin 1989, S. 12 ff.

»Orte der Erinnerung. Parks und Plätze in Barcelona«, in: *Public Design. Jahrbuch zur Gestaltung öffentlicher Räume,* Frankfurt am Main 1989, S. 36 ff.

»Taten und Leiden des Lichts«, in: Bernhard Buderath (Hrsg.), *Peter Behrens. Umbautes Licht. Das Verwaltungsgebäude der Hoechst AG,* Ausst.-Kat. Verwaltungsgebäude Hoechst, Frankfurt am Main, München 1990, S. 169 ff.

»Goethehaus versus Paulskirche. Wiederaufbau und Neugestaltung nach 1945«, in: Beat Wyss (Hrsg.), *Bildfälle. Die Moderne im Zwielicht,* Zürich und München 1990, S. 127 ff.

»Ein Pantheon für Postpakete. Das ehemalige Paketzustellamt an der Arnulfstraße«, in: Florian Aicher und Uwe Drepper (Hrsg.), *Robert Vorhoelzer. Ein Architektenleben. Die klassische Moderne der Post,* Ausst.-Kat. Münchner Stadtmuseum, München 1990, S. 188 ff.

»Das Werk eines kreativen Menschen«, in: *Gerd Hatje. Verleger in Stuttgart,* Stuttgart 1990, S. 57 ff.

»Uferpromenaden – Kunstpfade – Gratwanderungen«, in: Vittorio Magnago Lampugnani (Hrsg.), *Museumsarchitektur in Frankfurt. 1980–1990,* Ausst.-Kat. Deutsches Architekturmuseum, Frankfurt am Main, München 1990, S. 21 ff.

»Drinnen und draußen. Splitter und Späne zur Geschichte der Tür«, in: W. P. u. a., *Zugänge - Ausgänge,* Köln 1990, S. 7 ff.

»Hamburger Architekturexport. Ein Rathaus für Husum«, in: Hamburgische Architektenkammer (Hrsg.), *Architektur in Hamburg. Jahrbuch 1990,* Hamburg 1990, S. 40 ff.

»Populisten, Partisanen und unsereiner dazwischen. Zur Architekturkritik in der Bundesrepublik«, in: Bayerische Akademie der Schönen Künste (Hrsg.), *Jahrbuch,* Bd. 4, Schaftlach 1990, S. 156 ff.

»Berlins grüne Seite«, in: Vittorio Magnago Lampugnani und Michael Mönninger (Hrsg.), *Berlin morgen. Ideen für das Herz einer Großstadt,* Ausst.-Kat. Deutsches Architekturmuseum, Frankfurt am Main, Stuttgart 1991, S. 58 ff.; auch in: Michael Mönninger (Hrsg.), *Das Neue Berlin,* Frankfurt am Main und Leipzig 1991, S. 119 ff.

»Zeichen wider die Natur. Prager Kubismus in Architektur und Design«, in: Thomas Strauss (Hrsg.), *Westkunst – Ostkunst,* München 1991, S. 57 ff.

»Frei Otto im Gespräch mit Wolfgang Pehnt«, in: Jörg Krichbaum und Vittorio Magnago Lampugani (Hrsg.), *Baumeister im Profil,* Stuttgart 1991, S. 103 ff.

(Berater, Beiträge) »Günter Behnisch«, »Gottfried Böhm«, »Egon Eiermann«, »Josef Paul Kleihues«, »Frei Otto«, »Hans Scharoun«, »Oswald Mathias Ungers«, in: Colin Naylor (Hrsg.), *Contemporary Masterworks,* Chicago und London 1991.

»Die Welt von Innen. Vermutungen zum Werk von Axel Schultes. The World from Inside. Conjectures about the Work of Axel Schultes«, in: Axel Schultes, *Projekte/Projects. 1985–1991,* Berlin 1992, S. 26 ff.

»Umgang mit Ruinen. Kulturbauten in der deutschen Nachkriegsarchitektur«, in: Hugo Borger u. a. (Hrsg.), *45 und die Folgen. Kunstgeschichte eines Wiederbeginns,* Köln 1992, S. 111 ff.

»Die Freiheit der Dinge«, in: *Behnisch & Partner. Bauten 1952–1992,* Stuttgart 1992, S. 39 ff.

»Paul Scheerbart, ein Dichter der Architekten«, in: Berni Lörwald und Michael M. Schardt (Hrsg.), *Über Paul Scheerbart,* Bd. 1, Paderborn 1992, S. 68 ff.

»Der Unternehmer als Bauherr«, in: Klaus Jürgen Maack, *Design oder die Kultur des Angemessenen,* Wiesbaden und Braunschweig 1993, S. 109.

»Interview mit Wolfgang Pehnt«, in: Hans Ulrich Obrist (Hrsg.), *Gerhard Richter. Text. Schriften und Interviews,* Frankfurt am Main und Leipzig 1993, S. 105 ff.

»Archipel und nicht nur Insel. Die Museumsinsel in Berlin - der städtebauliche Aspekt«, in: Thomas W. Gaehtgens (Hrsg.), *Künstlerischer Austausch. Artistic Exchange. Akten des XXVIII. Internationalen Kongresses für Kunstgeschichte Berlin, 15.–20. Juli 1992,* Berlin 1993.

»Dagegen, aus Respekt. Wie man mit Geschichtszeugnissen nicht umgehen sollte«, in: *Das Schloß? Eine Ausstellung über die Mitte Berlins,* Ausst.-Kat. Förderverein Berliner Stadtschloß, Berlin 1993, S. 109 ff.

»Turm und Höhle«, in: Vittorio Magnago Lampugnani und Romana Schneider (Hrsg.), *Moderne Architektur in Deutschland 1900 bis 1950. Expressionismus und Neue Sachlichkeit,* Ausst.-Kat. Deutsches Architekturmuseum, Frankfurt am Main, Stuttgart 1994, S. 50 ff.

»Das Museum als Ausstellungsgegenstand«, in: Kunst- und Ausstellungshalle der Bundesrepublik (Hrsg.), *Kunst im Bau (Schriftenreihe Forum* 1), Göttingen 1994, S. 11 ff.

»Rathaus Husum«, in: *Bernhard Winking Architekt. Bauten und Projekte,* Hamburg 1994, S. 40 ff.

»Vom Gesetz der langen Wellen. Das Ruhrgebiet«, in: Michael Mönninger (Hrsg.), *Last Exit Downtown. Gefahr für die Stadt,* Basel u. a. 1994, S. 124 ff.

»Das Ganze wie beseelt. Rudolf Steiner und die Anthroposophische Architektur«, in: Martin Hentschel (Hrsg.), *Rudolf Steiner. Tafelzeichnungen, Entwürfe, Architektur,* Ausst.-Kat. Württembergischer Kunstverein Stuttgart, Stuttgart 1994, S. 157 ff.; auch in: Walter Kugler und Simon Baur (Hrsg.), *Rudolf Steiner in Kunst und Architektur,* Köln 2007, S. 312 ff.

»Schinkel after Schinkel. Heirs of the Prussian Master Architect«, in: John Zukowsky (Hrsg.), *Karl Friedrich Schinkel. 1781–1841. The Drama of Architecture,* Ausst.-Kat. The Art Institute of Chicago, Chicago, Tübingen 1994, S. 134 ff.

»Die Grenzen der Regeln. Egon Eiermanns Gedächtniskirche in ihrer Zeit«, in: Kristin Feireiss (Hrsg.), *Egon Eiermann. Die Kaiser-Wilhelm-Gedächtnis-Kirche,* Berlin 1994, S. 7 ff.

»›Der Expressionismus in der Architektur‹. Erich Mendelsohn vor und nach dem Einsteinturm«, in: Astrophysikalisches Institut Potsdam (Hrsg.), *Der Einsteinturm in Potsdam. Architektur und Astrophysik,* Berlin 1994, S. 121 ff.

»Per una genealogia delle forme espressioniste«, in: Marco De Michelis u. a., *Espressionismo e nuova oggettività. La nuova architettura europea degli anni Venti,* Mailand 1994, S. 12 ff.

(Berater, Beiträge) »Busso von Busse«, »Heinz Hilmer/Christoph Sattler«, »Uwe Kiessler«, »Karljosef Schattner«, »Joachim Schürmann«, »Axel Schultes«, in: Muriel Emanuel (Hrsg.), *Contemporary Architects,* 3. Auflage, New York u. a. 1994.

»Der Platoniker aus dem Swisttal. Zum Tode von Heinz Bienefeld«, in: *DAM Architektur Jahrbuch 1995,* München und New York 1995, S. 58 ff.

»Die Komplikation des Einfachen. Heinz Bienefeld. Haus Babanek, Brühl«, in: *DAM Architektur Jahrbuch 1997,* München 1997, S. 36 ff.

»Körper und Gehäuse. Bauten und Projekte 1989–1996 von Kister, Scheithauer & Partner«, in: *Bauwelt,* 87, 8, 1996, S. 370.

»Reformwille zur Macht. Der Palazzo Pitti und der Zyklopenstil«, in: AndreaGleiniger u. a. (Hrsg.), *Der Klotz. Festgabe für Heinrich Klotz,* Stuttgart 1995; auch in: Romana Schneider und Wilfried Wang (Hrsg.), *Moderne Architektur in Deutschland. 1900 bis 2000. Macht und Monument,* Ausst.-Kat. Deutsches Architekturmuseum, Frankfurt am Main, Ostfildern 1998, S. 52 ff.

»Einfach sein ist schwierig. Über eine gegenwärtige Zeitstimmung in der Architektur«, in: Gert Kähler (Hrsg.), *Einfach schwierig. Eine deutsche Architekturdebatte. Ausgewählte Beiträge. 1993-1995 (Bauwelt Fundamente,* 104), Braunschweig und Wiesbaden 1995, S. 28 ff.

»Die Bejahung des Gegenstandes. Zu den Architekturphotographien von Klaus Kinold«, in: Florian Hufnagl und Winfried Nerdinger (Hrsg.), *Klaus Kinold. Architektur-Photographie,* Ausst.-Kat. Die Neue Sammlung und Architekturmuseum der Technischen Universität München, München 1995, S. 8 ff.

»The ›New Man‹ and the Architecture of the Twenties«, in: Jeannine Fiedler (Hrsg.), *Social Utopias of the Twenties. Bauhaus, Kibbutz and the Dream of the New Man,* Wuppertal 1995, S. 14 ff.

»Zvi Hecker. The Love of Geometry«, in: *Zvi Hecker – Sunflower,* Ausst.-Kat. Tel Aviv Museum of Art, Tel Aviv 1996, o. S.

»Schnitte in den Block. Zur Architektur des Büros Kister Scheithauer & Partner«, in: *Kister Scheithauer & Partner. Körper und Gehäuse,* Ausst.-Kat. Galerie Aedes West, Berlin, Berlin 1996, S. 7 ff.

»Schinkel und über Schinkel hinaus. Bindung und Freiheit im Umgang mit Geschichte«, in: Kai-Uwe Hemken (Hrsg.), *Gedächtnisbilder. Vergessen und Erinnern in der Gegenwartskunst,* Leipzig 1996, S. 205 ff.

»Meilensteine, Prüfsteine, Stolpersteine. Architektur im heutigen Deutschland«, in: Design Zentrum München und Hans Hermann Wetcke (Hrsg.), *Szenenwechsel. German Design Goes Rocky Mountain High,* Frankfurt am Main 1997, S. 87 ff.

»Hoffnung auf das Glück«, in: *Laßt mich doch, Kinder, hier komme ich wahrscheinlich nie wieder her! In memoriam Julius Posener,* Berlin 1997, S. 163 ff.

»Das Ganze aus den Teilen«, in: *Günter Behnisch zum 75. Geburtstag. Eine Festschrift,* Städtische Kunstsammlungen Chemnitz, Chemnitz 1997, S. 33 ff.

»Kern und Schale, und daneben das Messer. Das Werk der Architekten Kister Scheithauer Gross«, in: *Kister, Scheithauer, Gross. 7 Bauten + Projekte. 1989–1997,* Köln 1998, S. 8 ff.

»Er-Innern statt Ver-Äußern«, in: Barbara Jakubeit und Barbara Holdn (Hrsg.), *Schloß, Palast, Haus Vaterland, Gedanken zu Form, Inhalt und Geist von Wiederaufbau und Neugestaltung,* Berlin u. a. 1998, S. 136 ff.

»›Eine Sache gelingt nie aus ihrer reinen Sachlichkeit‹. Rudolf Schwarz im zweiten Darmstädter Gespräch«, in: Michael Bender und Roland May (Hrsg.), *Architektur der fünfziger Jahre. Die Darmstädter Meisterbauten,* Ausst.-Kat. Kunsthalle Darmstadt, Stuttgart 1998, S. 34 ff.

»Umgekehrter Bildersturm. Streit um die Ausstattung der romanischen Kirchen in Köln«, in: Ulrich Krings (Hrsg.), *Köln. 85 Jahre Denkmalschutz und Denkmalpflege 1912–1997. Stadtspuren,* Bd. 9, II, Köln 1998, S. 448 ff.

»Ein Walfisch ist Bilbaos Stolz«, in: Wilfried Dechau (Hrsg.), *Mit spitzem Stift. Architektur in der deutschen Tagespresse,* Stuttgart 1998, S. 20 ff.

»Die Plangestalt des Ganzen. Rudolf Schwarz. Das Denken in Bildern und die Kritik an der Moderne«, in: Bayerische Akademie der Schönen Künste (Hrsg.), *Jahrbuch,* Bd. 12, Schaftlach 1998, S. 713 ff.

»Groß im Kleinen. Zu Werk und Person Heinz Bienefelds«, in: Wolfgang Voigt (Hrsg.), *Heinz Bienefeld. 1926–1995,* Ausst.-Kat. Deutsches Architekturmuseum, Frankfurt am Main, Tübingen und Berlin 1999, S. 10 ff.

»Ein Bau, ein Buch, ein Stern. Zvi Heckers Jüdisches Gemeindezentrum in Duisburg«, in: Christoph Brockhaus (Hrsg.), *Stadtbild Duisburg. Identität, Wandel und Vision,* Ausst.-Kat. Wilhelm Lehmbruck Museum, Duisburg, Duisburg 1999, S. 115 ff.

»Sprünge nach vorn, Blicke zurück. Interbau Berlin 1957 – IBA Berlin 1984/1987 – IBA Emscher Park 1999«, in: Henry Beierlorzer u. a. (Hrsg.), *Siedlungskultur. Neue und alte Gartenstädte im Ruhrgebiet,* Braunschweig und Wiesbaden 1999, S. 14 ff.

»›Das hatte uns noch Niemand geboten‹. Quellen, Motive und Wirkungen der Bauten auf der Darmstädter Mathildenhöhe«, in: Stadt Darmstadt (Hrsg.), *Mathildenhöhe Darmstadt. 100 Jahre Planen und Bauen für die Stadtkrone. 1899–1999,* Bd. 1, Darmstadt 1999, S. 12 ff.

»Gerechtigkeit für Franke«, in: Architektur-Kolloquium, Bochum (Hrsg.), *Josef Franke. 163 Entwürfe für das 20. Jahrhundert,* Essen 1999, S. 9 ff.

»Turm und Höhle. Erich Mendelsohns Einsteinturm in Potsdam«, in: Andres Lepik und Anne Schmedding (Hrsg.), *Das XX. Jahrhundert. Ein Jahrhundert Kunst in Deutschland. Architektur in Berlin,* Köln 1999, S. 28 f.

»Nutrimentum spiritus. Die Badische Landesbibliothek«, in: Anja Albers und Martin Kieren (Hrsg.), *Sichtweisen. Betrachtungen zum Werk von O. M. Ungers,* Braunschweig und Wiesbaden 1999, S. 126 ff.

»In der Diaspora – Kirchenbau im 20. Jahrhundert«, in: Romana Schneider u. a. (Hrsg.), *Architektur im 20. Jahrhundert. Deutschland,* Ausst.-Kat. Deutsches Architekturmuseum, Frankfurt am Main, München u. a. 2000, S. 342 ff.

»Das Bauwerk im Zeitalter seiner technischen Reproduzierbarkeit«, in: Wilhelm von Boddien und Helmut Engel (Hrsg.), *Die Berliner Schlossdebatte – Pro und Contra,* Berlin 2000, S. 85 ff.

»Alles im Fluss. Architekturlandschaft am nördlichen Rhein«, in: *Rheinisches Jahrbuch für Architektur,* Wuppertal 2000, S. 11 ff.

»Räume bilden, Freiheit lassen. Herman Hertzberger, Wohnhof. Düren«, in: *Rheinisches Jahrbuch für Architektur,* Wuppertal 2000, S. 148 ff.

»Architectura in extremis. Daniel Libeskinds Jüdisches Museum in Berlin«, in: Werner Durth (Hrsg.), *Architektur in Deutschland '99. Deutscher Architekturpreis 1999,* Stuttgart und Zürich 2000, S. 32 ff.

»Die Baukunst, ein Wissen des Herzens. Emil Steffann und Rudolf Schwarz. Eine Freundschaft und ein rheinisches Kapitel Architekturgeschichte«, in: *Rheinisches Jahrbuch für Architektur,* Wuppertal 2000, S. 256 ff.; auch in: Universität Stuttgart, Fakultät Architektur und Stadtplanung (Hrsg.), *Der Wille zur Gestalt. In memoriam Rolf Gutbrod. 1910–1999,* Stuttgart 1999, S. 54 ff.; *Schwarz auf Weiss. Information und Berichte der Künstler-Union-Köln,* Köln 2002, S. 7 ff.

»Schinkels Kuppel und Libeskinds Blitz. Über die Sprachfähigkeit zeitgenössischer Architektur«, in: Bayerische Akademie der Schönen Künste (Hrsg.), *Jahrbuch,* Bd. 14, München 2000, S. 217 ff.; auch in: Christa Lichtenstern (Hrsg.), *Symbole in der Kunst. Beiträge eines wissenschaftlichen Symposiums anlässlich des 50-jährigen Jubiläums des Institutes für Kunstgeschichte an der Universität des Saarlandes,* St. Ingbert 2002, S. 36 ff.

»Dietrich Fink«, in: Bayerische Akademie der Schönen Künste (Hrsg.), *Unterwegs. Stipendiaten der Akademie,* München 2001, S. 54 ff.

»Plädoyer fürs Authentische«, in: Akademie der Künste (Hrsg.), *Mitten in Berlin. Ein Diskussionsforum zur Berliner Stadtmitte,* Berlin 2001, S. 85 ff.

»K APXNTEKTYRE EKCPPREC-CNOHNEMA«, in: Anna Sokolina (Hrsg.), *APXHTEKTYPA H AHTROPOCOFER,* Moskau 2001, S. 34 ff.

»›Umrisse gewaltiger Formen‹. Schwarz, Poelzig und die Theaterarchitektur. Zu einem unpublizierten Blatt von Rudolf Schwarz«, in: Jörg Sader und Anette Wörner (Hrsg.), *Überschreitungen. Dialoge zwischen Literatur- und Theaterwissenschaft, Architektur und Bildender Kunst. Festschrift für Leonhard M. Fiedler,* Würzburg 2002, S. 185 ff.

»Kristall im siebenfach zerschellten Licht. Otto Bartnings Sternkirchen-Entwurf in seiner Zeit«, in: Marcus Frings (Hrsg.), *Die Sternkirche von Otto Bartning,* Weimar 2002, S. 60 ff.

»Sei giorni di lavoro e uno di festa. Rudolf Schwarz. Il pensiero in immagini e la libertà dello spazio«, in: Virginio Sanson (Hrsg.), *Lo spazio sacro. Architettura e liturgia,* Padua 2002, S. 101 ff.

»Ein Fall von gewöhnlichem Vandalismus. Berliner Architektur und ihr Verhältnis zur Geschichte«, in: Berlinische Galerie. Landesmuseum für Moderne Kunst, Photographie und Architektur (Hrsg.), *Zwischenspiel II. Fifty : Fifty. Gebaute und nicht gebaute Architektur in Berlin 1990–2000,* Berlin 2002, S. 17 ff.

»Warten, was sich in ihm bildet«, in: Stefan Behnisch (Hrsg.), *Günter Behnisch zum achtzigsten Geburtstag,* Ostfildern 2002, S. 86 f.

»Gottfried Böhm«, in: Ullrich Schwarz (Hrsg.), *Neue Deutsche Architektur. Eine reflexive Moderne,* Ausst.-Kat. Martin-Gropius-Bau, Berlin, Ostfildern 2002, S. 234 f.

»Deutsche Architektur 1945 bis 1990«, in: Ullrich Schwarz (Hrsg.), *Neue Deutsche Architektur. Eine reflexive Moderne,* Ausst.-Kat. Martin-Gropius-Bau, Berlin, Ostfildern 2002, S. 280 ff.

»Im Zeichen der Liturgiereform«, in: Wolfgang Jean Stock (Hrsg.), *Europäischer Kirchenbau 1950–2000. European Church Architecture,* München 2002, S. 154 ff.

»Das Notwendige als das Schöne – Das Schöne als das Notwendige«, in: Kristin Feireiss (Hrsg.), *Ingenhoven Overdiek und Partner. Energies,* Basel u. a. 2002, S. 20 ff.

»Zwischen Hausse und Baisse. Erinnerungen an und Beobachtungen zu Frankfurt am Main«, in: Volker Albus (Hrsg.), *Architektur in Frankfurt am Main 1999–2003,* Hamburg 2002, S. 10 f.

»Gespräch mit Wolfgang Pehnt« (1985), in: Lothar Kallmeyer, *Euphorie, Resignation und neues Leben,* Darmstadt 2002, S. 27 ff.

»Dankrede«, in: Alfred Toepfer Stiftung F.V.S. (Hrsg.), *Fritz Schumacher-Preise 2001,* Hamburg 2002, S. 39 ff.

»Expressionistische Architektur damals und heute. Vom ›großen Allgemeingefühl‹ zur kleinen Sensation«, in: Rainer Stamm und Daniel Schreiber (Hrsg.), *Bau einer neuen Welt. Architektonische Visionen des Expressionismus,* Ausst.-Kat. Kunstsammlungen Böttcherstraße, Bremen, Köln 2003, S. 8 ff.

»Werkstatt der neuen Zeit. Westdeutsche Architektur in der Weimarer Republik. The Workshop of the New Era«, in: Ulrich Deimel und Petra Wittmar, *Jene zwanziger Jahre. Those Twenties,* Ostfildern 2003, S. 12 ff.

»Das Sprengel Museum Hannover und die Museumsarchitektur seiner Zeit«, in: Dietmar Elger und Ulrich Krempel (Hrsg.), *Sprengel Museum Hannover. Malerei und Plastik,* Bd. 1, Hannover 2003, S. 15 ff.

»Zvi Hecker. Heinz-Galinski-Schule, Berlin. Zvi Hecker. Jüdisches Gemeindezentrum, Duisburg«, in: Angeli Sachs und Edward van Voolen (Hrsg.), *Jewish Identity in Contemporary Architecture. Jüdische Identität in der zeitgenössischen Architektur,* München 2004, S. 116 ff., 138 ff.

»Sechs Gründe, Eiermanns Werk zu lieben. Und einer, es nicht zu tun. Notizen zu einem großen deutschen Architekten. Six Reasons to Love Eiermann's Work, and One Reason Not to Love it. Notes on a Great German Architect«, in: Annemarie Jaeggi (Hrsg.), *Egon Eiermann (1904–1970). Die Kontinuität der Moderne. Architect and Designer,* Ostfildern 2004, S. 17 ff.

»Dass Kunst möglich ist. Anmerkungen zum zeitgenössischen Museumsbau«, in: Stiftung Frieder Burda u. a. (Hrsg.), *Richard Meier. Sammlung Frieder Burda,* Ostfildern 2004, S. 26 ff.; 2011, S. 32 ff.

»Ein Zitatenstrauß zum Geburtstag«, in: *Karljosef Schattner. Architekt in Eichstätt. Festschrift zum 80. Geburtstag,* Weimar 2004, S. 78 f.

»Amnesie statt Anamnese. Über Rekonstruktion, Reproduktion, Remakes und Retro-Kultur«, in: *DAM Architektur Jahrbuch 2004,* München 2004, S. 8 ff.

»Wörtliche, kritische oder gar keine Rekonstruktion. Berliner Architektur und ihr Verhältnis zur Geschichte«, in: *hoch4. jahrbuch 2004. Universität Hannover. Fachbereich Architektur,* Hannover 2004, S. 48 ff.

»Die ganz große Raumform. Dominikus Böhm und Rudolf Schwarz, ein Doppelportrait«, in: Wolfgang Voigt und Ingeborg Flagge (Hrsg.), *Dominikus Böhm 1880–1955,* Ausst.-Kat. Deutsches Architekturmuseum, Frankfurt am Main, Tübingen 2005, S. 28 ff.

»Dem Bau zu sich selbst verhelfen. Burg Rothenfels und die interpretierende Denkmalpflege«, in: Ingrid Scheurmann (Hrsg.), *ZeitSchichten. Erkennen und Erhalten. Denkmalpflege in Deutschland,* Ausst.-Kat. Residenzschloss Dresden, München und Berlin 2005, S. 124 ff.

»Hoffnung auf das Glück. Epilog für Julius Posener«, in: Deutscher Werkbund Berlin (Hrsg.), *Julius Posener zum 100. Geburtstag. Werk und Wirkung,* Berlin 2005, S. 95 ff.

»Spielräume öffnen. Peter Kulka, seine Zeit und sein Werk«, in: Yorck Förster und Ingeborg Flagge (Hrsg.), *Peter Kulka. Minimalismus und Sinnlichkeit,* Ausst.-Kat. Deutsches Architekturmuseum, Frankfurt am Main, Stuttgart 2005, S. 11 ff.

»Fantasía, que no locura. Fantasy, Not Madness. El Universo de cine de Erich Mendelsohn«, in: Angel Fernández Alba und Soledad del Pino, *Erich Mendelsohn. Cine Universum. Universum Cinema. 1926–1928,* Madrid 2004, S. 23 ff.

»Bildräume Bauträume. Engelbert Kremsers Architekturvorstellungen und ihre Zeit. Visual Spaces, Architectural Traces. Engelbert Kremser's Architectural Visions and Their Time«, in: *Engelbert Kremser. Anstiftung zum Raum. Incitement to Space,* Ausst.-Kat. Deutsches Architekturmuseum, Frankfurt am Main, Frankfurt am Main 2006, S. 6 ff.

»Selbstbewußte Nachbarschaft. Ein Text zum Werk Gottfried Böhms aus dem Jahr 1984. Nachwort, 22 Jahre später«, in: Wolfgang Voigt (Hrsg.), *Gottfried Böhm,* Ausst.-Kat. Deutsches Architekturmuseum, Frankfurt am Main, Berlin 2006, S. 35 ff.

»Verbrennungszauber oder kühler Tod. Erich Mendelsohns Versuch einer Synthese«, in: Regina Stephan (Hrsg.), *Erich Mendelsohn. Wesen, Werk, Wirkung,* Ostfildern 2006, S. 89 ff.

»Nach Maß-Gabe des Architekten. Neuferts Handbuch als Sittengeschichte«, in: Neufert-Stiftung und Johannes Kister (Hrsg.), *70 Jahre Neufert. Bauentwurfslehre,* Wiesbaden 2006, S. 37 ff.

»›Bauen, Niederreißen, wieder Bauen‹. Meinungen und Beobachtungen zu Chicago«, in: Johann N. Schmidt und Hans-Peter Rodenberg (Hrsg.), *Chicago. Porträt einer Stadt,* Frankfurt am Main 2006, S. 58 ff.

»Die allmähliche Verfertigung der Gedanken beim Zeichnen. Zur Eröffnung der Gedenkausstellung für Werner Schumann, Architekt, im Gropiushaus Hannover am 16. November 2006«, in: Bund Deutscher Architekten und Landesverband Niedersachsen (Hrsg.), *BDA Jahrbuch 2006–2007,* Hannover 2007, S. 130 ff.

»Anstand, Maß und Qualität. Der Deutsche Werkbund und seine Kölner Ausstellungen«, in: *100 Jahre Deutscher Werkbund NW 1907–2007,* Köln 2007, S. 25 ff.

»Künftige Verluste. Hunderten von Kirchenbauten steht Verkauf oder Abriss bevor – wie darauf reagieren?«, in: Arbeitskreis schutzwürdige Kirchen (Hrsg.), *Bedrohter Kirchenbau,* Berlin 2007, S. 97 ff.

»Wege ins Offene. Um Verständnis für die 60er Jahre bittend«, in: Adrian von Buttlar und Christoph Heuter (Hrsg.), *Architektur der 60er Jahre. Wiederentdeckung einer Epoche,* Berlin 2007, S. 6 ff.

»Lebendig durchbaute Landschaft. Rudolf Schwarz, Kölns Generalplaner (1946–52)«, in: Architektur Forum Rheinland (Hrsg.), *Kölner Stadtbaumeister und die Entwicklung der städtischen Baubehörden seit 1821,* Köln 2007, S. 117 ff.

»Kalte Hochglut. Entstehung und Botschaft des Buches Wegweisung der Technik von Rudolf Schwarz«, in: Rudolf Schwarz, *Wegweisung der Technik,* Köln 2008, S. 1 ff.

»Morsezeichen einer unbekannten Botschaft. Avenue of the Americas«, in: Ralf Beil und Sonja Feßel (Hrsg.), *Andreas Gursky. Architektur. Architecture,* Darmstadt und Ostfildern 2008, S. 62 ff.

»Das Werden der Neuen Zeit. Wie der Stadt Köln eine Weltausstellung entging«, in: Birgit Aldenhoff u. a. (Hrsg.), *Denkmalpflege – Städtebau. Beiträge zum 70. Geburtstag von Hiltrud Kier*, Köln 2008, S. 37 ff.

»Tragen und Getragenwerden. Über das Vergnügen an Architektur als Konstruktion«, in: Bundesverband der Deutschen Zementindustrie (Hrsg.), *Architekturpreis Beton 2008*, Berlin und Tübingen 2008, S. 8 ff.

»Blutwarmes Leben – einfachste Körperform. Zur Rezeption von Goethes Gartenhaus in Zeiten des Bauhauses«, in: Hellmut Th. Seemann und Thorsten Valk (Hrsg.), *Klassik und Avantgarde. Das Bauhaus in Weimar 1919–1925*, Göttingen 2009, S. 68 ff.

»Omilia yia ta eykainia tis ekthesis Hans Poelzig«, in: Centre for Mediterranean Architecture (Hrsg.), *Hans Poelzig Architekton Daskalos Kallitechnis*, Chania 2009, S. 13 ff.

»Sehnsucht nach Geschichte. Neu und Alt in Architektur und Städtebau«, in: Michael Braum und Ursula Baus (Hrsg.), *Rekonstruktion in Deutschland. Positionen zu einem umstrittenen Thema*, Basel u. a. 2009, S. 46 ff.

»Flugdach-Charme und römische Gesinnung. Anmerkungen zur Kölner Nachkriegsarchitektur«, in: Merlin Bauer (Hrsg.), *Liebe deine Stadt. Öffentliche Angelegenheiten Köln*, Köln 2009, S. 46 ff.

»Die Form einer ungeheuren Empfindung. Westdeutscher Sakralbau zwischen 1918 und 1933«, in: Gertrude Cepl-Kaufmann und Jasmin Grande (Hrsg.), *Christus an Rhein und Ruhr. Zur Wiederentdeckung des Sakralen in der Moderne 1910–1930*, Ausst.-Kat. August Macke Haus, Bonn, Bonn 2009, S. 64 ff.

»Die Würde des Werks. In Erinnerung an Hans Schwippert«, in: Agatha Buslei-Wuppermann und Andreas Zeising (Hrsg.), *Das Bundeshaus von Hans Schwippert in Bonn. Architektonische Moderne und demokratischer Geist*, Düsseldorf 2009, S. 7 ff.

»Der Bund als Urbanist. Öffentliche Bundesbauten im städtischen Raum. The Federal Government as Town Planner: Federal Buildings in Urban Space«, in: Bundesministerium für Verkehr, Bau und Stadtentwicklung (Hrsg.), *Architektur der Demokratie. Bauten des Bundes 1990–2010. The Architecture of Democracy. Federal Buildings 1990–2010*, Ostfildern 2009, S. 214 ff.

»Pragmatisch gedacht«, in: Paul Bauwens-Adenauer und Ulrich S. Soénius (Hrsg.), *Der Masterplan für Köln. Albert Speers Vision für die Innenstadt von Köln*, Köln 2009, S. 187 f.

»Gebaute Diplomatie. Der Kanzlerbungalow in seiner Zeit«, in: Wüstenrot Stiftung und Stiftung Haus der Geschichte (Hrsg.), *Kanzlerbungalow*, München 2009, S. 10 ff.

»Sanaa. Spiel der Gegensätze. The Play of Opposites«, in: Kazuyo Sejima und Ryue Nishizawa (Hrsg.), *Sanaa. Spiel der Gegensätze (Wege zur Architektur* 6), Brakel 2009, S. 49 ff.

»Gebaute Ikonen. Auch die Beethovenhalle ist ein icon building«, in: Martin Bredenbeck u. a. (Hrsg.), *Beethovenhalle Bonn. Konzerthaus. Festsaal. Denkmal*, Bonn 2010, S. 33 ff.

»Etwas wie Morgenröte. Die Architektur von Rudolf Steiner«, in: Mateo Kries und Alexander von Vegesack (Hrsg.), *Rudolf Steiner. Die Alchemie des Alltags*, Ausst.-Kat. Vitra Design Museum, Weil am Rhein, Weil am Rhein 2010, S. 108 ff.

»Voluntad de expresión. Vida y obra de Hans Poelzig«, in: *Hans Poelzig 1869–1936. Arquitecto Maestro Artista*, Ausst.-Kat. Escuela Técnica Superior de Arquitectura de Málaga, Malaga 2010, S. 10 ff.

»1929 Hans Poelzig: Platz der Republik«, in: Carsten Krohn (Hrsg.), *Das ungebaute Berlin: Stadtkonzepte im 20. Jahrhundert*, Berlin 2010, S. 65 ff.

»Zwischen Bescheidenheit und Hybris. Zur Architektur der Nachkriegszeit in NRW«, in: Sonja Hnilica u. a. (Hrsg.), *Auf den zweiten Blick. Architektur der Nachkriegszeit in Nordrhein-Westfalen*, Bielefeld 2010, S. 14 ff.

»Gärende neue Zeit. Architektur der 1920er zwischen Bonn und Duisburg«, in: Ursula Kleefisch-Jobst und Karen Jung, *Dynamik und Wandel. Die Entwicklung der Städte am Rhein 1910–2010*, Ausst.-Kat. M:AI, Gelsenkirchen, Berlin 2010, S. 38 ff.

»Den Brüdern des Sternes Erde. Expressionismus – ein deutsches Ereignis?!«, in: Ralf Beil und Claudia Dillmann (Hrsg.), *Gesamtkunstwerk Expressionismus. Kunst, Film, Literatur, Theater, Tanz und Architektur*, Ausst.-Kat. Mathildenhöhe Darmstadt, Ostfildern 2010, S. 374 ff.

»›Foreign Bodies‹. Rudolf Steiners Zweites Goetheanum«, in: *Portfolio Contanining Ten Platinum/Palladium Prints by Jens Knigge*, Berlin 2010, S. 1 f.

BEITRÄGE IN ZEITSCHRIFTEN

»Der revidierte Laokoon oder Die Grenzüberschreitungen der modernen Plastik«, in: *Forum*, 2, 24, 1955, S. 450 ff.; auch in: *Das Kunstwerk*, 11, 3, 1957, S. 21 ff.

»Der Teppich der Penelope. Rahmen und Zentrum im gegenstandslosen Bild«, in: *Forum*, 3, 34, 1956, S. 378 ff.

»Was ist Brutalismus? Zur Architekturgeschichte des letzten Jahrfünfts«, in: *Das Kunstwerk*, 14, 3, 1960, S. 14 ff.

»Theater und Gesellschaft. Neue deutsche Theaterbauten und Konzertsäle. Theater and Society. New German Theatres and Concert Halls«, in: *Zodiac*, 10, Mailand 1962, S. 94 ff.

»Focus. Panorama international de jeunes architectes. Reinhard Gieselmann«, in: *Zodiac*, 12, Mailand 1963, S. 192 ff.

»Gewißheit des Wunders. Der Expressionismus in der Architektur«, in: *Das Kunstwerk*, 17, 9, 1964, S. 2 ff.

»Zum Beispiel Hannover ... Betrachtung einer wiederaufgebauten Stadt«, in: *Der Monat*, 193, 17, Oktober 1964, S. 24 ff.

»Das verdinglichte Kunstwerk und sein Publikum«, in: *Merkur*, 251, 23, 3, 1969, S. 240 ff.

»Das Glück der Levittowner«, in: *Merkur*, 269, 24, 9, 1970, S. 890 ff.

»Gropius the Romantic«, in: *The Art Bulletin*, 53, 3, 1971, S. 379 ff.; »Gropius romantico«, in: *Rassegna*, 5, 15, 1983, S. 27 ff.

»Die Herrschaft der Zwecke. Anmerkungen zum Funktionalismus«, in: *Merkur*, 274, 25, 2, 1971, S. 133 ff.

»Eine optimistische Kassandra« [Jane Jacobs], in: *Merkur*, 282, 25, 10, 1971, S. 1012 ff.

»Frohe Botschaft eines Ökologen« [Buckminster Fuller], in: *Merkur*, 315, 28, 8, 1974, S. 796 ff.

»Bauen in Bonn«, in: *Merkur*, 318, 28, 11, 1974, S. 1098 ff.

»Gerda Wangerin, Gerhard Weiss. Heinrich Tessenow. Ein Baumeister 1876–1950«, in: *Kunstchronik*, 30, 9, 1977, S. 396 ff.

»Tendenzen der zwanziger Jahre. 15. Europäische Kunstausstellung«, in: *Kunstchronik*, 30, 12, 1977, S. 518 ff.

»Wolfgang Hermann. Deutsche Baukunst des 19. und 20. Jahrhunderts«, in: *Kunstchronik*, 31, 3, 1978, S. 127 ff.

»Georg Kohlmaier, Barna von Sartory. Das Glashaus, ein Bautyp des 19. Jahrhunderts«, in: *Kunstchronik*, 34, 12, 1981, S. 474 ff.

»Den Ort suchen, den Ort setzen. Günter Behnisch und Oswald Mathias Ungers im Gespräch mit Wolfgang Pehnt«, in: *Bauwelt*, 72, 19/20, 1981, S. 774 ff.

»Das Schelmenstück von Portmeirion«, in: *Bauwelt*, 72, 17, 1981, S. 694 ff.

»Kern und Schale. Ein architektonisches Motiv bei Bruno Taut«, in: *Pantheon*, 40, 1, 1982, S. 16 ff.

»Wolf Tegethoff. Mies van der Rohe. Die Villen und Landhausprojekte«, in: *Pantheon*, 40, 4, 1982, S. 361.

»Bescheiden bauen. Der Anfang der Bescheidenheit«, in: *Deutsche Bauzeitung*, 116, 4, 1982, S. 12 ff.

»Esperanto oder Dialekt. Der Begriff der Internationalität in der Architektur«, in: Jürgen Joedicke (Hrsg.), *Deutscher Architekturpreis 1983*, Stuttgart 1984, S. 46 ff.

»Planen in Bonn, endlos«, in: *Werk und Zeit*, 2, 1984, S. 15 ff.

»Das Museum als Ausstellungsgegenstand. James Stirlings Neue Staatsgalerie in Stuttgart«, in: *Kunstchronik*, 37, 9, 1984, S. 369 ff.

»Alte Sehnsüchte, neue Funde« [Gottfried Böhm], in: *Bauwelt*, 75, 15, 1984, S. 672 f.

»Die Fortsetzung der Geschichte. Zum Traditionsverständnis der neuen Architektur«, in: *Tradition und Moderne (Dortmunder Werkhefte* 6), Dortmund 1984, S. 7 ff.

»In der Vorratskammer der Kostüme. Die Architektur als Mode betrachtet. Zur Geschichte einer Metapher«, in: *Werk und Zeit*, 4, 1984, S. 6 ff.

»Schinkel und über Schinkel hinaus. Bindung und Freiheit im Umgang mit Geschichte«, in: *Der Architekt*, 1, 1985, S. 27 ff.; auch in: *Schriftenreihe des Architekten- und Ingenieurvereins zu Berlin*, Berlin 1985, S. 23 ff.

»Plädoyer für einen kritischen Historismus. Interview mit W. P.«, in: *Kunst und Kirche*, 1, 1985, S. 16 ff.; auch in: Lothar Kallmeyer, *Euphorie, Resignation und neues Leben. Beiträge zum Kirchenbau*, Darmstadt 2002, S. 27 ff.

»Das Museum als Freizeitspaß«, in: *Das Kunstwerk*, 1, 1986, S. 3 ff.; auch in: *Deutsche Bauzeitung*, 121, 1, 1987, S. 10 ff.

»Wall and Crystal. Mies van der Rohe and German Expressionism«, in: *Inland Architect*, 3/4, 1984, S. 20 ff.

»Das architektonische Opfer. Motive von gestern und Anwendungen von heute«, in: Jürgen Joedicke (Hrsg.), *Deutscher Architekturpreis 1985*, Stuttgart 1986, S. 12 ff.

»Im Namen Allahs. Das Klinikum der Aga Khan Universität in Karachi, Pakistan«, in: *Bauwelt*, 76, 26, 1986, S. 978 ff.

»Das unveränderbare Innen. Islamische Architekturprobleme und der Aga Khan-Preis 1986«, in: *Arch+*, 88, 1987, S. 5 ff.

»Altes Ägypten und neue Architektur«, in: *Pantheon*, 45, 1987, S. 151 ff.

»La porta sul prodigioso. Le architetture di Hans Poelzig per il film Der Golem«, in: *Domus*, 688, November 1987, S. 80 ff.

»Der Westen im Norden des Ostens«, in: *Merian. Leningrad,* Hamburg 1988, S. 35 ff.

»Wiederkehr der Bilder?«, in: *Werk, Bauen + Wohnen,* 11, 1988, S. 33 ff.

»Neue deutsche Architektur. Nicht nur Architektur ist zeitverhaftet, die Architekturkritik ist es auch«, in: *Deutsche Bauzeitung,* 122, 1, 1988, S. 19 ff.

»Das Schloß des Prinzen Vogelfrei«, in: *Der Neubau des Wissenschaftszentrums für Sozialforschung,* Berlin 1988, S. 18 ff.

»Das Paradies hinterm Bahndamm. Dankrede bei der Verleihung des BDA-Kritikerpreises«, in: *Der Architekt,* Juli/August 1988, S. 428 ff.

»Peter Kulka. Ampliamento del monastero benettino Königsmünster, Meschede«, in: *Domus,* 703, März 1989, S. 36 ff.

»Impressions d'un membre du jury d'au-dela du Rhin«, in: *Le Moniteur d'architecture,* 17, 1990, S. 56 f.

»Westöstlicher Blickwechsel. Anmerkungen zur architektonischen Wiedervereinigung«, in: *Deutsche Centralbodenkredit-AG. Geschäftsbericht 1990,* Köln 1991, S. 7 ff.

»Der Mut, nein zu sagen« [Zur Dresdner Stadtplanung], in: *VfA Profil,* 10, 1991, S. 30 ff.

»Musées allemands«, in: *Le Moniteur d'architecture,* 25, 1991, S. 28 ff.

»Die Kunst der Fuge« [Karljosef Schattner], in: *Kunst und Kirche,* 55, 1, 1992, S. 4 ff.

»Flughafen Stuttgart. Architekten von Gerkan, Marg und Partner«, in: *Stahl und Form,* München 1992.

»Karljosef Schattner à Eichstätt«, in: *Le Moniteur d'architecture,* 30, 1992, S. 31 ff.

»Der Architektur das Tanzen beigebracht. Zum Tode des britischen Architekten James Stirling«, in: *Der Architekt,* 7/8, 1992, S. 355; »Esenando a la arquitectura a bailar. El arquitecto britanico James Stirling«, in: *Humboldt,* 35, 109, 1993, S. 16 ff.

»Der Rhein fließt in das Mittelmeer. Zu den Häusern Heinz Bienefelds«, in: *Deutsche Bauzeitung,* 126, 9, 1992, S. 14 ff.

»Eckige Welt. Über die Prager Kubisten und ihre wagemutige Umsetzung eines Kunststils in Architektur und Design«, in: *Merian,* 11, 45, November 1992, S. 112 ff.

»Der Druck der Öffentlichen Hand«, in: *Der Architekt,* 12, 1992, S. NW 23 f.

»Gegenwind«, in: *VfA Profil,* 10, 1993, S. 3.

»Die Architektur des europäischen Hauses«, in: *Baumeister,* 1, 1993, S. 11 ff.

»Verwaltungsgebäude in Gelsenkirchen-Buer«, in: *Baumeister,* 2, 1993, S. 28 ff.

»Archipel und nicht nur Insel. Die Museumsinsel in Berlin, der städtebauliche Aspekt«, in: *Kunstchronik,* 46, 2, 1993, S. 92 ff.

»Einfach sein ist schwierig. Über die gegenwärtige Zeitstimmung in der Architektur«, in: Deutsche Centralbodenkredit-AG (Hrsg.), *Geschäftsbericht 1993,* S. 7 ff.

»Immer geradeaus. Der gerade Weg in der modernen Architektur. Always Straight on. The Straight Path in Modern Architecture«, in: *Daidalos,* 47, 15.3.1993, S. 18 ff.

»El bosque metálico. Aeropuerto de Stuttgart«, in: *Arquitectura Viva, 29,* März/April 1993, S. 38 ff., 102.

»Unire separando. Karljosef Schattner. Edifici per Eichstätt«, in: *Casabella,* 614, Juli/August 1994, S. 5 ff.

»The Dignity of Institutions. On the Buildings of Gottfried Böhm and his Sons«, in: *Architecture and Urbanism (a + u),* September 1994, S. 22 ff.

»Die Angst der Architekten vor Europa«, in: *DAB Deutsches Architektenblatt,* 27, 10, 1995, S. 1803 ff.

»Laichplätze des Geldes«, in: *VfA Profil,* 10, 1995, S. 3.

»Ernst und Spiel des Wohnens. Unsystematische Gedanken zu einer primären Tätigkeit«, in: *Deutsche Bauzeitung,* 129, 12, 1995, S. 48 ff.

»Körper und Gehäuse. Bauten und Projekte 1989-1996 von Kister, Scheiterhauer & Partner«, in: *Bauwelt,* 87, 8, 1996, S. 370.

»Fliegende Klassenzimmer« [Heinz-Galinski-Schule von Zvi Hecker], in: *Architektur & Wohnen,* 1, 1996, S. 107 ff.

»Stabile Handlungsmuster. Die Familie Böhm. Traditionen einer Architektenfamilie«, in: *Der Architekt,* 10, 1996, S. 622 ff.

»Auf jenen schöpferischen Höhen. Wenzel Hablik als Architekt«, in: Klaus Alberts und Ulrich Höhns (Hrsg.), *Architektur in Schleswig-Holstein. 1990-1996,* Hamburg 1996, S. 122 ff.

»Rudolf Schwarz 1897–1961. La luce nell' oscurità. Mies van der Rohe e Rudolf Schwarz«, in: *Casabella,* 640/641, Dezember 1996/Januar 1997, S. 52 ff.

»Mendelsohns Meisterwerk: Die Bibliothek Schockens in Jerusalem«, in: *Kulturchronik,* 15, 1, 1997, S. 26 ff.

»Zaungäste des Paradieses. Die Gartenkunst und ihre Kritiker«, in: *Das künstliche Paradies. Gartenkunst im Spannungsfeld von Natur und Gesellschaft,* Worms 1997, S. 103 ff.

»Das schwarze Besteckköfferchen der Architekturkritik«, in: Architektenkammer Hessen (Hrsg.), *Arbeitswelten. Architektur für die Dienstleistungsgesellschaft,* Hamburg 1997, S. 15 ff.

»›Construir es crear relaciones vecinales‹«, in: *Humboldt,* 39, 122, 1997, S. 42 ff.

»Inszenierte Bewegung« [Lille, Bilbao], in: *Topos,* 24, September 1998, S. 6 ff.

»Rudolf Schwarz (1897–1961)«, in: *Bauen in Beton. Zeitschrift für Architektur,* 1998, S. 2 ff.

»Die Hauptsache findet in den Köpfen statt. Changes have to Take Place in People's Heads First« [IBA Emscherpark], in: *Topos,* 26, März 1999, S. 16 ff.

»Der Stoff, aus dem die Architektenträume sind«, in: *Bauwelt,* 90, 26/27, 1999, S. 1456 f.

»Trennendes Verbinden« [Karljosef Schattner 75*], in: *Bauwelt,* 90, 33, 1999, S. 1779.

»Das Medium ist die Botschaft. Zwei Bauausstellungen und dazwischen ein Jahrhundert. Was trennt und was verbindet«, in: *Kunst und Kirche,* 3, 1999, S. 136 ff.

»Frank O. Gehry. Il nuovo Zollhof di Düsseldorf. The New Zollhof in Düsseldorf«, in: *Domus 819,* 10, 1999, S. 8 ff.

»Ein altes Buch mit neuen Seiten. Zvi Heckers Jüdisches Gemeindezentrum in Duisburg«, in: *Polis,* 3, September 1999, S. 34 f.; »Zvi Hecker. Un libro antico con pagine nuove«, in: *Casabella,* 675, Februar 2000, S. 52 f., 91 f.; auch in: *Kunst und Kirche,* 4, 2001, S. 238 ff.

»Magia abrasadora o fría muerte. La obra de Erich Mendelsohn: El intento de síntesis«, in: *Arquitectura,* 318, Madrid 1999, S. 106 ff.

»Gottfried Böhm 80«, in: *Bauwelt,* 91, 3, 2000, S. 13.

»Weltmeister in der Provinzliga. Kleine Architekturgeschichte der deutschen Pavillons«, in: *Design Report,* Juni 2000, S. 34 ff.

»Cidade imaginada. Was aus der Expo 98 in Lissabon geworden ist«, in: *StadtBauwelt,* 146, 24, 2000, S. 86 ff.

»Strahlender Komet. Zum Tod von Enric Miralles«, in: *Architektur aktuell,* 243/244, Juli/August 2000, S. 3.; auch in: *Archithese,* Juli/August 2000, S. 80.

»Kanten, Kurven, Kollisionen. Frank O. Gehry zeigt in seinen Bauten, dass Katastrophenästhetik bewohnbar sein kann«, in: *Häuser,* 4, 2000, S.122 ff.

»Tankstelle in Köln-Deutz, 1959. ...in die Jahre gekommen. Architekt Herbert Baumann (1922–1997)«, in: *Deutsche Bauzeitung,* 134, 12, 2000, S. 89 ff.

»Abschied vom Kronsberg. Ein kritischer Blick zurück auf die Hannoveraner Expo 2000«, in: *Werkundzeit,* 3, Dezember 2000, S. 6 ff.

»Vom Kristalltempel zum Signature Building. Expressionistische Architektur: Die Fortsetzung einer Geschichte«, in: *Baumeister,* 5, 2001, S. 54 ff.

»Der Bau, der das Sehen veränderte. Vor 150 Jahren wurde der Londoner Kristallpalast eingeweiht«, in: *Glas. Architektur und Technik,* 4, August/September 2001, S. 38 ff.

»Malmö. Bauausstellung BoO1«, in: *Bauwelt,* 92, 31, 2001, S. 2.

»Instrument verbessern« [Europan 6], in: *Bauwelt,* 92, 32/33, 2001, S. 54.

»In der Diaspora. Kirchenbau im 20. Jahrhundert«, in: *Kunst und Kirche,* 3, 2001, S. 136 ff.

»Köln. Peter Zumthor – Werkstatt«, in: *Bauwelt,* 92, 38, 2001, S. 2.

»Internationaler Museumsbau nach 1945«, in: *Kunsthistorische Arbeitsblätter,* 1, 2002, S. 5 ff.; auch in: *Kunsthistorische Arbeitsblätter,* 6, 2005, S. 29 ff.

»Der mit dem Beton zaubert. Auguste Perret, einer der großen Baupioniere des 20. Jahrhunderts«, in: *Häuser,* 2, 2002, S. 138 ff.

»Einladung zum Glücklichsein. Monographie über Bruno Taut«, in: *Kulturchronik,* 2, 2002, S. 41 ff.

»Lehrmeisterin Natur. Von der ›Riesenblase zum Blob‹, ein architekturhistorischer Exkurs«, in: *archithese,* 2, 2002, S. 12 ff.; auch in: *Mensch und Architektur. Organische Architektur aktuelle Beiträge,* 46/47, September 2004, S. 12 ff.

»Pinakothek der Moderne. Stephan Braunfels Architekten«, in: *Baumeister,* 7, 2002, S. 38 ff.

»Der Architekt und Designer Arne Jacobsen«, in: *Kulturchronik,* 3, 2002, S. 46 ff.

»Werner Sobeks Glashaus in Stuttgart«, in: *Kulturchronik,* 6, 2002, S. 47 ff.

»Tempel der Neuzeit. Motive des Museums und des Museumsbaus«, in: *Deutsche Bauzeitung,* 94, 2, 2003, S. 27 ff.

»Power in der Provinz«, in: *Architectural Digest,* 3, 2004, S. 164 ff.

»Deutsche Welle. Das Funkhaus im Bundestags-Ergänzungsbau« [Joachim Schürmann], in: *Bauwelt,* 16, 2003, S. 22 ff.

»Weisheit und Narretei. ›Wundersame Taten der Schildbürger‹ und ›Rat Crespel‹«, in: *Deutsches Architektenblatt,* 94, 12, 2003, S. 6.

»Köln. Sieben sakrale Räume – Simon Ungers«, in: *Bauwelt,* 94, 46, 2003, S. 4.

»Bauen in Ost und West. Deutsche Architektur zwischen Kriegsende und Wiedervereinigung«, in: *Kunsthistorische Arbeitsblätter*, 7/8, 2004, S. 47 ff.

»Vom Nutzen und Nachteil der Theorie für das Leben«, in: *Baumeister*, 8, 2004, S. 74 f.

»Zvi Hecker. Dva Klasa / Mac. The Ears of the Wheat and the Sword. Muzei Palmach / Palmach Museum. Tel Aviv Izrael, 1998«, in: *Oris*, 28, Zagreb 2004, S. 74 ff.

»Der wahre Reichtum offenbart sich innen. Jedes Zeitalter hat seine architektonischen Weltwunder«, in: *Häuser*, 5, 2004, S. VI f.

»Mein Feld ist die Welt. Zur Verleihung des großen BDA-Preises an von Gerkan, Marg und Partner«, in: *Der Architekt*, 5/6, 2005, S. 52 ff.

»Von der Zukunftskathedrale zum Signature Building. Expressionistische Architektur damals und heute«, in: *Studi germanici. Nuova serie*, 43, 1/2, 2005, S. 119 ff.

»Durchgängig leicht. Die Ästhetik der Schwerelosigkeit. Sep Rufs Bungalow in Düsseldorf-Ratingen«, in: *Häuser*, 1, 2006, S. 88 ff.

»Drohende Verluste. Was soll mit Kirchen passieren ...«, in: *Stadtgottes*, 3, März 2006, S. 6.

»Hunderte von Kirchenbauten stehen vor Verkauf oder Abriss – wie darauf reagieren?«, in: *Evangelische Aspekte*, 16, 2, 15.5.2006, S. 34 ff.

»Zeigen, wie's gemacht wird. Architekten und Ingenieure. Zur Fortsetzung einer Geschichte«, in: *Deutsche Bauzeitung*, 140, 8, 2006, Beilage BDB-Info, S. I ff.

»Ein Evoluzzer [Erich Schneider Wessling 75*]«, in: *Deutsche Bauzeitung*, 140, 9, 2006, S. 10.

»Der Wunsch zu sein wie andere auch. Zur Architektur der deutschen Hauptstadt«, in: Karl-Heinz Bohrer (Hrsg.), *Ein neues Deutschland? Zur Physiognomie der Berliner Republik (Merkur* 689/690), Stuttgart 2006, S. 758 ff.

»Luxus als Pflichtübung. Vor 100 Jahren hatte sich die Industriestadt Hagen zu einem Zentrum der Architektur-Avantgarde entwickelt ...«, in: *Häuser*, 4, 2007, S. 98 ff.

»Ein Haus für Sinn und Sinne. Diözesanmuseum Kolumba in Köln«, in: *Baumeister*, 11, 2007, S. 48 ff.

»Erinnerungen an und Reflexionen zu Oswald Mathias Ungers«, in: *Deutsche Bauzeitung*, 141, 12, 2007, S. 14 ff.

»Architekturbiennale São Paulo«, in: *Deutsche Bauzeitung*, 142, 1, 2008, S. 6.

»Gebaute Geometrie. Oswald Mathias Ungers. Eine intellektuelle Biographie«, in: *Deutsche Bauzeitung*, 142, 3, 2008, S. 66.

»Sehnsucht nach Geschichte. Neu und Alt in Architektur und Städtebau«, in: *Kultur. Kritische Blätter für Kenner & Neugierige*, 19, 183, 2008, S. 6 f.

»Jørn Utzon (1918–2008)«, in: *Deutsche Bauzeitung*, 143, 1, 2009, S. 6.

»›Jedem sein eigenes Bauhaus‹. Meinhard von Gerkan und Daniel Libeskind im Gespräch mit W. P.«, in: *Häuser*, 1, 2009, S. 36 ff.

»Kultur des Sichtbaren: Paul Schultze-Naumburg. Callwey feiert Jubiläum«, in: *Baumeister*, 106, 2, 2009, S. 7.

»Ein Ende der Wundpflege? Veränderter Umgang mit alter Bausubstanz«, in: *Die Alte Stadt. Vierteljahreszeitschrift für Stadtgeschichte, Stadtsoziologie, Denkmalpflege und Stadtentwicklung*, 36, 1, 2009, S. 25 ff.

»Nobilissima Visione?« [Geplanter Abriss der Beethovenhalle Bonn], in: *Deutsche Bauzeitung*, 143, 5, 2009, S. 3.

»Lust an der Geschichte: Karl Gruber, Die Gestalt der deutschen Stadt. Callwey feiert Jubiläum«, in: *Baumeister*, 106, 5, 2009, S. 30.

»Das Prinzip der Bekleidung. Architektur und Mode«, in: *Deutsche Bau-Zeitschrift*, 57, 7, 2009, S. 86 ff.

»Mehr tun, als der Zweck verlangt. Paulhans Peters, Stadt für Menschen. Callwey feiert Jubiläum«, in: *Baumeister*, 106, 9, 2009, S. 30.

»Architektenstreit. Wiederaufbau zwischen Kontinuität und Neubeginn. Schriftenreihe Stadtmuseum Düsseldorf«, in: *Baumeister*, 106, 11, 2009, S. 32.

»›Das Expressive ist den Deutschen eigen‹« [Interview mit Gottfried Böhm], in: *Häuser*, 1, 2010, S. 10 f.

»Gibt es eine deutsche Architektur? Auch wenn die globalisierte Moderne nationale Eigenarten heute kaum noch spüren lässt, fand unser Autor W. P. doch einige typische deutsche Merkmale«, in: *Häuser*, 1, 2010, S. 26 ff.

»Gebaute Ikonen. Die Bonner Beethovenhalle und die signature buildings«, in: *Insitu. Zeitschrift für Architekturgeschichte*, 2, 1, 2010, S. 117 ff.

»Der Antäus von Potsdam. Engelbert Kremser – Erdarchitektur und Raumsucht«, in: *Mensch + Architektur*, 71/72, 5, 2010, S. 4 ff.

»Eine selbstverständliche Partnerschaft« [Neues Museum von David Chipperfield], in: *Der Architekt*, 3, 2010, S. 74 f.

»Auferstanden! Gottfried Böhms St. Ursula gilt als Juwel der Fifties-Moderne«, in: *Architectural Digest*, 117, 3, 2011, S. 144 ff.

»Ein Traum vom zwanglosen Leben« [Alvar Aaltos Villa Mairea], in: *Häuser*, 3, 2011, S. 124 ff.

ERSTVERÖFFENTLICHUNGEN DER TEXTE DIESES BANDES

»Drinnen und draußen. Splitter und Späne zur Geschichte der Tür«, in: Wolfgang Pehnt u. a., *Zugänge – Ausgänge,* Köln 1990, S. 7–12.

»Tragen und Getragenwerden. Das Vergnügen an Architektur als Konstruktion«, in: Bundesverband der Deutschen Zementindustrie (Hrsg.), *Architekturpreis Beton 2008,* Berlin und Tübingen 2008, S. 8–15.

»Schinkels Kuppel und Libeskinds Blitz. Zur Sprachfähigkeit zeitgenössischer Architektur«, in: Bayerische Akademie der Schönen Künste (Hrsg.), *Jahrbuch,* Bd. 14, München 2000, S. 217–237.

»Warenmesse, Fortschrittsmotor, Ideenforum. Über den Konzeptwandel der Weltausstellungen«, Vortrag für Bertelsmann Fachzeitschriften, Expo 2000, Hannover, 3.10.2000.

»Reformwille zur Macht. Der Palazzo Pitti und der Zyklopenstil«, in: Andrea Gleiniger u. a. (Hrsg.), *Der Klotz. Festgabe für Heinrich Klotz,* Stuttgart 1995.

»Turm und Höhle. Ein Motiv aus der Werdezeit der Moderne«, in: Vittorio Magnago Lampugnani und Romana Schneider (Hrsg.), *Moderne Architektur in Deutschland 1900 bis 1950. Expressionismus und Neue Sachlichkeit,* Ausst.-Kat. Deutsches Architekturmuseum, Frankfurt am Main, Stuttgart 1994, S. 50–67.

»Von der Zukunftskathedrale zum Icon Building. Expressionistische Architektur damals und heute«, in: Rainer Stamm und Daniel Schreiber (Hrsg.), *Bau einer neuen Welt. Architektonische Visionen des Expressionismus,* Ausst.-Kat. Kunstsammlungen Böttcherstraße, Bremen, Köln 2003, S. 8–17.

»Das Werden der Neuen Zeit. Wie der Stadt Köln eine Weltausstellung entging«, in: Birgit Aldenhoff u. a. (Hrsg.), *Denkmalpflege – Städtebau. Beiträge zum 70. Geburtstag von Hiltrud Kier,* Köln 2008, S. 37–48. Erweiterte Fassung in: *100 Jahre Deutscher Werkbund NW 1907–2007,* Köln 2007, S. 25–29.

»Immer geradeaus. Der gerade Weg in der modernen Architektur«, in: *Daidalos,* 47, 15. 3.1993, S. 18–27.

»Blutwarmes Leben – einfachste Körperform. Goethes Gartenhaus in Zeiten des Bauhauses«, in: Hellmut Th. Seemann und Thorsten Valk (Hrsg.), *Klassik und Avantgarde. Das Bauhaus in Weimar 1919–1925 (Klassik Stiftung Weimar Jahrbuch 2009),* Göttingen 2009, S. 68–84.

»Modellwechsel. Das Bauhaus und die Kunst des permanenten Neuanfangs«, Vortrag 11. Internationales Bauhaus-Colloquium, Bauhaus-Universität Weimar, 3.4.2008.

»Nach Maß-Gabe des Architekten. Ernst Neuferts Handbuch als Sittengeschichte«, in: Neufert-Stiftung und Johannes Kister (Hrsg.), *70 Jahre Neufert. Bauentwurfslehre,* Wiesbaden 2006, S. 37–40.

»Der Mensch braucht eine andere Stadt. Die 1968er Jahre in der Architektur«, Vortrag u. a. Fridjof-Nansen-Akademie für politische Bildung, Ingelheim am Rhein, 20.5.2008.

»Einfach sein ist schwierig. Eine gegenwärtige Zeitstimmung in der Architektur«, in: Gert Kähler (Hrsg.), *Einfach schwierig. Eine deutsche Architekturdebatte. Ausgewählte Beiträge. 1993–1995 (Bauwelt Fundamente,* 104), Braunschweig und Wiesbaden 1995, S. 28–33. Vorher kürzere Fassung in: *Frankfurter Allgemeine Zeitung* vom 10.1.1994.

»Rom hat mehr als sieben Hügel. Der Städtebau des Zitierens«, kürzere Fassung in: *Süddeutsche Zeitung* vom 9./10.1.2010.

»Sehnsucht nach Geschichte. Neu und Alt in Architektur und Städtebau«, kürzere Fassung in: Michael Braum und Ursula Baus (Hrsg.), *Rekonstruktion in Deutschland. Positionen zu einem umstrittenen Thema,* Basel u. a. 2009, S. 46–59.

»Ein Ende der Wundpflege? Veränderter Umgang mit alter Bausubstanz«, in: *Die Alte Stadt. Vierteljahreszeitschrift für Stadtgeschichte, Stadtsoziologie, Denkmalpflege und Stadtentwicklung,* 36, 1, 2009, S. 25–44.

»Möglichkeitsorte. Kirche als verdichtete Stadt«, Vortrag u. a. Deutscher Werkbund Bayern, Karmeliterkirche, München, 31.1.2009.

»Der Wunsch zu sein wie andere auch. Zur Architektur der deutschen Hauptstadt«, in: Karl Heinz Bohrer (Hrsg.), *Ein neues Deutschland? Zur Physiognomie der Berliner Republik (Merkur,* 689/690), Stuttgart 2006, S. 758–770.

»Das Rauschen des Blutes und das Betriebsgeräusch des PC. Deutsche Architektur in globalen Zeiten«, Vortrag u. a. Städtische Bühnen Münster, Stadtmuseum Münster, 10.6.2007.

PERSONENVERZEICHNIS

Aalto, Alvar 289, 300
Abel, Adolf 114, 116 f.
Abernon, Lady Helen Vincent D' 274
Adenauer, Konrad 113
Addison, Joseph 126
Albert von Sachsen-Coburg und Gotha, britischer Prinzgemahl 54, 60
Alberti, Leon Battista 99, 205 f.
Alder, Michael 199
Alembert, Jean-Baptiste Le Rond D' 56
Alexander, Christopher 20
Amman, Othmar 32
Antonio Ammanati, Bartolomeo di 66 f.
Arntz, Gerd 168, 170
Aronco, Raimondo d' 78
Atatürk, Kemal 130
August der Starke s. Friedrich August I.

Band, Karl 254
Barr, Alfred H. 162
Bartning, Otto 26, 81, 87, 95, 154, 218
Baumewerd, Dieter G. 257
Bayer, Herbert 160 f.
Beardsley, Aubrey 77
Beckmann, Hannes 158
Behne, Adolf 72, 94, 137, 145, 156
Behnisch, Günter 28, 99, 131, 223, 298 f.
Behrens, Peter 29, 66, 72, 79, 128, 140, 151, 154
Bellotto, Bernardo (Canaletto) 203
Belting, Hans 286
Benjamin, Walter 46, 52, 60, 241
Benn, Gottfried 283
Bense, Max 178
Berckheyde, Job A. 250
Bergermann, Rudolf 32, 295
Berkel, Ben van 29, 33
Berlage, Hendrik Petrus 65
Bernini, Gian Lorenzo 99
Bienefeld, Heinz 195
Bill, Max 153
Billing, Hermann 152
Blérot, Ernest 77
Bloc, André 88
Bloch, Ernst 274
Block, Klaus 231
Blomfield, Reginald 126
Blondel, Jacques-François 37
Bode, Wilhelm 141
Böcklin, Arnold 71
Böhm, Dominikus 87, 100 f., 103, 151, 254, 292
Böhm, Elisabeth 293
Böhm, Gottfried 100 f., 103, 237 ff., 254, 257, 292
Böhm, Peter 293
Boffrand, Germain 37
Bonatz, Paul 70, 138
Boros, Christian 230
Borromini, Francesco 99
Borsi, Franco 97
Bos, Caroline 29, 33
Bourget, Paul 56
Braghieri, Gianni 195
Brandt, Willy 177
Braunfels, Stephan 41, 273
Brecht, Bertolt 6, 162 f., 199
Breuer, Marcel 163
Breydenbach, Bernhard von 206
Bruckmann, Peter 113
Brunelleschi, Filippo 66, 99
Brust, Alfred 97
Burckhardt, Jacob 68, 289
Buchanan, Colin 125
Buckminster Fuller, Richard 184, 186
Büchner, Georg 175
Buschhüter, Karl 86

Calatrava, Santiago 7, 34, 99, 105
Cass, Gilbert 32
Catull, Gaius Valerius 11
Cauchie, Paul 77
Celan, Paul 46
Chaplin, Charlie 153
Chiattone, Mario 129
Chipperfield, David 216
Clemens, Paul 219
Conrads, Ulrich 97
Coop Himmelb(l)au 27
Coudray, Clemens Wenzeslaus 138
Cuzzi, Umberto 131

David, König von Juda 13
Dehio, Georg 218 f., 233, 253, 302
Deleuze, Gilles 234
Derrida, Jacques 234
Diderot, Denis 56
Diener, Roger 199
Dierschke, Werner 230
Dietrich, Richard J. 184
Disch, Rolf 294 f.
Dischinger, Franz 296
Doernach, Rudolf 184 ff.
Doesburg, Theo van 157
Domènech i Montaner, Lluís 77
Domenig, Günther 102, 187, 231
Donatello 16
Dubuisson, Émile 98
Durth, Werner 176, 299
Dzubas, Willy 96

Edison, Thomas 153
Eiffel, Gustave 153
Einstein, Albert 96
Eisenman, Peter 301
Elisabeth I., Königin von England 250
Ellis, Havelock 78
Elsaesser, Martin 151, 156 f.
Engels, Friedrich 52, 60
Erskine, Ralph 187
Eusa, Victor 98
Expert, Roger 287
Ezechiel, Prophet 17

Fassbender, Eugen 128
Fechter, Paul 140
Feff, Cathérine 278
Fehling, Hermann 99
Feininger, Lyonel 158, 160
Feld72 200
Fidus s. Höppener, Hugo
Finsterlin, Hermann 87 ff., 97, 104, 106
Fischer, Alfred 151
Fischer, Theodor 143, 151 f., 286, 297
Fischer, Wend 180
Fleischhauer, Hans 31
Forster, Stefan 234, 236
Foster, Norman 41, 223, 274, 299
Franco, Francisco 130
Fonquières, Jacques 221
Foucault, Michel 234
Frank, Charlotte (Axel Schultes Architekten) 272
Frei, Otto 28, 32 f.
Freud, Sigmund 75 f., 90 f., 153
Friedman, Yona 182
Friedrich August I., Kurfürst von Sachsen (als August II. König von Polen, »August der Starke«) 203, 207
Friedrich I. Barbarossa, Kaiser des heiligen Römischen Reiches 80
Friedrich II., Kaiser des heiligen Römischen Reiches 80
Friedrich Wilhelm IV., König von Preußen 265, 272
Fries, Heinrich de 95, 156
Früh, Jacob 230
Fuchs, Georg 79

Garnier, Charles 225
Gattamelata 16
Gaudí, Antoni 77
Gebhardt, Volker 293
Gehry, Frank O. 7, 27, 29 f., 99 f., 103 f., 300
Gerkan, Meinhard von (gmp Architekten) 266 f., 296 f.
Giedion, Sigfried 130, 137, 145, 152, 167
Gigon, Annette 240, 300
Gilly, Friedrich 285
Goerner, Stephan 180
Göthe, Eosander von 40, 277
Goethe, Johann Wolfgang von 86, 135 ff., 220, 222, 284, 290
Gogel, Daniel 99
Graef, Paul 71
Grassi, Giorgio 196
Gray, Eileen 152
Grien, Hans Baldung 284
Grobleben, Friedrich Willi Gustav Adolf 145
Gropius, Walter 43, 72, 99, 111, 116, 136 f., 140 ff., 151 ff., 171, 198, 285 f.
Gruber, Karl 246
Günschel, Günter 182
Günter, Roland 257
Guimard, Hector 76, 78
Guyer, Mike 240, 300

Hablik, Wenzel August 78 f., 96
Habraken, Nicolaas John 183
Hadid, Zaha 29 f., 300
Haeckel, Ernst 24, 97
Hämer, Hardt-Waltherr 190
Häring, Hugo 25, 115, 151, 286
Hankar, Paul 78
Hansen, Hans 82
Harbers, Guido 138
Hartwig, Josef 142 f.
Hatje, Gerd 7
Hausenstein, Wilhelm 275
Haussmann, Georges-Eugène 125

Hecker, Zvi 100
Hegel, Georg Wilhelm Friedrich 41
Hegemann, Werner 127, 274
Heim, Carl 230
Helmarshausen, Wino von 206
Herrenberger, Justus 214
Herz, Manuel 100
Herzog, Jacques 28 f., 199, 229, 231
Hesse, Fritz 156
Hilberseimer, Ludwig 156
Hild, Andreas 236
Hillebrecht, Rudolf 189
Himmler, Heinrich 286
Hirschfeld-Mack, Ludwig 142
Hitchcock, Henry-Russell 162
Hitler, Adolf 130, 265 ff., 272, 287, 298
Höger, Fritz 96
Hölderlin, Friedrich 115, 220, 222
Höppener, Hugo (Fidus) 86
Hoetger, Bernhard 88, 96
Hoffmann, Albert 70
Hoffmann, E. T. A. 45
Hoffmann, Josef 79
Hoffmann-Axthelm, Dieter 180
Hofmannsthal, Hugo von 28
Hogarth, William 125
Holbein, Hans 284
Hollein, Hans 181, 300
Honecker, Erich 276
Horta, Victor 76
Hübner, Peter
Hülsmann, Gisbert 254
Hughes, Robert 77
Huizinga, Johan 257
Huth, Eilfried 187
Hutten, Louisa 28

Itten, Johannes 142, 160

Jacob, Max 153
Jacobi, Carl 90
Jacobs, Jane 189
Jacobsen, Arne 300
Jäckh, Ernst 114 ff.
Jahn, Helmut (Murphy Jahn Architects) 271
Jaussely, Léon 128
Jeanneret, Charles-Edouard s. Le Corbusier
Johnson, Philip 162
Jung, Carl Gustav 75 f., 78, 90

Kafka, Franz 11
Kállai, Ernst 152
Kallmorgen, Werner 231
Kandinsky, Wassily 142, 158, 160
Kaufmann, Erich 31
Kaufmann, Oskar 69
Kennedy, John F. 262
Kiefer, Anselm 284
Klee, Paul 142, 158, 160
Kleihues, Josef Paul 268
Klenze, Leo von 284
Klinger, Max 284
Klopfer, Paul 136
Klotz, Heinrich 65, 67
Koenig, Giovanni Klaus 97
Kohl, Christoph 209
Kohlbecker, Christoph 270
Koolhaas, Rem 269
Kollhoff, Hans 27, 195, 270
Kowalski, Karla 102 f.
Krafft-Ebeling, Rudolf
Kramer, Ferdinand 151
Krantz, Jean Baptiste 56
Kreis, Wilhelm 69, 80, 285
Kremser, Engelbert 88, 181
Krier, Rob 209
Kroll, Lucien 131 f., 187 ff.
Kroner, Friedrich 162
Kropotkin, Pjotr 97
Kuehn, Wilfried (Kuehn Malvezzi) 277
Kuhr, Fritz 153
Kulka, Peter 230, 234, 297 f.

Lampugnani, Vittorio Magnago 195 f., 198
Lang, Fritz 84
Lange, Konrad 233
Langhans, Carl Gotthard 204
Lavirotte, Jules 77
Le Corbusier (Charles-Edouard Jeanneret) 13, 29, 123 ff., 152 f., 168, 171, 183, 224, 286, 300
Lehmbrock, Josef 180, 254
Lehr, Robert 113
Leistikow, Walter 262
Lenné, Peter Joseph 265, 267
Lenz, Hans-Joachim 184 f.
Leonhardt, Fritz 295
Le Play, Frédéric 56
Le Roy, Louis 188 f.
Lethaby, William R. 223
Libeskind, Daniel 7, 29, 42 ff., 99 f., 158, 232, 300
Liebenow, Wilhelm 263

Lindloff, Hans Maria 158
Lindahl, Göran 97
Löffler, Fritz 190
Loos, Adolf 65
Lotz, Wilhelm 115
Lucae, Richard 39
Lucchi, Michele De 152
Luckhardt, Hans und Wassili 100
Ludwig I., König von Bayern 285
Ludwig, Ferdinand 294
Luther, Martin 13
Lynn, Greg 104, 106

Mackintosh, Charles Rennie 79
Mächler, Martin 272
Magistretti, Vico 152
Maier, Hans 220
Maître, Paul 287
Makovecz, Imre 101
Malvezzi, Simona (Kuehn Malvezzi) 277
Manchot, Wilhelm 230
March, Walter 136
Marg, Volkwin (gmp Architekten) 32, 266 f., 296 f.
Marées, Hans von 284
Martin, Camille 127
Marx, Karl 52, 184
May, Ernst 151
McCarthy, Joseph 159
Mebes, Paul 140
Mehdorn, Hartmut 266
Mendelsohn, Erich 65 ff., 84, 90, 95 ff., 99 f., 111, 151, 156 f., 171, 224, 228, 230, 285
Mendes de Rocha, Paulo 235
Mengeringhausen, Max 182
Metz, Xavier 128
Meuron, Pierre de 28 f., 199, 229, 231
Meyer, Adolf 136, 140 f., 145
Meyer, Hannes 141, 155, 158, 162 f., 224, 286
Meyer (Madame) 126
Meyer-Rogge, Klaus 191
Michelangelo, Buonarotti 99
Midas 26
Mies van der Rohe, Ludwig 27, 141, 156, 158 f., 162 f., 171, 224, 285
Migge, Leberecht 293
Miller, Hermann 163
Mitscherlich, Alexander 179
Moeller van den Bruck, Arthur 70
Moholy-Nagy, László 157, 160

Momper, Walter 261
Muche, Georg 136 f., 145
Müller-Wulckow, Walter 82
Müther, Ulrich 31, 295
Mussolini, Benito 130, 286
Muthesius, Hermann 70, 88 f., 126

Napoleon I. Bonaparte, Kaiser der Franzosen 125
Napoleon III., Kaiser der Franzosen 60
Naumann, Friedrich 111
Nervi, Pier Luigi 28
Neufert, Ernst 154, 167 ff.
Neurath, Otto 168
Nietzsche, Friedrich 47, 67, 83, 90, 97, 132, 213, 225, 258
Nolli, Giovanni Battista 248
Nussbaum, Felix 232

Obrist, Hermann 79
Oeser, Adam Friedrich 143
O'Gorman, Juan 88
Olbrich, Joseph Maria 77, 140, 238
Orsini, Vicino 11
Ostendorf, Friedrich 140, 198 f.
Osthaus, Karl Ernst 111
Otto, Frei 223, 296
Oud, Jacobus Johannes Pieter 151

Palladio, Andrea 40, 229
Pastor, Carl-Heinz 31
Paul, Bruno 29, 113
Paulsen, Friedrich 144
Paxton, Joseph 52
Peets, Elbert 127
Pei, Ieoh Ming 299
Peitz, Alois 257
Peter I., Zar von Russland 207
Petzold, Erich 142
Pevsner, Nikolaus 167
Pfeiffer, Herbert 236
Piano, Renzo 270, 289
Picasso, Pablo 153
Piscator, Erwin 162
Pitti, Luca 71
Plato 90
Platz, Gustav Adolf 69
Plečnik, Jože 98
Plotzek, Joachim M. 239
Poelzig, Hans 82 ff., 96 f., 111 f., 139, 152 f., 156, 161, 171, 224, 237 f., 282
Ponten, Josef 82
Posener, Julius 23, 34

Przybyszewski, Stanisław 79

Quatremère de Quincy, Antoine 37

Rading, Adolf 129
Raggatt, Howard 48
Rathenau, Walter 70
Rehorst, Karl 110
Reinhardt, Max 83, 96
Reuleaux, Franz 53
Reuter, Ernst 262
Reynolds, Joshua 223
Richardson, Henry Hobson 71
Riegl, Alois 219
Riemerschmid, Richard 29, 113, 154
Rieth, Otto 69
Riezler, Walter 116
Riphahn, Wilhelm 151
Ritter, Hubert 296
Roberts, James 52
Roche, Pierre 77
Rodin, Auguste 16
Rogers, Richard 18, 20
Rossi, Aldo 195 f., 299
Ruff, Ludwig und Franz 231
Ruhnau, Werner 182
Ruskin, John 24 f., 68

Saarinen, Eero 99
Saenredam, Pieter 250
Saint-Exupéry, Antoine de 61
Salminen, Pekka 255
Sandburg, Carl 9, 11
Sant'Elia, Antonio 129
Sauerbruch, Matthias 28
Sauvage, Henri 77
Sawade, Jürgen 230
Scarpa, Carlo 232, 235
Schäfer, Carl 151
Schaller, Christian 180
Schaller, Fritz 254
Scharoun, Hans 99 f., 102, 138 f., 141, 291 f.
Schattner, Karljosef 228, 232, 235 ff.
Schechtel, Fedor 77
Scheel, Walter 177
Scheerbart, Paul 97
Scheffler, Karl 69, 71, 84, 99, 142, 267, 274
Scheper-Berkenkamp, Lou 135
Schiller, Friedrich von 54
Schinkel, Karl Friedrich 24, 38 ff., 160, 265, 276, 285
Schlaich, Jörg 32, 295
Schleich, Erwin 190
Schlemmer, Oskar 158 ff., 284
Schlönbach, Carlo 90
Schlüter, Andreas 222, 277
Schmitthenner, Paul 138 ff., 200
Schmitz, Bruno 69, 71, 80 f., 285
Schöffler, Ernst 90
Schönberg, Arnold 46
Scholer, Eugen 70
Schopenhauer, Arthur 24
Schütte-Lihotzky, Grete 171
Schultes, Axel 271 ff.
Schultze-Naumburg, Paul 137 ff., 200
Schulze-Fielitz, Eckhard 182 ff.
Schumacher, Ernst Friedrich 186
Schumacher, Fritz 68 f., 115, 282, 289, 295
Schwarz, Rudolf 87, 119, 154, 159, 254, 256
Schwechten, Franz 70
Schweger, Peter Paul 228, 230
Schwertfeger, Hannes 294
Schwippert, Hans 271
Semper, Gottfried 26 f., 38, 47, 127, 207
Sharp, Dennis 97
Siedler, Wolf Jobst 189, 274
Simmel, Georg 10, 17, 284
Sitte, Camillo 126 ff., 132
Siza, Álvaro 236 f., 242
Sobek, Werner 30
Soleri, Paolo 181
Sommaruga, Giuseppe 78
Sommerfeld, Adolf 151
Souto de Moura, Eduardo 236 f.
Speer, Albert 172, 176, 261, 267, 287, 298
Sperlich, Hans G. 97
Spreckelsen, Johan Otto von 14
Spengelin, Friedrich 230
Spoerry, François 208
Spuybroek, Lars 104
Staël, Germaine de 274
Stahn, Günter (VEB BMK Ingenieurhochbau) 275
Stalin, Josef 130
Steffann, Emil 290
Steffensky, Fulbert 251
Steidle, Otto 187
Steinbach, Rudolf 220
Steiner, Rudolf 86, 101
Stella, Franco 277
Stifter, Adalbert 213
Stimmann, Hans 269, 290
Stirling, James 42
Storz, Oliver 294
Strawinski, Igor 153
Stübben, Joseph 128
Stüler, Friedrich August 40
Sullivan, Louis 71, 81
Swinburne, Algernon Charles 77
Szyszkowitz, Michael 102 f.

Tacitus, Publius Cornelius 293
Taine, Hippolyte 68
Taut, Bruno 84 f., 94 ff., 105, 111, 116, 141, 151, 156, 196 ff.
Taut, Max 94, 100, 156
Tessenow, Heinrich 20, 141 f., 200 f., 290 f.
Theoderich, König der Ostgoten 71
Thiers, Adolphe 287
Thiersch, Friedrich von 283
Thomas, Inigo 126
Thut, Doris und Ralph 188
Torroja, Eduardo 28

Ungers, Oswald Mathias 179, 199, 229, 291
Unwin, Raymond 127
Utzon, Jørn 99, 223, 225

Valentyn, Thomas van den 276
Vasari, Giorgio 66, 284
Vattimo, Gianni 234
Velde, Henry van de 29, 79, 111, 160
Viollet-le-Duc, Eugène-Emmanuel 17, 20, 25
Vitruv (Marcus Vitruvius Pollio) 25, 288

Waagen, Gustav Friedrich 40 f.
Wagenbach, Klaus 181
Wagenfeld, Wilhelm 142
Wagner, Otto 98, 152
Wahl, Hans 135
Wallot, Paul 41, 271, 273 f.
Warren, Clinton J. 25
Waterkeyn, André 61
Weigert, Hans 286
Weir, Peter 210
Wenders, Wim 265
Wiechula, Arthur 293
Wilhelm I., Deutscher Kaiser, König von Preußen 80
Wilhelm II., Deutscher Kaiser, König von Preußen 72
Wilford, Michael 42
Wingler, Hans Maria 159
Wino von Helmarshausen 206
Whitman, Walt 71
Witte, Emanuel de 250
Wölfflin, Heinrich 282 f.
Wolff, Arnold 241
Wookey, G. 137
Worringer, Wilhelm 99, 283
Wright, Frank Lloyd 19, 98 f.

Zevi, Bruno 99
Ziegler, Leopold 65 ff., 68, 72
Zuccari, Federico 10 f.
Zumthor, Peter 238 ff.

BIOGRAFISCHE NOTIZ

Geboren am 3. September 1931 in Kassel. Architekturhistoriker und -kritiker. Studium an den Universitäten Marburg, München, Frankfurt am Main, dort Promotion. 1957–1963 Lektor im Verlag Gerd Hatje, Stuttgart. 1963–1995 Redakteur und Abteilungsleiter Kunst und Literatur am Deutschlandfunk. 1995 Professorentitel vom Land Nordrhein-Westfalen. 1995-2009 lehrt er Architekturgeschichte an der Ruhr-Universität Bochum. Mitglied der Akademie der Künste, Berlin, der Bayerischen Akademie der Schönen Künste, München, und der Nordrhein-Westfälischen Akademie der Wissenschaften und der Künste, Düsseldorf, Ehrenmitglied Deutscher Werkbund, Nordrhein-Westfalen und Gesellschaft der Freunde des Deutschen Architekturmuseums.
Preise für Kritik und Theorie, unter anderem Verband Deutscher Architekten- und Ingenieurvereine (DAI), Bund Deutscher Architekten (BDA), Erich-Schelling-Stiftung, Fritz-Schumacher-Preis, Deutscher Preis für Denkmalschutz (Karl-Friedrich-Schinkel-Ring). Kokurator internationaler Ausstellungen über Rudolf Schwarz (1997–2000) und Hans Poelzig (2007–2011). Lebt in Köln.

BILDNACHWEIS

Umschlagabbildung, S. 9, 12, 13, 15–18, 23, 28–33, 38, 43, 66, 70, 77, 81 (links), 84, 86, 98–105, 135, 137, 143 (Mitte, rechts), 155, 164, 187, 189, 195, 197, 199, 201, 204, 208, 209, 214–216, 218, 220, 224, 230 (oben links), 230 (oben rechts), 231 (rechts), 232, 234–239, 242, 258, 266–277, 284, 293, 295, 296, 298, 300–302: Wolfgang Pehnt; S. 10, 14, 24, 25, 26, 39, 42 (rechts), 52–61, 68, 69, 78, 81 (rechts), 82, 83, 85, 95–97, 110, 111, 117, 118, 127, 129, 142, 144, 152, 158, 175, 198, 205, 217, 221, 223, 228, 248, 250, 263, 283, 287, 290, 292, 294, 297, 299: Archiv; S. 34, 105: Santiago Calatrava – Architect & Engineer/Robert Mehl, Aachen (Foto S. 34); S. 42 (links): Vermögen und Bau BW, Amt Stuttgart; S. 44, 45, 48 (links): © SDL; S. 48 (links): www.guenterschneider.de; S. 48 (rechts): © National Museum of Australia; S. 67: © Bildarchiv Foto Marburg; S. 80: Reinhard Kirchner (Foto); S. 87: © Familie Böhm; S. 89, 106 (links): Hermann Finsterlin/VG Bild-Kunst, Bonn, 2011; S. 90: Ullstein Bild Berlin; S. 94: Akademie der Künste, Berlin, Max-Taut-Archiv, MTA-12-842; S. 106 (rechts): Greg Lynn; S. 112: Deutscher Werkbund e. V.; S. 119: © Rheinisches Bildarchiv Köln; S. 124, 130: © Le Corbusier/FLC/VG Bild-Kunst, Bonn, 2011; S. 131: Umberto Cuzzi; S. 132, 189: Lucien Kroll/VG Bild-Kunst, Bonn, 2011; S. 138: Architekturmuseum der TU München; S. 140: Brandenburgisches Landesamt für Denkmalpflege und Archäologisches Landesmuseum, Bildarchiv, Neg.-Nr.: 64 i 34/III 24; S. 141: Heinrich Tessenow/John H. Clorius; S. 143 (links): Josef Hartwig/VG Bild-Kunst, Bonn, 2011; S. 146 (links und rechts): LWL Amt für Denkmalpflege in Westfalen, Hans H. Hanke; S. 157: © Martin Elsaesser; S. 160, 161: Herbert Bayer/VG Bild-Kunst, Bonn, 2011; S. 168, 169, 171: © Neufert Stiftung; S. 170: Gerd Arntz/VG Bild-Kunst, Bonn, 2011; S. 179: Kleihues + Kleihues Gesellschaft von Architekten mbH; S. 180: Stephan Goerner/Christian Schaller; S. 181: Engelbert Kremser; S. 182: Günter Günschel / VG Bild-Kunst, Bonn, 2011; S. 183: Eckhard Schulze-Fielitz/Archiv für Architektur und Ingenieurbaukunst NRW, TU Dortmund; S. 184: Richard J. Dietrich; S. 185, 186: © Doernach; S. 188: Gerhard Ullmann; S. 191: S.T.E.R.N. Gesellschaft der behutsamen Stadterneuerung mbH/Heide Moldenhauer (Foto); S. 199, 291: © Ungers Archiv für Architekturwissenschaft; S. 200: Feld 27 architekten/Hertha Hurnau (Foto); S. 207: Ricky Barnard; S. 210: © Paramount Pictures; S. 230 (unten links): Museum August Kestner, Hannover; S. 230 (unten rechts): Peter Kulka Architektur/© Lukas Roth (Foto); S. 231 (links): Klaus Block/© Ulrich Schwarz (Foto); S. 231 (Mitte): © Herzog & de Meuron; S. 232 (links), 236: Karljosef Schattner; S. 246: Karl Gruber/Deutsches Architekturmuseum, Frankfurt am Main; S. 253: Angelika Müller-Grobe, Berlin; S. 255: Pekka Salminen Architects/Jussi Tiainen (Foto); S. 257: Trier, St. Maximin; Bistum Trier/Tobias Trapp (Foto); S. 278: © Förderverein Berliner Schloss e. V.; S. 288: Wolfgang Meier (Foto); S. 289: Foto Marburg/Walter Hege (Foto); S. 319: dpa Picture-Alliance

Verlagslektorat: Miriam Halwani, Birte Kreft, Julika Zimmermann

Grafische Gestaltung: Verena Gerlach mit Hannes Aechter

Verlagsherstellung: Christine Stäcker

Schrift: Odile, Elido

Reproduktionen: Weyhing digital, Ostfildern

Papier: EuroBulk, 150 g/m²

Gesamtherstellung: fgb freiburger graphische betriebe

Erschienen im
Hatje Cantz Verlag
Zeppelinstraße 32
73760 Ostfildern
Tel. +49 711 4405-200
Fax +49 711 4405-220
www.hatjecantz.de

ISBN 978-3-7757-3140-9

Dieses Buch ist auch als E-Book erhältlich
ISBN 978-3-7757-3141-6

Printed in Germany

Alfried Krupp von Bohlen und Halbach-Stiftung

DAM

WÜSTENROT STIFTUNG